Die Abwärmeverwertung im Kraftmaschinenbetrieb

mit besonderer Berücksichtigung der Zwischen- und Abdampfverwertung zu Heizzwecken

Eine wärmetechnische und wärmewirtschaftliche Studie

von

Dr.-Ing. Ludwig Schneider

Vierte, durchgesehene und erweiterte Auflage

Mit 180 Textabbildungen

Berlin
Verlag von Julius Springer
1923

ISBN 978-3-642-90369-4 ISBN 978-3-642-92226-8 (eBook)
DOI 10.1007/978-3-642-92226-8

Softcover reprint of the hardcover 4th edition 1923

Vorwort zur dritten Auflage.

Die schweren Zeiten, welche uns die Pflicht größter Sparsamkeit auferlegen, rücken die wirschaftlich so bedeutsame Abwärmeverwertung im Kraftmaschinenbetrieb mehr in den Vordergrund des Interesses. In den letzten Jahren hat sich bereits der Gedanke der Abwärmeverwertung nach den verschiedensten Richtungen Bahn gebrochen, so daß eine zusammenfassende Bearbeitung dieses weiten und vielseitigen Gebietes in eine knappe Form gebracht werden muß. Ich hoffe, daß es mir im großen und ganzen gelungen ist, die erforderliche Vollständigkeit und Gründlichkeit mit erwünschter Kürze zu verbinden.

Gegenüber den früheren Auflagen wurde das Werkchen ziemlich durchgreifend umgearbeitet. Bei den Dampfmaschinen ist die Berechnung nach den etwas unhandlichen Tabellen von Hrabák verlassen, nachdem genügend viele Versuche an Gegendruck- und Entnahmemaschinen vorliegen, um einfach mit dem thermodynamischen Wirkungsgrad zu rechnen. Die Abschnitte über Dampfmaschinen, Dampfturbinen, Gas- und Dieselmaschinen, über technologische Abwärmeverwertung und das Heizungskraftwerk sind erweitert, jene über Abwärmeverwerter und Wärmespeicher, die Erwärmung elektrischer Maschinen und elektrische Überschußenergie, sowie einige weitere technologische Abschnitte, Abwärmeverwertung im Lokomotiv- und im Schiffsbetrieb neu aufgenommen. Die den einzelnen Abschnitten angefügte Übersicht über Veröffentlichungen hauptsächlich in Zeitschriften soll dem Leser dieses Buches ein noch näheres Studium in besonderen Fällen erleichtern. Ich bin mir bewußt, daß vielleicht manche bemerkenswerte Arbeit unerwähnt geblieben ist. In solchen Fällen bitte ich kein argumentum ex silentio zu bilden. Einige weitere Zeitschriften sollen in einer nächsten Auflage mit bearbeitet werden. Die fremdsprachliche Literatur konnte in dieser Auflage wegen der noch mangelhaften Anlieferung der ausländischen Zeitschriften nicht berücksichtigt werden.

Ich übergebe das Werkchen erneut der Öffentlichkeit mit dem Wunsche, daß es seinen bescheidenen Teil zum Wiederaufbau unseres Wirtschaftslebens beitragen möge.

München, Ende 1919.

Der Verfasser.

Vorwort zur vierten Auflage.

Seit dem Erscheinen der dritten Auflage ist die Versorgung der deutschen Wirtschaft mit Brennstoffen immer schwieriger geworden. Zur Bedrückung durch unsere Feinde und zum Verlust großer Kohlengebiete kamen Arbeitseinstellungen, politische Unruhen, Versandstockungen, abnehmende Förderung, abfallende Güte besonders der Kohle, Verteuerung der ausländischen Brennstoffe durch die rasende Geldentwertung. Wenn man bedenkt, wieviel Wasser und Steine heute als Brennstoff mitgekauft werden müssen, wie die an Menge wie Güte unzureichende Kohlenversorgung zu Störungen und schlechter Ausnützung Anlaß gibt, dann möchte die Abwärmeverwertung allerdings fast als kleinliches Mittel zur Hebung unserer Wärmewirtschaft erscheinen. Aber leider können wir die großen Schäden nicht von heute auf morgen beheben. Wir müssen mit allen Mitteln Kleinarbeit verrichten; viele Wenig machen schließlich auch ein Viel.

Die vorliegende vierte Auflage der „Abwärmeverwertung" ist um Ausführungen über einige neue Erscheinungen, wie z. B. die Wilhelm Schmidtsche Hochdruckdampfmaschine und den Ruthsschen Dampfspeicher, sowie an vielen anderen Stellen gegenüber der dritten Auflage erweitert worden. Auch der Abschnitt über Kraftverdampfung und Wärmepumpe wurde neu aufgenommen. Da es mit der Organisation der Wärmewirtschaft nicht getan ist und man ihre Hilfsmittel kennen muß, habe ich den technischen, speziell den baulichen Teil nicht gekürzt, sondern sogar etwas ausführlicher gestaltet. In der „Speziellen Abwärmeverwertung" beabsichtige ich nicht, dem auf einem Sondergebiet tätigen Fachmann Neues zu bringen, sondern dem beratenden Ingenieur, der sich bald in dieses, bald in jenes Gebiet einarbeiten soll, sowie den jüngeren Fachgenossen den Überblick und durch die reichlichen Literaturangaben das tiefere Eindringen zu erleichtern. Der „Rückblick und Ausblick", dieser Auflage erstmals angefügt, soll auf die wissenschaftlichen und praktischen Grundlagen der Abwärmeverwertungs-Technik hinweisen, den heutigen Stand und noch ungelöste Probleme aufdecken.

Möge das Werkchen auch in der vierten Auflage sich als brauchbar erweisen.

München, Herbst 1922.

Der Verfasser.

Inhaltsverzeichnis.

Bei Anführung von Zeitschriften gewählte Abkürzungen.

Z. V. d. I.	Zeitschrift des Vereins deutscher Ingenieure.
Z. Dampfk. Maschbtr.	Zeitschrift für Dampfkessel- und Maschinenbetrieb.
Z. bay. Rev.-V.	Zeitschrift des bayerischen Revisions-Vereins.
Dingler	Dinglers politechnisches Journal.
Glas. Ann.	Annalen für Gewerbe und Bauwesen.
Bay. Ind. Gewerbebl.	Bayerisches Industrie- und Gewerbeblatt.
Gesundhtsing.	Gesundheits-Ingenieur.
Z. Turbinenwes.	Zeitschrift für das gesamte Turbinenwesen.
Z. Brauwes.	Zeitschrift für das gesamte Brauwesen.
Haustech. Rundsch.	Haustechnische Rundschau.
ETZ.	Elektrotechnische Zeitschrift.
Schweiz. El. Z.	Schweizerische Elektrotechnische Zeitschrift.
Bull. Schweiz. El. V.	Bulletin des Schweizerischen Elektrotechnischen Vereins.
Schweiz. Bauzg.	Schweizerische Bauzeitung.
Mitt. V. El. Werke	Mitteilungen der Vereinigung der Elektrizitäts-Werke
Sozialtechn.	Sozialtechnik.
San. Techn.	Sanitäre Technik.
Journ. Gasb. Wasserv.	Journal für Gasbeleuchtung und Wasserversorgung.
Z. öst. Ing. Arch. V.	Zeitschrift des österreichischen Ingenieur- und Architekten-Vereins.
W. f. Br.	Wochenschrift für Brauerei.
Z. f. Zuckerind.	Zentralblatt für die Zuckerindustrie.
Z. V. deutsch. Zuckerind.	Zeitschrift des Vereins der deutschen Zuckerindustrie.
Org. Fortschr. Eisenbahnw.	Organ für die Fortschritte des Eisenbahnwesens.
Forschungsarbeiten	Mitteilungen über Forschungsarbeiten, herausgegeben vom Verein deutscher Ingenieure.
W. f. Pap.	Wochenblatt für Papierfabrikation.
Papierfabr.	Der Papierfabrikant.

I. Einleitung.

Wenn wir der Frage auf den Grund gehen, was die eigentlichste Aufgabe der industriellen Technik ist, so werden wir sagen müssen: nach Zweckmäßigkeitsgründen und genau erforschten logischen und Naturgesetzen möglichst vollendete Werke zu schaffen. Unter Voransetzung dieses Grundsatzes bleibt aber noch eine weitere, wichtige Aufgabe offen: die unvermeidlichen Mängel unseres Forschens, Rechnens und Schaffens durch eine sorgsam überlegende Wirtschaft auszugleichen.

Fast bei jeder Umwandlung von Stoffen gibt es Nebenprodukte und Abfallstoffe; bei jeder Umformung von Energie tritt Energiestreuung ein. Die so entstehenden Nebenerzeugnisse haben wir im Grunde auf die Verlustseite der Bilanz des Vorganges zu buchen. Zahlenmäßig machen sich die Verluste im Wirkungsgrad des Prozesses bemerkbar. Unsere wirtschaftliche Aufgabe ist es, den Wirkungsgrad möglichst vollkommen zu gestalten, indem wir danach streben, einerseits die Entstehung von Abfallstoffen und die Abspaltung von Energie in nicht beabsichtigter Form zu vermeiden und andererseits die unfreiwillig gewonnenen Nebenprodukte nutzbringend zu verwerten.

In dem Bestreben, den Gesamtwirkungsgrad technischer Prozesse auf die letztere Art, nämlich durch Verwertung der Abfallstoffe und Abfallenergien, wirtschaftlich zu heben, haben wir bereits große Erfolge erzielt, nicht zuletzt durch die Verwertung der Abwärme der verschiedenen Wärmekraftmaschinen zu Heiz-, Koch- und Trocknungszwecken und durch die Verarbeitung des Abdampfes gewisser Arten von Dampfkraftmaschinen in Abdampfmaschinen und -turbinen.

Die Abwärme der Kraftmaschinen ist an verschiedene Wärmeträger gebunden. Sie tritt vor allem bei den Dampfmaschinen und Dampfturbinen im Abdampf auf. Die Verbrennungskraftmaschinen (in erster Linie Diesel-, Großgas- und Sauggasmaschinen, dann Benzin-, Benzol-, Petroleum-, Naphthalin- und Leuchtgasmotoren) liefern Abwärme in ihren Abgasen und im Mantelkühlwasser, die elektrischen Maschinen und Apparate (Generatoren, Transformatoren) endlich in der Kühlluft.

Die Abwärme kann nutzbringend übertragen werden

an feste Körper: durch Dämpfen, Trocknen, Darren und Erhitzen;

an Flüssigkeiten: durch Anwärmen, Kochen, Eindampfen;

an Luft: durch Heizen und Erwärmen.

Das Dämpfen erfolgt in geschlossenen Gefäßen bei Luftleere oder unter Druck und bezweckt, feste Körper durch unmittelbare Dampfeinwirkung zu erwärmen, um daraus fette, harzige und inkrustierende Stoffe zu entfernen (z. B. Dämpfen und Imprägnieren von Holz), Vorgänge chemischer Natur in ihnen hervorzurufen (z. B. Härten von Kalksandsteinen) oder um Bakterien oder Parasiten abzutöten (Desinfektion). Je nach Art des fertig gedämpften Körpers kann hiezu nur ölfreier oder gut entölter Abdampf Verwendung finden, weil der Dampf mit dem Produkt in unmittelbare Berührung kommt. Gedämpft werden z. B. Rohwolle, Knochen, Hadern, Holz, Wäsche und Kleider.

Das Trocknen geht bei Temperaturen von 25 bis 120° C vor sich und bezweckt die Austreibung des Feuchtigkeitsgehaltes aus festen Körpern mittels Heißluft durch Verdunstung des im Körper enthaltenen Wassers. Um dies zu ermöglichen, muß die heiße Luft Feuchtigkeit aufnehmen können, indem sie mit geringer relativer Feuchtigkeit an das Trockengut herantritt und mit 80 bis 90% Sättigung abzieht. Die zum Trocknen aufzuwendende Wärmemenge setzt sich zusammen aus den Beträgen 1. für die Erwärmung der Luft und des darin enthaltenen Wasserdampfes, 2. für die Erwärmung des zu trocknenden festen Körpers, 3. für Verdampfung des in ihm enthaltenen Wassers, 4. aus den Wärmeverlusten nach außen. Die Menge der zu erwärmenden Luft richtet sich nach ihrer relativen Feuchtigkeit, nach dem Grade und der Dauer der Trocknung. Manche Körper müssen langsam, manche bei geringer Temperatur getrocknet werden, um nicht Schaden zu nehmen. Im allgemeinen ist die zulässige Temperatur um so höher, je nässer das Trockengut ist. Bei höheren Temperaturen kann die Luft bedeutend mehr Feuchtigkeit aufnehmen als bei tiefen. Der Wärmeaufwand sinkt natürlich nicht im selben Verhältnis, denn er wird im wesentlichen durch die Menge der zu verdampfenden Flüssigkeit bestimmt.

Im gesättigten Zustand enthält 1 cbm Luft von atmosphärischer Spannung:

Zahlentafel 1.

Bei einer Temperatur von	Gramm Wasser	Bei einer Temperatur von	Gramm Wasser
– 20° C	1,1	+ 55° C	104
– 10° C	2,1	60° C	130
– 5° C	3,3	65° C	161
0° C	4,9	70° C	198
+ 5° C	6,8	75° C	243
10° C	9,4	80° C	294
15° C	12,8	85° C	354
20° C	17,3	90° C	425
25° C	23,1	95° C	507
30° C	30,4	100° C	602
35° C	39,2	105° C	710
40° C	50,7	110° C	833
45° C	65,0	115° C	974
50° C	82,4	120° C	1133

Erhitzt man Luft, ohne daß sie dabei Gelegenheit hat, Wasserdampf aufzunehmen, so wird sie, wie aus vorstehender Tabelle hervorgeht, relativ trockener und fähig, größere Mengen Feuchtigkeit zu tragen.

Die spezifische Wärme c_p trockener Luft beträgt nach Holborn und Jakob[1])

$$10^4 c_p = 2414 + 2{,}86\,p + 0{,}0005\,p^2 - 0{,}0000106\,p^3,$$

worin p der absolute Druck der Luft in kg/qcm ist. Für $p = 1$ wird $c_p = 0{,}2417$ Kal./kg. Für Trocknungszwecke kann c_p genügend genau unabhängig von Druck und Temperatur zu 0,242 Kal./kg. angenommen werden. Die atmosphärische Luft ist stets feucht und ihre spezifische Wärme kann leicht aus dem Sättigungsgrad berechnet werden. Der Sättigungsgrad der Luft beträgt im Sommer durchschnittlich 67 %, im Winter 83 %, im Jahresdurchschnitt 75 %. Für Verdunstung von 1 kg Feuchtigkeit werden bei Heißlufttrocknung 1,25 bis 3 kg Dampf benötigt, bei der Stufentrocknung unter Ausnützung der Schwaden bedeutend weniger, bis herab zu Bruchteilen eines Kilogramms. Getrocknet werden z. B. Ziegelsteine, keramische Erzeugnisse, elektrische Maschinen, Kabel, Garne, Leder, Pappe, Leim, Stärke, Braunkohlenpulver, Getreide, Milch, Eier.

Unter Luftleere werden Stoffe getrocknet, die höhere Temperaturen nicht vertragen oder stark hygroskopisch sind (z. B. Zuckerbrote, Kalziumnitrat, Lebensmittel, Körnerfrüchte, Futtermittel, Explosivstoffe).

Ein dem Trocknen ähnlicher Vorgang ist das Kalzinieren in der chemischen Industrie.

Das Darren geschieht ebenfalls mit erwärmter Luft und bezweckt nicht nur wie das Trocknen die Verdunstung des im Darrgute enthaltenen Wassers, sondern auch die Einleitung oder beschleunigte Durchführung chemischer Vorgänge in demselben. Dadurch werden die Höhe der Lufttemperatur und die Dauer des Prozesses im einzelnen Fall bestimmt. Gedarrt werden z. B. Malz, Gemüse, Obst, Futtermittel.

Die Luft zum Trocknen und Darren kann mittels des Abdampfes von Dampfmaschinen oder auch mittels der Abgase der Verbrennungsmaschinen erhitzt werden. Die unmittelbare Verwendung der Abgase ist wegen ihrer chemischen Zusammensetzung und oft auch wegen ihrer hohen Temperatur nicht möglich.

Das Anwärmen von Wasser, wässerigen Lösungen oder von festen und pulverförmigen Stoffen geschieht für die verschiedensten Zwecke. Es kann erfolgen durch unmittelbare Einleitung von Abdampf in Flüssigkeiten bzw. durch Mischung von Dampf und Flüssigkeit wie bei der Einspritzkondensation der Dampfkraftmaschinen oder auch durch Wärmeübertragung von Abdampf oder Abgasen durch Heizflächen hindurch an die Flüssigkeit, ähnlich wie bei der Oberflächenkondensation. Zum letzteren Zweck dienen die

[1]) Z. V. d. I., S. 147, 1917.

Vorwärmer und Abgasverwerter. Das Anwärmen bzw. Schmelzen fester oder pulverförmiger Körper erfolgt fast stets durch Heizflächen hindurch. In einzelnen Fällen läßt sich das im Kühlmantel der Verbrennungskraftmaschinen angewärmte reine Wasser unmittelbar verwenden. Angewärmt wird Wasser für die verschiedensten Gebrauchs- und Reinigungszwecke, für Bäder, für die Warmwasserheizung, zur Lösung von Chemikalien und zum Auslaugen verschiedener Stoffe, ferner werden angewärmt Farblösungen, Teer, Wachs, Harze, Leim usw. Der Wärmeverbrauch für das Anwärmen berechnet sich aus der Temperaturerhöhung und der spezifischen Wärme des anzuwärmenden Gutes bzw. der Schmelzwärme und aus den Verlusten nach außen.

Das Kochen von Flüssigkeiten hat den Zweck, Stoffe in Lösung zu bringen, eine Lösung durch Verdampfung des Lösungsmittels zu konzentrieren oder aus einer Lösung einzelne Bestandteile herauszudestillieren (fraktionierte Destillation). Erfolgt die Konzentration bis zur völligen Verdunstung des Lösungsmittels, so bezeichnet man dies als Eindampfen. Die Verdampfung von 1 kg Wasser erfordert 1,1 kg Heizdampf, bei stufenweisem Vorgehen unter Ausnutzung der Schwaden jedoch nur $^1/_2$ bis $^1/_4$ kg. Beim Eindampfen von chemischen Lösungen ist die Siedepunktserhöhung wohl zu berücksichtigen[1]). Gekocht kann werden durch unmittelbare Einleitung von ölfreiem Dampf in eine Flüssigkeit, häufiger jedoch durch Wärmeübertragung von Abdampf oder von Abgasen durch Heizflächen hindurch. Der Kochungsvorgang kann sich sowohl bei Überdrücken bis zu 8 Atm. als auch bei Luftleere (Vakuumverdampfapparate) abwickeln. Sprudelwässer werden in Vakuumapparaten zu Quellsalz eingedampft. Nach dem Druck, unter welchem das Kochen erfolgt, richtet sich die erforderliche Temperatur des Heizmittels. Der Wärmeaufwand beim Kochen wird bestimmt durch die Temperaturerhöhung und die Menge des zu verdampfenden Wassers. Gekocht werden z. B. Speisen, Salzsole, Zuckersaft, Maische und Sud der Brauerei.

Die Lufterhitzung geht entweder mit Abdampf von Vakuumspannung in Luftkondensatoren vor sich, oder in Luftvorwärmern, welche dem eigentlichen Kondensator vorgeschaltet sind, oder auch durch Dampf von atmosphärischem oder Überdruck in Kaloriferen. Diese Apparate sind gebaut wie die Wasser-Oberflächenkondensatoren, indem die Luft durch Röhren zieht, die im Dampfraum liegen, oder ähnlich dem Schwörerschen Überhitzer, wobei der Dampf Rippenrohre durchströmt, die mit einem Gehäuse aus Blech umkleidet sind, durch welches die zu erwärmende Luft gedrückt oder gesaugt wird. Das mit Luftkondensatoren praktisch erreichte Vakuum beträgt 80 bis 85 $^0/_0$, die dabei erzielbare Lufttemperatur ca. 40°. Mit Abdampf von atmosphärischer Spannung kann man Luft auf 80° anwärmen, ohne daß die zu verwendende Heizfläche unförmig groß wird. Für

[1]) Näheres siehe: Sackur, Thermochemie und Thermodynamik. Berlin: Julius Springer, 1912.

besondere Zwecke läßt sich mit höher gespanntem Abdampf Heißluft von 100 bis 140° C erzeugen. Auch die Abgase von Verbrennungsmaschinen können in Lufterhitzern vorteilhaft ausgenützt werden, Der Wärmeaufwand richtet sich nach der Menge der zu erwärmenden Luft, ihrem Sättigungszustand und den Verlusten nach außen.

Gegenüber dem Zustand bei 0° C ist

bei	10	20	30	40	50	60	75	°C
der Wärmeinhalt von								
trockener Luft	2,42	4,84	7,26	9,68	12,1	14,5	18,13	Kal./kg
von Luft mit 40 % Sättig.	4,5	8,5	13,5	22	33	52,5	112	„
„ „ „ 80 % „	7	12	20	34	55	88	214	„
„ „ „ 100 % „	8	14	24	39	63	107	262	„

(Zahlentafel 2.)

Die Lufterhitzung erfolgt zum Trocknen, Darren und für die Luftheizung und Lüftung von bewohnten Räumen während der Heizzeit oder zur Entnebelung von Arbeitsräumen.

Die Verwendung der Abwärme zur Heizung ist möglich in der Form der schon erwähnten Warmwasserheizung. Für eine Raumtemperatur von 20° C betragen bei einer Außentemperatur von

	−15	−10	−5	±0	+5	+10° C
die wirtschaftlichen Steigetemperaturen	82	75	66	58	49	39° C.

(Zahlentafel 3.)

Die Rücklauftemperaturen sind 15 bis 20° C niedriger. Die Warmwasserheizung erlaubt eine gewisse Aufspeicherung der Wärme in den Fällen, wo Heizungsbedürfnis und Anfall der Abwärme zeitlich nicht übereinstimmen. Für die mit 1 bis 6 Atm., bei Fernheizung bis mit 10 Atm. Überdruck betriebene Hochdruckdampfheizung findet Abdampf selten Verwendung, desto eher ist dies aber möglich bei der mit 0,1 bis 0,2 Atm. Überdruck gespeisten Niederdruckdampfheizung. Die Luftheizung erfolgt durch Erwärmung der Luft mittels Hochdruckdampfes auf etwa 65° C, mittels Niederdruckdampfes auf etwa 55° C oder mittels Vakuumdampfes auf 40° C. Ein großer Vorteil der Vakuumluftheizung besteht in der unveränderten Dampfausnützung in der Maschine. Die erhitzte Luft wird durch gemauerte Kanäle oder in Blechrohren auf die zu beheizenden Räume verteilt. Mit der Luftheizung läßt sich die Luftbefeuchtung einfach verbinden.

Was leichte Temperaturregelung betrifft, steht die Niederdruckdampfheizung der Warmwasserheizung nach, ist aber dafür schneller betriebsbereit, einfacher und billiger in der Anlage. Bei großer Entfernung der Heizstellen kann es nötig sein, den Abdampf für eine Niederdruckdampfheizung mit höherem Anfangsdruck als 0,1 Atm. Üb. fortzuleiten, um die Druckverluste zu decken und an Rohrleitungskosten zu sparen. Hochdruckdampfheizungen werden außer in Werkstätten nur noch selten ausgeführt.

Überhitzter Dampf ist für Heizzwecke ungeeignet, weil er durch notwendig werdende besondere Leitungsarmaturen die Anlage verteuert und außerdem ein schlechtes Wärmeleitungsvermögen hat, also große Wärmeübertragungsflächen erfordert. Der Wärmeinhalt von Heißdampf gegenüber Sattdampf ist nur unwesentlich höher, nämlich um 0,5 bis 0,6 Kal. pro kg Dampf und Grad Überhitzung; der hohen Temperatur des Heißdampfes entspricht eben durchaus nicht ein ebenso hoher Wärmeinhalt.

Das Kühlwasser von gewöhnlichen Oberflächenkondensatoren und von Verbrennungskraftmaschinen wird selten und meist nur unter besonderer Nacherhitzung für Warmwasserheizung verwendet, da die Rücklauftemperaturen derselben in der Regel höher liegen als die zulässige Kühlwasseranfangstemperatur. Dagegen findet Abdampf jeder Spannung zur Warmwasser- oder Heißluftbereitung sowie zur unmittelbaren Niederdruckdampfheizung Verwendung. Die Abgase der Verbrennungskraftmaschinen werden zur Warmwasserbereitung wie zur Lufterwärmung ausgenützt, während eine unmittelbare Wärmeabgabe an andere Stoffe ihrer chemischen Beschaffenheit und hohen Temperatur halber nicht angängig ist. Der den Abgasen eigene hohe Hitzegrad ist auch feuergefährlich und wegen der Staubverbrennung auf den Heizkörpern gesundheitsschädlich.

Aus der Mannigfaltigkeit des Wärmebedarfes für alle möglichen Zwecke und der Möglichkeit, diesen Bedarf durch Abwärme zu befriedigen, ergibt sich die wirtschaftliche Bedeutung der Verbindung der Krafterzeugung mit der Abwärmeverwertung. Diese ist dazu bestimmt, die Kraftwirtschaft teilweise auf eine ganz neue Grundlage zu stellen. Während wir bisher gewohnt waren, die Krafterzeugung als alleinigen Selbstzweck zu betrachten und die Abwärme zu beseitigen, sehen wir nun in vielen Fällen, wo Wärme verbraucht wird, die Kraftleistung als fast kostenlos zu gewinnendes Nebenerzeugnis entstehen. Es ist dies überall da möglich, wo die Abwärmeanlage an die Stelle einer eigenen Wärmeerzeugung treten kann. Mehr und mehr gewöhnen wir uns, für die Abwärme nutzbringende Verwendung zu suchen und so die Kraftgestehungskosten günstig zu beeinflussen. Bestehende Anschauungen über die Wirtschaftlichkeit der Kraftanlagen im allgemeinen und bestimmter Kraftmaschinen im einzelnen Fall werden hierdurch gestürzt und neu orientiert.

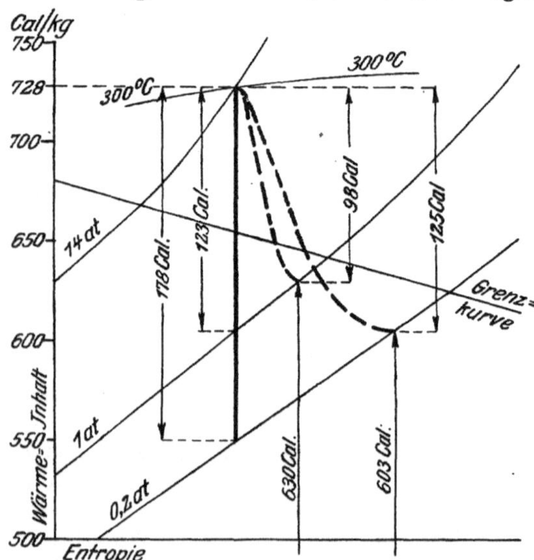

Abb. 1. Entropie-Wärmediagramm für die Auspuff- und die Kondensationsdampfmaschine.

Die Wärmekraftmaschinen werden hinsichtlich ihrer Fähigkeit, Wärme in mechanische Arbeit umzusetzen, durch den thermischen Wirkungsgrad bewertet, d. i. das Verhältnis der mit einer bestimmten der Maschine zugeführten Wärmemenge geleisteten Arbeit zu dieser Wärmemenge selbst. Die Arbeit wird dabei, weil nur gleichartige Größen vergleichbar sind, in Wärmeeinheiten ausgedrückt. An Hand der Abb. 1 sei dies für die Dampfkraftmaschinen erklärt.

Einem Kilogramm Dampf von 14 Atm. abs. Druck und 300° C Temperatur wohnen gegenüber Wasser von 0° C, aus welchem der Dampf erzeugt sein mag, 728 Kal. Wärme inne. Bei der Expansion dieses Kilogramms Dampf in der Dampfmaschine bis zu einem Gegendruck von 0,2 Atm. abs. könnten in der idealen, verlustfreien Maschine 178 Kal. in Arbeit verwandelt werden. Durch unvermeidbare schädliche Einflüsse (Drosselung des Dampfes, Strahlungsverluste der Maschine, Entropievergrößerung durch Wandwirkung, unvollständige Expansion) gelingt es jedoch nur 125 Kal. in Arbeit umzusetzen. Diese innere oder indizierte Arbeitsleistung von 125 Kal. verringert sich noch durch die Reibungsverluste der Maschine auf eine Nutzarbeit von etwa 112 Kal. Man bezeichnet nun bekanntlich das Verhältnis

$\frac{125}{728} = 17{,}2\,\%$ als indizierten thermischen Wirkungsgrad,

$\frac{112}{728} = 15{,}4\,\%$ „ effektiven „ „

$\frac{125}{178} = 70\,\%$ als indizierten thermodynamischen Wirkungsgrad,

$\frac{112}{178} = 63\,\%$ „ effektiven „ „

Bis hierher war Expansion auf eine Kondensatorspannung von 0,2 Atm. abs. angenommen. Erfolgt die Dampfdehnung nur bis zum Gegendruck der Atmosphäre, was der Arbeitsweise einer Auspuffmaschine entspricht, so könnten in der verlustlosen Maschine 123 Kal., in Wirklichkeit etwa 98 Kal. als indizierte Arbeit gewonnen werden. Für diesen Fall rechnet sich der

indizierte thermische Wirkungsgrad zu $\frac{98}{728} = 13{,}5\,\%$, der

„ thermodynamische „ „ $\frac{98}{123} = 80\,\%$.

Nachdem das Wärmeäquivalent einer PS-St. 632 Kal. beträgt, braucht die Kondensationsmaschine zur Erzeugung der Nutzleistung einer PS-St.

$$\frac{632}{112} \cdot 728 = 4100 \text{ Kal.},$$

die Auspuffmaschine etwa 5200 Kal. Die Abwärme und die unwiederbringlichen Verluste beider Dampfmaschinen belaufen sich somit für die Nutz-PS-St. auf 4100 — 632 = rd. 3470 Kal. bzw. 5200 — 632 = rd. 4570 Kal.

Die effektiven thermischen Wirkungsgrade der ausgeführten Dampfkraftmaschinen liegen zwischen 6 und 20 % je nach den Betriebsverhältnissen und der Güte der Maschinen. Eine wesentliche Verbesserung ist an der Dampfkraftmaschine in Hinsicht auf ihren Wärmeverbrauch in den letzten Jahren nicht mehr erzielt worden. Die moderne Lokomobile und die Dampfturbine stellen zwar gewisse Fortschritte dar, die aber an der Tatsache, daß die Dampfkraftmaschinen nur niedere thermische Wirkungsgrade erreichen, nichts ändern. Es liegt dies im Dampfmaschinen- bzw. Dampfturbinenprozeß selbst begründet. Eine Kolbenmaschine, welche den Dampf herunter bis zu 0,5 Atm. abs. expandiert und einen Gegendruck von 0,1 Atm. abs. hat, würde bei einer Anfangstemperatur von 350 °C und einem Anfangsdruck von selbst 50 Atm. abs. höchstens 31 % indizierten thermischen Wirkungsgrad erreichen, eine Turbine unter den gleichen Verhältnissen, aber mit einer Dampfdehnung bis 0,04 Atm. abs., nur wenig mehr, nämlich 37 %. Eine von Wilhelm Schmidt gebaute Hochdruckdampfmaschine von 150 PS mit vierfacher Expansion und zweifacher Zwischenüberhitzung hat bei einem Versuche mit 55,5 at. Anfangsdruck einen Wärmeverbrauch von nahe an 2000 Kal. pro Nutzpferdekraftstunde und einen thermischen Wirkungsgrad von rd. 30 % erreicht. Es steht aber noch dahin, ob solche Maschinen und Kessel auch in größeren Einheiten gebaut werden können. Möglicherweise bringt uns die Thermodynamik der Mehrkörpersysteme einmal eine brauchbare Wärmekraftmaschine mit höherem thermischen Wirkungsgrad. Einstweilen weist uns einerseits die scharfe Konkurrenz, welche der gewöhnlichen Dampfkraftmaschine in der Verbrennungs- und in der Wasserkraftmaschine sowie in der elektrischen Fernkraftübertragung erwachsen ist, andererseits die fortgeschrittene Erkenntnis der Vorgänge bei der Erzeugung, Aufspeicherung und Übertragung der Wärme und die Vervollkommnung der Heizungstechnik mit großem Erfolg auf den Weg, die im reichen Maße zur Verfügung stehende Abwärme der Dampfkraftmaschinen in unseren Dienst zu stellen.

Verwerten wir die im Abdampf enthaltenen 630 bezw. 603 Kal./kg (vgl. Abb. 1), statt sie über Dach auszupuffen oder in der Rückkühlanlage an die Luft zu vergeuden, so verbessern wir mit einem Schlag den Dampfmaschinenprozeß erheblich. Die 100grädige Abwärme der Auspuffmaschine kann in gewissen Fällen wertvoll sein, während sich für Ausnützung der 40grädigen Abwärme der Kondensationsmaschine seltener eine Möglichkeit bietet. In diesem Falle wird man gerne auf die 27 Kal. Mehrarbeit von 1 kg Dampf in der Kondensationsmaschine verzichten und die einfachere Auspuffmaschine wählen. Es ist natürlich nicht nötig, daß der Abdampf der Maschine gerade mit atmosphärischer Spannung entnommen wird; er kann vielmehr den Arbeitszylinder sowohl mit Überdruck als mit Vakuumspannung verlassen.

Der Wärmeverbrauch nicht nur der Dampfkraftmaschinen, sondern aller unserer Wärmekraftmaschinen ist um ein Vielfaches höher, als dem Wärmeäquivalent der erzeugten Leistung entspricht. Er beträgt bei

Einzylinder-Sattdampf-Auspuffmaschinen	7400—10 000	Kal./PS-St.
„ „ Kondensationsmaschinen . .	6700—8200	„
„ Heißdampf-Auspuffmaschinen	6000—7400	„
Verbund-Heißdampf-Auspuffmaschinen	3800—6000	„
„ „ Kondensationsmaschinen und normalen Dampfturbinen	3200—4300	„
Flüssigkeits-Explosionsmotoren	2950—3600	„
Gasmaschinen	2300—3000	„
Dieselmaschinen	1850—2300	„

(Zahlentafel 4.)

In Abb. 2 ist der Wärmeverbrauch verschiedener Kraftmaschinen dargestellt. Die Angaben beziehen sich auf normale Belastung der Maschinen. Bei Teilbelastungen ist der Wärmeverbrauch für die Leistungseinheit bekanntlich größer. Bemerkenswert ist der asymptotische Charakter der oberen Begrenzungslinie der Abb. 2. Er legt die Annahme nahe, daß wir uns mit der bisherigen Art der Umwandlung der Wärmeenergie in mechanische Arbeit dem Erreichbaren schon sehr genähert haben und größere wirtschaftliche Fortschritte nur mehr auf dem Wege der Abwärmeausnützung erwarten können.

In Übereinstimmung mit den Bezeichnungen Windkraftmaschinen,

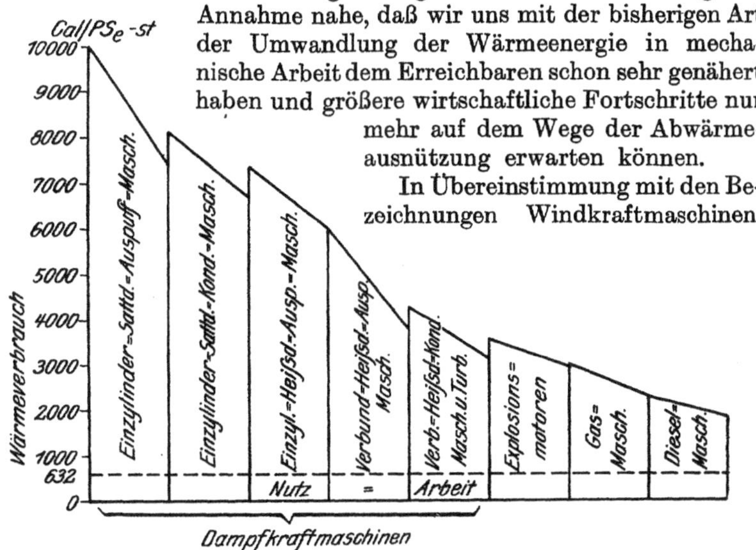

Abb. 2. Wärmeverbrauch der verschiedenen Wärmekraftmaschinen pro Nutz-Pferdekraftstunde.

Wasserkraftmaschinen usw. ist es üblich geworden, jene Wärmekraftmaschinen, deren Abwärme für Heizzwecke Verwendung findet, als Heizungskraftmaschinen zu bezeichnen. Es kann der Fall eintreten, daß man sich in einem Fall für Aufstellung einer Wärmekraftmaschine (z. B. an Stelle eines Elektromotors) entscheidet, weil die Abwärme nutzbringend verwertet werden kann. In diesem Falle ist die Heizung sozusagen das treibende Mittel der Maschine.

Bei der Dampfmaschine hat der Name Heizungskraftmaschine um so mehr Berechtigung, je mehr sie die Rolle einer kraftspendenden Druckverminderungsvorrichtung für den Heizdampf spielt. Als Heizungskraftmaschine kommt alsdann je nach der Spannung des Heizdampfes die normale Kondensationsmaschine, die Maschine mit schlechtem Vakuum, die Auspuffmaschine, die Gegendruckmaschine und die Maschine mit Dampfentnahme aus dem Aufnehmer vor.

Die Dampfturbine wird für besondere Zwecke als Auspuff-, Gegendruck- oder Entnahme-(Anzapf-)turbine gebaut.

Die Ausnützung von 100 im Dampf zugeführten Kalorien geht bei guten Kolbenmaschinen und Turbinen mit Heißdampfbetrieb etwa so vor sich, wie Zahlentafel 5 zeigt:

Zahlentafel 5.

		Kolbenmaschine		Turbine
		Kondensation	Auspuff	Kondensation
Der Maschine zugeführt	Kal.	100	100	100
In Nutzarbeit verwandelt	"	16—20	12—15	18—21
Reibungsarbeit, Luft- u. Ölpumpen	"	1,5	1,0	1,0
Niederschlagsverluste	"	1,5	1,0	0,5
Abwärme	"	80—76	86—83	80,5—77,5

Eine besondere Eigenschaft stempelt gerade die Kolbenmaschine zur Heizungskraftmaschine. Bekanntlich liegt der thermisch beste Teil des Dampfmaschinenprozesses im Hochdruckgebiet. Im Niederdruckgebiet entfernt sich die Kolbenmaschine weiter vom idealen Prozeß, weil es aus Gründen der Größenabmessungen und infolge der schädlichen Wandwirkung nicht angängig ist, in ihr das der Grundwassertemperatur entsprechende Vakuum vollkommen auszunützen. Verwendet man also den Abdampf der Kolbenmaschinen zu Heizzwecken, so geht für die Kraftgewinnung das weniger wertvolle Niederdruckgebiet verloren, während für die verschiedenartigsten Heiz-, Koch- und Trocknungsverfahren der entspannte Dampf sehr wirtschaftlich ausgenützt werden kann.

Dasselbe läßt sich nicht im ganzen Umfang vom Dampfturbinenbetrieb sagen, da umgekehrt die Dampfturbine gerade im Niederdruckteil den günstigeren Wirkungsgrad aufweist. Im Hochdruckgebiet sind die Dampfreibungs-, Ventilations- und Undichtheitsverluste bedeutend höher als im Gebiet der Luftleere. Im allgemeinen wird man also die Turbinen mit dem besten erzielbaren Vakuum laufen lassen und ihre vorzüglichen Eigenschaften nicht durch die Abdampfausnützung preisgeben. Doch gibt es Fälle, wo die Turbine als Heizungskraftmaschine erfolgreich mit der Kolbenmaschine wetteifern kann, wenn nämlich in einem Betrieb der Bedarf an Heizdampf im Verhältnis zum Kraftbedarf sehr groß ist, so daß aller Abdampf der Kraftmaschine Verwendung finden kann und für eine Mehrleistung an Kraft auch kein fremdes Absatzgebiet (Verkauf von Energie) eröffnet werden kann.

Die übrigen Wärmekraftmaschinen werden im einzelnen Fall weniger nach dem Gesichtspunkt der Abwärmeverwertung gewählt als aus anderen Gründen. Aber auch sie bieten die Möglichkeit, einen großen Teil ihrer Abwärme nutzbar zu machen und dadurch ihre Wirtschaftlichkeit zu heben. Verwertbare Abwärme ist bei den Verbrennungskraftmaschinen enthalten im warmen Kühlwasser und in den heißen Abgasen.

Durch mehr oder minder weitgehende Ausnützung der Abwärme läßt sich zuweilen der Anwendungsbereich dieser Maschinen erweitern.

Zahlentafel 6.

Maschinenart	*a*	*b* [1]	*c*	*d*	*e* [1]	*f*
	In Nutzarbeit nicht umsetzbar	Nutzbare Abwärme	b in °/₀ von a	b in °/₀ der aufgewandten Wärme	Wirtschaftl. Wirkungsgrad (Nutzleistung plus nutzbare Abwärme): (aufgewandte Wärme)	
	Kal/PS.-St.	Kal/PS.-St.	°/₀	°/₀	°/₀	°/₀
Gegendruckturbine mit 5 Atm. abs. Gegendruck	11500	11380	99	94	99	86 [2]
Gegendruckturbine mit 2 Atm. abs. Gegendruck	6900	6780	98,5	90	99	87,5 [2]
Gegendruckmaschine mit 5 Atm. abs. Gegendruck .	9200	9080	98,8	92	98	86 [2]
Gegendruckmaschine mit 2 Atm. abs. Gegendruck .	6500	6380	98	89,5	98	86 [2]
Sattdampf-Auspuff-Turbine .	6400	5950	93	84,5	95	81 [2]
Heißdampf- " "	5000	4880	97,5	86,5	98	86,5 [2]
Sattdampf " -Maschine	6500	5950	91,5	83,5	93,5	80,5 [2]
Heißdampf- " "	4900	4780	97,5	86,5	98	85 [2]
Sattdampf-Kondensations-Maschine	4650	4000	86	76	88	86 [3]
Heißdampf-Kondensations-Maschine	3600	3430	96	81	96,5	93 [3]
Explosionsmotoren, Kühlw.- u. Abgasverwertung . . .	2700	2100	78	63	82	—
Explosionsmotoren, nur Abgasverwertung		950	35	28,5	47,5	—
Sauggasmaschine, Kühlw.- u. Abgasverwertung	2300	1650	72	56	78	—
Sauggasmaschine, nur Abgasverwertung		700	30	24	45	—
Großgasmaschine, Kühlw.- u. Abgasverwertung	2000	1300	65	50	73,5	—
Großgasmaschine, nur Abgasverwertung		550	27,5	21	45	—
Dieselmaschine, Kühlw.- und Abgasverwertung	1300	900	69	46,5	79,5	—
Dieselmaschine, nur Abgasverwertung		400	31	16	53,5	—
Großdieselmaschine, Kühlw.- und Abgasverwertung . .	1400	1050	75	52	83	—
Großdieselmaschine, nur Abgasverwertung		300	21,5	15	46	—

[1]) Nutzbare Abwärme und wirschaftlicher Wirkungsgrad berechnet für Ausnützung der Abdampf- und Kühlwasserwärme bis 0° C, der Abgaswärme bis 150° C.

[2]) Wirtschaftlicher Wirkungsgrad berechnet für Ausnützung der Abdampfwärme bis zur völligen Kondensation bei 100° C.

[3]) Wirtschaftlicher Wirkungsgrad berechnet für Ausnützung der Abdampfwärme bis zur völligen Kondensation bei 40° C.

Die nicht in Nutzarbeit umsetzbare Wärme und die nutzbare Abwärme pro effektive Pferdekraftstunde ist für die verschiedenen Wärmekraftmaschinen in Zahlentafel 6 enthalten. Der Wärmeverlust, die nutzbare Abwärme und das Wärmeäquivalent von 632 Kal. einer Nutzpferdekraftstunde ergeben zusammen den Gesamtwärmeverbrauch der einzelnen Maschinen. Dabei ist zu bemerken, daß bei den Dampfkraftmaschinen die im zugeführten Dampf, nicht die im aufgewendeten Brennstoff enthaltene Wärme zugrunde gelegt ist. Der Kessel ist ein Objekt für sich und jeweils nach besonderen Gesichtspunkten zu werten. Bei Verwertung von Abfallbrennstoffen kann z. B. leicht ein viel schlechterer Rostwirkungsgrad zugelassen werden als bei Verbrennung hochwertiger Kohle. Ebenso ist bei den Sauggasmaschinen der Wirkungsgrad des Gasgenerators nicht berücksichtigt.

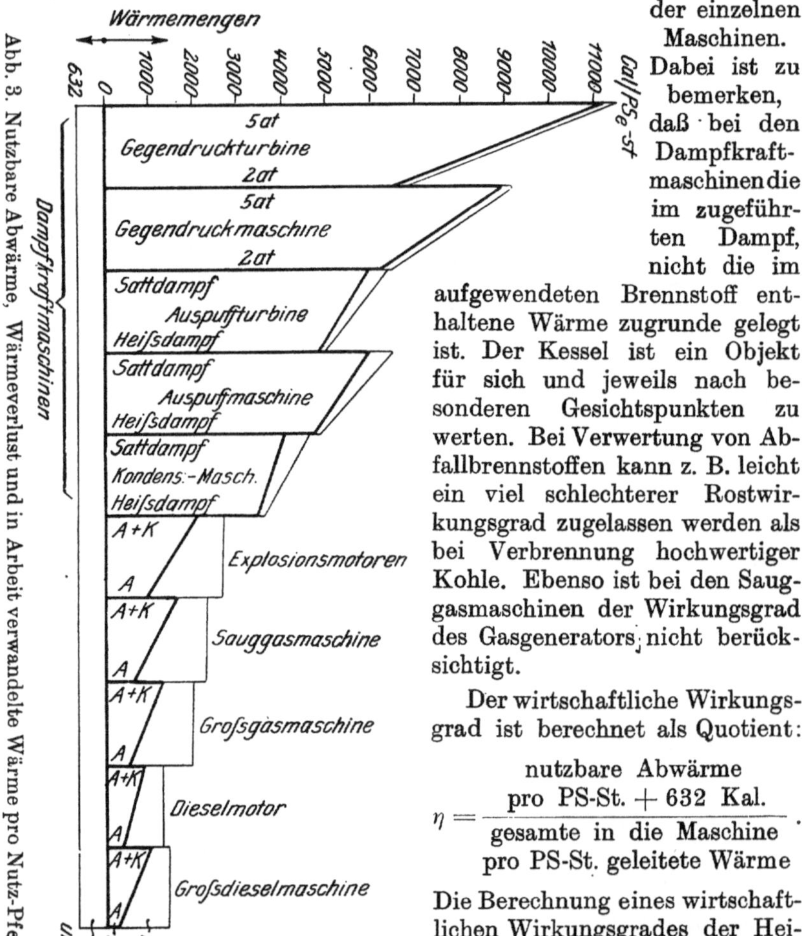

Abb. 3. Nutzbare Abwärme, Wärmeverlust und in Arbeit verwandelte Wärme pro Nutz-Pferdekraftstunde.

Der wirtschaftliche Wirkungsgrad ist berechnet als Quotient:

$$\eta = \frac{\text{nutzbare Abwärme pro PS-St.} + 632 \text{ Kal.}}{\text{gesamte in die Maschine pro PS-St. geleitete Wärme}}.$$

Die Berechnung eines wirtschaftlichen Wirkungsgrades der Heizungskraftmaschine aus der Summe der in mechanische Arbeit verwandelten Wärme plus der nutzbaren Abwärme findet seine Berechtigung darin, daß die Heizungskraftmaschine als Ganzes mit der getrennten Kraft- und Wärmeerzeugung verglichen werden muß. Wir wissen ganz genau, daß das eine dem anderen Konzessionen machen muß, aber in fast jedem Falle ist das gegenseitige Wertverhältnis von Arbeit und Wärme ein anderes. Der allgemeine Grundsatz, daß in der Regel die Kraft das wertvollere Erzeugnis ist, wurde in diesem Buche immer wieder betont. Nur wer in diesen Zusammenhang noch nicht eingedrungen ist, könnte also aus obiger Bildung des wirtschaftlichen Wirkungsgrades die Annahme ableiten, daß damit Wärme und Arbeit gleichwertig seien. Wer dies tut, kommt allerdings zu dem grotesken Schluß, daß es unvorteilhaft ist, einer Heizungsanlage eine Kraftmaschine vorzuschalten, denn keine Wärmekraftmaschine ist vollkommen, jede Umsetzung von Wärme in Arbeit geht unter endgültigen Verlusten vor sich, nur das reine Drosselventil nimmt vom Wärmeinhalt des Dampfes nichts weg. Ich fühle mich zur Feststellung dieser so einfach liegenden Dinge genötigt, weil tatsächlich die Bildung des wirtschaftlichen Wirkungsgrades schon mißverstanden wurde. Den Bestrebungen, eine Verwertungszahl des Brennstoffes in der Heizungskraftanlage dadurch zu ermitteln, daß man die aus der Maschine gewonnene Arbeit virtuell in Wärme umwertet, indem man sie dazu benutzt, Wärme aus dem Grundwasser auf Raumheizungstemperatur zu bringen, kann ich nur problematischen Wert beimessen. Eine solche Verwertungszahl hat nicht allgemeine Gültigkeit, sondern muß je nach Verwertungsart der Abwärme — nicht immer nur auf Raumheizungstemperatur bezogen — neu gebildet werden. Wer sich näher für diese akademische Frage interessiert, sei mit obiger Einschränkung auf den Aufsatz von Schreber (s. Literaturnachweis am Ende dieses Abschnittes) verwiesen.

Abb. 3 zeigt die bildliche Wärmebilanz der verschiedenen für Abwärmeverwertung in Betracht kommenden Kraftmaschinen. Die Maschinen mit Zwischendampfentnahme sind nicht erwähnt, weil die Verhältnisse bei der in weiten Grenzen veränderlichen Dampfentnahme eine besondere Darstellung verlangen.

Die nutzbare Abwärme ist in der Abbildung von stark ausgezogenen Linien eingefaßt. Oberhalb derselben ist die nicht ausnützbare Abwärme sowie der Wärmeaufwand für Reibung, Strahlung und Arbeit der Luft- und Kondensatpumpen aufgetragen, nach unten dagegen der Wärmewert einer PS-St., das sind 632 Kal. Die oberste und unterste Begrenzungslinie der Abb. 3 schließen daher den Gesamtwärmeverbrauch der Maschinen zwischen sich ein.

Der effektive thermische Wirkungsgrad:

$$\eta_{th} = \frac{632 \text{ Kal.}}{\text{Wärmeaufwand pro } PS_e\text{-St.}}$$

beträgt bei den

Dampfmaschinen	6—20%
Petroleum-, Benzin- und ähnlichen Explosionskleinmotoren	16—20%
Sauggasmaschinen	20—25%
Großgasmaschinen	20—28%
Dieselmaschinen	27,5—34%

(Zahlentafel 7.)

Während bei den Dampfkraftmaschinen 80 bis 87% wirtschaftlicher Wirkungsgrad, ja unter Umständen fast 100% erreichbar sind, ist es bei den übrigen Wärmekraftmaschinen immerhin möglich, ihn bis auf 80%, bei der Abgasverwertung allein noch auf 45 bis 53%

zu steigern. Bei der vergleichsweisen Bewertung der verschiedenen Krafterzeugungsmöglichkeiten im Einzelfall ist dieser Punkt zu berücksichtigen.

Als Heizungskraftmaschinen besitzen die Gas- und Rohölmaschinen nicht die Verwendungsfähigkeit der Dampfkraftmaschinen, hauptsächlich deshalb, weil bei ihnen die Abwärmemenge ganz von der Belastung abhängig ist, während man den Dampfkraftmaschinen durch Veränderung des Gegendruckes, durch Vereinigung mehrerer Maschinen mit bestimmtem Druckgefälle oder durch Zwischendampfentnahme in weiten Grenzen unabhängig von der Belastung Wärme entziehen kann. Zu diesem Grund gesellt sich noch der höhere Brennstoffpreis bei Diesel- und Sauggasmaschinen, der es allein schon verbieten würde, den Wirkungsgrad der Krafterzeugung zugunsten der Abwärmeausnützung zu verschlechtern.

In bestimmten Fällen wird eine gewisse Wärmemenge gefordert, die als Abwärme geliefert werden kann. Dies trifft besonders zu, wo es sich um Dampf bis zu etwa 6 Atm. Üb., Warmwasser bis 100° C, Heißluft bis 140° C oder Abgase bis 450° C handelt. Die Wahl der Kraftmaschinen, aus welchen die Abwärme zu liefern ist, kann ganz freistehen. Es wird dann allgemein jene Kraftmaschine aufzustellen sein, welche für die verlangte Abwärme die größte Leistung zu erzeugen gestattet. Unter diesem Gesichtspunkt, der, wie später in einzelnen Fällen dargelegt wird, häufig eingenommen werden muß, sind unsere Wärmekraftmaschinen sehr verschieden zu bewerten.

Für je 100000 Kal. nutzbare Abwärme, Spalte b der Zahlentafel 6, können erzeugt werden:

Zahlentafel 8.

in Dieselmaschinen	95 bis 111 PS_e.
Großgasmaschinen	77 PS_e.
Sauggasmaschinen	61 „
Explosionsmotoren	47,5 „
Sattdampf-Kondensationsmaschinen	29 „
Heißdampf- „	25 „
Sattdampf-Auspuffmaschinen	21 „
Sattdampf-Auspuffturbinen	20,5 „
Heißdampf-Auspuffmaschinen	16,8 „
Heißdampf-Auspuffturbinen	16,8 „
Gegendruckmaschinen, 2 Atm. abs.	15,7 „
„ 5 „ „	11,1 „
Gegendruckturbinen, 2 „ „	14,8 „
„ 5 „ „	8,8 „

In Abb. 4 sind die Nutzleistungen der verschiedenen Wärmekraftmaschinen für je 100000 Kal. nutzbarer Abwärme zeichnerisch dargestellt. Wie schon angedeutet, sind zur Wertung dieses Bildes die Gestehungskosten der Wärme für die einzelnen Maschinen, der Dampf-, Brennstoff-, Gas- oder Rohölpreis mit zu berücksichtigen. Mit Hinsicht auf die heutigen unsicheren und noch vielen Schwankungen unterworfenen Kohlen- und Ölpreise kann auf diese Gestehungskosten nicht näher eingegangen werden. Die Preise vor dem Weltkriege sind gegenwärtig auch relativ nicht mehr richtig.

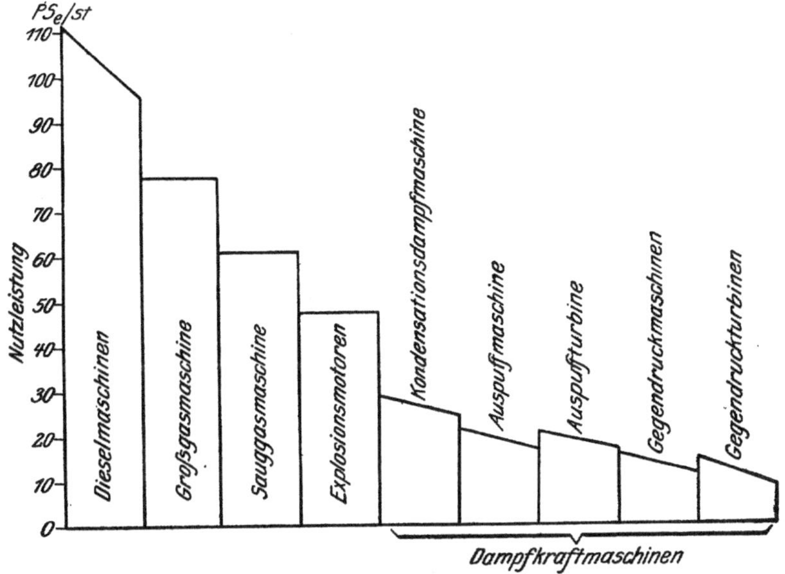

Abb. 4. Nutzleistung der verschiedenen Wärmekraftmaschinen für je 100000 Kal. nutzbarer Abwärme.

Die Grundlage der Wertbemessung der Brennstoffe ist ihr Heizwert. Die für die einzelnen Kraftmaschinen verwendeten Brennstoffe haben folgende Heizwerte:

Zahlentafel 9.

Für Dampfkraftmaschinen:				
Ruhrmagerkohle	7300	bis	8400	Kal./kg
Ruhrfettkohle	7500	„	8000	„
Saarkohle	6400	„	7000	„
Schlesische Steinkohle	5300	„	7000	„
Sächsische Flammkohle	5900	„	6600	„
Böhmische Steinkohle	4000	„	5900	„
Oberbayerische Pechkohle	4500	„	5400	„
Steyerische Braunkohle	3400	„	5300	„
Böhmische Braunkohle	3500	„	4600	„
Sächsische Braunkohle	2500	„	4100	„
Für Sauggasmaschinen:				
Englischer Anthrazit	8100	bis	9000	Kal./kg
Französischer „	7600	„	8600	„
Amerikanischer „	7900			„
Hannoverscher Halbanthrazit	6000			„
Braunkohlenbriketts	4500	„	5100	„
Für Großgasmaschinen:				
Leuchtgas	i. M. 5600			Kal./cbm
Koksofengas	3500	bis	4500	„
Mischgas	1400	„	1520	„
Braunkohlenbrikettgas	1100	„	1300	„
Gichtgas	750	„	900	„

Für Explosionsmotoren:

Benzin	10500 Kal./kg
Benzol	9600 „
Naphthalin	9600 „

Für Dieselmaschinen siehe Seite 147.

Aus den Brennstoffkosten an der Verwendungsstelle, dem Heizwert und dem Wirkungsgrad der Feuerung ist der Wärmepreis im einzelnen Fall leicht zu berechnen.

Wirtschaftlich besonders bemerkenswert ist die Großgasmaschine, welche mit Gicht- oder mit Koksofengas[1]), also mit Abfallwärme betrieben wird. Sie erscheint hinsichtlich Kraftausbeute für die Abwärme als Bezugseinheit an zweiter Stelle. Da der Wärmepreis dieser Maschinenart wohl der billigste unter allen Kraftmaschinen ist, muß man sie als die wirtschaftlich wertvollste Wärmekraftmaschine bezeichnen. Die Großgasmaschine kann aber nur da aufgestellt werden, wo Gicht- oder Koksofengase verfügbar sind, sie ist also auf ein bestimmtes Anwendungsgebiet beschränkt.

Zu den Dampfkraftmaschinen ist zu bemerken, daß bei großem Abwärme-, aber geringem Kraftbedarf oder geringer Kraftverwertungsmöglichkeit die Gegendruckturbine die geeignetste Kraftmaschine ist. Bei steigendem Kraftbedarf kommen alsdann die Maschinen in der Reihenfolge der Abb. 3 in Frage: Gegendruckkolbenmaschine, Auspuffturbine, Auspuffmaschine. Bei großem Kraft-, aber geringem Bedarf an Abwärme ist in erster Linie die Kondensationsmaschine zu nennen. Das Anwendungsgebiet der Maschinen mit Zwischendampfentnahme liegt zwischen der Gegendruckturbine und der normalen Kondensationsmaschine.

In den Abschnitten, welche den einzelnen Maschinenarten gewidmet sind, wird zu erörtern sein, welche Gesichtspunkte bei der Wahl, bei der Berechnung und beim Betrieb der Kraftmaschinen für Abwärmeverwertung zu berücksichtigen sind.

Literatur über das vorbehandelte Gebiet.

Eberle, Chr., Die Wärmeausnützung in den Dampfanlagen. Z. bayr. Rev.-V., S. 1, 1902,

Deinlein, W., Dampfmaschinen und Heizungsanlagen. Z. bayr. Rev.-V., S. 13, 1908:

Tejessi, M., Die Abdampfverwertung. Z. Dampfk. Vers.-Ges., S. 57, 1909.

Tilly, Heizung, Warmwasserbereitung, Kraftbetrieb und Beleuchtung mit Niederdruck-Dampfturbinen bei Abdampfausnützung. Gesundhtsing., S. 587, 1909.

Deinlein, W., Wärmeverwertung in Verbindung mit Dampf- und Verbrennungsmaschinen. Z. bayr. Rev-V., S. 187, 1911.

Schmitz, H., Die Verwertung der Abwärme beim Dampfbetriebe. Z. V. d. I., S. 224, 1911.

Heilmann, K., Die Wärmeausnützung der heutigen Kolbendampfmaschine. Z. V. d. I., S. 921, 1911

[1]) Über den Wert dieser Gase s. K. Rummel, Die Gaswirtschaft auf Eisenhüttenwerken. Z. V. d I., S. 1156, 1914.

Rößler, J.; Abwärmeverwertung von Dampf-, Gasmaschinen und Turbinen. Sozialtechnik, S. 323, 1912.
Allgemeine Betrachtungen über den Wert der Abwärmeverwertung. Die Zahlenwerte sind mit Vorsicht zu gebrauchen.

Bergmann, H.: Die Kosten der elektrischen Energie an der Verbrauchsstelle und die Bestimmung des Verkaufspreises der elektrischen Energie. Schweiz. El. Z., S. 475, 1912.

Kosten der Krafterzeugung im Dampfbetriebe. Z. bayr. Rev.-V., S. 84, 1912.

Brabbeé, K.: Forschungsarbeiten der Prüfungsganstalt für Heizungs- und Lüftungseinrichtungen in Berlin, nebst einem Anhang über Abwärmeverwertung. Gesundhtsing., S. 429, 1912.

Reischle: Die Zukunft der Dampfmaschine. Z. bayr. Rev.-V., S. 1, 1912.

Heilmann, K.: Die Beurteilung der Kolbenmaschine. Z. Dampfk. Maschbtr., S. 339, 1913.

Über wärmetechnische Abdampfverwertung. Haust. Rundsch., S. 177, 1913.

Hoefer, K.: Technische und wirtschaftliche Erfahrungen im Dampfturbinenbetrieb. Z. Turbinenw., S. 534, 1913.

Schulze, A.: Verbindung von Kraft- und Heizbetrieben. Gesundhtsing., S. 821, 1913.

Hartung, K.: Anschluß an Elektrizitätswerk oder eigene Kraftanlage. Z. Dampfk. Maschbtr., S. 373, 1914.
Gegenüber dem Anschluß an Überlandzentralen werden die Vorteile der eigenen Kraftanlage bei Verwertung der Abwärme allgemein erörtert.

Laaser: Abdampf- und Zwischendampfverwertung. Z. V. d. I., S. 1646, 1914. Bericht über seinen Vortrag im Unterweser Bezirksverein.

Hautog und Ammon: Größenbemessung und Wirtschaftlichkeit von Abdampfverwertungsanlagen. Glückauf, S. 569, 1914 I.
Für Heizung und Warmwasserbereitung genügen im Zechenbetrieb etwa 5% der gesamten Abdampfmenge. Für die Vorwärmung des Kesselspeisewassers können weitere 11,5% verwendet werden. Abdampfverwertung zur Energieerzeugung. Berechnung der Größe der Abdampfspeicher verschiedener Bauarten. Abdampfspeicher der Gutehoffnungshütte.

Stadelmann, E.: Die Verwertung der Abwärme. Gesundhtsing., S. 395, 1917.

Kraft- und Wärmewirtschaft in der Industrie. Z. bayr. Rev.-V., S. 71, 1918.

Heilmann, K.: Die Ausnützung der Abwärme insbesondere bei Wärmekraftmaschinen. Z. Dampfk. Maschbtr., S. 113, 1918. Dingler, S. 156, 1918. Z. V. d. I., S. 278, 1918.
Bericht über seinen Vortrag im Berliner Bezirksverein. Angaben über Kohlenvorräte und Kohlenverbrauch der Welt. Erzeugung von Wärme aus Abfallstoffen und Abfallenergien. Die Abwärmemengen der verschiedenen Wärmekraftmaschinen. Tabellen der Wärmebilanzen mit besonderer Berücksichtigung der Lokomobilen. Eignung von Abdampf, Kühlwasser, Kondensat und Abgasen für Heizzwecke. Wärmeaustauschapparate. Kolbendampfmaschinen und Dampfturbinen als Heizungskraftmaschinen. Versuchsergebnisse einer 170 PS-Lokomobile bei verschiedenen Gegendrücken. Zwischendampfentnahme. Wirtschaftlicher Nutzen der Abwärmeverwertung. Anwendungsgebiete.

De Grahl: Die Ausnützung der Kohle bei ihrer Verbrennung, Entgasung und Vergasung. Z. Dampfk. Maschbtr., S. 228, 1918.
Graphische Wärmebilanzen für verschiedene Arten der Ausnützung der in der Kohle enthaltenen Wärme. Beispiel des Betriebes einer Klinik, wo durch Aufstellung einer Auspuffturbine und Ausnützung des Abdampfes derselben die Betriebskosten auf 36% der ursprünglichen Kosten bei getrennter Kraft- und Heizdampferzeugung und Bezug von elektrischem Strom aus dem städtischen Netz sich ermäßigen ließen.

Barth, F.: Kohlenersparnis bei industriellen Feuerungen. Z. Dampfk. Maschbtr. S. 257, 1918.

Allgemeine Würdigung der Hebung der Wirtschaftlichkeit von Dampfbetrieben durch Wahl und Ausbildung, Bedienung und Instandhaltung der Feuerungseinrichtung. Verbindung von Kraft- und Heizbetrieb.

Crusius, L.: Die Ausnützung vorhandener Wärmequellen in Fabriken. Gesundhtsing., S. 821, 1918.

Gleichmann, H.: Ein Beitrag zur Frage der Bewirtschaftung von Brennstoff und Energie. Z. bayr. Rev.-V., S. 44, 1919.

Brabbeé, K.: Deutschlands zukünftige Kohlenwirtschaft. Z. V. d. I., S. 133 u. 195, 1919.

Rummel, K.: Der Wärmewirkungsgrad von Kraftwerken. Z. V. d. I., S. 673, 1920.

Josse, E.: Mittel und Wege zur besseren Ausnutzung der Brennstoffe. Z. Turbinenw., S. 109, 1920.

Josse, E.: Neuzeitliche Verwertung und Bewertung der Wärme. Z. Turbinenw., S. 313, 1920.

Die Schaltung von Großgasmaschinen mit Abwärmeverwertung zur Dampferzeugung und Dampfturbinen hintereinander gibt eine sehr rationelle Wärmekraftanlage. Gichtgasmaschinen von 10000 PS. liefern nur mit der Wärme ihrer Abgase in nachgeschalteter Dampfturbine 1500 PS, mit der Wärme der Abgase und des Kühlwassers 3000 PS Zusatzleistung.

Eberle, Chr.: Wärmewirtschaft. Z. V. d. I., S. 361, 1921.

Schneider, L.: Probleme und Ergebnisse der Abwärmeverwertung. Z. V. d. I., S. 376, 1921.

Die Abwärmeverwertung stellt viele Aufgaben auf dem Gebiete der Forschung, der Statistik und des Entwerfens und ist erst nach Lösung einer Reihe dieser Aufgaben wirtschaftlich erfolgreich geworden. Dazu gehören die Termodynamik der Wärmekraftmaschinen, die Fortleitung, Aufspeicherung, Temperatursteigerung und Anwendung der Wärme, die Wärmeübertragung, die statistische Erfassung und Bearbeitung von Kraft- und Wärmebilanzen, die Vervollkommnung der Meßeinrichtungen, der Bau verwickelter Regelungen und geeigneter Wärmeübertrager. Noch viele Fragen sind ungeklärt; aus ihrer Lösung wird die Abwärmeverwertung erneut Früchte ziehen.

An wertvollen Ergebnissen der Abwärmeverwertung können wir buchen: Einfacher Bau der Wärmekraftanlagen durch Fortfall der Kondensation und der hohen Überhitzung, billige Krafterzeugung, geringer Brennstoffverbrauch, Förderung der Heiz- und Gesundheitstechnik, wirtschaftliche Ausnutzung zeitlich begrenzter Wasserkräfte und kleiner oder veralteter Kraftanlagen, sowie namentlich die Abkehr von der übertriebenen Zentralisierung der Krafterzeugung und damit verminderter Einfluß von Kohlenmangel, Maschinenschäden und Arbeitseinstellungen.

Hartmann, O. H.: Hochdruckdampf bis zu 60 Atm. in der Kraft- und Wärmewirtschaft. Z. V. d. I., S. 663, 1921.

Sulzer, Gebr.: Abwärmeverwertung. Gesundhtsing., Festnummer, S. 12, 1921.

Frenkel, F.: Heizung, Warmwasserbereitung und Trocknung durch Abfallwärme. Z. V. d. I., S. 1164, 1921.

Heilmann, K.: Wärmeausnutzung bei Kraftmaschinen. Z. Dampfk. Maschbtr., S. 315, 1921.

Einfluß verschiedener Druck- und Temperaturgrenzen auf Leistung und Dampfverbrauch von Kolbendampfmaschinen und Turbinen mit Abdampfausnutzung. Einfluß der Dampfspannung auf die Dampfausnutzung. Einfluß der Dampftemperatur, Ausnutzung der theoretischen Arbeitsfähigkeit des Dampfes in Maschinen und Turbinen, Einfluß der Luftleere bzw. des Gegendruckes, Zwischendampfentnahme, Wirtschaftliches. Die einzelnen Kapitel stellen kurze Betrachtungen über den gegenwärtigen Stand nach eigenen und fremden Arbeiten dar.

Schreber, K.: Sparsame Temperaturwirtschaft. Dingler, S. 51, 1922; Brennstoff- und Wärmewirtschaft, S. 9, 1922.

Klingenberg, G., Die Zukunft der Energiewirtschaft Deutschlands. Z. V. d. I., S. 590, 1922.

II. Kraft- und wärmetheoretische Untersuchung der Maschinen mit Abwärmeverwertung.

1. Dampfmaschinen.

a) Die Kondensationsmaschine mit hohem Vakuum.

Die Einzylinderkondensationsmaschine ist nur mehr selten anzutreffen, weil bei einstufiger Dampfdehnung der Nutzen der Kondensation nicht sehr erheblich ist und es sich in der Regel um kleinere Anlagen handelt, welche man nicht gerne durch die Kondensation kompliziert. Um die Expansion des Dampfes tief genug treiben zu können, müßte der Zylinder sehr große Abmessungen erhalten und dabei kleine Füllungsgrade, so daß die Abkühlungs-, Wandungs- und Drosselverluste so groß werden, daß sie den durch die Kondensation erzielbaren Nutzen fast aufwiegen.

Ein großes Anwendungsgebiet hat jedoch die gewöhnliche Kondensations-Verbunddampfmaschine. Sie wird mit Misch- oder mit Oberflächenkondensation ausgerüstet. Im ersteren Fall wird in den Abdampf der Maschine Wasser in feinen Strahlen eingespritzt, weshalb man diese Art auch als Einspritzkondensation bezeichnet. Im zweiten Fall wird der Abdampf an Kühlflächen entlang geführt, durch welche er seine Wärme an Wasser abgibt. Die Strahlkondensation ist eine Abart der Mischkondensation. In sämtlichen Fällen findet in der Regel das durch den Abdampf erwärmte Wasser keine Verwendung mehr. Bei Einspritzkondensation ist es durch das Zylinderschmieröl der Maschine mehr oder minder verunreinigt. Das warme Kühlwasser läßt man entweder weglaufen oder man kühlt es in Kühltürmen (Rückkühlanlagen) wieder ab, um es aufs neue als Kühlwasser zu verwenden. Man legt sich noch Kosten auf, um die Abwärme los zu werden.

Trotz der niederen Temperaturen des Vakuumdampfes,

bei 0,1 Atm. abs. Druck	. . . . .	45,6 °C
„ 0,15 „ „	. . . . .	53,7 „
„ 0,2 „ „	. . . . .	59,8 „
„ 0,25 „ „	. . . . .	64,6 „
„ 0,3 „ „	. . . . .	68,7 „
„ 0,4 „ „	. . . . .	75,5 „

(Zahlentafel 10)

könnte dessen Wärmeinhalt — wie wir im vorangehenden Abschnitt gesehen haben, 76 bis 80 % der der Maschine zugeführten Wärme — noch in sehr vielen Fällen ganz oder teilweise nutzbringend verwertet werden. Mit 65 °C kann eine Warmwasserheizung aus dem Kühlwasser einer Oberflächenkondensation ohne Nacherwärmung des Wassers noch bei —5 °C Außentemperatur betrieben werden, mit 58 °C bei einer Außentemperatur bis zu 0 °C. Es würde also nur während weniger Tage der Heizzeit ein Nachwärmen in eigens gefeuerten Kesseln oder Öfen oder durch Abgase notwendig werden, wenn man nicht zu dem einfachen Mittel der vorübergehenden Verschlechterung des Vakuums greifen will. Auch für Warmwasserversorgung, Bäderbereitung und manche Fabrikationszwecke sind Wärmegrade von 40 bis 60 °C durchaus hinreichend.

Statt der Wasserkondensation kann auch Luftkondensation gewählt werden. Mit guten solchen Apparaten ist eine Luftleere von 80 bis 85 % erreichbar. Ein Lufterhitzer kann auch zwischen Maschine und Wasserkondensator eingeschaltet werden. Mit 1 kg Abdampf von 0,2 Atm. abs. Spannung sind 50 kg Luft von 10 °C und 80 % Sättigung auf 50 °C zu erhitzen, wobei der Sättigungsgrad der warmen Luft auf 11,4 % abnimmt. Durch den vor den eigentlichen Kondensator geschalteten Lufterhitzer wird die Luftleere in der Maschine nicht merklich verschlechtert, in manchen Fällen sogar verbessert, nämlich wenn die Kühlfläche bzw. die Kühlwassermenge zu gering waren.

Vor den gleichzeitig als Vorwärmer für Wasser oder Luft dienenden Kondensator oder vor den zwischen Maschine und Kondensator geschalteten Lufterhitzer fügt man vorteilhafterweise einen Dampfentöler ein, der die Wärmeübertragungsflächen von Öl und Schmutz möglichst freihält.

Der wirtschaftliche Wirkungsgrad einer Kondensationsmaschine kann von 15 bis 20 % durch die Abwärmeverwertung auf 86 bis 93 % gehoben werden. Bei der Einfachheit, mit der die Abwärmeverwertung mit jeder Kondensationsmaschine zu verbinden ist, sollte die Abwärmevernichtung, wenigstens während der jährlichen Heizzeit, zu den seltenen Ausnahmen gehören.

b) Die Auspuff- und Gegendruckmaschine.

Die Einzylinder-Auspuffmaschine ist eine noch sehr verbreitete Erscheinung in industriellen, gewerblichen, landwirtschaftlichen und anderen Betrieben. Man findet vielfach nichts dabei, wenn jahraus, jahrein der Abdampf solcher Maschinen unausgenützt bleibt und über Dach bläst und hütet sich ängstlich, der Maschine ja keinen höheren Gegendruck als atmosphärischen, wie man dies von der Abdampfverwertung befürchtet, zuzumuten. Der „schädliche Gegendruck auf den Kolben“ ist schon oft schuld gewesen, daß die Heizung oder die Warmwasserbereitung des Betriebes nicht mit dem Abdampf der Maschine gespeist wurden. In diesem Falle kommt dann allerdings erst recht das Kohlenbudget des schlecht beratenen Maschinenbesitzers zu Schaden.

Eine mäßige Erhöhung des Gegendruckes über den Atmosphärendruck hat in Wirklichkeit auf den Dampfverbrauch und die Leistung der Maschine nicht den übermäßigen Einfluß, wie oft geglaubt wird. Ja selbst bedeutendere Gegendrücke lassen sich in ihrer Wirkung auf Dampfverbrauch und Leistung durch Wahl einer höheren Dampfanfangsspannung ausgleichen. In Abb. 5 ist der Dampfverbrauch der verlustlosen Maschine bei verschiedenen Anfangs- und Gegendrücken und normaler Belastung zeichnerisch dargestellt und zwar zunächst für Sattdampf. Den Verlauf der Kurven für überhitzten Dampf von 300° zeigt Abb. 6.

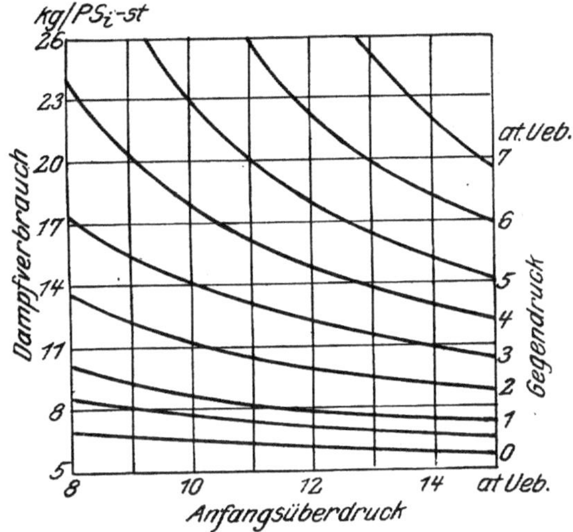

Abb. 5. Dampfverbrauch der verlustlosen Sattdampfmaschine bei verschiedenen Anfangs- und Gegendrücken.

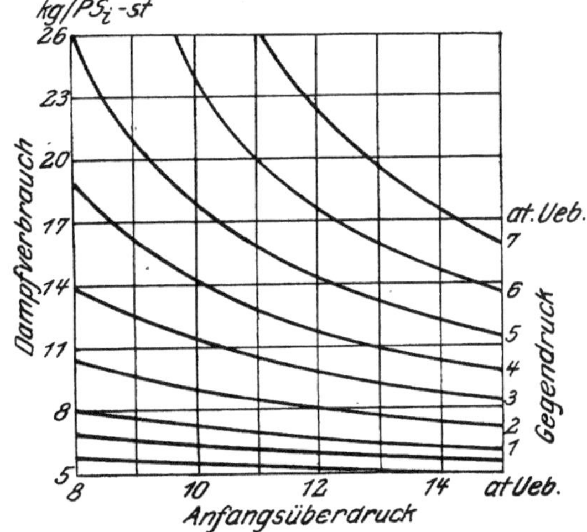

Abb. 6. Dampfverbrauch der verlustlosen Heißdampfmaschine bei verschiedenen Anfangs- und Gegendrücken.

Bei einem Anfangsdruck des Dampfes vor der Maschine von 8 bis 15 Atm. bringt die Erhöhung des Gegendruckes von Null auf $^1/_2$ Atm. nur einen Dampfmehrverbrauch von 1, höchstens $1^1/_2$ kg pro PS_i-St. mit sich, und zwar um so weniger, je höher der Dampfanfangsdruck ist.

Bei 15 Atm. Üb. Anfangs- und 7 Atm. Üb. Gegendruck ist der Dampfverbrauch der verlustfreien Maschine etwa ebenso hoch als bei Betrieb mit 9 Atm. Üb. Anfangs- und 4 Atm. Üb. Gegendruck. Der Vorteil, den man aus der Erhöhung des Anfangsdruckes ziehen kann, ist um so größer, je höher der Gegendruck ist. Für Sattdampfbetrieb gilt dies in höherem Maße als für Heißdampfbetrieb. Im übrigen zeigt die verlustfreie Maschine, wie zu erwarten, keinen wesentlichen Unterschied zwischen Betrieb mit Sattdampf und Heißdampf.

Mit der Wahl des Dampfanfangsdruckes geht man bereits sehr weit. Eine ausgeführte Einzylindermaschine mit 17 Atm. Anfangsüberdruck und 7 Atm. Gegendruck ist auf S. 189 dieses Buches, eine Einzylindermaschine mit 15,5 Atm. Üb. Anfangs- und 3 Atm. Üb. Gegendruck auf S. 28 erwähnt. Maschinen mit 13 bis 15 Atm. abs. Anfangsspannung des Dampfes bilden keine Seltenheit.

Geht man mit dem Anfangsdruck noch höher hinauf, auf 20 bis 60 Atm., wie es Wilhelm Schmidt neuerdings vorschlägt, so kann man leicht Gegendrücke von 9—15 Atm. zulassen und damit allen Anforderungen genügen, die an die Höhe des Druckes von Kochdampf gestellt werden.

Der oft gehörte Einwand gegen die Maschine mit Abdampfverwertung, daß die Leistung mit dem Gegendruck abnimmt, ist nicht stichhaltig, solange die Füllung noch vergrößert werden kann. Eine geringe Vergrößerung der Füllung ist bereits imstande, die durch Erhöhung des Gegendruckes zu Verlust gegangene Diagrammfläche zu ersetzen. Vom thermodynamischen Standpunkt aus wäre jenes Diagramm anzustreben, welches in eine Spitze endigt (Spitzendiagramm, vollständige Expansion). Legt man dasselbe der Normalleistung zugrunde, so findet man, daß die Leistungsfähigkeit einer Maschine mit wachsendem Gegendruck statt abzunehmen, sogar ganz wesentlich steigt. Für eine Einzylindermaschine mit $11^1/_2$ Atm. Anfangsüberdruck bei 300 ° Temperatur ist die jeweilige Leistung nach dem Spitzendiagramm sowie die dazugehörige Füllung in Abb. 7 dargestellt. Bei dem gewählten Anfangsdruck steigt die Leistung an bis zu einem Gegendruck von 4 Atm. Dabei beträgt der Füllungsgrad 49 $^0/_0$. Je höher der Gegendruck bei festgewähltem Anfangsdruck, desto weniger ist allerdings die Maschine über das Spitzendiagramm hinaus überlastbar. Auch die Regulierfähigkeit einer Maschine mit ganz großer Füllung verschlechtert sich, doch ist im gewöhnlichen Betrieb eine Störung aus diesem Grunde bei passender Wahl des Reglers nicht zu befürchten.

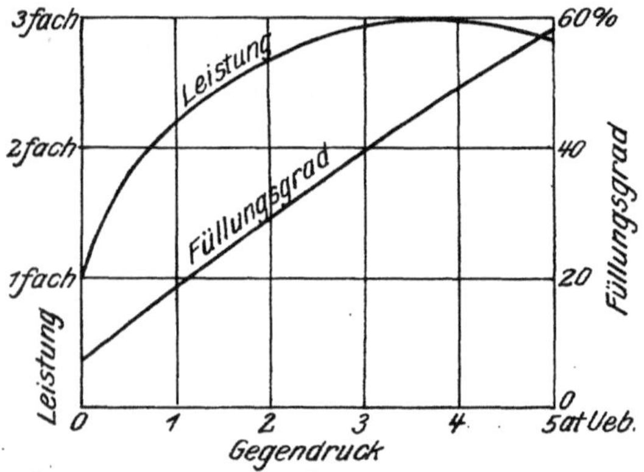

Abb. 7. Leistung und Füllungsgrad einer Einzylindermaschine mit vollständiger Expansion bei verschiedenen Gegendrücken.
$p_a = 11^1/_2$ Atm. Üb. $t_a = 300^0$ C.

Die in Abb. 8 dargestellten Mittelwerte des Dampfverbrauches in Abhängigkeit vom Anfangs- und Gegendruck habe ich aus 54 Dampfverbrauchsversuchen des Bayerischen Revisionsvereins, ausgeführt an Sattdampf-Einzylindermaschinen aus den Jahren 1909 bis 1917 [1]), gefunden. Der geometrische Ort der über dem Gegendruck als Abszisse aufgetragenen Dampfverbrauchszahlen erscheint für gleiche Anfangsdrücke als Gerade. Ein Vergleich des Dampfverbrauchs der

[1]) Z. bayr. Rev.-V. Jahrgänge 1910 bis 1918. Dampfverbrauchs- und Leistungsversuche an Dampfmaschinen.

verlustfreien Maschine mit den ausgeführten Maschinen ergibt, daß in Wirklichkeit der günstige Einfluß des höheren Anfangsdruckes sogar noch größer ist. Die mit 9,5 Atm. Üb. Anfangs- und 3 Atm. Gegendruck betriebene Maschine weist den gleichen Dampfverbrauch auf als die Maschine mit 6,5 Atm. Anfangs- und 1 Atm. Üb. Gegendruck, während nach der verlustfreien Maschine statt 9,5 Atm. Anfangsdruck ein solcher von 12 Atm. zum Ausgleich des höheren Gegendrucks nötig wäre. In Übereinstimmung mit der verlustfreien Maschine zeigt sich bei höheren Gegendrücken die Erhöhung des Anfangsdruckes belangreicher als bei geringen. So ermäßigt die Hinaufsetzung des Dampfanfangsüberdruckes von 6,5 auf 9,5 Atm. den Dampfverbrauch der Sattdampf-Auspuffmaschine um 4,4 kg/PS$_i$-St., dagegen den Verbrauch der mit 1,5 Atm. Üb. Gegendruck betriebenen Maschine um 7 kg/PS$_i$-St.

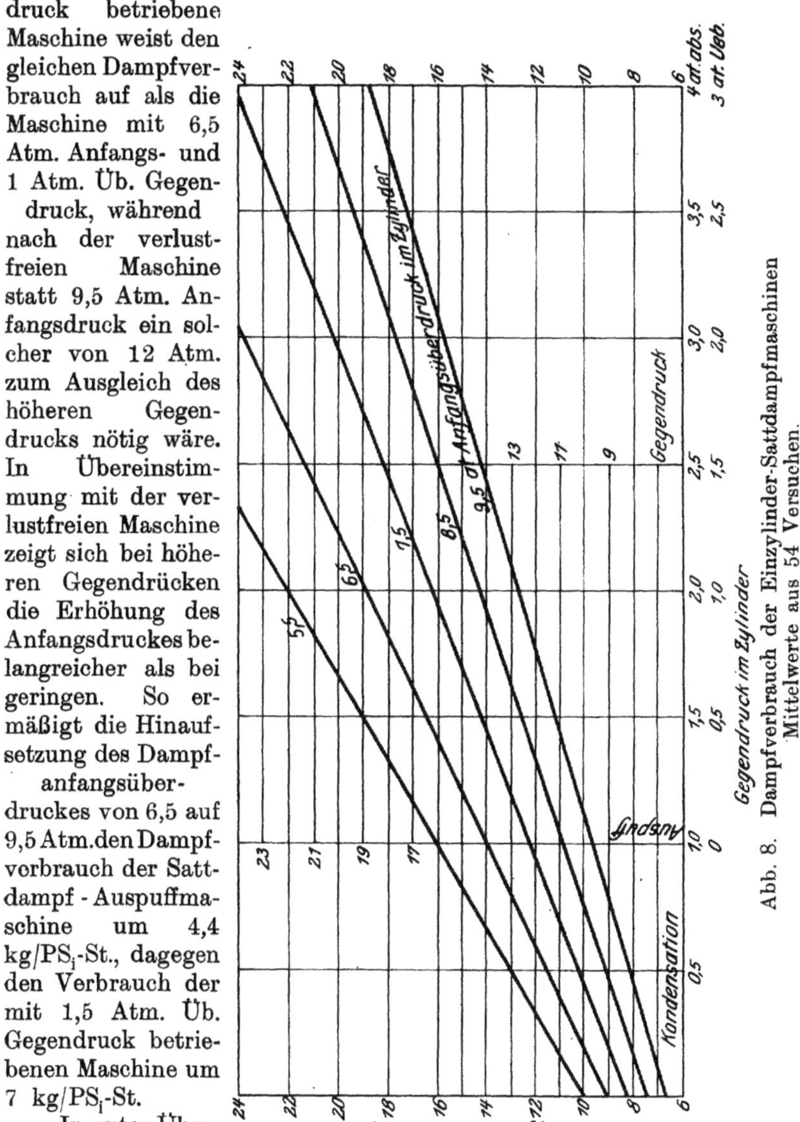

Abb. 8. Dampfverbrauch der Einzylinder-Sattdampfmaschinen Mittelwerte aus 54 Versuchen.

In guter Übereinstimmung mit den Verhältnissen bei der verlustlosen Maschine erkennt man, daß die Erhöhung des Gegendruckes von freiem Auspuff auf $^1/_2$ Atm. Üb. bei 9,5 Atm. Anfangsüberdruck nur rd. $1^1/_2$ kg/PS$_i$-St. Mehrdampfverbrauch bewirkt. Gleichzeitig sieht man, daß bei veralteten Dampfanlagen mit 5,5 Atm. Dampfüberdruck vor der Maschine dieser Mehrdampfverbrauch wesentlich höher, nämlich rd. 3 kg/PS_i-St. ist.

Die Berechnung des Dampfverbrauches der Gegendruckmaschinen kann bei Sattdampfbetrieb nach Abb. 8 erfolgen. Für höhere Anfangs- und Gegendrücke liegen bisher nur ganz vereinzelte Versuche vor.

Bei Betrieb mit Heißdampf wird der Dampfverbrauch von drei Größen beeinflußt: dem Anfangsdruck, dem Gegendruck und dem Grad der Überhitzung. Zur Darstellung dieser mehrfachen Abhängigkeit wäre ein Raumdiagramm zu zeichnen.

Für Heißdampfbetrieb geht man bei der Vorausberechnung des Dampfverbrauches am einfachsten vom indizierten thermodynamischen Wirkungsgrad aus. Das adiabatische Wärmegefälle zwischen dem Anfangs- und Gegendruck im Zylinder sei Φ. Es ist aus dem Mollierschen i-s-Diagramm ohne jede Rechnung zu entnehmen. Ist η_i der angenommene indizierte thermodynamische Wirkungsgrad der Maschine, so berechnet sich der Dampfverbrauch pro PS_i-St. zu

$$C_i = \frac{632{,}3}{\eta_i \cdot \Phi} \text{ kg/PS}_i\text{-St.}$$[1]

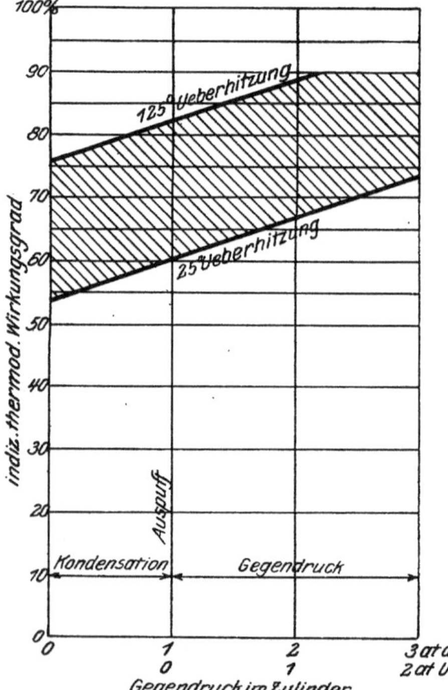

Abb. 9. Bereich der indiz. thermodynam. Wirkungsgrade von 58 Einzylinder-Heißdampfmaschinen.

Der Wirkungsgrad η_i ist um so höher anzunehmen, je höher der Anfangsdruck, je höher der Gegendruck und je höher die Dampfüberhitzung sind. Aus dem entworfenen Indikatordiagramm ist der Expansionsenddruck zu entnehmen. Je näher dieser dem Gegendruck liegt, auch desto größer nehme man den indizierten thermodynamischen Wirkungsgrad. Abb. 9 gibt den Bereich der indizierten thermodynamischen Wirkungsgrade von 58 Heißdampf-Enzylindermaschinen an, ebenfalls berechnet nach

[1]) Ein handliches Taschenformat der i-s-Tafel findet sich in F. Barth, Die Dampfmaschinen I. Sammlung Göschen, Seite 51. Ferner ist die Tafel enthalten in: R. Mollier, Neue Tabellen und Diagramme für Wasserdampf, Stodola, Dampf- und Gasturbinen, Schüle, Technische Wärmemechanik, Schüle, Die Eigenschaften des Wasserdampfes nach den neuesten Versuchen, Z. V. d. I., S. 1560, 1911.

Versuchen des Bayerischen Revisionsvereins aus den Jahren 1909 bis 1917[1]). Der Bereich der Versuche erstreckt sich auf Kondensations-, Auspuff- und Gegendruckmaschinen bis 3 Atm. abs. Gegendruck und auf Überhitzungsgrade von 25 bis 125° C über die dem Dampfanfangsdruck entsprechende Sättigungstemperatur. Genauer als durch den in Abb. 9 schraffierten Bereich läßt sich η_i aus den Versuchen nicht festlegen. Ich fand bestätigt, was schon a. a. O.[2]) festgestellt wurde, „daß für Auspuffmaschinen die Zunahme des thermodynamischen Wirkungsgrades mit der Temperatur sehr schwankt und ziemlich stark von der Temperatur selbst abzuhängen scheint. Es ergeben sich Werte von 0,5 bis 2 Einheiten für 10° C.“ Mit steigendem Gegendruck nimmt der thermodynamische Wirkungsgrad zu. Dies kommt hauptsächlich daher, weil die ganze Expansion des Dampfes im trockenen oder vielmehr im überhitzten Gebiet verläuft und die Abkühlungs-, Drossel- und die Verluste durch die schädliche Wandwirkung geringer werden.

Abb. 10 stellt nach Kammerer die Veränderung des thermodynamischen Wirkungsgrades einiger Auspuffmaschinen bei Steigerung der Überhitzung dar[2]). Wie man sieht, können mit Auspuffmaschinen schon bei den gebräuchlichen Dampftemperaturen von 250 bis 300° C indizierte Wirkungsgrade von über 80% erreicht werden. Bei weiterer Steigerung der Dampftemperatur wird die Zunahme des Wirkungsgrades mäßiger. Man vermeidet in der Regel auch aus praktischen Gründen, so wegen der Schwierigkeit der zuverlässigen Schmierung, der Dampfentölung usw. höhere Überhitzungen; auch der Lebensdauer des Überhitzers kommen geringere Überhitzungsgrade zugute.

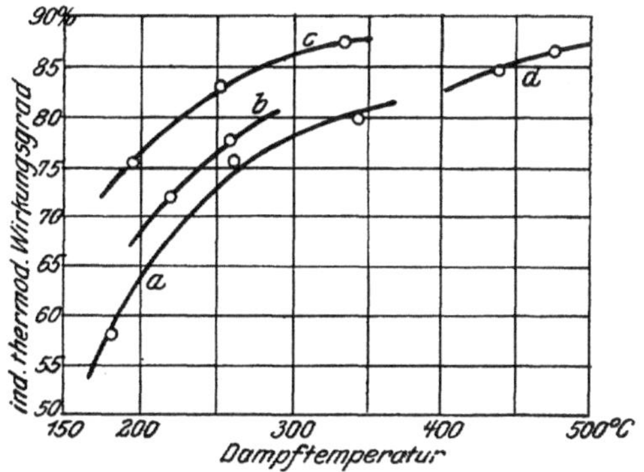

Abb. 10. Indizierter thermodynamischer Wirkungsgrad.

a einer 50 PS-Einzylinder-Auspuffmaschine.
b „ 80 „ Gegendruck-(2 Atm. abs.) Maschine.
c „ 90 PS-Verbund-Auspuffmaschine.
d „ 130 „ „ (Lokomobile).

Die Auspuff-, oder bei Bedarf von höher gespanntem Dampf die Gegendruckmaschine, ist überall da am Platze, wo

1. aller der augenblicklichen Maschinenbelastung entsprechender Abdampf sofort verbraucht wird, oder

2. wo die Maschine nach dem jeweiligen Abdampfbedarf belastet werden kann, weil die augenblicklich nicht benötigte Leistung aufgespeichert wird (z. B. in Akkumulatorenbatterien), oder

---

[1]) Z. bayr. Rev.-V. Jahrgänge 1910 bis 1918. Dampfverbrauchs- und Leistungsversuche an Dampfmaschinen.

[2]) V. Kammerer: Einfluß der Überhitzungstemperatur auf den Dampfverbrauch der Dampfmaschinen. Z. Dampfk. Maschbtr., S. 483, 1914.

3. wo die Maschine nach dem jeweiligen Kraftbedarf belastet werden kann, während die augenblicklich nicht verwertbare Abwärme in Dampf- oder Wärmespeichern der späteren Verwendung zugeführt wird.

In jenen Fällen, wo der Abdampf zeitweilig nicht ausgenützt wird, ist eine Kostenberechnung darüber anzustellen, welche Verbindung von Kraft- und Wärmeerzeugung am wirtschaftlichsten ist. Dabei sind die Betriebs- wie die Anlagekosten zu berücksichtigen und ist nicht zu vergessen, daß bei der Möglichkeit der Abschreibung der eigenen Betriebsanlagen nach 10 bis 15 Jahren meist noch ein wertvolles Objekt vorhanden ist, während bei Kraft- oder Wärmebezug von außen nur ein Päckchen wertloser Rechnungen übrigbleibt.

Durch die Krafterzeugung mit der einfachen und billigen Auspuff- oder Gegendruckmaschine und durch Verwertung des Abdampfes der Maschine ist in zahlreichen Fällen eine Anlage zu schaffen, welche an Wirtschaftlichkeit nicht zu überbieten ist, beträgt doch vorsichtig gerechnet bei voller Abwärmeverwertung der wirtschaftliche Wirkungsgrad:

	der Auspuffmaschine	der Gegendruckmaschine bei 5 Atm. abs. Gegendruck
für Krafterzeugung . .	9 bis $11^1/_2$ %	9 bis $6^1/_2$ %
„ Wärmeabgabe . . .	$71^1/_2$ „ 73 %	77 „ $79^1/_2$ %
zusammen	$80^1/_2$ bis $84^1/_2$ %	86 %

(Zahlentafel 11)

Die Gegendruckkolbenmaschine weist gegenüber der normalen Auspuffmaschine die Eigentümlichkeit auf, daß die mittlere Wandungstemperatur eine höhere ist. Es muß infolgedessen auf eine gute Zylinderschmierung gesehen werden. In die Abdampfleitung wird in der Regel ein automatisch wirkendes Zusatzventil eingebaut, welches herabgedrosselten Frischdampf in die Heizung eintreten läßt, sobald die Maschine zu wenig Abdampf abgibt. Der Eintritt des Zusatzdampfes vom Abdampfrohr in die unbelastete Maschine soll durch ein Rückschlagventil oder dergl. unmöglich gemacht werden. In gewissen Fällen könnte sonst die Maschine durchgehen.

Wo mehrere Maschinen nebeneinander arbeiten, kann die Anordnung so getroffen werden, daß eine Maschinengruppe mit Gegendruck- oder Auspuffbetrieb nur nach dem Abdampfbedarf belastet wird, während die andere die erforderliche Zusatzleistung bei Kondensationsbetrieb erzeugt. Dabei wird die erste Gruppe durch einen Druckregler, der bei sinkendem Abdampfdruck die Füllung vergrößert, die andere durch einen gewöhnlichen Fliehkraftregler beherrscht.

Der Vorschlag, eine Zylinderseite mit Kondensation, die andere mit Gegendruck zu betreiben, bietet unter anderen Schwierigkeiten besonders die Unannehmlichkeit eines schlechten Ungleichförmigkeitsgrades.

Der Kompressionsgrad einer Maschine, welche bald mit Auspuff oder Kondensation, bald mit Gegendruck arbeitet, wie es bei nur vorübergehendem Abdampfbedarf vorkommt, soll veränderlich sein.

Bei dem einmal festgelegten schädlichen Raum des Zylinders muß die Kompressionsstrecke um so kürzer werden, je höher der Aus-

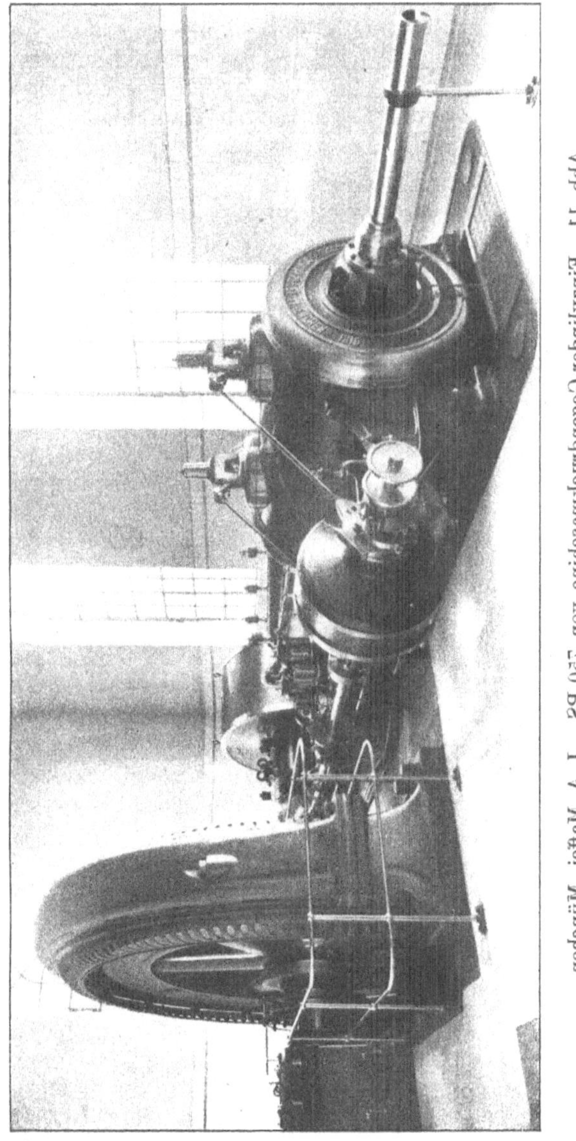

Abb. 11. Einzylinder-Gegendruckmaschine von 120 PS. J. A. Maffei, München.
$p_a = 12^1/_2$ Atm. Üb. $t_a = 300^0$ C. $p_g = 3$ Atm. Üb.

laßdruck des Dampfes ist, damit der Kompressionsenddruck nicht übermäßig hoch wird. Man ordnet für die Auslaßsteuerung deshalb gerne verstellbare Exzenter oder andere Behelfe an. Eine Vorrichtung, die den Kompressionsgrad automatisch verstellt, ist von Strnad nach dem D. R. P. Nr. 238 744 angegeben. Dabei wird die Kompressionsendspannung benützt, ein Ventil zu öffnen, welches Frischdampf in einen kleinen Zylinder gelangen läßt, dessen Kolben auf die Steuerung einwirkt.

Die Abdampfverwertung brachte es mit sich, daß jetzt Einzylindermaschinen für große Leistungen und hohe Anfangsdrücke gebaut werden. So zeigt z. B. Abb. 11 die Einzylinderbetriebsmaschine einer Buntweberei mit folgenden Hauptabmessungen:

$15^1/_2$ Atm. Anfangsüberdruck,
3 Atm. Gegendruck
520 mm Zylinderdurchmesser,
1000 mm Hub,
125 Umdrehungen und
750 PS Nutzleistung.

Eine gewisse Rückwirkung hat die Abdampfverwertung dadurch auf den Dampfmaschinenbau geäußert, daß sie auch einfache billige, aber nicht sehr dampfökonomisch arbeitende Maschinen wieder zu Ehren brachte. Doch ist die Meinung, „wenn der Abdampf verwertet werden kann, braucht die Maschine nicht Dampf sparen“, nicht immer stichhaltig. Im Gegenteil, oft ist es gerade erwünscht, zu einer gewissen Abdampfmenge die größtmögliche Leistung zu erzielen.

c) Sonderbauarten der Einzylindermaschine mit Heizdampfentnahme.

Die Einzylindermaschine wird auch als Gleichstrommaschine gebaut. Für Gegendruckbetrieb ist sie nicht brauchbar. Der ihr eigene hohe Kompressionsgrad und die Begründung ihrer dampfökonomischen Vorteile weisen ihr den Platz unter den Kondensationsmaschinen zu. Man hat vorgeschlagen, sie mit teilweiser Dampfentnahme zu betreiben[1]. Wirkliche Ausführungen nach solchen Vorschlägen sind nicht bekannt geworden.

Nach einem Vorschlag J. Missongs werden die beiden Zylinderseiten einer Einzylindermaschine so hintereinandergeschaltet, daß die eine Seite die Hochdruckstufe, die andere Seite die Niederdruckstufe bildet. Bei voller Ausnützung der beiden Arbeitsräume entspricht dies einer Verbundmaschine mit dem Zylinderverhältnis 1:1, was nur bei gleichbleibender, sehr großer Dampfentnahme zwischen den beiden Stufen zulässig sein würde. Der mechanische Wirkungsgrad einer solchen Maschine betrug nach Versuchen Prof. Dr. Pfleiderers an einer ausgeführten Maschine von 180 PS bei Vollast etwa $91^0/_0$ bei Halblast $78^0/_0$ im Auspuffbetrieb und $92^0/_0$ bzw. $72^0/_0$ im Kondensationsbetrieb.

Als weiteres Verfahren ist bekannt, eine Einzylindermaschine mit verschiedenen Gegendrücken auf beiden Kolbenseiten zu betreiben. In der Regel wird eine Maschinenseite mit Kondensation oder Aus-

[1] Stumpf, J.: Die Gleichstromdampfmaschine.

puff, die andere mit dem gewünschten Gegendruck arbeiten. Dabei wird die Belastung der einen Seite durch den Kraftbedarf, der anderen durch den Heizdampfbedarf geregelt. Ein Nachteil dieser Maschinen ist der schwankende Ungleichförmigkeitsgrad, der unter Umständen ein schweres Schwungrad verlangt. Erfolgt die Regelung der Zylinderleistung nur durch einen auf beide Seiten wirkenden Fliehkraftregler, so hätte die mit dem höheren Gegendruck arbeitende Zylinderseite eine stets kleinere Leistung aufzuweisen, als die andere Seite. Man kann deshalb nach D. R.-P. Nr. 305 701 der Gegendruckseite einen etwas voreilenden Füllungsgrad geben.

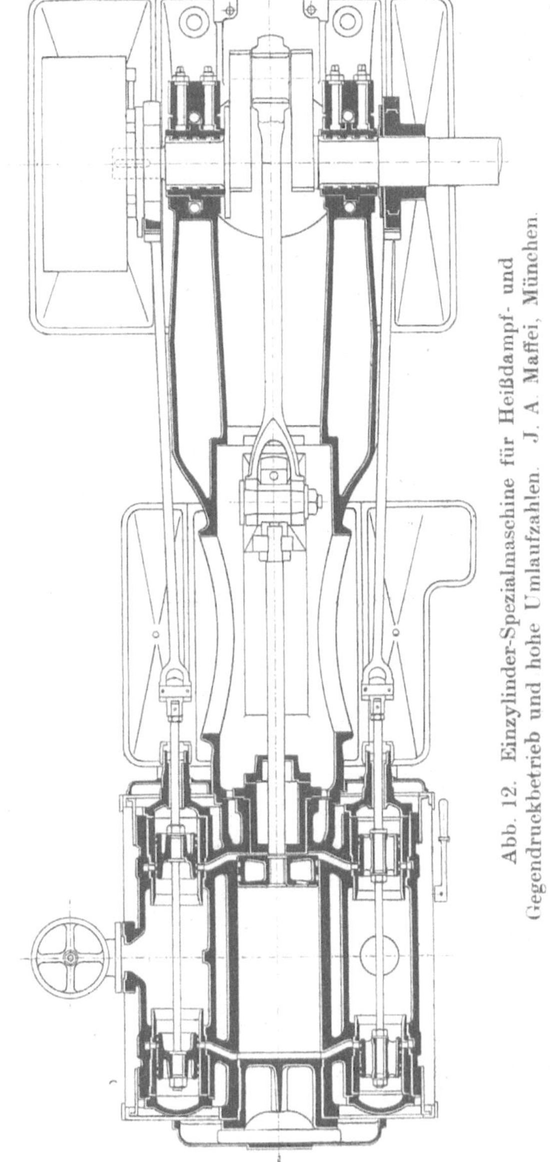

Abb. 12. Einzylinder-Spezialmaschine für Heißdampf- und Gegendruckbetrieb und hohe Umlaufzahlen. J. A. Maffei, München.

Alle diese Abarten der gewöhnlichen Einzylindermaschine haben fast gar keine Verbreitung gefunden, weil sie zu sehr auf besondere Betriebsverhältnisse zugeschnitten sind. Man kann aber in vielen Fällen die genaue Betriebsweise nicht so sicher festlegen und ist zudem bei später notwendig werdenden Umstellungen durch die zu wenig anpassungsfähige Spezialmaschine behindert. Immerhin muß man feststellen, daß die theoretische Ausnützungsfähigkeit der Einzylinder-Dampfmaschine noch nicht erschöpft ist und der tatsächliche Gebrauch davon nur von Dingen abhängt, die mit der Maschine selbst nichts zu tun haben.

Die Lokomotiv- und Maschinenfabrik J. A. Maffei in München baut für Leistungen von 20 bis 100 PS Einzylindermaschinen mit getrennten Ein- und Auslaßschiebern. Bekanntlich sind im Lokomotivbau Schieber für hochüberhitzten Dampf in Verwendung. Auch diese Einzylindermaschinen (Abb. 12), deren Zylinder sich frei ausdehnen kann, da die Kolbenschiebergehäuse nur an den Kanälen mit ihm zusammenhängen, sind für Heißdampfbetrieb (250—300°) geeignet. Die Dampfströmung durch die Maschine ist thermisch vorzüglich, da Einström- und Ausströmseite voneinander ganz getrennt sind. Ferner erlaubt die Steuerung eine große Freiheit in der Wahl der Füllungen und der Vorauslaß- und Verdichtungsbeginn-Punkte. Gerade beim Gegendruckbetrieb ist dies eine schätzenswerte Eigenschaft. Die Kolbenschiebersteuerung erlaubt bei der sonstigen Bauart der Maschine mit der Umdrehungszahl höher zu gehen als die gewöhnliche Ventilsteuerung. Dadurch wird die Maschine auf die Leistung bezogen auch billiger als eine Ventilmaschine.

Die Sächsische Maschinenfabrik vorm. R. Hartmann in Chemnitz baut neben Auspuff- und Gegendruckmaschinen mit dem gewöhnlichen Geschwindigkeits-Leistungsregler auch solche, deren Leistung sich selbsttätig dem jeweiligen Abdampfbedarf anpaßt. Hierbei wirkt ein in weiten Grenzen verstellbarer Quecksilberregler (Abb. 13) auf das Gestänge des Regulators derart unmittelbar ein, daß bei geringem Abdampfbedarf kleine Füllung im Zylinder gegeben wird. Der sich durch diese Füllungsverminderung ergebende Leistungsunterschied muß von einem mittelbar oder unmittelbar gekuppelten zweiten Maschinensatz übernommen werden. Je nach der Höhe des gewünschten Abdampfdruckes kann der Quecksilberregler beliebig eingestellt werden. Dieser besteht aus zwei kommunizierenden, am Regulatorhebel aufgehängten und mit Quecksilber gefüllten Röhren. Die eine Seite steht unter dem Druck des Abdampfes (Heizdampfes), so daß jede Veränderung dieses Druckes die Quecksilberverteilung auf beide Seiten beeinflußt. Der Fliehkraftregler sorgt dafür, daß bei großem Abdampfbedarf und zu kleiner Belastung die Maschine nicht durchgeht. In diesem Falle muß dann gedrosselter Frischdampf der Heizung zugesetzt werden.

Nach einer weiteren Ausführungsform der Sächsichen Maschinenfabrik wird ein Gegendruckzylinder nach Tandemart oder auch nach Art der Zweikurbelmaschinen mit einem normalen Kondensationszylinder gekuppelt. Wir erhalten so die Zwillingsdampfmaschine mit Heizdampfentnahme. Die Maschine in dieser Bauart ist besonders da am Platze, wo es sich um große Heizdampfmengen handelt, die jedoch nicht während der ganzen Betriebszeit in gleicher Höhe in Betracht kommen. Die Regulierung beider Zylinder erfolgt in der Weise, daß bei zunehmendem Heizdampfbedarf der Gegendruckzylinder und bei abnehmendem Heizdampfbedarf der Kondensationszylinder belastet wird, ohne daß sich die Gesamtleistung der Maschine ändert.

Es kann also der Fall eintreten, daß bei größtem Addampfbedarf der Gegendruckzylinder nahezu die gesamte Leistung abgibt, dagegen bei geringem Abdampfbedarf der Kondensationszylinder. Die Regu-

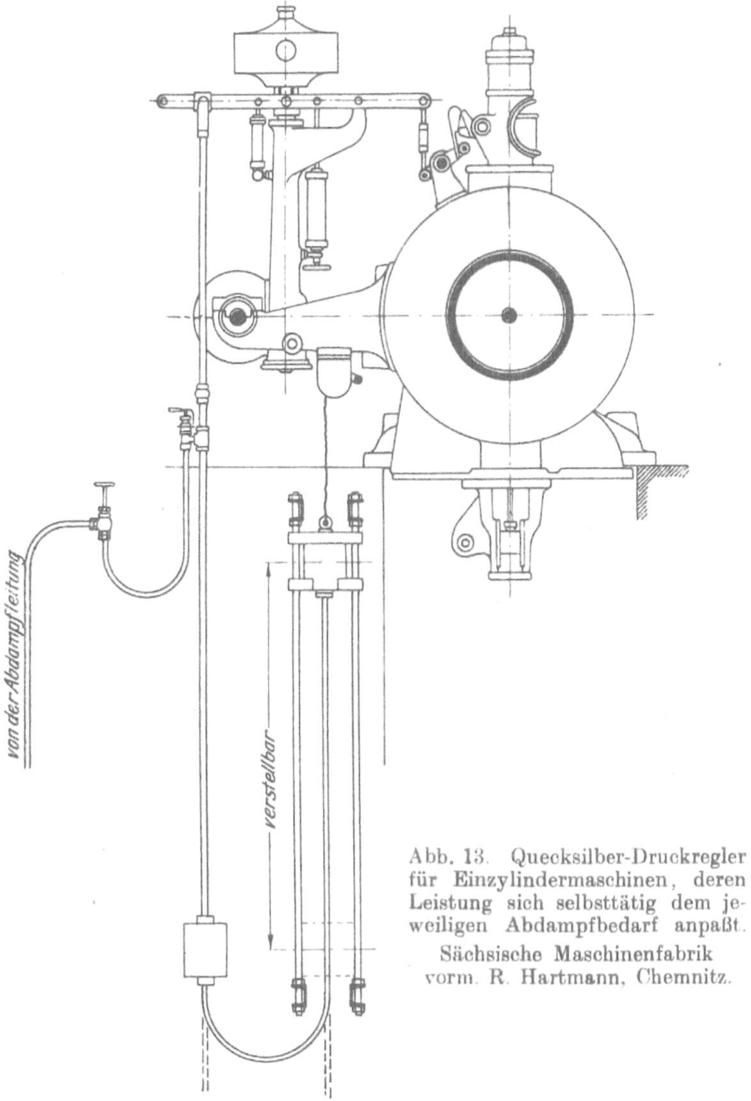

Abb. 13. Quecksilber-Druckregler für Einzylindermaschinen, deren Leistung sich selbsttätig dem jeweiligen Abdampfbedarf anpaßt. Sächsische Maschinenfabrik vorm. R. Hartmann, Chemnitz.

lierung der Dampfmenge erfolgt auch hier durch einen Quecksilberregler (Abb. 14), der auf die Einlaßsteuerung des Gegendruckzylinders einwirkt. Bei steigendem Abdampfbedarf, also bei sinkendem Heizdampfdruck, wird durch den Quecksilberregler größere Füllung und umgekehrt bei sinkendem Abdampfbedarf, also bei größer werdendem

Heizungsdruck, kleinere Füllung eingestellt. Bei kleiner werdender Belastung bis zum Leerlauf stellt der Fliehkraftregler des Kondensationszylinders die Steuerung des Gegendruckzylinders ebenfalls zwangsläufig bis auf Nullfüllung ab, so daß ein Durchgehen der Maschine verhütet wird.

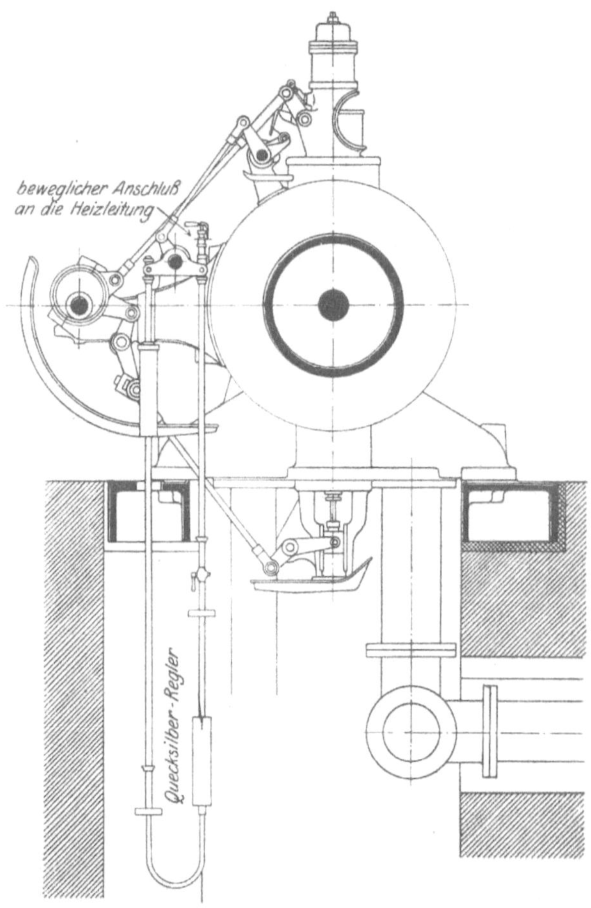

Abb. 14. Quecksilberregler für die Füllungsänderung des Gegendruckzylinders einer Zwillingsdampfmaschine mit Heizdampfentnahme. Sächs. Maschinenfabrik vorm. R. Hartmann, Chemnitz.

Die Kupplung der Regulierwellen der beiden Zylinder kann auch so eingestellt werden, daß statt der selbsttätigen Regulierung des Gegendruckzylinders durch einen Quecksilberregler beide Zylinder gemeinsam vom Fliehkraftregler allein beeinflußt werden und daß dann entweder beide Zylinder auf Kondensation oder auf die Heizleitung geschaltet sind.

d) Die Verbundmaschine mit verschlechtertem Vakuum.

In bestimmten Fällen kann die Kondensationsmaschine, als welche meist die Verbundmaschine vorkommt, mit schlechterem als normalem Vakuum betrieben werden. Gewöhnlich beträgt die Luftleere für Dampfmaschinen 0,15 bis 0,25 Atm. abs. Gegendruck im Niederdruckzylinder, mit anderen Worten 85 bis 75% im Zylinder, oder rd. 90 bis 85% im Kondensator. Nur Maschinen mit sehr günstigen Außlaßquerschnitten können noch höhere Luftleere wirtschaftlich verarbeiten. In dem Gebiete von 85 bis 50% Luftleere entspricht einer Verbesserung des Vakuums um 1% eine Dampfersparnis von 0,4 bis 0,5%. Zwischen 0 und 50% Luftleere beträgt die Dampfersparnis 0,5 bis 0,6% pro 1% besseres Vakuum. Die günstigste Expansionsendspannung liegt bei den Dampfmaschinen mit Rücksicht auf die Zylinderabmessungen bei etwa 0,5 Atm. abs., normaler Betrieb ohne Zwischendampfentnahme vorausgesetzt.

Die Verhältnisse bei der Kolbenmaschine sind also einer sehr weitgehenden Dampfausnützung im Zylinder nicht günstig, um so mehr jedoch der Verwertung des schon entspannten Dampfes zur Wärmeabgabe für Heiz- oder ähnliche Zwecke.

Der Betrieb mit verschlechtertem Vakuum muß dauernd oder zeitweilig eintreten, wenn der Abdampf höhere Temperatur, als dem normalen Vakuum entspricht, haben soll. Maschinen mit noch mehr Gegendruck als 0,6 Atm. abs. wird man nicht ausführen, weil sich alsdann die Verwicklung der ganzen Anlage durch die Kondensation nicht mehr lohnt. Nur wenn bereits die Kondensation vorhanden oder wenn man ganz verübergehend das Vakuum zu verschlechtern gezwungen ist, wird man mit noch schlechterem Vakuum arbeiten. Es entspricht einem Gegendruck im Niederdruckzylinder von

	0,15	0,2	0.25	0,3	0,4	0,5	0,6 Atm. abs.
eine Abdampftemperatur von	53,7	59,8	64,6	68,7	75,5	80,9	85,5 °C.

(Zahlentafel 12.)

Die Berechnung des Dampfverbrauches der Verbundmaschine mit verschlechtertem Vakuum erfolgt nach Aufzeichnung des Indikatordiagrammes durch Annahme des indizierten thermodynamischen Wirkungsgrades. Die Höhe des letzteren ist der Abb. 15, welche die Ergebnisse von 33 Versuchen[1]) an ausgeführten Maschinen enthält, zu entnehmen. Die bei den einzelnen Punkten angeschriebenen Zahlen bedeuten die Überhitzung des Arbeitsdampfes vor dem Hochdruckzylinder in °C über seine Sättigungstemperatur. Das Ansteigen [illegible] indizierten thermodynamischen Wirkungsgrades mit dem Gegen[illegible] ist im angegebenen Druckbereich nicht wahrzunehmen, trotzdem es zu erwarten wäre. Dagegen tritt der Einfluß der höheren Dampftemperatur klar hervor.

Bei der Bewertung des Abdampfes der Kondensationsmaschinen

---

[1]) Dampfverbrauchs- und Leistungsversuche an Dampfmaschinen. Z. bayr. Rev.-V., Jahrgänge 1910 bis 1918.

ist sein Feuchtigkeitsgrad zu berücksichtigen. Er wird angenähert gefunden aus der i-s-Tafel von Mollier mit Hilfe des indizierten thermodynamischen Wirkungsgrades, indem man einfach die spezifische Dampfmenge aufsucht, welche dem Schnittpunkt der Gegen-

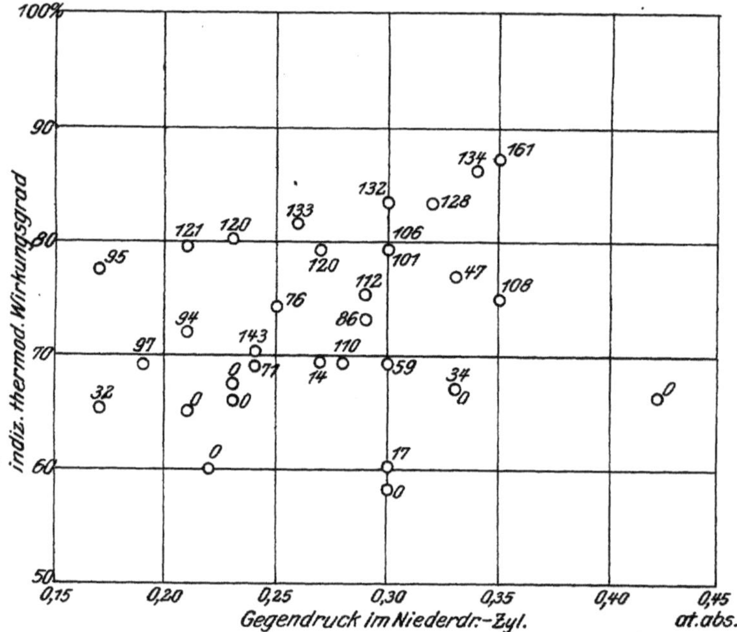

Abb. 15. Abhängigkeit des indizierten thermodynamischen Wirkungsgrades vom Gegendruck im Niederdruckzylinder und der Überhitzung des Frischdampfes über die Sättigungstemperatur.

drucklinie mit der Wagerechten im Abstand $\eta_i\ \Phi_i$ vom oberen Endpunkt der Φ-Linie entspricht, wenn Φ_i das adiabatische Wärmegefälle des Frischdampfes bis zum Gegendruck im Niederdruckzylinder und η_i der thermodynamische Wirkungsgrad sind.

e) Die Verbundmaschine mit Zwischendampfentnahme.

Der Dampf- und Wärmeverbrauch der Maschine mit Dampfentnahme aus dem Receiver oder Aufnehmer (Zwischendampfentnahme) ist weniger einfach zu beurteilen, als dies bei der Gegendruckmaschine möglich war. Hier beeinflussen außer dem Anfangsdruck, der Anfangstemperatur, der Kondensatorspannung und der Belastung der Maschine zwei weitere veränderliche Größen den Dampfverbrauch, nämlich die Höhe der Zwischendampfentnahme und der Zwischendampfdruck. Da aber oft der Dampfverbrauch die Grundlage einer Rentabilitätsberechnung ist, so kommt es darauf an, ihn richtig zu ermitteln.

Der Dampfverbrauch der Dampfmaschinen wird gewöhnlich aus drei Summanden zusammengesetzt, dem nutzbaren Dampfverbrauch und den Verlusten durch Abkühlung und Lässigkeit. Den nutzbaren Dampfverbrauch ermittelt man vorteilhafterweise aus den gezeichneten Indikatordiagrammen, welche auch sonst zur Beurteilung der Maschine wichtige Anhaltspunkte liefern. Die früher viel benutzten Zahlentafeln von Hrabák haben nur für Kondensations- oder für Auspuffmaschinen ohne Dampfentnahme Gültigkeit. Die Verluste durch Kondensation und Lässigkeit nehmen zwar bei Zwischendampfentnahme wahrscheinlich nicht zu, denn bei höherem Aufnehmerdruck werden sowohl das Temperatur- als auch das Druckgefälle des Dampfes gleichmäßiger auf beide Zylinder verteilt, was eher eine Abnahme der Verluste als eine Zunahme derselben wahrscheinlich macht. Übrigens spielen bei der Verwendung überhitzten Dampfes, der jetzt doch in den meisten Fällen in Betracht kommt, die Abkühlungsverluste eine untergeordnete Rolle gegenüber dem Gesamtdampfverbrauch. In einem bestimmten Bereich sind jedoch die Hrabákschen Werte für Entnahmemaschinen nicht mehr verwendbar. Der Grund dafür liegt darin, daß eine starke Leistungsverschiebung vom Niederdruck auf den Hochdruckzylinder gegenüber der normalen Verbundmaschine eintritt. Die Füllungsgrade, die Verluste durch Drosselung beim Einströmen, die Wandwirkung während der Dampfdehnung und die Verluste durch unvollständige Expansion in beiden Zylindern werden ganz andere als bei der Maschine ohne Zwischendampfentnahme.

Zur Ermittlung des Dampfverbrauches müssen wir darauf achten, die Dampfdiagramme richtig, d. h. in Übereinstimmung mit den später von der ausgeführten Maschine gelieferten Indikatordiagrammen zu entwerfen. Wir wollen diese Diagramme beispielshalber zeichnen für Dampf von $13^1/_2$ Atm. Üb. und 280^0 C Temperatur am Hochdruckzylinder bei verschiedenen Entnahmegraden und für Entnahmespannungen von 2, 3 und 4 Atm. Überdruck.

Von Einfluß auf den richtigen Entwurf der Indikatordiagramme ist die Wahl des Exponenten n der Expansionspolytrope $p\,v^n = \text{const.}$ des Hochdruckteiles. Die Zahl n ist um so größer, je höher die Überhitzung, der Füllungsgrad, die Kolbengeschwindigkeit und das Verhältnis

$$\frac{\text{Hubvolumen} + \text{schädlicher Raum}}{\text{Zylinderfläche} + \text{schädliche Oberfläche}}$$

sind[1]). Aus der Gleichung der Expansionspolytrope $p \cdot v^n = c$ folgt:

$$\log p + n \times \log v = \log c = C.$$

---

[1]) Schröter, M.: Untersuchung einer Tandemverbundmaschine von 1000 PS. Z. V. d. I., S. 803, 1902.

Schröter, M. und Koob, A.: Untersuchung einer Tandemmaschine von 250 PS. Z. V. d. I., S. 1495, 1903. Forschungsarbeiten Heft 19.

Richter: Das Verhalten überhitzten Wasserdampfes in der Kolbenmaschine. Z. V. d. I., S. 617, 1904. Forschungsarbeiten Heft 30.

Berner, O.: Die Anwendung des überhitzten Wasserdampfes bei der Kolbenmaschine. Z. V. d. I., S. 1522, 1905.

Man kann nun log p als Abszisse, log v als Ordinate eines Punktes einer Kurventangente betrachten, deren Neigungswinkel gegen die Abszissenachse α ist, wobei $\operatorname{tg}\alpha = n$ ist. Wenn man für mehrere Punkte der Expansionslinie diese Koordinaten aufträgt und die erhaltenen Punkte verbindet, so bekommt man ein Bild vom Expansionsvorgang, das sich folgendermaßen deuten läßt. Ist der geometrische Ort jener Punkte eine Gerade, so ist der Exponent n über die ganze Expansionslinie konstant. Das trifft manchmal zu. Zuweilen erhält man als geometrischen Ort eine schwach nach unten konvexe Kurve. Man kann nun sowohl durch Legen der Tangente an diese Kurve für jeden beliebigen Punkt der Expansionslinie den Wert von n bestimmen als auch durch Ziehen der Sekante zwischen Anfangs- und Endpunkt einen Mittelwert für n finden. Die Expansion des gesättigten Dampfes erfolgt erfahrungsgemäß nach dem Gesetz der gleichseitigen Hyperbel, d. h. nach dem Gesetz $p \cdot v^{1,0} = c$. Bei mäßiger Überhitzung des Dampfes ist der Exponent nur am Anfang der Expansionslinie größer als 1.

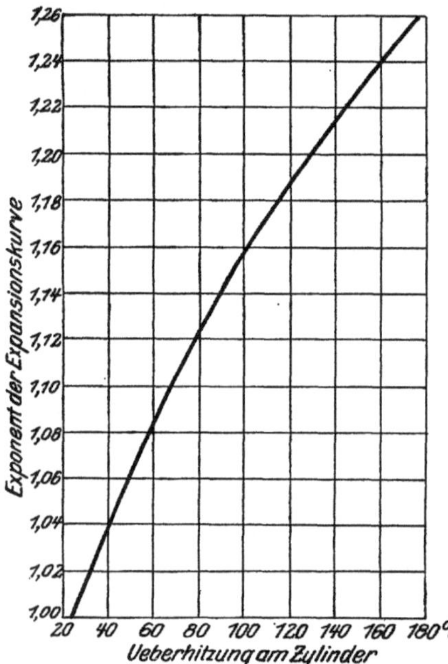

Abb. 16. Exponent der Expansionskurve im Indikatordiagramm bei Heißdampfmaschinen.

Nicht unerwähnt mag bleiben, daß der Untersuchung der Expansionslinie abgenommener Indikatordiagramme eine genaue Berechnung des schädlichen Raumes sowie eine sorgfältige Kontrolle des Dichthaltens der Dampfein- und -auslaßorgane und die Prüfung der Indikatorfedern vorauszugehen hat, damit keine falschen Schlüsse entstehen. Eine beträchtliche Abweichung des Charakters der Expansions- oder der Kompressionskurve auf beiden Kolbenseiten kann benutzt werden, um die Dampflässigkeit der Steuerungsorgane oder des Kolbens festzustellen. Abb. 16 gibt eine aus zahlreichen Versuchen gewonnene Darstellung der Abhängigkeit des Exponenten der Expansionskurve von der Überhitzung des Dampfes über seine Sättigungstemperatur.

Im gewählten Beipiel beträgt die Überhitzung des Dampfes über die Sättigungstemperatur 85° C und n sei gleich 1,15 gewählt.

Es erübrigt sich, noch zu zeigen, wie auf der Expansionskurve der Sättigungspunkt gefunden werden kann. Sind der Druck, das spezifische Volumen und die Temperatur des Dampfes bei Beginn der Dehnung bekannt, so kann man seine Temperatur bei Vorauştritt aus einer der graphischen Dampftabellen von Mollier oder

Schüle oder mittels der Zustandsgleichung von Battelli-Tumlirz[1]) bestimmen, welche lautet:

$$p\,v = B\,T - C\,p.$$

Hier bedeutet p den absoluten Druck in kg pro qm, v das spezifische Volumen in cbm pro kg, T die absolute Temperatur und B und C Konstante im Werte von 47,1 bzw. 0,016. Aus dieser Gleichung folgt:

$$T = \frac{p\,v + C\,p}{B}.$$

Bezeichnet T_a die Dampftemperatur und p_a den Druck bei Expansionsbeginn, so ist das zugehörige Volumen

$$v_a = \frac{B\,T_a}{p} - C.$$

Das Volumen des Dampfes bei Beginn der Expansion sei A, am Ende derselben E; sodann beträgt im letzten Punkt das spezifische Volumen

$$v_e = v_a \frac{E}{A},$$

da

$$\frac{A}{v_a} = \frac{E}{v_e}$$

gleich dem am Ende der Einströmung im Zylinder enthaltenen Dampfgewicht ist. Die Temperatur des Dampfes bei Voraustritt bestimmt sich somit zu

$$T_e = \frac{p_e\,v_e + C\,p_e}{B},$$

wenn p_e der Druck, v_e das spez. Dampfvolumen im Punkte „Voraustritt" ist. Statt mit dem wirklichen Volumen A und E zu rechnen, kann man, wie in Abb. 17 dargestellt, einfach die Horizontalen A und E in Längeneinheiten ausgedrückt nehmen. Ebenso wie für den Punkt „Voraustritt" läßt sich natürlich nach diesem einfachen Verfahren die Dampftemperatur für jeden Punkt der Expansionslinie bestimmen. Um die Lage des Sättigungspunktes zu finden, ist nur nötig, jenen Punkt der Expansionslinie aufzusuchen, wo das gerechnete spez. Volumen mit dem spez. Volumen gesättigten Dampfes vom entsprechenden Druck übereinstimmt. Vom Sättigungspunkt ab verläuft die Expansionskurve als gleichseitige Hyperbel $p\,v^1$ und die Temperatur des Dampfes entspricht von hier ab seinem jeweiligen Druck.

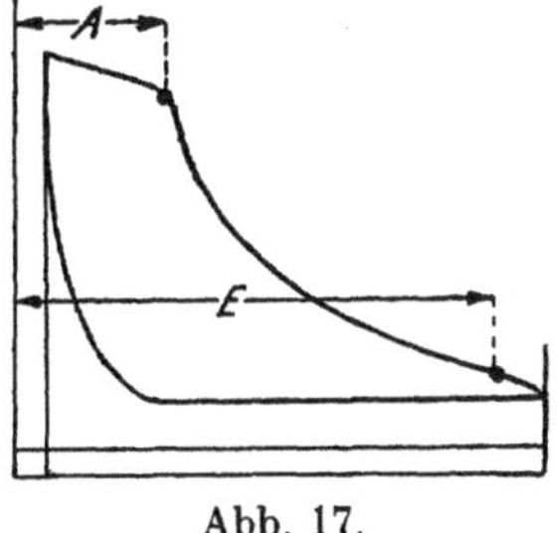

Abb. 17.

[1]) Eine Kritik der Gleichung von Battelli-Tumlirz gibt Linde in den Forschungsarbeiten Heft 21, S. 63 ff.

Beim Entwurf des Dampfdiagrammes für eine bestimmte Zwischendampfentnahme und Leistung ist ein Probierverfahren einzuschlagen, welches an Hand der Abb. 18 und 19 erläutert sei.

Das Hochdruckdiagramm wird entworfen wie ein normales Diagramm einer Einzylindermaschine, deren Gegendruck gleich der gewählten Zwischendampfspannung ist. Aus der Strecke a b, welche durch Kompressions- und die Expansionslinie oder deren Verlängerung auf der Aufnehmerdrucklinie abgeschnitten wird, läßt sich, wenn man den Dampfzustand im Punkte b gleich jenem im Punkte a setzt, die bei jedem Hub im Hochdruckzylinder arbeitende Dampfmenge rechnen. Nun zeichnet man die Kompressionslinie im Niederdruckzylinder, ausgehend vom Verdichtungsbeginn, bis zum Schnittpunkt c mit der Aufnehmerdrucklinie. Ohne Zwischendampfentnahme und bei unendlich großem Receiver würde man die Niederdruckfüllung zu c d finden aus:

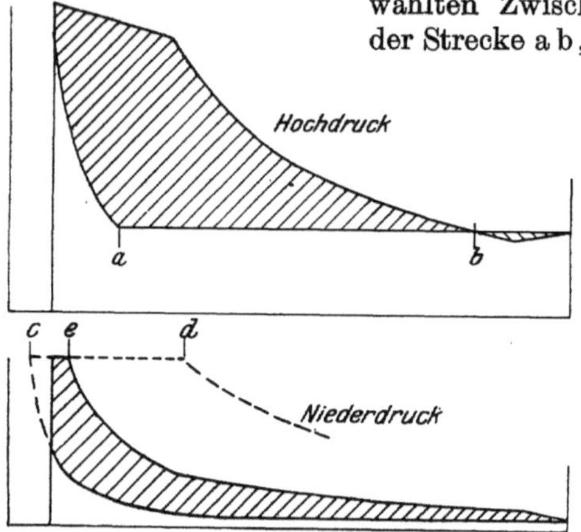

Abb. 18 u. 19. Entwurf der Indikatordiagramme für bestimmte Leistung und bestimmte Zwischendampfentnahme.

$$c\,d = a\,b \times \text{Zylinderverhältnis}$$

$$\text{z. B.} \quad c\,d = a\,b\,\frac{1}{2{,}5}, \quad \text{bei einem Zylinderverhältnis } 1:2{,}5.$$

Wird nun Zwischendampf entnommen, so steht der Aufnehmer durch das Entnahmeventil mit der Rohrleitung in Verbindung. Dadurch wird ein unendlich großer Receiver praktisch ungefähr erreicht. Die Entnahmemenge sei dargestellt durch die Strecke d e. Der Einströmdrosselung Rechnung tragend ziehe man die Admissionslinie im Niederdruckzylinder um 0,2 bis 0,3 Atm. unter der Aufnehmerdrucklinie c e und zeichne auf übliche Weise das Niederdruckdiagramm fertig durch Expansion aus dem unter e liegenden Punkt. Die Summe der Flächeninhalte der beiden Diagramme gibt die Gesamtleistung. Das dem Kolbenweg d e und dem bei b herrschenden Dampfzustand entsprechende Dampfgewicht wird der Maschine bei jedem Hub entnommen. Das stündlich entnommene Gewicht ist 60 × 2 n mal größer, wenn n die Tourenzahl ist. In den meisten Fällen ist das stündlich zu entnehmende Gewicht bekannt. Man entwirft also für eine beliebig angenommene Hochdruckfüllung das Hochdruckdiagramm, rechnet daraus das Volumen c d, subtrahiert davon das Volumen d e entsprechend der beabsichtigten Zwischendampfentnahme und zeichnet das Niederdruckdiagramm. Durch Planimetrieren beider

Diagramme erhält man die Leistung für die angenommene Hochdruckfüllung, welche im allgemeinen mit der geforderten Leistung nicht übereinstimmen wird. Man wiederholt in diesem Falle das ganze einfache Verfahren für eine zweite Hochdruckfüllung, bis man die gewollte Leistung bei der gewollten Zwischendampfentnahme erreicht hat. Ein 2—3maliges Probieren führt in der Regel schon zum Ziel.

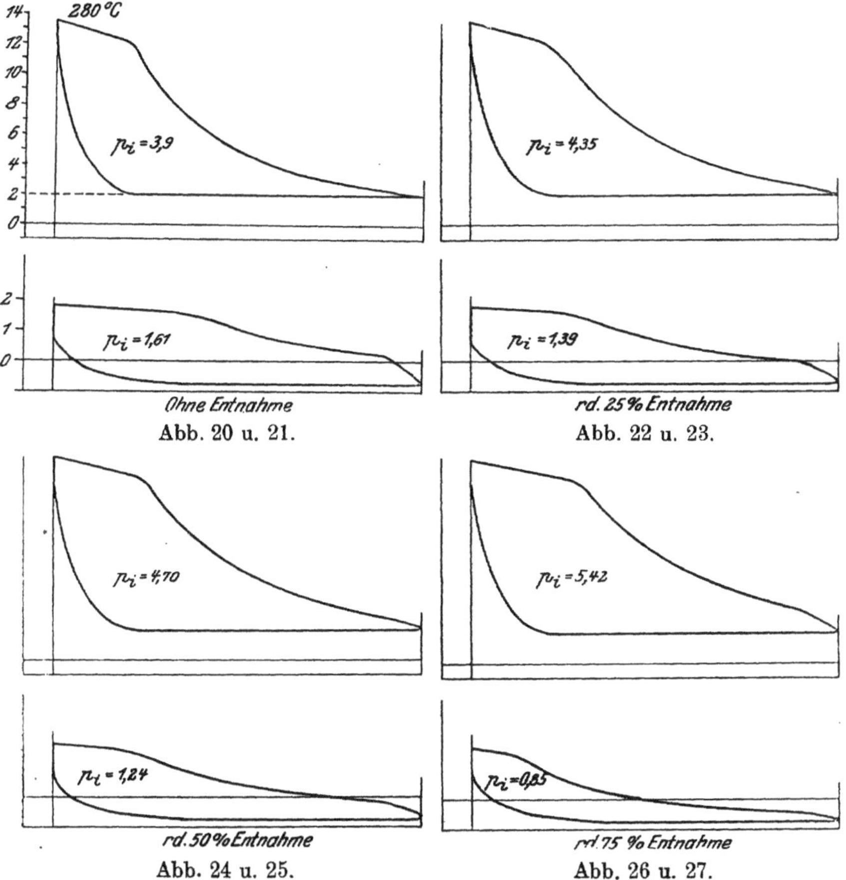

Abb. 20 u. 21. Abb. 22 u. 23.

Abb. 24 u. 25. Abb. 26 u. 27.

Abb. 20 bis 27. Indikatordiagramme für gleiche Maschinenleistung und veränderliche Zwischendampfentnahme von 2 Atm. Überdruck. (Zylinderverhältnis 1 : 2,25.)

Die Spannung des der Maschine entnommenen Zwischendampfes richtet sich nach der Verwendung des Dampfes. Entweder ist die gewünschte Dampftemperatur maßgebend oder die Entfernung der Dampfverbrauchsstelle vom Maschinenhaus, mit anderen Worten, der zulässige Spannungsabfall des Dampfes bei dessen Fortleitung.

Bei	1	2	3	4	5	6	7	8 Atm. Üb. beträgt die
Dampftemperatur	120	133	143	151	158	164	$169^1/_2$	$174^1/_2$ °C.

(Zahlentafel 13.)

Je höher der Zwischendampfdruck ist, desto höher wird man den Anfangsdruck der Maschine wählen. Die Entnahmespannung liegt bei der Zweizylindermaschine zwischen 1 und etwa 5 Atm. Üb. Bei höherer Zwischendampfspannung empfiehlt sich die Wahl einer Dreifachexpansionsmaschine oder die Aufstellung einer eigenen Hochdruckmaschine, wobei man, wie schon erwähnt, bereits bis zu 8 Atm. Üb. Abdampfspannung gegangen ist.

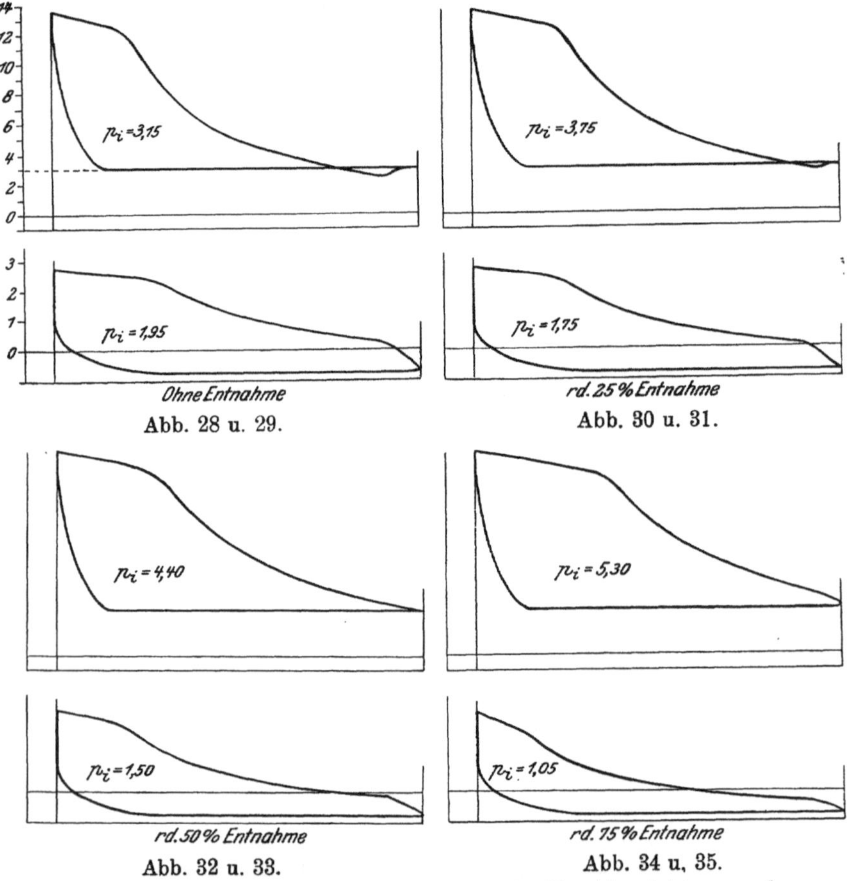

Abb. 28 u. 29. Abb. 30 u. 31.

Abb. 32 u. 33. Abb. 34 u. 35.

Abb. 28 bis 35. Indikatordiagramme für gleiche Maschinenleistung und veränderliche Zwischendampfentnahme von 3 Atm. Überdruck. (Zylinderverhältnis 1 : 2,25.)

In Abb. 20 bis 27 sind für verschieden hohe Dampfentnahme die Hoch- und Niederdruckdiagramme einer mit $13^1/_2$ Atm. Üb. und 280^0 C betriebenen Verbundmaschine für 2 Atm. Üb. Entnahmespannung. 0,2 Atm. abs. Gegendruck im Niederdruckzylinder und gleichbleibende Maschinenleistung bei einem Zylinderverhältnis 1 : 2,25 dargestellt. Die Entnahme von $75^0/_0$ der der Maschine zugeführten

Dampfmenge bildet noch nicht die Grenze der Entnahmemöglichkeit, da sowohl im Hochdruckzylinder noch eine größere als im Niederdruckzylinder eine kleinere Füllung zulässig wäre. Die praktische Grenze der Hochdruckfüllung wird vorgeschrieben durch die Erhaltung einer guten Regulierfähigkeit; jene des Niederdruckzylinders ist durch die Schmierung bedingt, da der Niederdruckkolben nicht trocken laufen darf. Bei steigender Dampfentnahme übernimmt der Hochdruckzylinder den Hauptteil der Leistung. Diese verteilt sich bei 2 Atm. Üb. Entnahmespannung folgendermaßen auf beide Zylinder:

		0	25	50	75
Dampfentnahme in	% ca.	0	25	50	75
Hochdruckleistung	%	52	58	63	74
Niederdruckleistung	%	48	42	37	26

(Zahlentafel 14.)

Für eine ebenso hohe Maschinenleistung, das gleiche Zylinderverhältnis, den gleichen Dampfanfangszustand und Gegendruck im Niederdruckzylinder, aber 3 Atm. Üb. Entnahmespannung sind die Hoch- und die Niederdruckdiagramme in den Abb. 28 bis 35 wiedergegeben. Die Hochdruckfüllung wächst, wie zu erwarten, bei 3 Atm. Entnahmedruck mit der Dampfentnahme etwas rascher an als im vorhergehenden Falle bei 2 Atm. Entnahmespannung. Die Leistungsverteilung auf beide Zylinder ist bei

Dampfentnahme in	% ca.	0	25	50	75
Hochdruckleistung	%	42	49	56	69
Niederdruckleistung	%	58	51	44	31

(Zahlentafel 15.)

Infolge des höheren Aufnehmerdruckes nimmt der Niederdruckzylinder etwas mehr an der Gesamtleistung teil wie vorher.

Endlich sind in Abb. 36 bis 43 die Hoch- und die Niederdruckdiagramme für die gleichen Voraussetzungen dargestellt, jedoch für eine Entnahmespannung von 4 Atm. Üb. Im Hochdruckdiagramm tritt bei geringen Entnahmegraden bereits eine merkbare Schleife auf. Diese ist von einigen Nachteilen begleitet. Zunächst zehrt sie bereits erzeugte mechanische Arbeit wieder auf. Da die Umwandlung von Wärme in Arbeit die wesentliche Aufgabe einer Dampfmaschine ist, muß uns jeder innere Verbrauch der einmal erzeugten Leistung als unerwünscht erscheinen. Überdies erniedrigt die Schleife auch den mechanischen Wirkungsgrad der Maschine, weil die Gestängereibung während eines Teiles des Hochdruckdiagrammes zu überwinden ist. ohne daß gleichzeitig eine Nutzarbeit verrichtet wird. Das Äquivalent der Schleifenarbeit erscheint allerdings wieder in der Verbesserung der Qualität des Zwischendampfes, also in Form von Wärme.

Die Leistungsverteilung auf beide Zylinder gestaltet sich bei 4 Atm. Üb. Entnahmespannung wie folgt:

Dampfentnahme in	% ca.	0	25	50	75
Hochdruckleistung	%	32	39	48	62
Niederdruckleistung	%	68	61	52	38

(Zahlentafel 16.)

Bei einem Zylinderverhältnis von 1 : 2,25 wird, wie die Zahlentafeln 14—16 ergeben, gleiche Leistung im Hochdruck- und im Niederdruckteil erreicht:

bei 2 Atm. Üb. Entnahmespannung und Betrieb ohne Entnahme
„ 3 „ „ „ „ 25% Dampfentnahme
„ 4 „ „ „ „ 50% „

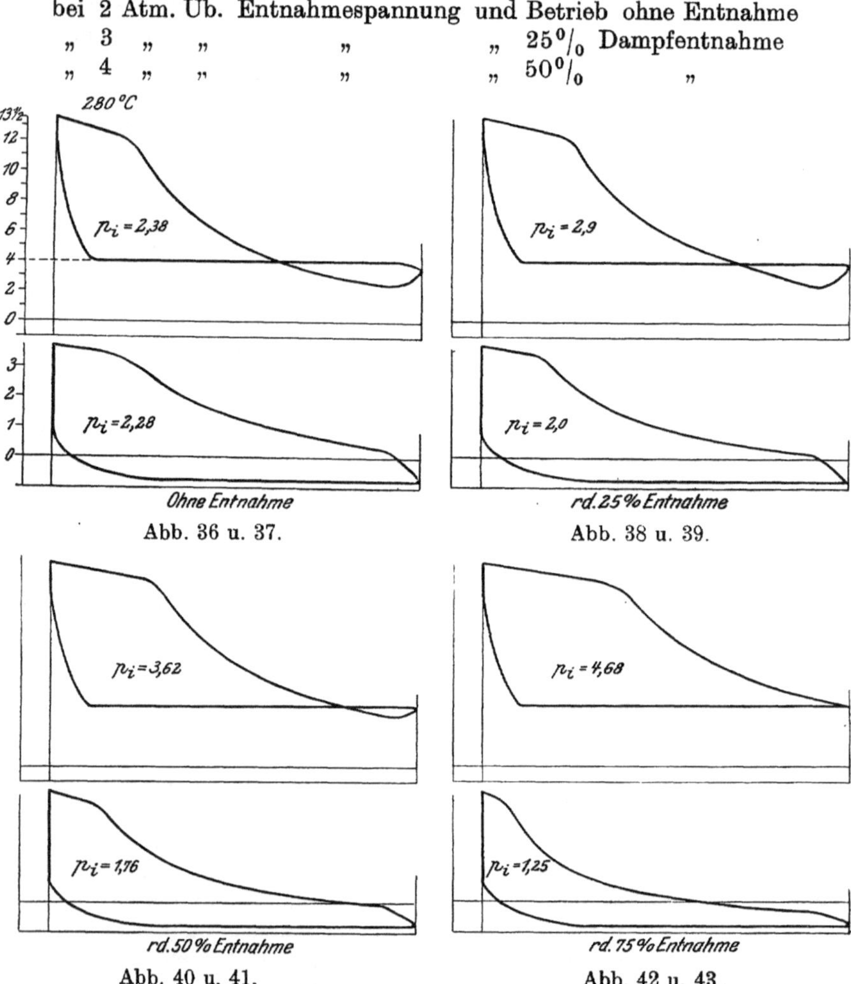

Ohne Entnahme

Abb. 36 u. 37.

rd. 25 % Entnahme

Abb. 38 u. 39.

rd. 50 % Entnahme

Abb. 40 u. 41.

rd. 75 % Entnahme

Abb. 42 u. 43.

Abb. 36 bis 43. Indikatordiagramme für gleiche Maschinenleistung und veränderliche Zwischendampfentnahme von 4 Atm. Überdruck. (Zylinderverhältnis 1 : 2,25.)

Da jedoch die Maschine mit Zwischendampfentnahme meistens als Tandemverbundmaschine ausgeführt wird, so sind weder die ungleiche Leistungsverteilung auf beide Zylinder noch die ungleichen Kolben- und Gestängedrücke von Belang.

Die größtmögliche Dampfentnahme liegt bei jener Niederdruckfüllung, bei welcher noch so viel Dampf in den Zylinder eintritt, daß der Kolben nicht trocken läuft. Diese Füllung beträgt etwa 3 bis 5 %. Zu einem solchen Niederdruckdiagramm kann man die Hochdruckdiagramme für Vollast, $^{3}/_{4}$ Last und $^{1}/_{2}$ Last entwerfen. Es ist dies für 2 Atm. Üb. Entnahmespannung in Abb. 44 bis 47, für 3 Atm. Üb. Entnahmespannung in Abb. 48 bis 51 und für 4 Atm. Üb. Entnahmespannung in Abb. 52 bis 55 geschehen. Bei hohem Aufnehmerdruck und kleiner Maschinenbelastung erhält das Hochdruckdiagramm eine große Schleife, deren Nachteile soeben erwähnt wurden. Wird die Schleife so groß wie die positive Diagrammfläche — genau genommen schon etwas früher — so verrichtet der Entnahmedampf

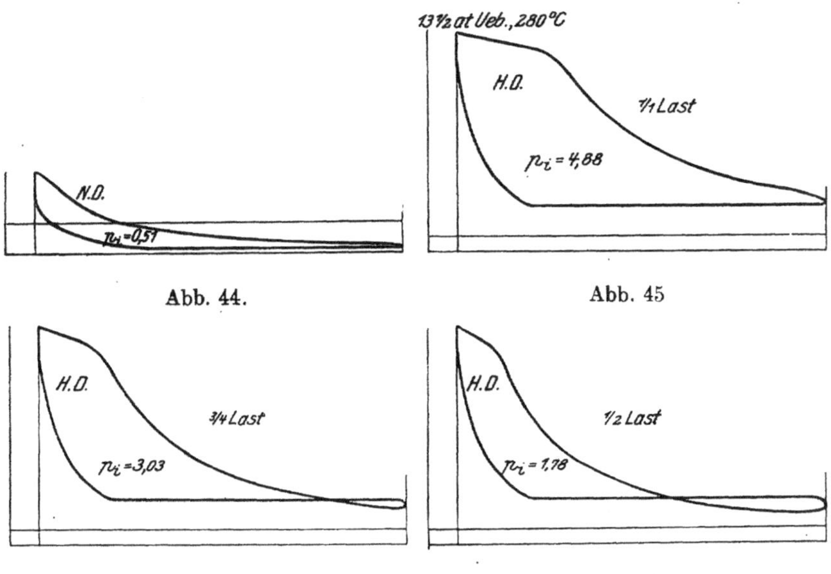

Abb. 44. Abb. 45

Abb. 46. Abb. 47.

Abb. 44 bis 47. Indikatordiagramme für größte Zwischendampfentnahme von 2 Atm. Überdruck bei Vollast, $^{3}/_{4}$ und $^{1}/_{2}$ Last. (Zylinderverhältnis 1 : 2,25.) (Das Niederdruckdiagramm bleibt für alle drei Belastungen dasselbe.)

im Hochdruckteil gar keine Leistung mehr und damit muß der Nutzen der Zwischendampfentnahme gleich Null werden. Hier soll eingeschaltet werden, daß die in den Abb. 44 bis 55 mit Vollast bezeichneten Hoch- und Niederdruckdiagramme alle fast den gleichen mittleren auf den Niederdruckkolben bezogenen indizierten Druck aufweisen. Diese Belastung ist jedoch, wie ein Blick auf die Diagramme zeigt, in allen Fällen noch nicht die äußerste Grenze, sondern vorübergehend noch um etwa 20 % überschreitbar.

Aus der Schleifenbildung im Hochdruckzylinder folgt die Regel: Sinkt die Belastung der Maschine für längere Dauer auf die Hälfte bis ein Viertel bei gleichzeitiger größter Dampfentnahme von 4 Atm. Üb. oder darüber, so wird man wegen der Schleifenbildung im Hoch-

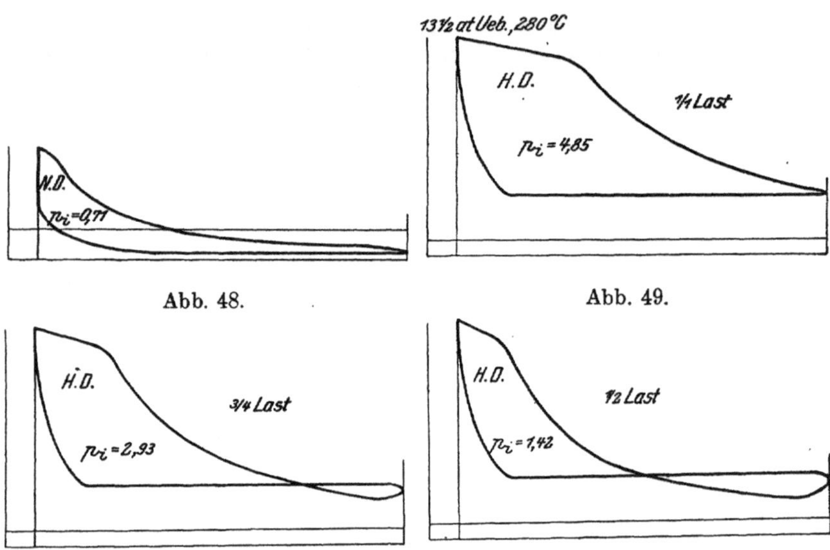

Abb. 48. Abb. 49.

Abb. 50. Abb. 51.

Abb. 48 bis 51. Indikatordiagramme für größte Zwischendampfentnahme von 3 Atm. Überdruck bei Vollast, $^3/_4$ und $^1/_2$ Last. (Zylinderverhältnis 1 : 2,25.) (Das Niederdruckdiagramm bleibt für alle drei Belastungen dasselbe.)

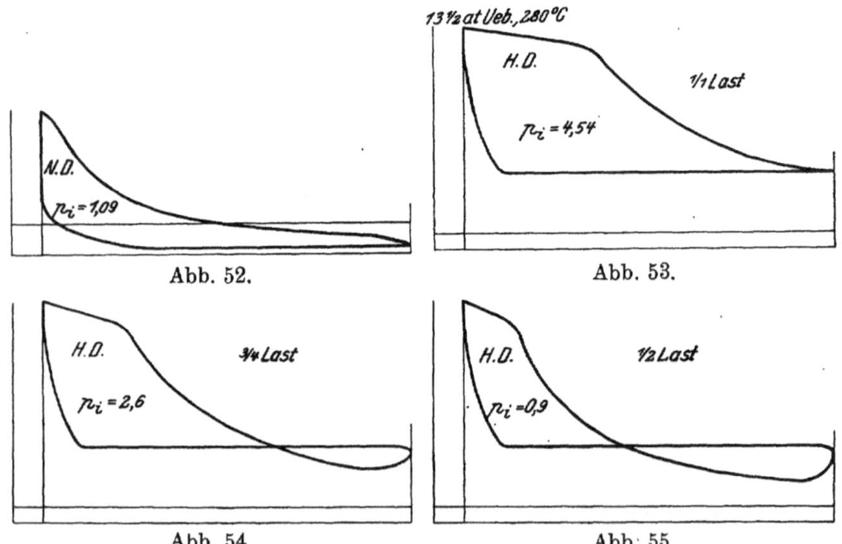

Abb. 52. Abb. 53.

Abb. 54. Abb. 55.

Abb. 52 bis 55. Indikatordiagramme für große Zwischendampfentnahme von 4 Atm. Überdruck bei Vollast, $^3/_4$ und $^1/_2$ Last. (Zylinderverhältnis 1 : 2,25.) (Das Niederdruckdiagramm bleibt für alle drei Belastungen dasselbe.)

druckdiagramm erwägen, ob sich nicht an Stelle einer Entnahmemaschine die Aufstellung einer Gegendruckmaschine empfiehlt, selbst wenn der Abdampf derselben zeitweise nicht ganz ausgenützt werden kann. Ein anderer Behelf wäre die Aufstellung mehrerer kleinerer Entnahmemaschinen, welche bei sinkendem Kraftbedarf nacheinander außer Betrieb gesetzt werden, endlich auch die Wahl eines anderen Zylinderverhältnisses, d. h. eines kleineren Niederdruckzylinders. Auch die Entscheidung für eine Entnahmeturbine an Stelle der Kolbenmaschine kann in Betracht kommen. Allgemeine Richtlinien über den im Einzelfall einzuschlagenden Weg können natürlich nicht gegeben werden.

Das Verhalten der Entnahmemaschine unter verschiedenen Betriebsbedingungen sei noch an einem Beispiel erläutert, für welches folgende Annahmen gemacht werden:

Dampfdruck vor dem H.-Zyl.	13,5 Atm. Üb.
Dampftemperatur vor dem H.-Zyl.	280° C
Entnahmespannung	3 Atm. Üb.
Gegendruck im N.-Zyl.	0,2 Atm. abs.
Hochdruckzyl.-Durchm.	400 mm
Niederdruckzyl.-Durchm.	600 mm
Kolbenhub	800 mm
Umdrehungen	140/Min.
Normalleistung	500 PS.

I. Fall. Betrieb der Maschine bei verschiedenen Belastungen und gleichbleibender Zwischendampfentnahme von rund 1800 kg/St.

Dieser Fall entspricht einem Betrieb mit sehr gleichmäßigem Dampfverbrauch für Heiz- oder Kochzwecke, aber unregelmäßigem Kraftbedarf, also etwa dem Dampfbedarf für ein Gruppenheizwerk oder ein Bad und Stromerzeugung für ein gemeindliches Leitungsnetz.

Die Abb. 56 bis 61 zeigen die Indikatordiagramme für Vollast von 500 PS, rd. $^3/_4$ Last von 380 PS und rd. $^1/_2$ Last von 276 PS. Bei Halblast entspricht eine Entnahme von 1800 kg/St. ungefähr dem erreichbaren Grenzwert von 68 %, bei Vollast einer Entnahme von 50 % der zugeführten Dampfmenge. Die Hauptrechnungsergebnisse sind in Zahlentafel 17 zusammengestellt. Über die Höhe des indizierten thermodynamischen Wirkungsgrades beider Zylinder wird später noch einiges zu sagen sein. Der thermische Wirkungsgrad bezogen auf die Nutzleistung

$$\eta_{Lg} = \frac{\text{Zeile 11}}{\text{Zeile 9}} \cdot 100\,\%$$

nimmt, wie zu erwarten, von 12,1 ab bis auf 9,1. Dies muß so sein, weil ein steigender Teil der zugeführten Wärme nicht zur Arbeitsleistung ausgenützt, sondern mit dem entnommenen Zwischendampf wieder abgeführt wird. Umgekehrt verhält es sich mit dem im folgenden definierten Wirkungsgrad. Als thermischer Wirkungsgrad bezogen auf die Heizung läßt sich der Quotient

$$\eta_{\mathrm{Hg}} = \frac{\text{Zeile 10}}{\text{Zeile 9}} \cdot 100\,\%$$

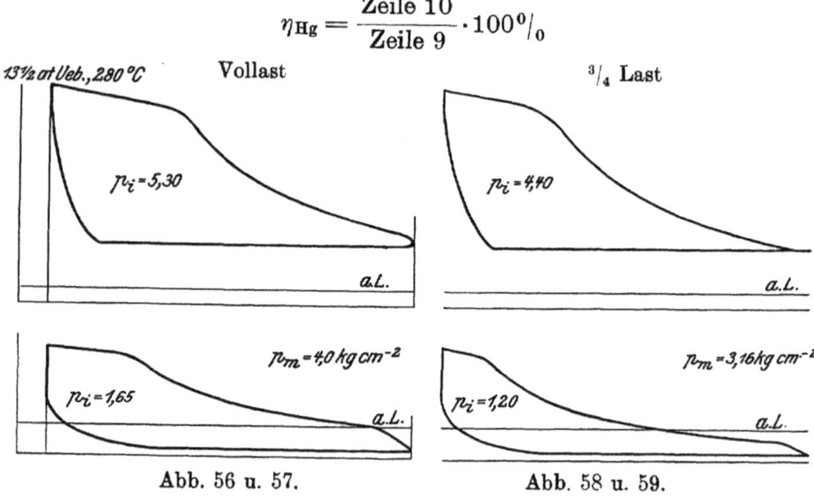

Abb. 56 u. 57. Abb. 58 u. 59.

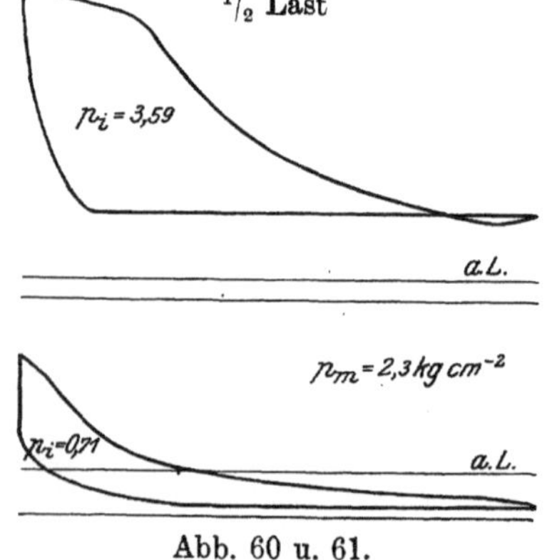

Abb. 60 u. 61.

Abb. 56 bis 61. Indikatordiagramme für gleichbleibende Zwischendampfentnahme von 1800 kg/St. bei Vollast, 3/4 Last und 1/2 Last.

bezeichnen. Dieser nimmt naturgemäß mit der Zwischendampfentnahme zu und zwar von 46 % auf 62,5 %. Infolge der steigenden prozentualen Zwischendampfentnahme nimmt der wirtschaftliche Gesamtwirkungsgrad

$$\eta_{\mathrm{w}} = \frac{\text{Zeile 10} + \text{Zeile 11}}{\text{Zeile 9}} \cdot 100\,\%$$

ebenfalls von 58,1 bis auf 71,6 zu. Der oben erwähnte Wirkungsgrad bezogen auf die Nutzleistung könnte als scheinbarer effektiver thermischer Wirkungsgrad bezeichnet werden, während der wirkliche beträgt:

$$\frac{\text{Zeile 11}}{\text{Zeile 9} - \text{Zeile 10}} \cdot 100\,\%.$$

Dieser beläuft sich bei

	Vollast	3/4 Last	1/2 Last
auf	22,4 %	22,8 %	25,3 %

(Zahlentafel 18.)

Er nimmt also bei sinkender Belastung wie der wirtschaftliche Gesamtwirkungsgrad zu. Diese Zunahme ist auf zwei Ursachen zurückzuführen. Einmal wird der Verlust durch unvollständige Expansion

Zahlentafel 17. (Zu Abb. 56 bis 61.)

500 PS-Entnahmemaschine bei gleichbleibender Entnahme von 1800 kg/St.

			Vollast		$^3/_4$ Last		$^1/_2$ Last	
1	Indizierte Hochdruckleistung	PS_i	324		268		228	
2	Indizierte Niederdruckleistung	PS_i	226		164		97	
3	Indizierte Gesamtleistung N_i	PS_i	550		432		325	
4	Nutzleistung N_e	PS	500		380		276	
5	Indiz. thermodyn. Wirkungsgrad des H.-Zyl. η_H	%	88		86		84,5	
6	Indiz. thermodyn. Wirkungsgrad des N.-Zyl. η_N	%	69		68		63	
7	Zugeführte Dampfmenge G	kg/St.	3620		3080		2670	
8	Entnahmemenge E	kg/St.	1800	%	1750	%	1820	%
9	Zugeführte Wärmemenge	Kal./St.	2 600 000	100	2 200 000	100	1 910 000	100
10	Wärmeinhalt des Entnahmedampfes	Kal./St.	1 190 000	46,0	1 150 000	52,3	1 200 000	62,5
11	Wärmeäquivalent der Nutzleistung	Kal./St.	315 000	12,1	240 000	10,9	175 000	9,1
12	Verluste durch Reibung und Luftpumpe	Kal./St.	31 500	1,2	31 000	1,4	31 000	1,6
13	Abdampfwärme und Strahlung	Kal./St.	1 063 500	40,7	779 000	35,4	504 000	26,8
14	Brutto-Dampfverbrauch	kg/PS-St.	7,25		8,10		9,65	
15	Thermischer Wirkungsgrad bez. auf die Nutzleistung η_{Lg}	%	12,1		10,9		9,1	
16	Thermischer Wirkungsgrad bez. auf die Heizung η_{Hg}	%	46,0		52,3		62,5	
17	Wirtschaftlicher Gesamtwirkungsgrad η_w	%	58,1		63,2		71,6	

im Hochdruckzylinder mit sinkender Last geringer. Sodann nimmt der Anteil des thermisch besseren Hochdruckzylinders an der Gesamtleistung mit sinkender Maschinenleistung ziemlich rasch zu.

Die graphische Wärmebilanz ist in Abb. 62 wiedergegeben. Verlustwärmemengen stellen nur die Beträge für Reibungsarbeit, sowie die Abdampfwärme und die Strahlungswärme nach außen dar.

Da der Dampf- und Wärmeverbrauch der Heißdampfmaschinen in weiten Grenzen von der Maschinengröße unabhängig ist, kann die

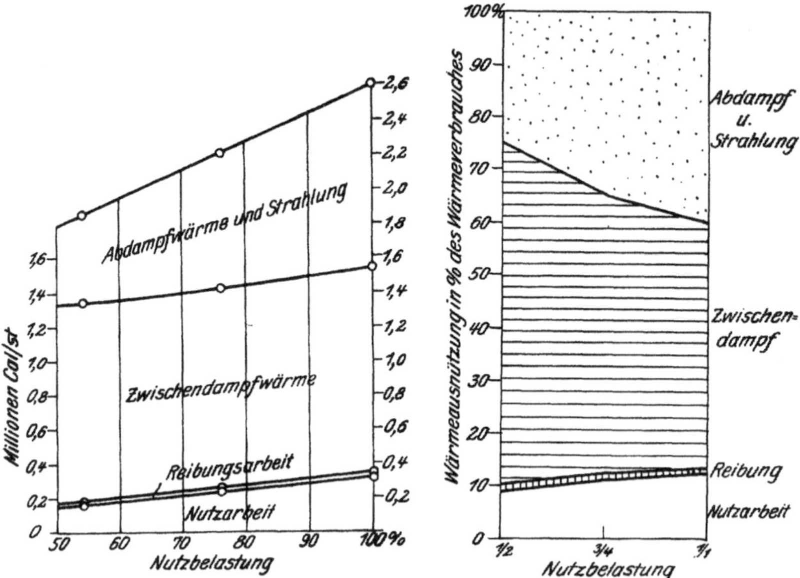

Abb. 62. Wärmebilanz einer 500 PSe-Entnahmemaschine bei verschiedenen Belastungen und gleichbleibender Zwischendampfentnahme von ca. 1800 kg/St. bei 3 Atm. Überdruck.

Abb. 63. Wärmeausnützung einer Entnahmemaschine bei verschiedenen Belastungen und gleichbleibender Zwischendampfentnahme von 3 Atm. Überdruck.

in Abb. 63 dargestellte Wärmeausnützung auf den allgemeinen Fall der Entnahmemaschine mit etwa 12 bis 14 Atm. Dampfüberdruck, 270 bis 300° C Dampftemperatur und rund 3 Atm. Entnahmespannung übertragen werden. Das Ansteigen des wirtschaftlichen Gesamtwirkungsgrades und des wirklichen effektiven thermischen Wirkungsgrades mit sinkender Belastung ist auch aus der Abb. 62 ohne weiteres abzulesen.

II. Fall. Betrieb der Maschine bei verschiedenen Belastungen und größtmöglicher Zwischendampfentnahme.

Unter den in der Überschrift gekennzeichneten Verhältnissen wird die Maschine irgendeines Betriebes mit schwankendem Kraftbedarf laufen, wenn der Verbrauch an Dampf für Heiz- und Koch-

Zahlentafel 19. (Zu Abb. 48 bis 51.)

500 PS-Entnahmemaschine bei größter Zwischendampfentnahme.

			Vollast		$^3/_4$ Last		$^1/_2$ Last		$^1/_4$ Last	
1	Indizierte Hochdruckleistung	PS_i	443		295		179		85	
2	Indizierte Niederdruckleistung	PS_i	97		97		97		97	
3	Indizierte Gesamtleistung N	PS_i	540		392		276		182	
4	Nutzleistung N_e	PS	487		345		237		149	
5	Indiz. thermodyn. Wirkungsgrad des H.-Zyl. η_H	%	87		86		(83,5)		(78,5)	
6	Indiz. thermodyn. Wirkungsgrad des N.-Zyl. η_N	%	65.5		67		65,5		65,5	
7	Zugeführte Dampfmenge G	kg/St.	5500		3380		2250		1445	
8	Entnahmemenge E	kg/St.	4680	%	2580	%	1430	%	625	%
9	Zugeführte Wärmemenge	Kal./St.	3 950 000	100	2 420 000	100	1 610 000	100	1 035 000	100
10	Wärmeinhalt des Entnahmedampfes	Kal./St.	3 130 000	79,2	1 700 000	70,0	945 000	58,7	413 000	40,0
11	Wärmeäquivalent der Nutzleistung	Kal./St.	307 000	7,8	218 000	9,0	149 000	9,2	94 000	9,1
11a	Arbeitsverlust durch Schleifenbildung HD	Kal./St.	—	—	—	—	6 930	0,4	18 600	1,8
12	Verluste durch Reibung und Luftpumpe	Kal./St.	34 600	0,9	29 600	1,2	24 500	1,5	20 800	2,0
13	Abdampfwärme und Strahlung	Kal./St.	478 000	12,1	472 400	19,8	484 570	30	488 600	47,1
14	Brutto-Dampfverbrauch	kg/PS-St.	11,3		9,8		9,5		9,7	
15	Thermischer Wirkungsgrad bez. auf die Nutzleistung η_{Lg}	%	7,8		9,0		9,2		9,1	
16	Thermischer Wirkungsgrad bez. auf die Heizung η_{Hg}	%	79,2		70,0		59,1		41,8	
17	Wirtschaftlicher Gesamtwirkungsgrad η_w	%	87		79,0		68,3		50.9	

zwecke ein so hoher ist, daß regelmäßig noch Frischdampf zugesetzt werden muß. Wir finden in der chemischen Industrie, Papierfabrikation usw. solche Verhältnisse.

Die Indikatordiagramme für den Betrieb unter diesen Voraussetzungen wurden zum Teil bereits früher (Abb. 48 bis 51) abgebildet. Das dort mit Vollast bezeichnete Diagramm wurde der Zahlentafel 19 für $^3/_4$ Last zugrunde gelegt, weil es tatsächlich noch nicht die größte von der Maschine erreichte Leistung versinnlicht. Dazu wurden noch Diagramme für $^1/_2$ und $^1/_4$ Last entworfen.

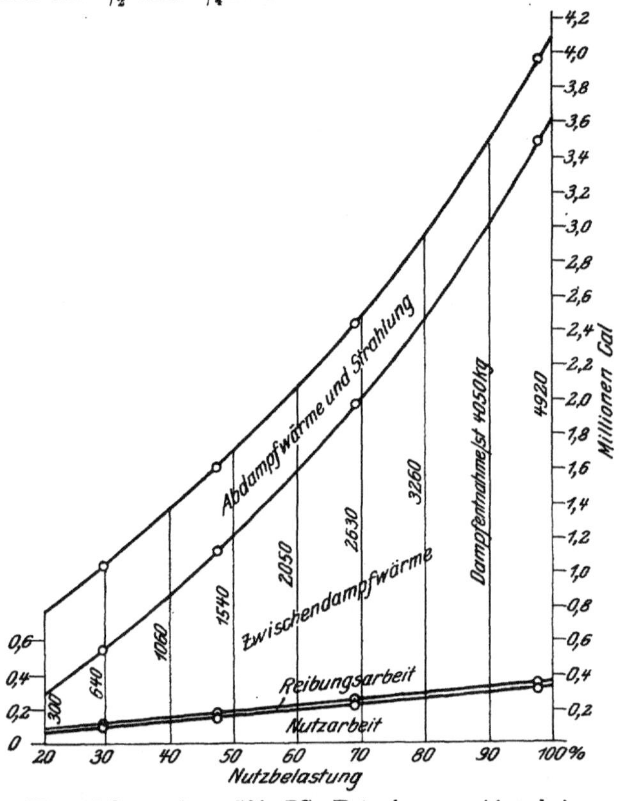

Abb. 64. Wärmebilanz einer 500 PSe-Entnahmemaschine bei verschiedenen Belastungen und größter Zwischendampfentnahme (300 bis 4920 kg/St.) bei 3 Atm. Überdruck.

Leistung, Dampf- und Wärmeverbrauch sind in der Zahlentafel 19 enthalten. In Prozenten der zugeführten Dampfmenge beträgt die Entnahme:

bei Vollast	$^3/_4$ Last	$^1/_2$ Last	$^1/_4$ Last
85%	80%	64%	43%

(Zahlentafel 20.)

Der scheinbare thermische Wirkungsgrad bezogen auf die Nutzleistung

$$\eta_{Lg} = \frac{\text{Zeile 11}}{\text{Zeile 9}} \cdot 100\%$$

nimmt bei sinkender Leistung zuerst zu, dann wegen der Schleifenbildung im Hochdruckzylinder wieder ab. Der wirtschaftliche Gesamtwirkungsgrad:

$$\eta_w = \frac{\text{Zeile } 10 + \text{Zeile } 11 + \text{Zeile } 11\,\text{a}}{\text{Zeile } 9} \cdot 100\%$$

sinkt mit der Belastung dauernd und zwar von 87% bei Vollast bis auf 50,9% bei $^1/_4$ Last wegen der verhältnismäßig geringer werdenden Zwischendampfentnahme. Der wirkliche effektive thermische Wirkungsgrad

$$\frac{\text{Zeile } 11}{\text{Zeile } 9 - \text{Zeile } 10 - \text{Zeile } 11\,\text{a}} \cdot 100\%$$

berechnet sich bei

	Vollast	$^3/_4$ Last	$^1/_2$ Last	$^1/_4$ Last
zu	37,5%	30,4%	22,6%	15,6%

(Zahlentafel 21.)

Wie aus Zahlentafel 20 hervorgeht, nimmt die Dampfentnahme mit sinkender Belastung verhältnismäßig ab. Jener Anteil des Dampfgewichtes, der im Hochdruckzylinder arbeitet und dessen Abwärme der Heizung zugute kommt, also nicht dem thermischen Wirkungsgrad als Abwärmeverlust zur Last geschrieben wird, wird deshalb bei sinkender Belastung geringer. Hiedurch erklärt sich zwanglos das Sinken des wirklichen effektiven thermischen Wirkungsgrades nach Zahlentafel 21. Auch die folgenden Abbildungen 64 uud 65 weisen dies nach.

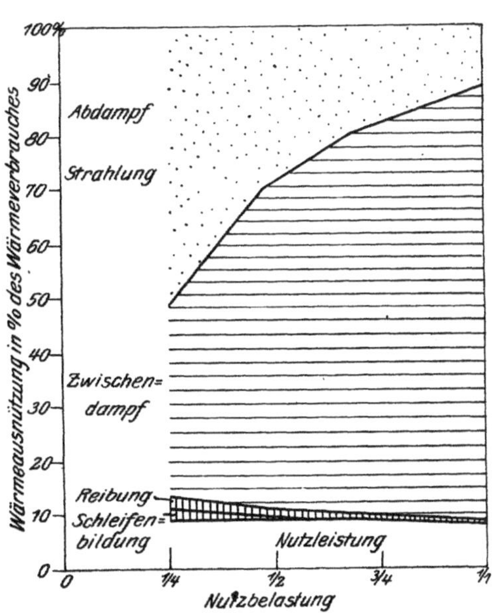

Abb. 65. Wärmeausnützung einer Entnahmemaschine bei verschiedenen Belastungen und größter Zwischendampfentnahme von 3 Atm. Überdruck.

Eine graphische Wärmebilanz wurde wieder in Abb. 64 entworfen. Abdampfwärme und Strahlung sind für alle Belastungen fast gleichbleibend. Die größte Dampfentnahme ergibt sich zu 4680 kg/St. bei 487 PS Maschinenleistung, bzw. 4920 kg/St. bei 500 PS Leistung. Die der Schleifenbildung im Hochdruckdiagramm gleichwertige Wärmemenge ist der Zwischendampfwärme zuzurechnen.

In Abb. 65 ist die Ausnützung der der Maschine zugeführten Wärme dargestellt, Die Abbildung hat wiederum allgemeinere Gültigkeit, wie im Falle I die Abb. 63. Der verhältnismäßig größere Abdampfverlust bei geringer Belastung erklärt das Sinken des wirtschaftlichen und des wirklichen thermischen Nutzeffektes.

III. Fall. Betrieb der Maschine bei gleichbleibender Belastung und verschieden hoher Zwischendampfentnahme.

Die Fälle, wo der Kraftverbrauch längere Zeit gleichmäßig bleibt, während der Bedarf an Zwischendampf schwankt, sind seltener. Sie können aber eintreten bei Pumpmaschinen, Antrieb von Kompressoren und Gebläsen, vor allem aber bei den jederzeit vollbelasteten Maschinen im Parallelbetrieb mit anderen. Der vollständigen Übersicht halber müssen auch solche Umstände in ihren Folgen genau erörtert werden.

Für solche Betriebsverhältnisse sind vier Sätze von Indikatordiagrammen in Abb. 28 bis 35 dargestellt. In welchem Maße die Hochdruckfüllungen zu- und die Niederdruckfüllungen abnehmen, ist aus den Diagrammen zu ersehen. Zahlentafel 22 enthält die wissenswerten Angaben über Leistungsverteilung, Dampf-und Wärmeverbrauch, sowie Wirkungsgrade. Der scheinbare thermische Wirkungsgrad bezogen auf die Nutzleistung

$$\eta_{Lg} = \frac{\text{Zeile } 11}{\text{Zeile } 9} \cdot 100\,\%$$

nimmt mit steigender Entnahme ab, der wirtschaftliche Gesamtwirkungsgrad

$$\eta_{w} = \frac{\text{Zeile } 10 + \text{Zeile } 11}{\text{Zeile } 9} \cdot 100\,\%$$

nimmt jedoch rasch zu von 16,7% der gewöhnlichen Kondensationsmaschine bis auf fast 74% bei einer Dampfentnahme von 70%. Der wirkliche thermische Wirkungsgrad bezogen auf die Nutzleistung

$$\frac{\text{Zeile } 11}{\text{Zeile } 9 - \text{Zeile } 10} \cdot 100\,\%$$

beträgt bei

Betrieb ohne Entnahme	1/4 Entnahme	1/2 Entnahme	3/4 Entnahme
16,7%	17,7%	20,9%	27,2%

(Zahlentafel 23.)

Hierin kommt die Bedeutung der Zwischendampfverwertung für die rationelle Krafterzeugung besonders klar zum Ausdruck. Schon bei Entnahme der Hälfte des der Maschine zugeführten Dampfes erreicht die Entnahmemaschine effektive thermische Wirkungsgrade, welche bei den besten normalen Kondensationsmaschinen oder Turbinen mit hoher Überhitzung nicht mehr möglich sind. Bei Vollast und größter Entnahme steigt der effektive thermische Wirkungsgrad, wie wir unter Fall II gesehen haben, bis auf 37,5%, also höher als der effektive thermische Wirkungsgrad des Dieselmotors, unserer

Zahlentafel 22.

500 PS-Entnahmemaschine bei 415 PS Belastung und verschiedener Entnahme.

			Ohne Entnahme		Entnahme rd. $^1/_4$		Entnahme rd $^1/_2$		Entnahme rd. $^3/_4$	
1	Indizierte Hochdruckleistung	PSi	192		228		268		324	
2	Indizierte Niederdruckleistung	PSi	267		240		202		141	
3	Indizierte Gesamtleistung N_i	PSi	459		468		470		465	
4	Nutzleistung N_e	PS	408		416		419		414	
5	Indiz. thermodyn, Wirkungsgrad des H.-Zyl. η_H	%	84,5		84,5		86		87	
6	Indiz. thermodyn. Wirkungsgrad des N.-Zyl. η_N	%	66		66		68		68	
7	Zugeführte Dampfmenge G	kg/St.	2240		2660		3080		3710	
8	Entnahmemenge E	kg/St.	0	%	625	%	1430	%	2580	%
9	Zugeführte Wärmemenge	Kal./St.	1600000	100	1900000	100	2210000	100	2660000	100
10	Wärmeinhalt des Entnahmedampfes	Kal./St.	0	0	413000	21,7	945000	42,7	1700000	64
11	Wärmeäquivalent der Nutzleistung	Kal./St.	258000	16,7	263000	13,9	264000	11,9	261000	9,8
12	Verluste durch Reibung und Luftpumpe	Kal./St.	32000	2	32000	1,7	32000	1,4	32000	1,2
13	Abdampfwärme und Strahlung	Kal./St.	1310000	81,3	1192000	63,7	969000	44	667000	25
14	Brutto-Dampfverbrauch	kg/PS-St.	5,5		6,4		7,35		8,95	
15	Thermischer Wirkungsgrad bez. auf die Nutzleistung η_{Lg}	%	16,7		13,9		11,9		9,8	
16	Thermischer Wirkungsgrad bez. auf die Heizung η_{Hg}	%	0		21,7		42,7		64,0	
17	Wirtschaftlicher Gesamtwirkungsgrad η_w	%	16,7		35,6		54,6		73,8	

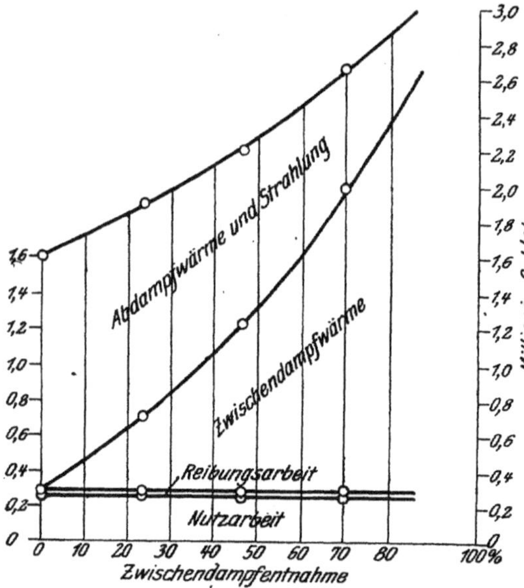

Abb. 66. Wärmebilanz einer 500 PS_e-Entnahmemaschine bei rd. 415 PS_e-Belastung und verschieden hoher Zwischendampfentnahme.

thermisch besten Wärmekraftmaschine. Unter Fall I haben wir den effektiven thermischen Wirkungsgrad bei 54 % Belastung der Maschine und 68 % Entnahme zu 25,3 % gefunden, während er, wie jetzt gezeigt, bei einer Maschinenleistung, die 83 % der Vollast von 500 PS entspricht und 70 %, also fast ebenso hoher Entnahme, einen Wert von 27,2 % erreicht. Bei gleicher prozentueller Entnahme sinkt der thermische Wirkungsgrad der Entnahmemaschine mit der Belastung etwa um die gleichen Absolutwerte wie bei der gewöhnlichen Kondensationsmaschine.

Die graphische Wärmebilanz für Fall III ist in Abb. 66 gezogen. Der Abdampfverlust nimmt ab, während die der Maschine im Zwischendampf entzogene und nutzbar gemachte Abwärme anwächst. Hierdurch erhöht sich der wirtschaftliche Gesamtwirkungsgrad der Entnahmemaschine mit steigender Zwischendampfentnahme bei gleichbleibender Belastung.

Die Umsetzung von je 100 der Maschine zugeführten Wärmeeinheiten in Nutzleistung, Reibungs- und Luftpumpenarbeit, Zwischendampfwärme, Abwärme und Strahlung ist in Abb. 67 dargestellt. Die Schaubilder der prozentualen Wärmeausnützung Abb. 63, 65 u. 67 ge-

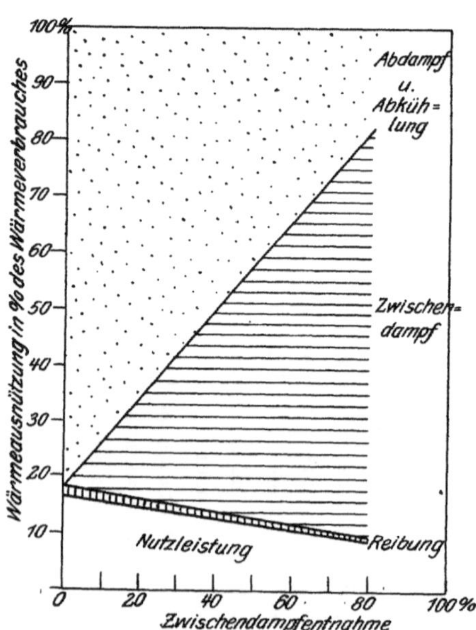

Abb. 67. Wärmeausnützung einer Entnahmemaschine bei gleichbleibender Belastung und verschieden hoher Zwischendampfentnahme von 3 Atm. Überdruck.

statten lehrreiche Vergleiche mit den gleichartigen Diagrammen Abb. 118—123 u. 125 anderer Wärmekraftmaschinen.

Der effektive thermodynamische Wirkungsgrad der Maschine

$$\eta_e = \frac{632 \cdot N_e}{G\,(\Phi_I + \Phi_{II}) - E\,\Phi_{II}} \text{ (siehe S. 74)}$$

bei Belastung mit rund 400 und 250 PS, also mit $^4/_5$ und $^1/_2$ Last, ist in Abb. 68 dargestellt. Er nimmt mit steigender Dampfentnahme zu (vgl. damit Abb. 102 und 103 für die Entnahmeturbine). Auch Versuche an ausgeführten Maschinen (Zahlentafel 26, Versuche Nr. 4 und 5, 6 und 7, 12 bis 14 an denselben Maschinen mit verschiedener Dampfentnahme) bestätigen dies. Die steigende Zwischendampfentnahme verbessert also die Dampfmaschine als Wandlerin von Wärme in mechanische Energie. Begründet liegt dies darin, daß der thermodynamisch besser arbeitende Hochdruckteil um so mehr zur Arbeitsleistung herangezogen wird, je höher die Zwischendampfentnahme ist.

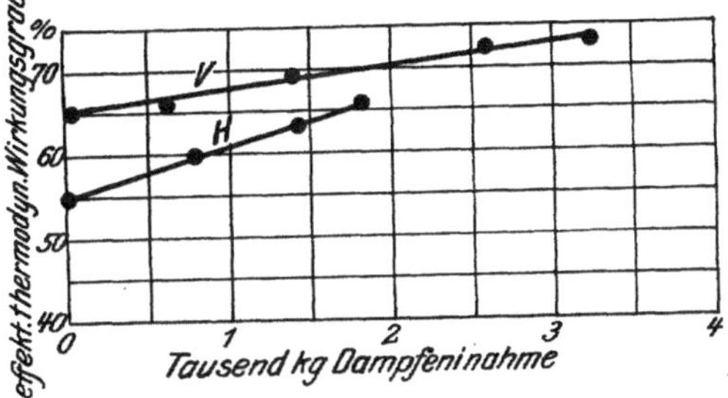

Abb. 68. Veränderung des effektiven thermodynamischen Wirkungsgrades einer 500-PS-Entnahmemaschine mit der Höhe der Dampfentnahme bei $^4/_5$ Last (V) und Halblast (H).

Die doppelte Abhängigkeit des Wärme- oder des Dampfverbrauches einer Entnahmemaschine von der Belastung und von der Höhe der Zwischendampfentnahme läßt sich in einem Raumdiagramm darstellen. Aus einem solchen Diagramm können alle Beziehungen abgelesen werden, welche im Vorhergehenden unter I, II und III besprochen worden sind.

In Abb. 69 ist der Gesamtwärmeverbrauch der Maschine über der Belastung und der Höhe der Zwischendampfentnahme, bezogen auf die der Maschine zugeführte Dampfmenge, versinnlicht. Auf die Fläche des Gesamtwärmeverbrauches kann man eine (stark ausgezogene) Raumkurve legen, welche den reellen Teil der Fläche vom virtuellen Teil scheidet. Dies ist die Grenkurve für die größtmögliche Zwischendampfentnahme bzw. die geringste zulässige Belastung der Maschine. Links von ihrem Verlauf liegt der virtuelle Teil des Raumdiagramms. Ihm sind Niederdruckfüllungen zugeordnet, bei welchen die sichere Schmierung des Niederdruckkolbens nicht mehr gewährleistet erscheint. Der reine Gegendruckbetrieb wäre bei abgekuppeltem Niederdruckzylinder (etwa bei einer Zweikurbelverbundmaschine) reell erreichbar.

In Abb. 70 sind in das Raumdiagramm ferner eingetragen die Kurven für Leerlauf bis Vollast von 10 zu 10% Belastung, sowie für eine Zwischendampfentnahme von 10 zu 10 %. Aus Abb. 69 folgt, daß bei Vollast höchstens 87 % der zugeführten Dampfmenge, bei $^3/_4$ Last höchstens 79 %, bei $^1/_2$ Last höchstens 64 % und bei $^1/_4$ Last höchstens 38 % entnommen werden können. Aus der nächsten Abbildung geht hervor, daß bei einer Entnahme von drei Vierteln

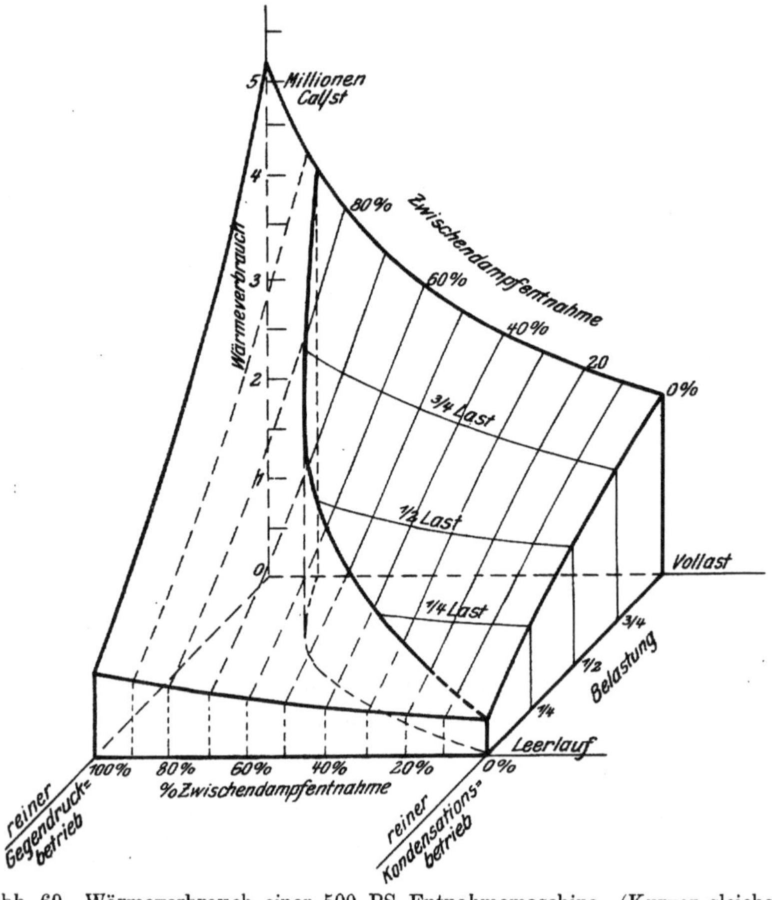

Abb. 69. Wärmeverbrauch einer 500 PS-Entnahmemaschine. (Kurven gleicher Belastung und prozentualer Dampfentnahme.)

$p_a = 13^1/_2$ Atm. Üb.
$t_a = 280^0$ C.
$p_e = 3$ Atm. Üb.
$p_c = 0{,}25$ Atm. abs.

der zugeführten Dampfmenge die Nutzleistung der Maschine nicht unter 60 %, bei halber Entnahme nicht unter 35 % sinken darf.

Zuweilen findet man die Dampfentnahme nicht bezogen auf die der Maschine gerade zugeführte Dampfmenge, sondern auf den Dampfverbrauch der normalen Kondensationsmaschine. Damit erreichen die Zahlen der prozentualen Dampfentnahme natürlich ganz andere, höhere Werte. Da der Dampfverbrauch im vorliegenden Beispiel bei 3 Atm. Entnahmeüberdruck und dem Zylinderverhältnis 1 : 2,25 von jenem der normalen Kondensationsmaschine gleicher Leistung nur wenig abweicht, können wir den Dampfverbrauch der normalen Kondensationsmaschine unmittelbar der Abb. 69 oder 70 entnehmen, indem

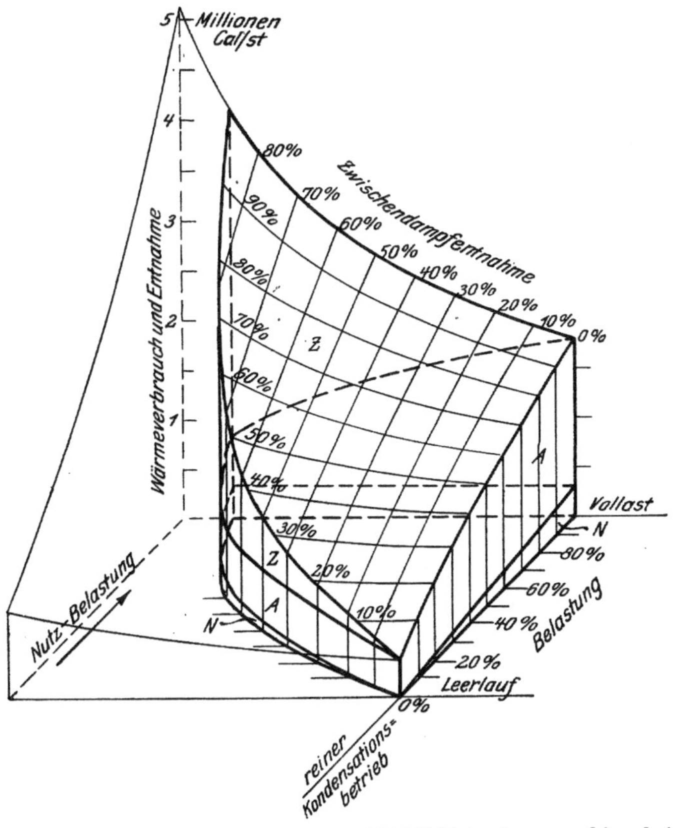

Abb. 70. Wärmeverbrauch einer 500 PS-Entnahmemaschine bei veränderlicher Belastung und Dampfentnahme.

N = Wärmeaufwand für Nutzleistung.
A = " " Reibung, Strahluug und Abdampfverlust.
Z = entnommene Zwischendampfwärme.

$p_a = 13^1/_2$ Atm. Üb.
$t_a = 280^0$ C.
$p_e = 3$ Atm. Üb.
$p_c = 0{,}25$ Atm. abs.

wir den Wärmeverbrauch bei Vollast und Entnahme Null durch den Wärmeinhalt von 1 kg Frischdampf, nämlich 718 Kal., teilen. Wir finden so den Dampfverbrauch der normalen Kondensationsmaschine zu 2690 kg/St. bei 500 PS Leistung. Folgende Zahlentafel 24 kann zur Umrechnung der beiden Angaben der Zwischendampfentnahme dienen:

Entnahme in					
	% der zugeführten Dampfmenge	20	40	60	80
	% des Dampfverbrauches der normalen Kondensationsmasch.	22	50	89	150

(Zahlentafel 24.)

Einer Entnahme von 87 % des der Maschine zugeführten Dampfes entspricht 180 % des Dampfverbrauches der normalen Kondensationsmaschine.

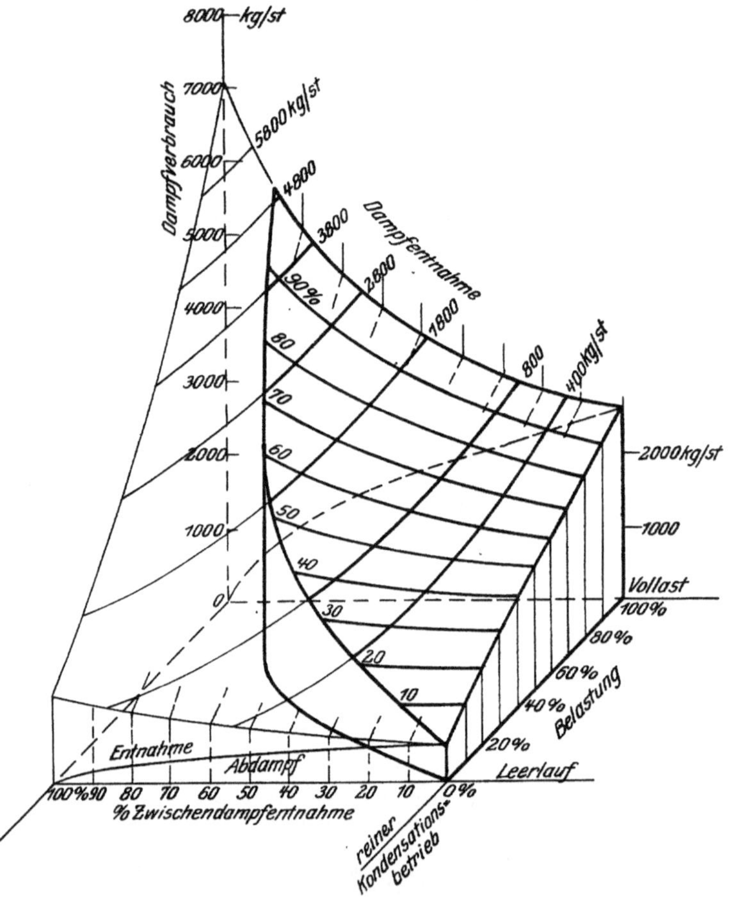

Abb. 71. Dampfverbrauch einer 500 PS-Entnahmemaschine bei verschiedenen Belastungen und Entnahmemengen. (Kurven gleicher Entnahmemengen.)

$p_a = 13^1/_2$ Atm. Üb.
$t_a = 280^0$ C.
$p_e = 3$ Atm. Üb.
$p_c = 0{,}25$ Atm. Üb.
Zylinderverhältnis 1:2,25.

In Abb. 70 ist der Gesamtwärmeaufwand unterteilt in jenen zur Erzeugung der Nutzleistung (N), in die Wärmeverluste durch Abdampf, Reibung und Strahlung (A) und in die Zwischendampfwärme (Z).

Während bei den beiden Abb. 69 und 70 auf der senkrechten Achse der Wärmeverbrauch der Maschine aufgetragen ist, stellt die Ordinate der folgenden Abb. 71 einen Maßstab für den Gesamtdampfverbrauch dar, der sich aus dem Wärmeverbrauch rechnen läßt zu:

$$D\ \text{kg/St.} = \frac{\text{Wärmeverbrauch Kal./St.}}{718\ \text{Kal./kg}}.$$

Auf die obere Begrenzungsfläche des Körpers sind die Kurven für Nutzbelastungen der Maschine von 10 zu 10 % gelegt und außerdem Kurven gleicher absoluter Entnahmemengen. Jene für 1800 kg entspricht den in Fall I ausführlich behandelten Verhältnissen. Die größte Entnahme beträgt bei Vollast 4920 kg/St.

Die größtmögliche Zwischendampfentnahme a) in % des der Maschine bei der betreffenden Belastung zugeführten Dampfgewichtes, b) in % der größtmöglichen Entnahme bei Vollast der Maschine sinkt mit der Belastung und beträgt bei

	90	80	70	60	50	40	30 % der Vollast
a)	85	81	77	73	66	56	45 %
b)	84	67	55	45	33	22	13 %

(Zahlentafel 25.)

Diese Werte gelten natürlich nur für die vorausgesetzten Ausgangswerte, insbesonders für den angenommenen Zwischendampfdruck von 3 Atm. Üb. und das Zylinderverhältnis 1 : 2,25.

Wahl des Zylinderverhältnisses.

Die kleinste Belastung, bei welcher eine bestimmte Zwischendampfmenge entnommen werden kann, ist hauptsächlich abhängig vom Zylinderverhältnis und vom Zwischendampfdruck. Je kleiner der Niederdruckzylinder, desto kleiner wird die zulässige Belastung. Je höher der Entnahmedruck, desto größer wird der Flächeninhalt des kleinsten Niederdruckdiagrammes und Hand in Hand damit die Leistung des Niederdruckzylinders. Diese Abhängigkeit ist für verschiedene Zwischendampfüberdrücke in der Abb. 72 dargestellt. Bei 3 Atm. Zwischendampfüberdruck kann beispiels-

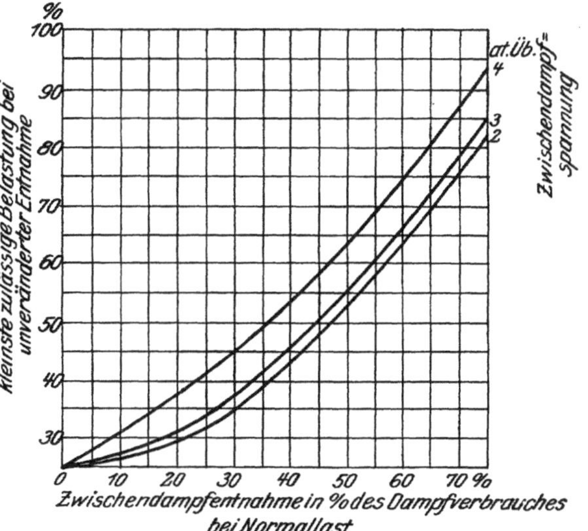

Abb. 72. Abhängigkeit der kleinsten zulässigen Belastung von der Höhe der Dampfentnahme.

weise unter Halblast noch eine Dampfmenge entnommen werden, welche $44^0/_0$ des Dampfverbrauches bei Vollast ohne Entnahme entspricht. Bei 4 Atm. Zwischendampfüberdruck sind unter Halblast jedoch nur mehr $36^0/_0$ des Dampfverbrauches bei Vollast ohne Entnahme zu entnehmen.

Wie schon erwähnt, liegt die praktisch größte Zwischendampfentnahme bei etwa 3 bis $5^0/_0$ Niederdruckfüllung, da dem Niederdruckzylinder etwas Dampf zugeführt werden muß, um zu verhindern, daß der Kolben trocken läuft.

Je kleiner das Verhältnis

$$\frac{\text{Hochdruckzylindervolumen}}{\text{Niederdruckzylindervolumen}}$$

und je höher die Zwischendampfspannung, desto weniger Dampf kann der Maschine entnommen werden. In Abb. 73 ist die gegenseitige Abhängigkeit von Zwischendampfentnahme in Prozent der der Maschine zugeführten Dampfmenge, Zwischendampfdruck und Zylinderverhältnis zeichnerisch dargestellt, und zwar hat die Abbildung Gültigkeit für 12 Atm. Anfangsüberdruck und 300^0 Dampftemperatur vor der Maschine und für $80^0/_0$ Luftleere im Niederdruckzylinder.

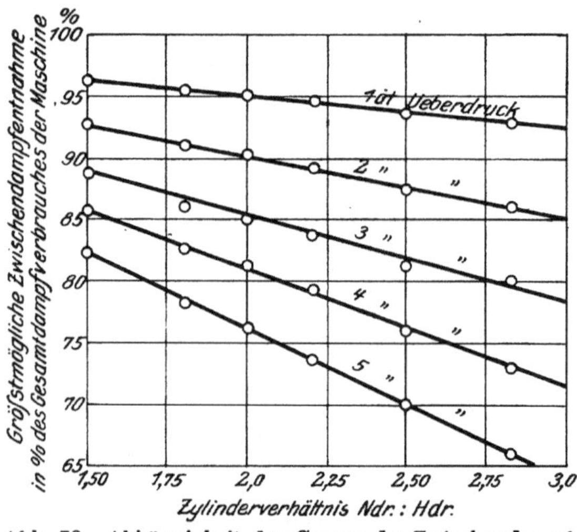

Abb. 73. Abhängigkeit der Grenze der Zwischendampfentnahme vom Zylinderverhältnis und vom Zwischendampfdruck.

Aus dieser Darstellung ist ersichtlich, daß man schon bei dem üblichen Zylinderverhältnis 1:2,8 bis 3,0 recht beträchtliche Mengen von Zwischendampf entnehmen kann. Es ist jedoch zu empfehlen, den Niederdruckzylinder klein zu wählen, da sonst seine Füllungsgrade bei größerer Dampfentnahme sehr gering ausfallen, wodurch der thermische Wirkungsgrad dieses Zylinders verschlechtert wird. Ebenso empfiehlt es sich bei der Bemessung des Hochdruckzylinders im Auge zu behalten, daß sein Füllungsgrad zur Erzielung der verlangten Maschinenleistung bei größter Dampfentnahme noch in einem Bereiche liegt, wo der Fliehkraftregler präzise eingreift. Zuweilen muß darüber noch eine gewisse Reserve für spätere größere Kraftleistung liegen. Man hat in dieser Erkenntnis für besondere Zwecke schon das Zylinderverhältnis 1 : 1 ausgeführt.

Die Verteilung der Leistung auf beide Zylinder wird vom Zylinderverhältnis fast nicht beeinflußt, was bei näherer Betrachtung auch selbstverständlich erscheint, da ja im Grunde nicht die Größe der Zylinder, sondern die Menge des darin arbeitenden Dampfes und dessen Druck die Leistung bestimmt. An einer Reihe von Diagrammen wurde die Hochdruckleistung in Prozent der Gesamtleistung bei 2 bis 5 Atm. Üb. Aufnehmerspannung und 1 : 2,8 sowie 1 : 1,8 Zylinderverhältnis ermittelt.

Das Ergebnis ist folgendes:

Zahlentafel 26.

Zylinderverhältnis	Zwischen-dampfdruck Atm. Üb.	Leistung PS	Hochdruck-leistung in % der Gesamtleistung	Zwischen-dampf-entnahme %	Theoretische Niederdruck-füllung %
1 : 2,8	2	174	81	86	2
	3	171	70	80,5	3
	4	170	56	71	3,5
	5	174	41,5	61,5	4
1 : 1,8	2	171	82,5	88	3,5
	3	169	70,5	80,5	5
	4	165	57,5	71	6,5
	5	168	43	61,5	8

Der Dampfanfangszustand war zu 12 Atm. Üb. und 300°, die konstante Hochdruckfüllung zu 40 % genommen. Bei 2 Atm. Aufnehmerüberdruck und 1 : 2,8 Zylinderverhältnis ist unter den besagten Annahmen eine Dampfentnahme von 86 % das Maximum (vgl. Abb. 73). Aus vorstehender Tabelle ist ersichtlich, daß der Anteil des Hochdruckzylinders an der Gesamtleistung bei dem großen wie bei dem kleinen Zylinderverhältnis fast gleich hoch ist.

Konstruktion und Betrieb der Entnahmemaschinen.

Die Maschinen mit Zwischendampfentnahme unterscheiden sich von den gewöhnlichen Verbunddampfmaschinen durch das vom normalen (1 : 2 bis 1 : 3) oft abweichende Zylinderverhältnis, dessen Wahl hauptsächlich nach der Höhe der regelmäßig stattfindenden Dampfentnahme erfolgt.

Hoher Anfangsdruck und große Hochdruckkolbenfläche sowie hoher Aufnehmerdruck ergeben große Kolbenkräfte, was bei Berechnung der Zapfen usw. berücksichtigt werden muß.

Als Bauart eignet sich besonders die Tandemmaschine, weil die Arbeitsverteilung auf beide Zylinder bei Zwischendampfentnahme mehr oder minder ungleichmäßig ist. Bei schwacher Belastung ist eine Schleifenbildung im Hochdruckdiagramm in Kauf zu nehmen. Sie kann durch früheren Vorauslaß verkleinert werden.

Die wichtigste konstruktive Einzelheit der Entnahmemaschine ist eine Vorrichtung, welche den Füllungsgrad des Niederdruckzylinders dem Zwischendampfbedarf anpaßt. Die Einstellung der Niederdruckleistung kann von Hand erfolgen, meist wird man jedoch eines der selbsttätigen Verfahren bevorzugen.

Sinkt der Heizdampfbedarf bei gleichbleibender Belastung der Maschine, so steigt, solange an der Hoch- und an der Niederdruckfüllung nichts geändert wird, der Aufnehmerdruck, da sich der Dampf im Aufnehmer anstaut. Man läßt nun diese Druckerhöhung auf die Niederdruckeinlaßsteuerung einwirken, und zwar so, daß die Füllung vergrößert wird. Der für die Heizung nicht benötigte Dampf strömt alsdann durch den Niederdruckzylinder Arbeit verrichtend ab. Die dadurch bedingte Tourenerhöhung setzt den Fliehkraftregler in Tätigkeit, welcher die Hochdruckfüllung verringert. Eine solche kombinierte Regelung entspricht allen Anforderungen an Betriebs-

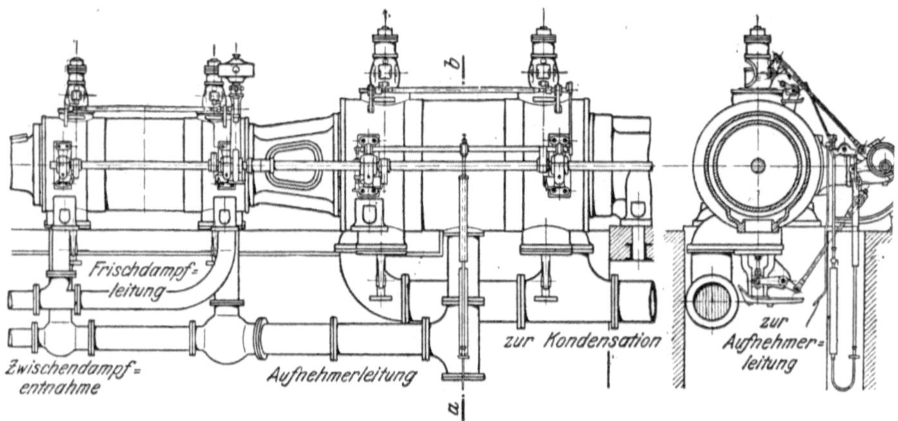

Abb. 74. Gebräuchlichste Regelung der Maschinen mit Zwischendampfentnahme.

sicherheit und Genauigkeit und hat sich unter schwierigen Verhältnissen, z. B. Parallelarbeiten mehrerer Dampfdynamos auf ein Wechselstromnetz, bestens bewährt. Sie läßt sich nur bei Ventilsteuerungen bauen und zwar am einfachsten bei solchen mit geringem Verstellwiderstand.

Die allgemeine Anordnung einer solchen Regelung zeigt Abb. 74 nach einer Ausführungsart der Sächsischen Maschinenfabrik, deren Druckregler bereits an Hand von Abb. 14 beschrieben wurde. Der Hochdruckzylinder der Entnahmemaschine ist vom Fliehkraftregler, der Niederdruckzylinder vom Druckregler beeinflußt. Von der zwischen den beiden Zylindern liegenden Aufnehmerleitung (Receiver) zweigt die Dampfentnahmeleitung ab. Der Druckregler besteht aus zwei kommunizierenden, an einem Wagebalken aufgehängten und mit Quecksilber gefüllten Röhren. Die eine dieser Röhren steht unter dem Druck des Zwischendampfes, so daß jede Veränderung dieses Druckes die Quecksilberverteilung auf beide Röhren beeinflußt. Dadurch wird der auf der Reglerwelle sitzende Wagbalken in dem einen oder anderen Sinne verdreht und die Niederdruckfüllung verändert.

Abb. 75 zeigt einen Quecksilberregler von Gebr. Sulzer. Der 2725 mm hohe röhrenartig ausgebildete Ständer wird, mit seinem Fuß auf dem Unterflurboden stehend, neben dem Niederdruckzylinder der Dampfmaschine aufgestellt. Je nach dem Zwischendampfbedarf schwankt der Dampfdruck und wirkt auf den im unteren Teil des Ständers befindlichen Quecksilberspiegel, welcher seinerseits wieder auf einen gußeisernen mit Blei ausgegossenen Kolben drückt, der, im inneren Hohlraum des Ständers angeordnet, im Quecksilber schwimmt. Mittels eines Hebels und einer Stange beeinflußt der je nach dem Dampfdruck höher oder tiefer stehende Kolben die Einlaßsteuerung des Niederdruckzylinders. Der Dampf drückt je nach seiner Pressung das Quecksilber durch eine feine Drosselöffnung in den Hohlraum mehr oder weniger hoch, wodurch die Höhenlage des reibungslos schwimmenden Kolbens entsprechend geändert wird. Ein am Quecksilberbehälter angeschlossenes Manometer läßt den Zwischendampfdruck ablesen. Eine Einstellvorrichtung gestattet, den Zutritt des Quecksilbers zum Kolben zu drosseln. Bezweckt wird damit, die in der Zwischendampfleitung gelegentlich auftretenden plötzlichen Druckschwankungen dämpfend zu beeinflussen nach demselben Verfahren, wie es vielfach bei den Fliehkraftreglern in Form der Ölkatarakte angewendet wird. Mittels der Muttern auf einer senkrechten Schraubenspindel können die gewünschten Endstellungen des wagerechten Hebels begrenzt werden. Wenn der Zwischendampfbedarf eine gewisse Grenze übersteigt, wird durch eine Zugstange ein Ventil geöffnet, durch welches dem Zwischendampf mehr oder weniger Frischdampf zugesetzt wird.

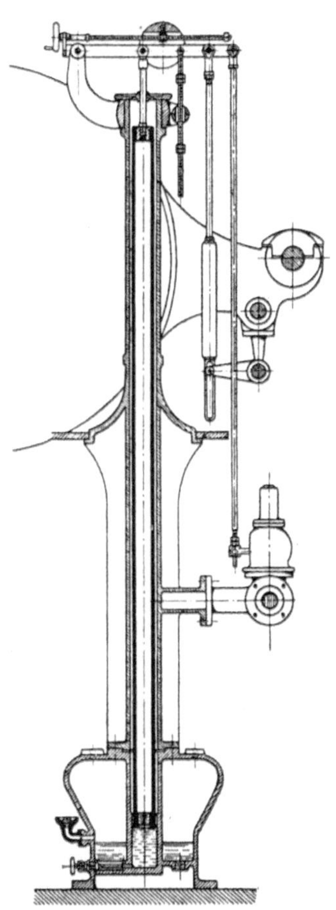

Abb. 75. Zwischendampf-Druckregler mit zwangläufiger Frischdampfbeimischung. Gebr. Sulzer.

Eine Ausführung des Druckreglers der Maschinenfabrik Augsburg-Nürnberg für eine Ausklinksteuerung ist in Abb. 76 dargestellt.

Der Zwischendampf drückt auf den Kolben K, welcher in den Zylinder C dampfdicht eingepaßt ist. Zwei Zugfedern F halten dem

Dampfdruck das Gleichgewicht. Eine Änderung des Zwischendampfdruckes bewirkt eine Verstellung des Kolbens K, welche mittels des Zwischengliedes E auf den Hebel H_1 und dadurch auf die Regulierwelle R übertragen wird. Durch Verstellung der Spindel S kann der konstant zu haltende Zwischendampfdruck in einem gewissen Intervall gewählt werden. Soll die Maschine ohne Zwischendampfentnahme arbeiten, so kann durch den Hahn N der Zutritt des

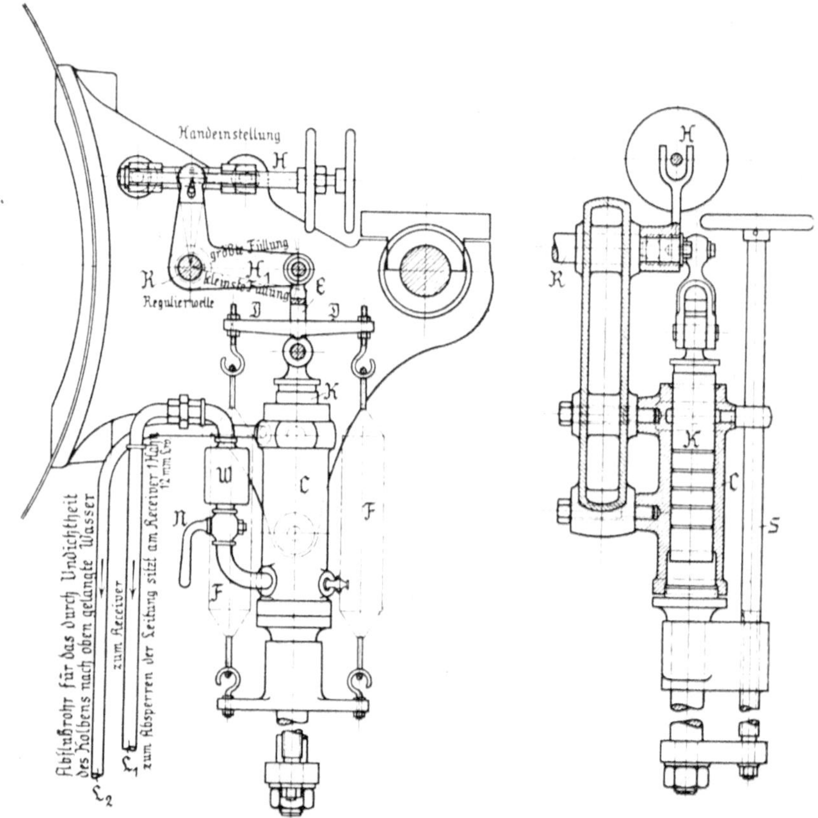

Abb. 76. Zwischendampf-Druckregler mit Vorrichtung zum Einstellen des Zwischendampfdruckes. Maschinenfabrik Augsburg-Nürnberg.

Dampfes aus der Leitung L_1 in den Zylinder C abgesperrt und die Niederdruckfüllung mittels der Spindel H von Hand aus eingestellt werden.

Während die Ausklinksteuerungen nur einen geringen Verstellwiderstand besitzen, beanspruchen andere schon ziemlich bedeutende Kräfte. Man ordnet bei solchen Steuerungen zwei Druckregler an, die unmittelbar auf die Regulierwelle des Niederdruckzylinders wirken oder eine Öldrucksteuerung, wie nach einer Ausführung der Maschinenfabrik Augsburg-Nürnberg in Abb. 77 dargestellt.

Auf den Kolben K_1 drückt der bei Z_1 eintretende Zwischendampf. Zwei Zugfedern zwischen dem Querhaupt Q_1 und den Haken H halten dem Dampfdruck das Gleichgewicht. Durch die Schwankungen der Zwischendampfspannung wird der Kolben K_1 und damit das Querhaupt Q_1, die Spindel S_1 und der hohle Ölschieber O vertikal verstellt. Letzterer läßt das bei Z_2 eintretende Drucköl oberhalb bzw. unterhalb des Kolbens K_2 treten, dessen Spindel S_2 die Einlaßsteuerung des Niederdruckzylinders verlegt. Das Querhaupt Q_2 ist auf der Führung F senkrecht mittels einer Schraubenspindel verschiebbar (vgl. Abb. 76), wodurch ein beliebiger Aufnehmerdruck eingestellt werden kann.

Mittels des Querhauptes Q_2 in Abb. 77 bzw. der Spindel S in Abb. 76, ist es möglich, den Aufnehmerdruck von der Dampfverbrauchsstelle etwa vom Sudhaus einer Brauerei oder der Appreturanstalt einer Weberei aus einzustellen. Diese Ferneinstellung des Druckreglers auf die gewünschte Spannung erfolgt ähnlich wie die Einstellung der Tourenzahl mehrerer parallel geschalteter Maschinen, die synchron auf ein Drehstromnetz arbeiten müssen, nämlich mittels eines kleinen Elektromotors, der vom Schaltbrett aus oder von der Dampfverbrauchsstelle aus gesteuert wird.

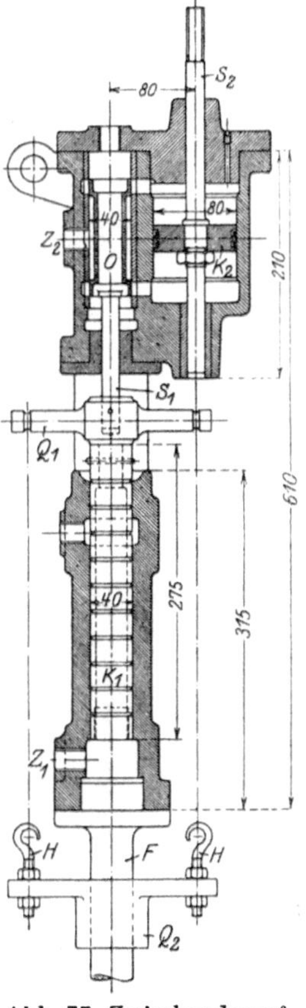

Abb. 77. Zwischendampf-Druckregler mit Drucköl-schaltung für Zwanglaufsteuerungen. Maschinenfabrik Augsburg-Nürnberg.

Ein Zwischendampfdruckregler der Maschinenfabrik J. A. Maffei, München, für große Maschinen, der unter Zuhilfenahme von Drucköl auf die Niederdruckeinlaßsteuerung wirkt, ist in Abb. 78 und 79 dargestellt. Auf der Steuerwelle s sitzt das Exzenter für die Ölpumpe o. Der hohle Ständer des Reglers birgt in seinem unteren Teil einen abgetrennten Raum, den Druckölbehälter, von welchem eine Leitung l zum Ölsteuerschieber führt. Der über dem Druckbehälter befindliche Raum dient als Saugbehälter. Der Zwischendampf drückt vermittels einer Dampfwassersäule auf den durch Federkraft im Gleichgewicht gehaltenen Kolben k, der bei seiner Bewegung den Ölsteuerschieber verstellt und das Drucköl in den Zylinder z ober- oder unterhalb des darin befindlichen Kolbens treten läßt. Auf der Welle w ist außerhalb des Ständers ein Hebel aufgekeilt, der die vom festen Steuerungsexzenter abgeleitete Bewegung des Niederdruckeinlaßventils vermittels eines Doppelhebels beeinflußt. Das durch Undichtheiten nach oben gelangende Wasser und Drucköl werden in Leckleitungen gesammelt. Der Hebel h führt den Ölsteuerschieber wieder in seine Mittellage zurück. Durch das Handrad r kann die Niederdruckfüllung auch vom Maschinenwärter unabhängig vom Zwischendampfdruck zwischen 0 und 55 $^0/_0$ eingestellt werden. An der Führung f ist eine Teilung angebracht, auf welcher ein mit der Stange des Öldruckkolbens verbundener Zeiger den Füllungsgrad angibt. Auf einem geschlitzten Bogen kann endlich die Niederdrucksteuerung für unveränderliche Füllungen festgeklemmt werden. Ein an den Druckraum des Ölbehälters angeschlossenes Manometer läßt den jeweils herrschenden Öldruck ablesen. Der in den Abb. 78 und 79 im Maßstab 1:15 dargestellte Druckregler wird für Entnahmemaschinen von etwa 700 PS Leistung angebaut.

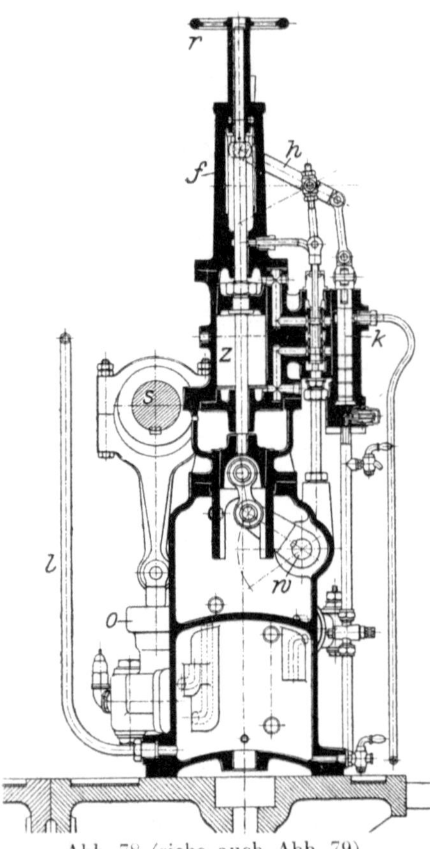

Abb. 78 (siehe auch Abb. 79).

Eine liegende Anordnung des Zwischendampfdruckreglers ebenfalls nach einer Ausführung der Maschinenfabrik J. A. Maffei in München für Dampfmaschinen mit Proellscher Achsenregler-Steuerung ist in Abb. 80 und 81 dargestellt. Der Dampfdruckzylinder z ist bei a mit dem Aufnehmer durch eine mit Dampfwasser angefüllte, unter dem Zwischendampfdruck stehende Leitung verbunden. Zwei Schraubenfedern halten dem Zwischendampfdruck das Gleichgewicht. Durch den Dampfkolben wird der Ölsteuerschieber im Gehäuse g verstellt und der Ölzutritt in den Steuerungszylinder geregelt. Die beiderseits durchgehende Kolbenstange k trägt an einem Ende ein Querhaupt q, von welchem ein Gestänge zum Hebel h führt, der eine Hohlwelle w durch eine spiralförmige Schlitzführung verdreht. Auf der Welle sitzen in den Gehäusen e die Hebel, welche die beweglichen Einlaßexzenter auf die richtige Füllung einstellen. Hebel h kann durch eine Klemmvorrichtung auch auf eine beliebige Füllung festgestellt werden. Er ist drehbar auf einer kurzen Welle d gelagert, von welcher die Rückstellvorrichtung des Ölsteuerschiebers bedient wird. Strichteilung und Zeiger oberhalb der Welle w lassen den jeweiligen Niederdruckfüllungsgrad ablesen.

Ein senkrechter Schnitt durch die wesentlichen Teile des Druckreglers ist in Abb. 81 wiedergegeben[1]).

Abb. 82 zeigt die von der Hannoverschen Maschinenbau-A.-G. ausgeführte Vorrichtung zur Konstanthaltung des Heizungsdruckes. Die Veränderung der Niederdruckfüllung geschieht hier durch den Druckregler a, der mittels einer Kontaktschaltung b einen kleinen Elektrohilfsmotor c steuert. Der Druckregler a besteht aus einem federbelasteten Dampfkolben, der durch die Schwankung des Aufnehmerdruckes bewegt wird. Durch ein Zwischengetriebe d wirkt der Elektromotor c unmittelbar auf die Niederdrucksteuerung ein. Bei kleinen Belastungen der Maschine kann es vorkommen, daß dem Aufnehmer nicht genügend Heizdampf entzogen werden kann. Die Reguliervorrichtung hat die Niederdruckfüllung zwar auf das geringste noch zulässige Maß eingestellt, der Aufnehmerdruck sinkt aber trotzdem noch weiter. Hier tritt, ähnlich wie bei dem Regler Abb. 75, ein Frischdampfzusatzventil zwangläufig in Tätigkeit dadurch, daß es in der Endlage der Niederdrucksteuerung gedrosselten Heizdampf in die Heizleitung

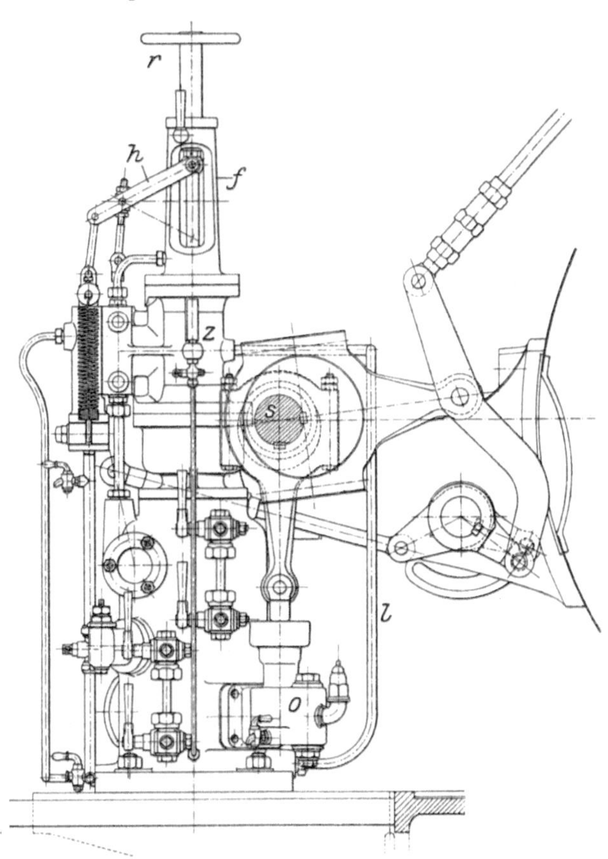

Abb. 78 und 79. Zwischendampf-Druckregler mit Druckölschaltung für Wälzhebelsteuerung: Maßstab 1 : 15. Maschinenfabrik J. A. Maffei, München.

[1]) Ein Regler dieser Bauart ist an der in Abb. 134 dargestellten Dampfmaschine angebracht.

treten läßt. Die Betätigung des Zusatzventiles erfolgt von der Spindel der Kontaktschaltung b, die nötigenfalls nach unten verlängert wird.

Diese Grundarten von Druckreglern werden mannigfach abgewandelt gebaut.

Die Einschaltung des auf die Niederdrucksteuerung einwirkenden Druckreglers irgend einer der vorbeschriebenen Bauarten hat zur Folge, daß die genaue Drehzahl der Maschine nicht mehr nur

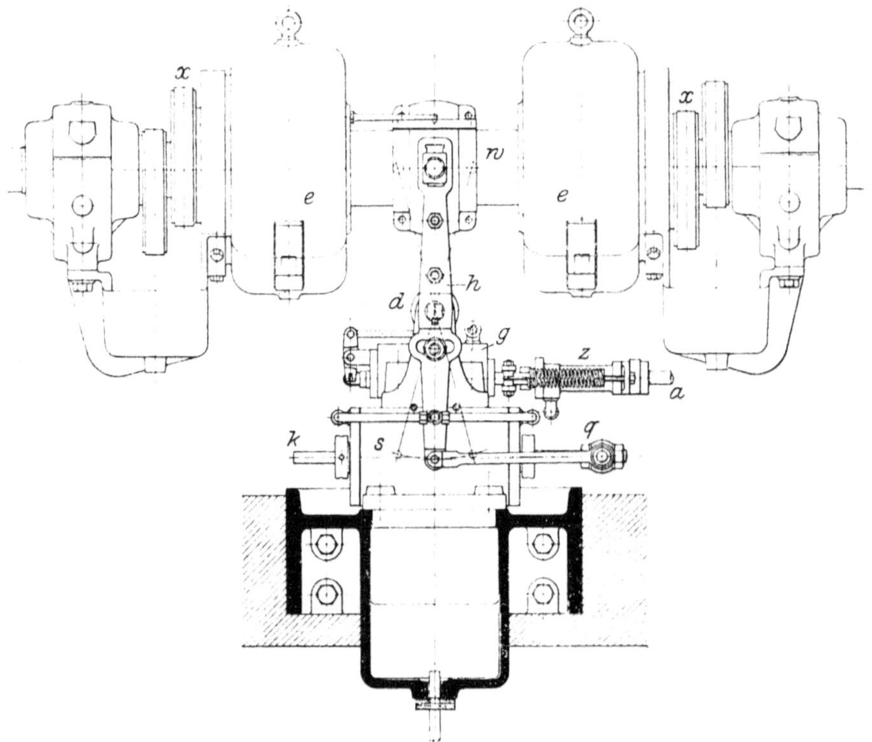

Abb. 80 (siehe auch Abb. 81).

eine Funktion der Leistung der Maschine ist. Die Stellung der Regulatormuffe bestimmt allerdings die Hochdruckfüllung; aber diese ändert sich mit der Zwischendampfentnahme und kann bei gleicher Maschinenleistung verschieden sein. Wo Wert darauf gelegt werden muß, daß die Drehzahl unabhängig von der Zwischendampfentnahme bleibt, bringt man am Regulator in bekannter Weise eine Zusatzfeder an, die von Hand oder mittels Fernreglung vom Schaltbrett aus eingestellt werden kann.

Besondere Verhältnisse ergeben sich beim Leerlauf bzw. beim Anlaufen der Maschinen mit Zwischendampfentnahme.

Die folgenden Betrachtungen gelten für den Fall, daß der

Hochdruckzylinder durch einen Fliehkraftregler, der Niederdruckzylinder durch einen Druckregler beeinflußt wird.

Zunächst muß es möglich sein, die unbelastete Maschine auf die volle Tourenzahl zu bringen, falls dieselbe etwa auf ein Drehstromnetz geschaltet werden soll. Die bei Leerlauf entstehende große Schleife des Hockdruckdiagramms (vgl. Abb. 55) muß durch eine noch größere positive Leistung des Niederdruckzylinders aufgewogen werden. Die Niederdrucksteuerung bzw. der darauf einwirkende Druckregler ist also so einzustellen, daß eine gewisse Füllung erreicht wird, welche den Eintritt einer genügenden Menge Aufnehmerdampfes auf den allein Arbeit leistenden Niederdruckkolben gestattet.

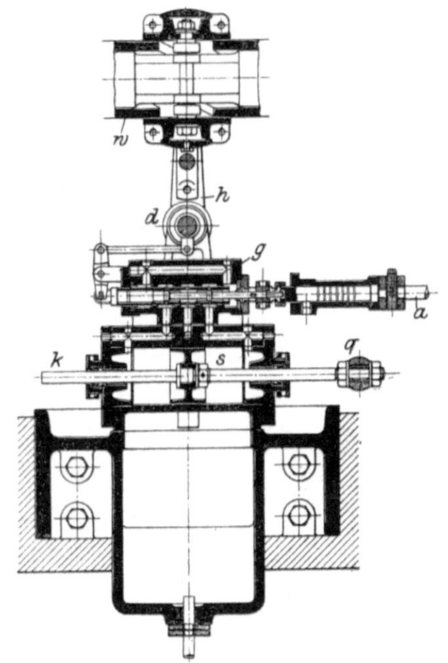

Abb. 80 und 81. Zwischendampf-Druckregler mit Druckölschaltung für Flachreglersteuerungen: Maßstab 1 : 15. Maschinenfabrik J. A. Maffei, München.

Bei geöffnetem Frischdampfventil und geöffneter Entnahmestelle darf aber anderseits der Fall nicht eintreten, daß die unbelastete Maschine durch den vom Aufnehmer bzw. der Heizleitung her eintretenden Dampf zum Durchgehen gebracht wird. Das Frischdampfzusatzventil muß auf alle Fälle so eingestellt sein, daß es erst öffnet, wenn die kleinste Niederdruckfüllung durch den Druckregler hergestellt ist. Das Durchgehen der Maschine wird vermieden, indem im Niederdruckzylinder annähernd so viel Arbeit geleistet wird als im Hochdruckzylinder durch Schleifenbildung Arbeit verzehrt wird. Die in diesem Fall entstehenden Indikatordiagramme haben den in Abb. 83 und 84 dargestellten Charakter.

Ebensowenig darf die Maschine bei geschlossenem Dampfzulaß und geöffnetem Heizdampfentnahmeventil durchgehen. In diesem Fall gibt die Hochdrucksteuerung größte Füllung und, wenn Dampfzusatzventil und Druckregler richtig eingestellt sind, die Niederdrucksteuerung wiederum kleinste Füllung, so daß Indikatordiagramme nach Abb. 85 und 86 entstehen. Natürlich ist es das beste, wenn darauf geachtet wird, daß der Aufnehmer der Maschine bei Stillstand derselben von der anschließenden Heizleitung abgesperrt ist.

Maschinen mit Zwischendampfentnahme sind bereits bis zu den ansehnlichsten Abmessungen ausgeführt. In Abb. 87 ist eine Tandemmaschine mit Zwischen- und Abdampfverwertung von 2000 bis 2500 PS für späteren Ausbau auf 5000 PS dargestellt. Die Hauptkennziffern dieser Maschinen sind:

Abb. 82. Zwischendampfdruckregler mit elektromotorischer Verstellung der Niederdrucksteuerung. Hannoversche Maschinenbau A.-G., Hannover-Linden.

13 Atm. Anfangsüberdruck,
270^0 Dampftemperatur,
2,25 Atm. abs. Aufnehmerdruck,
875 mm Hochdruckzylinderdurchm.,
1480 mm Niederdruckzylinderdurchm.,
1609 mm Hub,
85 Umdrehungen per Minute.

Der Zwischendampf, in einer stündlichen Menge von 2500 kg entnommen, wird zu Heizzwecken verwendet. Mit dem Abdampf können stündlich maximal 80000 cbm Luft von 10^0 auf 50^0 C und in einem besonderen Vorwärmer stündlich 10 cbm Wasser ebenfalls von 10^0 auf 50^0 erwärmt werden. Der Rest des Abdampfes geht zur Einspritzkondensation. Das erreichte Vakuum ist normal. Die große Seiltrommel von 6,2 m Durchmesser mit 78 Rillen und einem Gewicht von 92000 kg dient zum Antrieb der Transmissionen in einem mehrstöckigen Spinnerei- und Webereigebäude.

Die Dampfmaschinen mit Zwischendampfentnahme aus dem Aufnehmer zwischen Hoch- und Niederdruckzylinder passen sich weitgehend an alle vorkommenden Verhältnisse an durch:

Abgabe von Heizdampf in ziemlich weiten Grenzen unabhängig von der Belastung;

Abgabe von Heizdampf mit veränderlicher Spannung ohne Verschlechterung des thermodynamischen Wirkungsgrades der Maschine einfach durch Verstellung des Druckreglers;

Völlig selbsttätige Gleicherhaltung der einmal gewählten Zwischendampfspannung;

Feine Regulierung der Leistung und Umdrehungszahl der Maschine, welche die Schaltung der Entnahmemaschinen sogar auf ein Drehstromnetz erlaubt, wo der Abfall der Umlaufzahl durch Belastungsänderungen von Leerlauf auf Vollast nur 3 bis 4 $^0/_0$ betragen darf;

Möglichkeit des Betriebes der Maschine als normale Kondensationsmaschine mit hoher Wirtschaftlichkeit zu Zeiten gänzlich ruhenden Heizdampfbedarfes.

Abb. 83 u. 84. Leerlaufdiagramme. Dampfabsperrventil und Aufnehmer-Absperrventil offen.

Unter den heutigen Verhältnissen, wo vielfach gebrauchte Dampfmaschinen an einem neuen Verwendungsort aufgestellt werden, wird es oft von Wichtigkeit sein, daß in vielen Fällen normale Kondensations-Verbundmaschinen unter Beibehaltung des üblichen Zylinderverhältnisses durch einfache Ergänzung der Niederdrucksteuerung durch einen Druckregler in Entnahmemaschinen umgebaut werden können. Dies gelingt jedoch in der Regel nur, wenn der Niederdruckzylinder mit Ventilsteuerung versehen ist. Kolben- oder Flachschieber setzen dem Druckregler einen so großen Verstellwiderstand entgegen, daß sie nicht unter die regelnde Tätigkeit eines solchen gesetzt werden können. Wenn der Umbau alter Verbundmaschinen in Entnahmemaschinen gelingen soll, muß auch der Dampfdruck vor der Maschine zum Entnahmedruck im geeigneten Verhältnis stehen, da sonst weder die alte Maschinenleistung erzielt wird, noch eine ruhige Regulierung

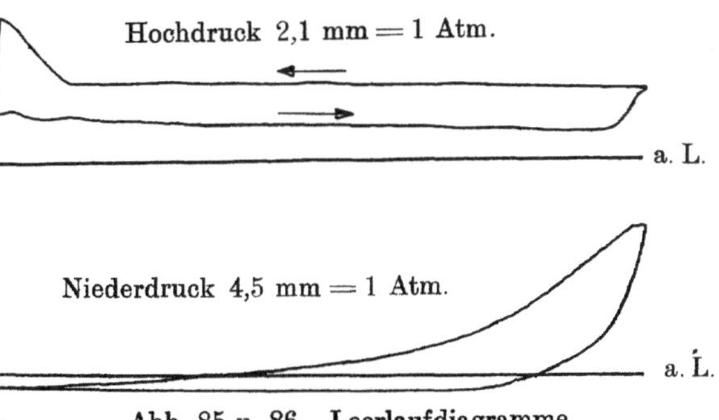

Abb. 85 u. 86. Leerlaufdiagramme. Dampfabsperrventil geschlossen, Aufnehmer-Absperrventil offen.

Abb. 87. Tandem-Verbundmaschine von 2000 bis 2500 PS mit Zwischen- und Abdampfverwertung, für späteren Ausbau auf 5000 PS. Maschinenfabrik Augsburg-Nürnberg.

$p_a = 13$ Atm. Üb. $t_a = 270^{0}$ C. $p_e = 1^1/_4$ Atm. Üb. $n = 85$/min.

zu erreichen ist. Bei 2, 3, 4 Atm. Entnahmeüberdruck soll der zulässige Dampfanfangsdruck nicht unter $11^1/_2$, $12^1/_2$, $13^1/_2$ Atm. liegen.

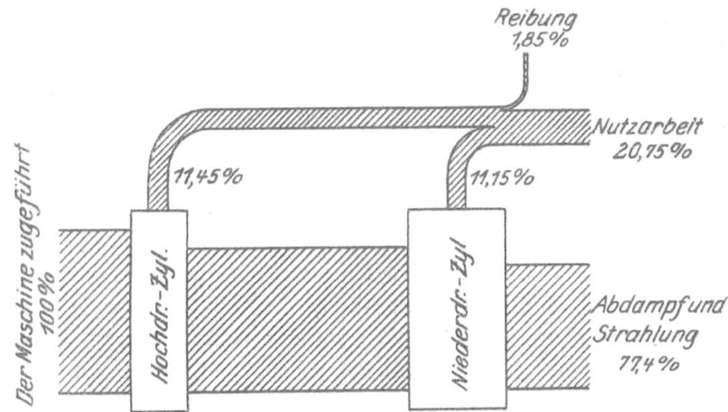

Abb. 88. Wärmeverteilung einer 200 PS-Verbundmaschine ohne Zwischendampfentnahme. (Versuchswerte.)
Anfangsüberdruck $10^1/_2$ Atm. Dampftemperatur 225° C.
Gegendruck 0,22 Atm. abs.

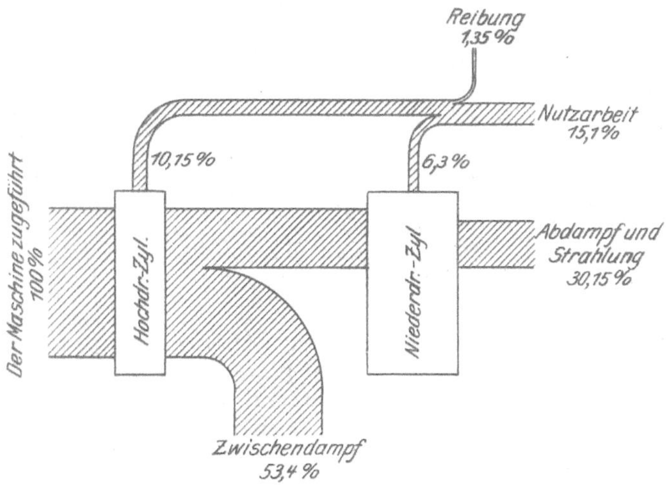

Abb. 89. Wärmeverteilung einer 200 PS-Verbunddampfmaschine bei 1020 kg = 56% stündl. Zwischendampfentnahme. (Versuchswerte.)
Anfangsüberdruck $10^1/_2$ Atm. Dampftemperatur 225° C.
Entnahmedruck 1,3 Atm. Überdruck. Gegendruck 0,16 Atm. abs.

Besonders die Eigenschaft, daß die Entnahme von Heizdampf in viel weiteren Grenzen unabhängig von der Maschinenbelastung ist, verschafft der Entnahmemaschine große Vorteile gegenüber der

Gegendruckmaschine. Fälle, wo die Belastung sich ganz nach dem Abdampfbedarf richten kann, sind zwar nicht selten, aber die Regel ist doch, daß Kraft- und Abdampfbedarf zeitlich nicht harmonieren. Hier liegt also das Anwendungsfeld der Zwischendampfentnahme.

Eine übersichtliche Darstellung der Wirtschaftlichkeit der Zwischendampfentnahme erhält man, wenn man die Wärmeausnützung in der Maschine in Form eines Wärmestromes mit den entsprechenden Abzweigungen aufzeichnet. Dies ist in den Abb. 88 und 89 an Hand von Versuchswerten einer 200 PS-Verbundmaschine mit und ohne Zwischendampfentnahme gemacht. Solche Schaubilder zeigen auch dem Laien in leichtverständlicher Weise, worin der Vorteil der Zwischendampfentnahme liegt. Besonders augenfällig werden die Vorteile, wenn man neben dem Dampfverbrauch der normalen Maschine ohne Entnahme auch noch den Heizdampfbedarf gesondert aufträgt und so die Heizungskraftanlage vergleicht mit der Anlage getrennter Kraft- und Heizdampferzeugung. Es wird so dem der Sache Fernerstehenden zum Bewußtsein gebracht, daß die Zwischen- und Abdampfverwertung auch bedeutende Vorteile durch eine kleinere Kesselanlage mit sich bringt.

Den Abbildungen noch etwas beizufügen, dürfte überflüssig sein. Je nach dem Zweck, den man mit einem solchen Bilde verfolgt, wird man von gleichen Mengen aufgewendeter Wärme oder von gleich hoher Nutzleistung ausgehen. Das erstere geschah im vorliegenden Fall.

Versuchsergebnisse des Dampfverbrauches und der Wirkungsgrade ausgeführter Entnahmemaschinen sind in Zahlentafel 27 zusammengestellt. Die indizierten Wirkungsgrade des Hoch- und des Niederdruckzylinders η_H und η_N sind berechnet aus den Gleichungen:

$$632\,N_{iH} = G \cdot \eta_H \cdot \Phi_H \text{ und}$$
$$632\,N_{iN} = (G - E) \cdot \eta_N \cdot \Phi_N .$$

Φ_N, das adiabatische Wärmegefälle des Dampfes im Niederdruckzylinder, ist dem i-s-Diagramm entnommen zwischen dem Entnahmedruck p_e und der Drosselungshorizontalen $\Phi_H \cdot \eta_H$ einerseits und dem Gegendruck im Niederdruckzylinder p_g andererseits, also unter Berücksichtigung des tatsächlichen Dampfzustandes hinter dem Hochdruckzylinder. Es muß also $\Phi_H + \Phi_N$ größer sein als das rein adiabatische Wärmegefälle zwischen Frischdampf- und Abdampfzustand wäre. Der effektive thermodynamische Wirkungsgrad η_e der ganzen Maschine ist berechnet aus

$$632\,N_e = [G \cdot (\Phi_H + \Phi_N) - E \cdot \Phi_N] \cdot \eta_e .$$

Dabei bedeutet

N_{iH} die indizierte Leistung des Hochdruckzylinders,

N_{iN} die indizierte Leistung des Niederdruckzylinders,

Zahlentafel 27.

Versuche an Maschinen mit Zwischendampfentnahme.

No.	Norm.-Leistung PS	Anfangsdruck Atm Üb.	Dampftemperatur °C	Entnahmedruck Atm.Üb.	Dampfentnahme in % des Dampfverbrauchs der Maschine ohne Entn.	Dampfentnahme in % des der Maschine zugeführten Dampfes	Dampf-Mehrverbrauch gegenüber der Maschine ohne Entnahme %	Indiz. thermodyn. Wirk.-Grad η_H %	Indiz. thermodyn. Wirk.-Grad η_N %	Effektiv. thermodyn. Wirk.-Grad η_e %	Quelle
1	600	8,9	250	1,5	68	47,5	43	79	65	63,1	Z. bayr. Rev.-V., S. 165, 1912
2	400	10,6	260	0,82	115	75,5	52	76,5	70	63,4	„
3	120	9	240	0,36	—	62,5	—	79	71	59,0	„
4	450	12,9	304	1,29	59	48	22	77	71	68,2	Z. bayr. Rev.-V., S. 189, 1915
5	200	11,4	247	1,1	—	9,2	—	70	65,5	56,0	„
6	200	10,5	225	1,3	69	56	24	76	61	62,5	Z. bayr. Rev.-V., S. 101, 1915
7	200	10,6	233	1,4	66	54	19	78	62,5	61,0	„
8	270	12,2	266	2,6	—	50,5	—	88	57	65,0	Z. Dampfk. Maschbtr., S. 204, 1912
9	300	8,0	Sattd.	1,1	81,5	55,2	46	67	57	57	Z. V. d. I., S. 11, 1912
0	300	7,8	206	1,3	99	64,7	52	74,5	54	60	„
11	300	8	207	1,1	63	47,4	33	69,5	60	58,5	„
12	1400	12	282	2,0	28,2	24,7	14	81,5	52	63	„
13	1400	12,4	275	2,0	123	77,2	61	81	55	69	„
14	1400	12,5	268	1,0	113	75,5	50	78,5	64	70	„

N_e die Nutzleistung der Maschine,
G die der Maschine stündlich zugeführte Dampfmenge,
E die der Maschine stündlich entnommene Dampfmenge,
Φ_H das adiabatische Wärmegefälle im Hochdruchzylinder bis zum Entnahmedruck,
Φ_N das adiabatische Wärmegefälle im Niederdruckzylinder bis zum Gegendruck in demselben (siehe oben!).

Wie ein Vergleich ergibt, stehen mit Rücksicht auf den hohen Anfangsdruck, die Überhitzung von 280 °C und den hohen Entnahmedruck von 3 Atm. Üb. die im Beispiel der 500 PS-Entnahmemaschine angenommenen Wirkungsgrade mit den erreichten in Einklang. Zu Zahlentafel 27 ist zu bemerken, daß für die Berechnung von η_e der mechanische Wirkungsgrad bei Versuch Nr. 4 gleich 92 %, bei Versuch Nr. 5, 9, 10 und 11 gleich 90 % von mir angenommen wurde. Alle übrigen Rechnungsunterlagen finden sich in den angegebenen Quellen. Die Versuche sind bei der angegebenen Normalleistung gemacht, nur Versuch Nr. 13 und 14 bei rund 3/4 Belastung.

Literatur über das vorbehandelte Gebiet.

Knüttel, F.: Verwendung von Heizdampf aus der Zwischenkammer von Verbundmaschinen. Z. V. d. I., S. 1292, 1895.

Eberle, Ch.: Die Wärmeausnützung in den Dampfanlagen. Z. bayr. Rev.-V., S. 1, 1902.

Eberle, Ch.: Einfluß des Gegendruckes und der Zwischendampfentnahme auf den Dampfverbrauch von Kolbenmaschinen. Z. bayr. Rev.-V., S. 85, 1907.

Eberle, Ch.: Dampfanlage der „Münchener Neuesten Nachrichten". Z. bayr. Rev.-V., S. 175, 1907.

Eberle, Ch.: Ausnützung des Maschinendampfes zu Heizzwecken. Z. bayr. Rev.-V., S. 76, 1909.

Deinlein, W.: Dampfmaschinen und Heizungsanlagen. Z. bayr. Rev.-V., S. 13, 1908.

Reutlinger, E.: Die Zwischendampfverwertung in Entwicklung, Theorie und Anwendung. Z. V. d. I., S. 2106, 1911.
Besprechung seines im Kölner Bezirksverein gehaltenen Vortrages.

Reutlinger, E.: Zur Berechnung und Bewertung von Kolbendampfmaschinen an Hand des Wärme-Entropie-Diagramms. Z. bayr. Rev.V., S. 91, 1912.

Schneider, L.: Krafterzeugung und Warmwasserbereitung. Dingler, S. 245, 1912, Z. ges. Brauw., S. 384, 1912.
An dem Beispiel einer Heizungskraftanlage mit monatlich veränderlicher Belastung und konstantem Bedarf an Warmwasser wird die Wirtschaftlichkeit folgender 5 Arbeitsweisen untersucht:
1. Getrennte Krafterzeugung und Warmwasserbereitung.
2. Gegendruckbetrieb und Warmwasserbereitung mittels Abdampf.
3. Betrieb einer Maschine mit Gegendruck und einer zweiten Maschine mit Kondensation (Zuschaltmaschine), Warmwasserbereitung mittels Abdampf.
4. Betrieb mit abgeschwächtem Vakuum und Warmwasserbereitung mittels Abdampf.
5. Krafterzeugung und Warmwasserbereitung mit Zwischendampfentnahme.

Die durch Verwertung des Abdampfes zur Warmwasserbereitung erzielte Dampfersparnis gegenüber Betriebsart 1 beträgt 7 bzw. 19,5 bzw. 25 bzw. 27,5 %. Hand in Hand mit der Verringerung des Dampfverbrauches geht eine solche der größten Kesselbelastung; dieselbe betrug bei den letzten drei Betriebsarten 86 bzw. 85 bzw. 79 % der Kesselbelastung bei getrenntem Betrieb. So bedingt also die Zwischendampfentnahme nicht nur eine wesentliche Verringerung der Betriebskosten durch Verminderung des Dampfverbrauches, sondern auch eine Verminderung der Anlagekosten durch die Möglickeit der Wahl einer kleineren Kesselanlage.

Krimm, E.: Dampfverbrauchsversuch an einer Dampfmaschine mit Zwischendampfentnahme. Z. Dampfk. Maschbtr., S. 204 u. 368, 1912.

Kammerer, V.: Einige Untersuchungsergebnisse von Maschinen und Turbinen mit Gegendruck und Zwischendampfentnahme. Z. bayr. Rev.-V., S. 176, 1912.

Hottinger, M.: Einige Dampfkraftanlagen mit Abwärmeverwertung. Z. V. d. I., S. 11, 1912.
Schematische Darstellung kennzeichnender Anordnungen von Dampfkessel, Heizanlagen, Gegendruckmaschinen, Entnahmemaschinen, Warmwasserapparaten, Vorwärmern und der sie verbindenden Rohrleitung. Besprechung verschiedener Sulzerscher Quecksilberregler für die Dampfzufuhr zum Niederdruckzylinder. Ausführliche Beschreibung mehrerer Anlagen mit Ab- und Zwischendampfverwertung, nämlich Brauerei R. Leicht in Vaihingen bei Stuttgart, Metallwarenfabrik Wieland & Co. in Ulm, Spinnerei und Weberei Gebr. Poma vorm. Peter Miagliano und einer großen chemischen Fabrik. Versuchsergebnisse.

Pfleiderer: Eine Einzylindermaschine mit Zwischendampfentnahme. Z. V. d. I., S. 2030, 1913 u. S. 560, 1914.
Beschreibung der seinerzeit von Thyssen & Co. gebauten Missong-Dampfmaschine.

Kammerer, V.: Einfluß der Überhitzungstemperatur auf den Dampfverbrauch der Dampfmaschinen. Z. Dampfk. Maschbtr., S. 483, 1914.

Pfaff, K.: Die Verwertung des Abdampfes und des dem Aufnehmer entnommenen Zwischendampfes der Kolbendampfmaschinen. Z. Dampfk. Maschbtr., S. 377, 1915.

Dampfverbrauch zweier Dampfmaschinen in Abhängigkeit von der Belastung. Z. bayr. Rev.-V., S. 99, 1915.

Nüscheler, M. A.: Die Wirtschaftlichkeit des Dampfbetriebes für industrielle Werke in der Schweiz. Z. bayr. Rev.-V., S. 75, 1915,
Nachweis, daß die Dampfanlage bei richtiger Wahl der Kohle, zweckmäßigster Einrichtung der Kesselanlage, weitgehender Ausnützung des Abdampfes und Rückführung des Dampfwassers zum Rauchgasvorwärmer wirtschaftliche Ergebnisse liefert, die ihren Bestand neben der Wasserkraftanlage sichert. Abschreibungen bei Wasserkraftanlagen. Beispiel eines größeren Schweizer Betriebes, in welchem die Wahl auf Dampfbetrieb mit Zwischendampfverwertung gegen Dieselmaschinen oder Strombezug von einer Überlandzentrale fiel. Beschreibung der Anlage. Betriebsergebnisse. Dampfverbrauchsversuche.

Barth, F.: Wahl zwischen Dampfmaschine und Elektromotor bei Betrieben mit gleichzeitigem Kraft- und Wärmebedarf. Z. Dampfk. Maschbtr., S. 43, 1915.
Wärmebilanz einer Auspuff- und einer Kondensationsdampfmaschine von 200 PS_i. Brennstoffkosten für Krafterzeugung bei vollständiger und teilweiser Abdampfverwertung. Beispiel einer Brauereimaschine von 80 PS. Ergebnisse der Kessel- und Maschinenuntersuchung. Beispiel einer 525 PS-Maschine mit Zwischendampfentnahme einer Weberei.
Kritik hieran vom Standpunkt des Elektrofachmannes. Mitt. V. El.-W., S. 371, 1915.

Everts, K.: Wärmewirtschaft nach dem Kriege. Z. Dampfk. Maschbtr., S. 225, 1918.
Allgemeiner Überblick über die Möglichkeiten einer wirtschaftlichen Gewinnung der zum Betrieb einer Fabrik benötigten Wärmemengen. Verbesserung einer Anlage durch Aufstellung einer Gegendruckmaschine.

Verzinsung und Tilgung der Anlagekosten. Dampfersparnis bei Zwischendampfentnahme nach Garantiezahlen.

Wohlfarth, F.: Leistungswärmediagramm für Verbundmaschinen mit Zwischendampfentnahme. Gesundhtsing., S. 357, 1918.
Entwicklung eines zeichnerischen Verfahrens zur Darstellung der Betriebsgrößen und ihres gegenseitigen Zusammenhanges für Zwischendampfentnahme an Verbundmaschinen mit besonderer Rücksicht auf große Schwankungen der Maschinenleistung und der Entnahmemengen.

Steuerungsverhältnisse der abwechselnd mit und ohne Kondensation arbeitenden Dampfmaschinen. Z. bayr. Rev.-V., S. 165, 1918,

Lütschen, A.: Abdampfheizung als Dampfersparnis bei der Fördermaschine. Z. V. d. I., S. 956, 1919.
Allgemeine Betrachtungen über die Ausnützung der Wärme im Dampfmaschinen-, insbesondere im Fördermaschinenbetrieb. Gesteuerte Verbindung des Auspuffes mit zwei Rohrleitungen zur Verhütung des Ansaugens von Dampf aus der Heizung.

Steuerungsverhältnisse der Ventildampfmaschinen für den Betrieb mit und ohne Kondensation. Z. Dampfk. Maschbtr., S. 173, 1920.

Hartmann, O. H.: Hochdruckdampf bis zu 60 Atm. in der Kraft- und Wärmewirtschaft. Z. V. d. I., S. 663, 1921.

Strauch, F.: Abdampf oder Zwischendampfentnahme. W. f. Pap., S. 416, 1921,

Schneider, L.: Maschinenbetrieb mit Abdampfverwertung. Gesundhtsing., S. 124, 1922.
Beantwortung einiger aus der Praxis gestellten Fragen über Grenzen und Nutzen der Zwischendampfentnahme. Klärung irrtümlicher und unbestimmter Auffassungen.

2. Dampfturbinen.

a) Die Turbine mit hohem Vakuum.

Wie schon erwähnt, liegt der thermisch beste Teil der Turbine im Niederdruckgebiet. Die neueren Verbesserungsbestrebungen des Turbinenbaues zielten deshalb vornehmlich darauf hin, die Energieumsetzung im Hochdruckteil besser zu gestalten, und wir können als eine Folge dieser Bestrebungen die Tatsache feststellen, daß die verschiedenen Konstruktionen sich mehr und mehr nähern. Allgemein bevorzugt man für den Hochdruckteil ein Geschwindigkeitsrad mit 2, höchstens 3 Stufen, für den Niederdruckteil eine Ausnützung des Wärmegefälles in Gleichdruck- oder in Überdruckstufen. Im Hochdruckteil entspannt sich der Dampf in der Regel bis zu einem Überdruck von 1 bis 3 Atm.

Hand in Hand mit der Vereinheitlichung der Bauarten ging eine solche der Regulierung. Bekanntlich unterscheidet man zwei grundsätzlich verschiedene Regulierarten: die Drosselregulierung und die Füllungsregulierung. Die erstere beruht darauf, daß mit abnehmender Belastung die Entropie der gleichbleibenden Dampfmenge ohne Änderung ihres Wärmeinhaltes durch Drosseln vergrößert und dadurch die bei gegebenem Dampfenddruck in mechanische Arbeit umsetzbare Wärmemenge verkleinert wird, die zweite dagegen auf einer Beeinflussung des der Turbine zugeführten Dampfgewichtes. Die zweite Regelungsart kann nur bei Turbinen angewendet werden, die partiell beaufschlagt, also wenigstens in der ersten Stufe reine Gleichdruckturbinen sind.

Beide Regelungsarten haben bei Entlastung eine Verschiebung der Leistung mehr auf den Hochdruckteil zur Folge. Je geringer die Belastung, desto weniger nehmen die letzten Stufen an der Gesamtleistung teil. Gensecke[1]) stellte an einer 300-KW-Parsonsturbine mit Drosselregulierung bei verschiedenen Belastungen folgende Verteilung des adiabatischen Wärmegefälles fest:

Zahlentafel 28.

Belastung		450 PS	310 PS	170 PS	Leerlauf
Hochdruckteil	Kal.	49	50	53	43
Mitteldruckteil	„	54,5	55,5	55,5	42
Niederdruckteil	„	91	80	62	20
Summa	Kal.	194,5	185,5	170,5	105

Bei Füllungsregulierung ist die Leistungskonzentrierung auf den Hochdruckteil noch bedeutend stärker. Baer[2]) berechnet für eine dreistufige, zweikränzige Curtisturbine mit 11 Atm. Anfangsüberdruck, 300° C Dampftemperatur, 1000KWLeistung und u = 191,8 m/Sek. folgende adiabatische Teilgefälle in den einzelnen Stufen bei $^4/_4$, $^3/_4$, $^2/_4$ und $^1/_4$ Belastung und Drossel- bzw. Füllungsregulierung:

Zahlentafel 29.

Adiabatisches Teilgefälle Kal.

Belastung:	$^4/_4$	$^3/_4$	$^2/_4$	$^1/_4$
Drosselregelung:				
1. Stufe	70,4	70,4	70,2	70,2
2. Stufe	70,4	70,1	70,0	69,5
3. Stufe	70,4	62,8	52,9	32
Füllungsregulierung:				
1. Stufe	70,4	83,6	101,4	129,6
2. Stufe	70,4	67	63,4	59,4
3. Stufe	70,4	63	51	30

Damit übereinstimmende Zahlen ergaben Versuche auch mit anderen Turbinensystemen, so

I. Dr. Schröters mit einer 500 KW Melms & Pfenninger-Turbine
II. Stodolas „ „ 500 PS Rateau- „
III. „ „ „ 500 PS Zoelly- „
IV. der AEG „ „ 3000 KW AEG- „

Alle diese Turbinen hatten Füllungsregelung. Das adiabatische Teilgefälle in Kal. ergab sich bei diesen vier Turbinen wie folgt:

[1]) Gensecke: Untersuchung einer 300-KW-Parsonsturbine. Z. ges. Turb., S. 158, 1909.

[2]) Baer: Die Regelung von Dampfturbinen und ihr Einfluß auf die Leistungsentwicklung in den einzelnen Druckstufen. Forschungsarbeiten, Heft 86.

Zahlentafel 30.

	Belastung	1. Stufe	Übrige Stufen	Belastung	1. Stufe	Übrige Stufen
I	100%	59,4	167,3	30%	56,3	141,7
II	100%	89,1	65,9	21%	82,5	35,3
III	100%	23,7	151,6	22%	21,2	120,1
IV	100%	80,5	135,1	36%	113,5	103

An der letzten Turbine wurden auch Versuche mit Drosselregulierung gemacht, die folgendes Ergebnis zeitigten:

IVa	100%	71,9	142	40%	70,9	117

Eine unmittelbare Folge dieses Verhaltens ist, daß die Turbinen mit Füllungsregulierung bei Teillasten gegen eine Verschlechterung des Vakuums bedeutend weniger empfindlich sind als jene mit Drosselregulierung.

Ziemlich allgemein finden wir heute als Regulierart ein kombiniertes System mit Düsenabschaltung für die grobe Regulierung und gleichsam zur Interpolation die Drosselregulierung. Diese Regulierart ist auch die geeignetste bei der Verwertung des Abdampfes, falls damit eine gelegentliche Verschlechterung des Vakuums verbunden ist.

Der geringste Dampfverbrauch liegt für Dampfturbinen mittlerer Größe bei dem höchsten erreichbaren Vakuum. Daß ganz allgemein die Turbinen auch das höchste erreichbare Vakuum auszunützen vermögen, ist eine zwar sehr verbreitete, aber falsche Ansicht. Bei Kleinturbinen, etwa bis zu 300 PS Leistung wird ein Vakuum über 92% nicht mehr ausgenützt, weil der Abdampfstutzen nicht genügend groß gemacht werden kann; ferner wird durch die zulässigen Raddurchmesser und Schaufellängen nicht der dem höchsten Vakuum entsprechende Wirkungsgrad η_u am Radumfang erreicht.

Zerkowitz[1]) hat darauf hingewiesen, daß auch die Grenzleistungsturbinen höhere Luftleeren als rd. 94% nicht mehr ausnützen. Er stellt fest, daß es nicht nur bei Kolbendampfmaschinen, sondern auch bei den Grenzleistungsturbinen „unvollständige Expansion“ oder „unvollkommen ausgenützte Expansion“ gibt. Eine Schaufelung, bei der im engsten Querschnitt ein Druck von 0,08 Atm. auftritt, kann unter Heranziehung der Expansion im Schrägabschnitt bei Vollast nur mehr den Bereich bis 0,06 Atm., d. s. 94% Vakuum unvollkommen ausnutzen. Eine weitere Erniedrigung des Kondensatordruckes unter 0,06 Atm. würde überhaupt keinen Gewinn mehr bringen, da der Gewinn an Wärmegefülle durch den höheren Austrittsverlust aufgewogen wird.

Für die Grenzleistung N_g der Turbinen gilt mit großer Annäherung das Gesetz

$$N_g \cdot n^2 = \text{const.},$$

wobei n die minutliche Tourenzahl ist und zwar ist $N_g = 10000$ KW bei $n = 3000$. Die übliche Luftleere beträgt im Turbinenbetrieb 90 bis 97%, d. h. der absolute Gegendruck 0,1 bis 0,03 Atm.

[1]) Zerkowitz, G.: Strömungsvorgänge und Aufbau großer Dampfturbinen. Z. V. d. I., S. 533, 1922.

In diesem Bereich entspricht einer Änderung des Vakuums um 1% eine Änderung des Dampfverbrauchs um 2 bis 3%. Bei der Kolbenmaschine bewirkt eine Änderung des Gegendruckes im ganzen Gebiet der ausnützbaren Luftleere um 1% nur eine Dampfverbrauchsschwankung um 0,5%. Höhere Dampfanfangsdrücke als 12 Atm. Üb, geben im Turbinenbetrieb weniger Gewinn als bei den Kolbenmaschinen, weil die durch Drucksteigerung bis rd. 15 Atm. erreichbare Dampfersparnis nur etwa $^1/_4$% pro 1 Atm. beträgt gegen $1^1/_2$% bei der Kolbenmaschine.

Der Abdampf von Turbinen hat bei 0,1 Atm. abs. Gegendruck nur 45°C, bei 0,03 Atm. nur 25°C Temperatur. Er kommt deshalb für Heiz- oder Trockenzwecke kaum mehr in Betracht. Oft führt gerade das Vorhandensein von reichlichem und kaltem Kühlwasser für die Kondensation zur Wahl der Turbine als Kraftmaschine und man würde durch die Abdampfverwertung bei höherer Temperatur sich dieses

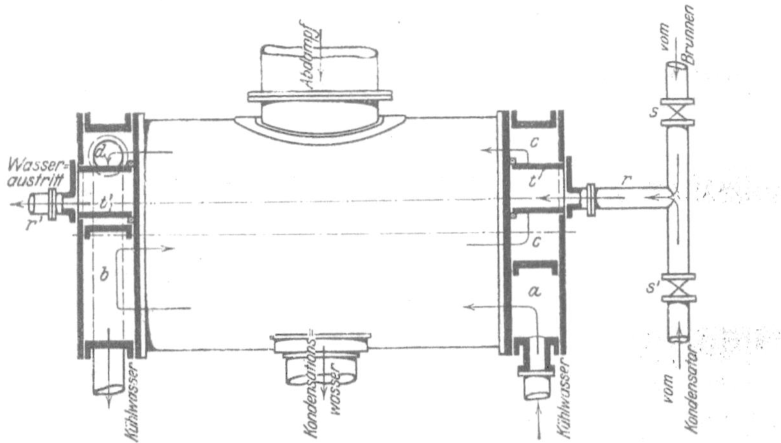

Abb. 90. Vorrichtung zur Speisewasservorwärmung am Oberflächenkondensator einer Dampfturbine.

für die genannte Maschinenart kennzeichnenden Vorteils des hohen Vakuums wieder begeben. Dies ist der Grund, weshalb man normale Turbinen mit Abwärmeverwertung verhältnismäßig selten antrifft.

Eine teilweise Verwertung der Abdampfwärme ist im gewöhnlichen Turbinenbetrieb auf folgende Weise möglich, wobei das Vakuum nicht verschlechtert, sondern unter Umständen verbessert wird. Im oberen Teil des Oberflächenkondensators Abb. 90, wo die größte Wärme herrscht, befindet sich ein Rohrbündel, welches vom Kühlwasserdurchfluß a b c d abgesperrt ist. Die entsprechend abgetrennten Teile finden sich auch in den Wasserkammern bei t und t', die mit Rohranschlüssen r und r' versehen sind. Bei Rückspeisung des Turbinenkondensates in den Dampfkessel müssen bekanntlich die Abgänge infolge von Undichtheiten, an den Kesseln, insbesondere der Sicherheitsventile, der Dichtungen und Stopfbüchsen, der Kondenstöpfe usw. ersetzt werden. In gut unterhaltenen Anlagen kann die Zusatzspeisewassermenge auf 5% der erzeugten Dampfmenge beschränkt werden. Im allgemeinen rechnet man mit einer Menge von 7 bis 8%, es gibt aber auch Fälle, wo sie 10% überschreitet. Das als Zusatzwasser etwa benutzte Brunnenwasser hat im Sommer wie Winter eine ziemlich gleichbleibende Temperatur von rd. 10°C, während die Temperatur des einem Bache oder Flusse entnommenen Kühlwassers im Winter fast 0°C, im Sommer dagegen bis zu 25°C betragen kann. Im Sommer verläßt daher das Kondensat die Turbine mit Temperaturen von über 30° C, im Winter bis herunter zu 10° C. Während der kalten Jahreszeit wird das Kondensat durch den Wasserschieber s′ und das abgeschlossene Rohrbündel geleitet, wo es noch Wärme aufnehmen kann, bevor es in den Rauchgasvorwärmer eintritt. In der warmen Jahreszeit, wo das Zusatzwasser kälter ist als das Kühlwasser, wird das Zusatzwasser anstatt des Kondensates dem abgetrennten Rohrbündel durch den Wasserschieber s zugeführt. In beiden Fällen wird also das Speisewasser durch den Abdampf der Turbine vorgewärmt und im Sommer dadurch sogar die Luftleere verbessert. Genaue Temperaturmessungen an einer mit einem solchen Kondensator versehenen 8000-KW-Turbine im Elektrizitätswerk Straßburg i. Els. haben ergeben, daß das Kondensat um 5 bis 8°C erwärmt wird.

In vielen Fällen muß die dem Kondensat beigemischte Zusatzwassermenge durch einen Wasserreiniger oder eine Destillationsanlage enthärtet und entgast werden. Durch eine Konstruktion von Josse und Gensecke kann die Wärme des Turbinenabdampfes zur Destillation Verwendung finden. Nach dem gleichen Verfahren kann auch das Eindampfen von Flüssigkeiten, Säften oder Laugen erfolgen. Nach den bis jetzt vorliegenden Erfahrungen lassen sich etwa 50 bis 60% der in den Kondensator strömenden Abwärme auf diese Weise nutzbar machen, ohne daß dadurch das im Kondensator erzielte Vakuum im geringsten beeinträchtigt wird. Die Abwärmeverwertung erfolgt dadurch, daß ein Teil des aus der Dampfturbine in den Kondensator strömenden Dampfes abgezweigt und durch die Rohre eines Verdampfers, Abb. 91, geleitet wird, von wo der etwa hier nicht kondensierte Abdampf wieder in den Hauptkondensator der Turbine gelangt. Um die Verdampfung der Kühlflüssigkeit im Verdampfer erzwingen zu können, muß in demselben ein niedrigerer Druck erzeugt werden, als im Hauptkondensator herrscht. Diesem niederen Druck entsprechend ist die Temperatur im Verdampferraum ebenfalls niedriger als die Temperatur des durch die Verdampferrohre strömenden Turbinenabdampfes. Das geringe Temperaturgefälle von einigen Graden genügt, um die Wärme aus dem Turbinenabdampf durch die Verdampferrohre hindurch in die zu verdampfende Flüssigkeit überzuleiten. Der im Verdampferraum aufrechtzuhaltende niedere Druck wird durch einen Dampfstrahlapparat erzeugt in Verbindung mit einem Vorkondensator (Kondensator für Destillat), der dem Hauptkondensator vorgeschaltet ist, wobei das kalte Kühlwasser zunächst den Vorkondensator durchströmt, bevor es in den Hauptkondensator eintritt. Entsprechend der niederen Kühlwasseraustrittstemperatur des Vorkondensators besteht in diesem ein höheres Vakuum als im Hauptkondensator. In den Verdampfer wird mehr Wasser eingeleitet, als verdampfen soll. Hierdurch wird die Kesselsteinbildung an der Außenwand der Verdampferrohre verringert. Das nicht verdampfte Wasser wird durch eine Umlaufpumpe aus dem Verdampfer abgesaugt. Ein Dampfstrahlgebläse drückt das abgesaugte Dampf-Luftgemisch in den Hauptkondensator.

Bei Erzeugung von 8 % Zusatzwasser für eine Dampfturbine von 8000 KW hat der Hauptkondensator 1300 qm, der Vorkondensator 207 qm und der Verdampfer 105 qm Oberfläche zu erhalten, wenn die Kühlwassertemperatur 27,7 °C im Zufluß und 36,15 °C im Abfluß beträgt und die Luftleere im Hauptkondensator zu 93 % angenommen wird.

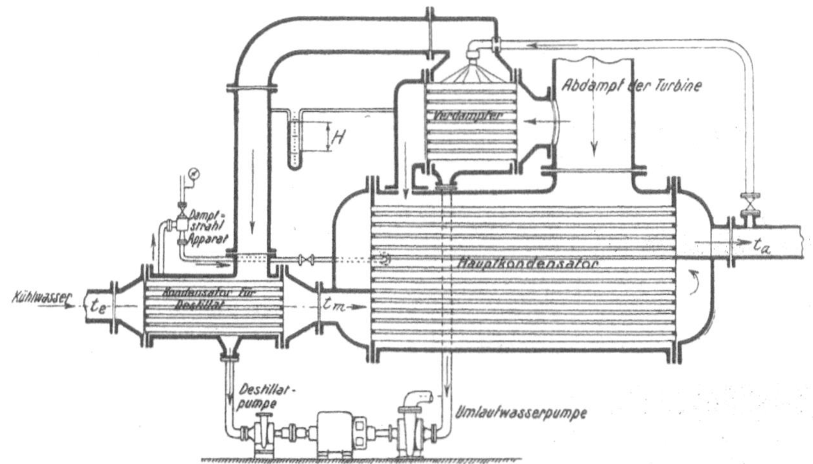

Abb. 91. Vorrichtung zum Eindampfen mittels Turbinenabdampfes nach Josse & Gensecke.

Bei Rückkühlanlagen wird wohl auch ein Teil des den Hauptkondensator verlassenden Kühlwassers abgezweigt, im Verdampfer destilliert, im Vorkondensator wieder verflüssigt und nach Vorwärmung mittels Abdampf zur Kesselspeisung verwendet an Stelle des kalten Zusatzwassers. Hierdurch wird zu gleicher Zeit der Vorteil erreicht, daß ein Teil der Verdunstungsarbeit vom Kaminkühler in den unter Vakuum stehenden Verdampfer verlegt wird. Die Verdunstungswärme geht im Kühler verloren, im Verdampfer dient sie zur Erzeugung von Destillat.

Der Abwärme-Verdampfer System Balcke-Bleiken (Abb. 92) verwertet den Abdampf der Dampfkraftmaschinen zur Erzeugung von gas- und steinfreiem Destillat, und zwar erhält man annähernd so viel Destillat als die Abdampfmenge beträgt. Er beruht darauf, daß heißes Wasser in einen Vakuumraum hineingebracht, so lange verdampft, bis es die Vakuumtemperatur angenommen hat. Bringt man z. B. Wasser von 70° Temperatur in einen Raum, in dem ein

Vakuum von 85 % herrscht., so kühlt es sich auf 55 ° C ab, und zwar durch Verdampfung. Die sich durch den Verdampfungsprozeß bildenden Brüden werden in einem Kondensator niedergeschlagen, welcher ein höheres Vakuum besitzt als der Verdampfer. Das nicht verdampfte Wasser wird in einen Vorwärmer zurückgepumpt, hier durch Abdampf wieder erwärmt und dem Verdampfer von neuem

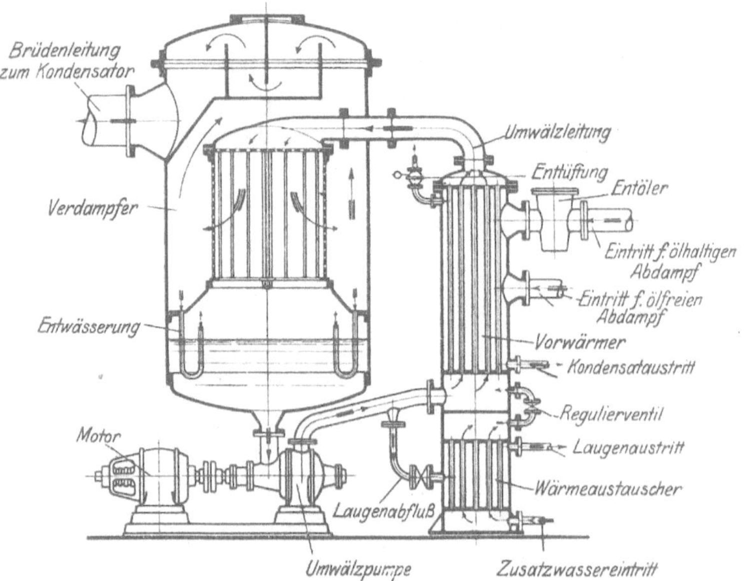

Abb. 92. Abwärmeverdampfer nach Patent Balcke-Bleiken.

zugeführt. Durch die Verdampfung werden die im Wasser befindlichen Salze sich konzentrieren, und um stärkeren Steinausfall zu vermeiden, muß ein Laugenabfluß vorgesehen werden. Es muß andererseits dem zum Vorwärmer zurückfließenden Umlaufwasser so viel Frischwasser zugeführt werden, daß hierdurch das verdampfte und das als Laugenabfluß abgezogene Wasser ersetzt wird. Um nun durch den Laugenabfluß keine Wärmeverluste zu erleiden, wird das Laugenwasser in einen Wärmeaustauscher geführt, woselbst es seine Wärme zum größten Teil an das zuzusetzende Frischwasser abgibt.

Die Anlage besteht aus dem Wärmeaustauscher, dem Vorwärmer (mit Abdampf beschickt), dem Verdampfer, dem Kondensator, der Umwälzpumpe für den nicht verdampften Teil des heißen Wassers, der Dampfstrahlluftpumpe, die das Vakuum im Verdampfer und im Kondensator aufrechtzuerhalten hat, der Kondensatpumpe und der Kühlwasserpumpe. Die letztere kann bei bestehender Kondensation auch fortfallen, indem man den Brüdenkondensator in die Warmwasserdruckleitung einbaut. Zum Antrieb der Kondensat-, der Umwälz- und der Kühlwasserpumpe dient eine kleine Turbine. Oft kann der Verdampfer an den Kondensator einer vorhandenen Kondensationsanlage angeschlossen werden. Da es bei diesen Verdampfern nicht auf die Höhe des Vakuums, sondern nur auf den Unterschied zwischen Heißwassertemperatur und Vakuumtemperatur ankommt, so kann das Kühlwasser für den Hilfskondensator der Verdampferanlage sowohl eine hohe Eintrittstemperatur als auch Austrittstemperatur haben. Infolgedessen kann auch das zur Verfügung stehende Turbinenkondensat zum Niederschlagen der im Verdampfer erzeugten Brüden herangezogen werden. In einer Kraftzentrale würde also der Fall so liegen, daß der Abdampf der Hilfsmaschinen, wie Turbo-Speisepumpen, turboangetriebene Kondensat- bzw. Kühlwasserpumpen zur Destillaterzeugung verwendet und die im Verdampfer erzeugten Brüden durch das gesamte zur Verfügung stehende Turbinenkondensat niedergeschlagen werden. Abgesehen von Strahlungsverlusten, Undichtigkeiten, Wärmeverlusten durch Laugenabfluß wird bei dieser Anordnung sämtliche aufgewandte Wärme zurückgewonnen. Für den Fall, daß das Turbinenkondensat zum Niederschlagen der im Verdampfer erzeugten Brüden nicht ausreicht, wird im Kondensator der Verdampferanlage eine besondere Kammer für Kühlung mit Kühlwasser vorgesehen. Der Kraftbedarf der Pumpen ist gering.

Abwärme-Verdampfanlagen können sowohl im Zusammenhang mit Dampfturbinen als auch mit Kolbenmaschinen errichtet werden.

b) Die Gegendruckturbine.

Die normale Kondensationsturbine besteht in ihrer heute herrschenden Form im Hochdruckteil aus einem meist zweikränzigen Curtisrad, während der Niederdruckteil entweder nach dem Gleichdruck- oder nach dem Überdruckprinzip mit einer Reihe von Druckstufen ausgebildet ist. Aus Gründen betriebstechnischer Art nahm man den verhältnismäßig schlechten Wirkungsgrad der Curtisturbine in Kauf und suchte ihn durch eine bessere Durchbildung des Niederdruckteiles wieder wettzumachen. Bei den normalen Turbinen mit Kondensation erfolgt die Dampfdehnung im Hochdruckteil bis herab auf 1 bis 3 Atm. Üb.

Die Auspuff- und Gegendruckturbinen werden nun aus dem bloßen Hochdruckteil der gewöhnlichen Kondensationsturbinen gebildet. Sie bestehen deshalb in der Regel aus einem einzigen Curtisrad mit zwei, höchstens drei Geschwindigkeitsstufen. In Fällen, wo es auf niedrigen Dampfverbrauch bei Vollast, aber weniger auf geringe Zunahme desselben bei Teillasten ankommt, also bei sehr gleichbleibender voller Belastung der Turbine, wird hauptsächlich für große Wärmegefälle, auch die reine Parsons-(Reaktions-)Turbine ausgeführt.

1 kg Dampf von 12 Atm. Üb. und 300 °C Temperatur könnte bei isentroper Expansion auf 0,05 Atm. abs. eine Wärmemenge von 218 Kal. in Arbeit umsetzen. Die Hälfte davon, 109 Kal., würde einer Expansion bis auf 1,3 Atm. abs., also hauptsächlich im Hochdruckteil verlaufend, entsprechen. Ein je größeres Wärmegefälle aber im Hochdruckteil verarbeitet wird, desto mehr wird man bemüht sein, diesen mit einem hohen Wirkungsgrad zu bauen.

Der Wirkungsgrad am Radumfang hat für das zweikränzige Curtisrad die Form:

$$\eta_u = 2\varphi^2 \left(X \cos \alpha_1 - Y \frac{u}{c_1}\right) \frac{u}{c_1}.$$

Dabei sind

φ der Wirkungsgrad der Düsen,

X und Y Verlustkoeffizienten, gebildet aus den Geschwindigkeitsverlusten in den beiden Laufkränzen und im Leitkranz durch Dampfreibung, Wirbelung usw.,

α der mittlere Austrittswinkel des Dampfstrahles aus den Düsen gegen die Laufradebene,

u die Umlaufgeschwindigkeit des Laufrades, gemessen am mittleren Umfang der Laufradschaufeln,

c_1 die absolute Eintrittsgeschwindigkeit des Dampfes in den ersten Laufradkranz.

Man erkennt aus der Formel für η_u den überwiegenden Einfluß des Quotienten $\frac{u}{c_1}$ bei gleichbleibenden Geschwindigkeitskoeffizienten, weshalb man für die Turbine den Wirkungsgrad als Funktion von $\frac{u}{c_1}$ anzugeben gewohnt ist. Gestützt wird diese Übung dadurch, daß die Veränderlichkeit der Geschwindigkeitskoeffizienten für die praktisch vorkommenden Intervalle von $\frac{u}{c_1}$ selbst nur klein ist.

Für den Düsenreibungskoeffizienten φ fand Christlein mit Düsen gleicher Oberflächenbeschaffenheit und richtigem Erweiterungsverhältnis Werte von 0,89 bis 0,96 bei theoretischen Dampfgeschwindigkeiten $c = 300$ bis 1200 m/Sek. Ein brauchbarer Mittelwert für Überschlagsrechnungen ist 0,95. Den Schaufelwirkungsgrad kann man etwa 0,85 nehmen. Mit diesen Werten rechnet sich für die zweikränzige Curtisturbine X zu 3,18 und Y zu 6,61.

Vom Wirkungsgrad am Radumfang η_u gelangt man durch Multiplikation mit η_r zum inneren Wirkungsgrad η_i der Turbine oder zum Wirkungsgrad an der Radnabe:

$$\eta_i = \eta_u \cdot \eta_r,$$

wobei

$$\eta_r = \frac{N_u - N_r}{N_u}.$$

N_u ist die Turbinenleistung am Radumfang. Für die Radreibungsarbeit N_r gilt die bekannte, von Stodola aufgestellte Formel:

$$N_r = \frac{\beta}{10^6} D^2 u^3 \gamma,$$

worin D der Durchmesser des Laufrades und γ das spezifische Gewicht des Dampfes ist, in welchem das Rad rotiert. β ist eine Erfahrungszahl, etwa gleich 6 für das zweikränzige Curtisrad. D ist von der Leistung der Turbine fast unabhängig; u richtet sich nach dem günstigsten $\frac{u}{c_1}$ und nach dem zu verarbeitenden Wärmegefälle, welches die Größe von c_1 bestimmt. Mit steigendem Gegendruck werden D und u kleiner, γ jedoch größer, η_r im ganzen größer. In dem praktisch vorkommenden Fall, daß in einem Betrieb der Gegendruck nachträglich erhöht wird, während die Tourenzahl der Maschine die gleiche bleiben muß, daß also D und u unveränderliche Größen sind, wächst die Radreibungsarbeit N_r proportional mit dem spezifischen Gewicht des Abdampfes. Ist z. B.

	für Auspuffbetrieb	$\eta_r = 94\ \%$ oder	$\eta_i = 60\ \%$,
so wird	für 2 Atm. abs. Gegendruck	$\eta_r = 88{,}5\ \%$ oder	$\eta_i = 56{,}5\ \%$
und	„ 4 „ „ „	$\eta_r = 78{,}1\ \%$ oder	$\eta_i = 49{,}9\ \%$.

(Zahlentafel 28.)

Die Dampfturbine antwortet auf die nachträgliche Erhöhung des Gegendruckes mit einer Verschlechterung, die Kolbenmaschine mit einer Besserung des indizierten thermodynamischen Wirkungsgrades. Erst bei sehr kleinen Teilbelastungen ändert auch die Kolbenmaschine ihren indizierten Wirkungsgrad im negativen Sinn, wobei aber zu bemerken ist, daß in einem solchen Fall auch der Turbinenwirkungsgrad sich weiter verschlechtert, sofern nicht eine mehrfache Düsenabschaltung zur Füllungsregulierung vorgesehen ist.

Naturgemäß verlangt jede Höhe des Gegendruckes und jedes ausnutzbare Druckgefälle verschiedene Durchmesser des Rades der Gegendruckturbine. Die für einen bestimmten Gegendruck gebaute und dauernd damit betriebene Turbine erreicht indizierte thermodynamische Wirkungsgrade, welche von der Höhe des Gegendruckes fast unabhängig sind.

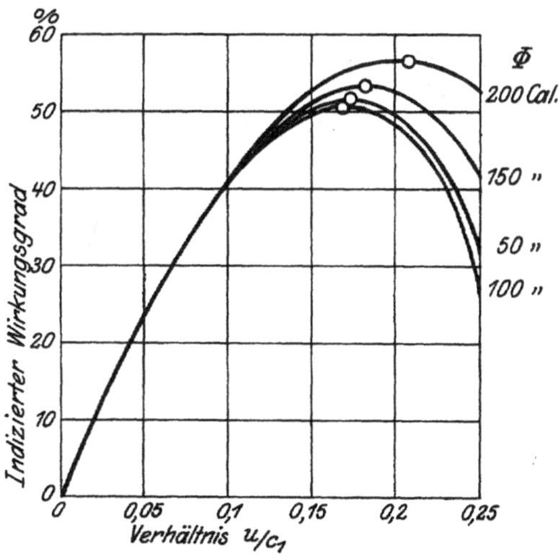

Abb. 93. Indizierter Wirkungsgrad eines 2kränzigen Curtisrades bei verschiedenem Wärmegefälle in Abhängigkeit vom Verhältnis $\frac{u}{c_1}$

$p_a = 12$ Atm. Üb.
$t_a = 300^0$ C.

Für eine zweikränzige Curtisturbine, die mit Dampf von 12 Atm. Üb. und 300^0 C Temperatur betrieben wird, ist die Abhängigkeit des indizierten Wirkungsgrades vom Gegendruck, bzw. vom verarbeiteten Wärmegefälle nach Kriegbaum in Abb. 93 dargestellt. Der Düsenwirkungsgrad φ ist mit $95\ \%$, der Schaufelwirkungsgrad ψ mit $80\ \%$ und der Eintrittswinkel α mit 17^0C angenommen.

Einem Wärmegefälle von	200	150	100	50 Kal. entspricht ein
Gegendruck von	0,1	0,45	1,7	5,2 Atm. abs.

(Zahlentafel 31.)

Die bei den gewöhnlich vorkommenden Gegendrücken maximal, d.h. mit dem günstigsten $\frac{u}{c_1}$ erreichbaren inneren Wirkungsgrade liegen in Abb. 93 nahe beieinander zwischen $\eta_i = 50$ und $53\,^0/_0$.

Hoefer[1]) hat 77 Betriebszahlen von Wirkungsgraden ausgeführter normaler Kondensationsturbinen einschließlich der mechanischen und der elektrischen Verluste mitgeteilt, welche beweisen, daß nach längerer Betriebszeit die Wirkungsgrade der Turbinen infolge Zunahme der Schaufelrauheit und der Labyrinthverluste abnehmen. Es ergaben sich nach seinen Ermittlungen folgende Werte:

Normalleistung der Turbinen KW	250	500	1000	2000	3000
$\eta_i \times \eta_{mech} \times \eta_{el} = {}^0/_0$	45	50	55	61	64

(Zahlentafel 32.)

Nimmt man das Produkt des mechanischen und des elektrischen Wirkungsgrades zu 0,85 an, so ergeben sich nach längerem Betrieb für die Kondensationsturbinen innere Wirkungsgrade von 0,53 bis 0,75.

Garantieziffern indizierter Wirkungsgrade von Gegendruckturbinen erreichen wohl Werte von 60 bis über $70\,^0/_0$. Es ist jedoch zu bemerken, daß im längeren Betrieb auch diese Wirkungsgrade nachlassen. Im Durchschnitt sind für Gegendruckturbinen bis zu 1000 KW Wirkungsgrade von

58 bis $62\,^0/_0$ bei $100\,^0$C Überhitzung,
55 „ $58\,^0/_0$ „ $50\,^0$C „
und 50 „ $53\,^0/_0$ „ Sattdampfbetrieb

noch normale Werte, die dauernd erreicht werden können.

Der mechanische Wirkungsgrad der Gegendruckturbinen ist hoch, weil die Arbeit für Luft- und Kondensatpumpenantrieb entfällt. Mechanische Verluste entstehen nur durch Lagerreibung und Regulatorantrieb. Man kann den mechanischen Wirkungsgrad der Auspuff- und der Gegendruckturbine mit $98\,^0/_0$ annehmen, gegen 85 bis $92\,^0/_0$ bei der Kolbenmaschine. Beim Vergleich mit der Kolbenmaschine ist aber zu bemerken, daß diese bei gleichem Dampfanfangszustand indizierte Wirkungsgrade von $80\,^0/_0$ und darüber auch noch nach langjähriger Betriebszeit erreicht.

Die Streitfrage: hie Kolbenmaschine, hie Dampfturbine ist vielfach aufgeworfen und mit Eifer erörtert worden. Die Wahl der Kraftmaschine hat so mancherlei Folgen, daß eine sorgfältige Überlegung auch sehr notwendig ist. Es ist nötig, daß jeder Betriebsleiter, der in die Zwangslage einer solchen Wahl versetzt wird, sich aus eigenem ein möglichst unabhängiges Bild machen kann und ohne vorgefaßte Meinung, auch ohne Beeinflussung durch die ihre engeren

---

[1]) Technische und wirtschaftliche Erfahrungen im Dampfturbinenbetrieb. Z. Turbinenw., S. 534, 1913.

Geschäftsbelange oft nur zu unbeirrt vertretenden Sonderfachleute, die Entscheidung trifft. Auf beiden Seiten, den Kolbenmaschinen- und den Turbinenfachleuten und in ihren Drucksachen wird zuweilen mit nicht stichhaltigen Beweisgründen gearbeitet und bestehenden Eigenschaften beider Maschinenarten eine verallgemeinernde, übertriebene Bedeutung beigelegt. In einer Sonderdrucksache einer der bekanntesten Großfirmen des Turbinenbaues wird z. B. hervorgehoben, daß „Spezialturbinen bei allen vorkommenden Gegendrücken durchaus anstandslos arbeiten". Daraus darf aber nicht etwa gefolgert werden, daß dies bei den Kolbenmaschinen nicht der Fall wäre. Man hat bereits Maschinen mit 17 Atm. Anfangs- und 8 Atm. Gegendruck aufgestellt. Höherer Gegendrücke bedarf bisher die Praxis nicht. Nach den Arbeiten Wilhelm Schmidts würde es keine Schwierigkeiten machen, unter bedeutender Hebung der Wirtschaftlichkeit sowohl mit den Anfangs- als mit den Gegendrücken bei der Kolbenmaschine noch höher zu gehen. Kesselanlagen mit 20 bis 30 Atm. Druck sind schon sehr zahlreich in Betrieb. Als höchster Betriebsdruck für Turbinen sind 20 Atm. bekannt geworden. Die erfolgreichen Versuche W. Schmidts mit Kolbenmaschinen gehen bis auf fast 60 Atm.

Der weitere Einwand gegen die Gegendruck-Kolbenmaschinen, daß sie schon bei mittleren Füllungen Schleifen im Diagramm aufweisen, ist nicht besser begründet. Bei richtiger Wahl des Anfangsdruckes kann die Schleife stets vermieden werden. Wenn aber bei ungewöhnlich schwacher Belastung und niederem Anfangsdruck wirklich einmal eine Schleife am Ende der Expansionslinie auftreten sollte, so ist dies praktisch ohne allzugroßen Belang. Die von einer anderen Turbinen bauenden Firma behaupteten „ungünstigen Beanspruchungen des Triebwerkes" treten nicht auf, die „Herabsetzung des mechanischen Wirkungsgrades", ist, da es sich bei der schwachen Belastung doch nur um einen Ausnahmefall handelt, leicht in Kauf zu nehmen.

Eine dritte im Turbinenbau führende Gesellschaft sagt der Gegendruck-Kolbenmaschine nach, „daß deren Regulierfähigkeit, Überlastungsfähigkeit und Dampfökonomie bei kleineren Teillasten sehr ungünstig ist". Auch hiefür wäre der Beweis nicht zu erbringen, falls nicht schwere Fehler bei der Bemessung und Berechnung der Anlage gemacht sind. Die Regulierfähigkeit der Gegendruck-Kolbenmaschinen und ihre Überlastungsfähigkeit können strengen Anforderungen genügen.

Die Ölfreiheit des Abdampfes der Turbinen im Gegensatz zur Kolbenmaschine ist in manchen Fällen eine schätzenswerte Eigenschaft. Bei schlecht wirkendem oder schlecht gewartetem Entöler kann der Ölgehalt im Abdampf der Kolbenmaschinen die Heizkörper unter Umständen unangenehm verschmutzen. Es ist aber zu beachten, daß die isolierende Wirkung des Öles ganz verschieden zu bewerten ist, je nach dem Stoff, an den Wärme zu übertragen ist. So ist z. B. die Wärmeübergangszahl von einer metallenen Heizfläche an Luft so gering, daß selbst eine ziemlich bedeutende Verschlechterung auf der Heizdampfseite auf den Gesamtwärmeübergang keinen wesentlichen Einfluß ausübt. Daß Ölspuren in Papiermaschinenzylindern oder in Färbekufen (ausgenommen bei sehr zarten, hellen Färbungen), in Braupfannen, in den Saftkochern der Zuckerindustrie und in den Heizapparaten der Braunkohlenbrikettwerke unschädlich sind, ist erwiesen. Mittel, um den Abdampf bis auf Spuren zu entölen, stehen uns zur Verfügung.

Als Vorzug der Turbine wird oft angepriesen, daß sie höhere Anfangstemperaturen besser verträgt als die Kolbenmaschine. Dies ist richtig, besonders wenn man auf vollständige Entölung des Abdampfes Wert legt. Näher besehen schwindet dieser Vorzug der Turbine aber recht oft beträchtlich zusammen. Zunächst findet die Anfangsüberhitzung des Dampfes ihre Grenze darin, daß der Abdampf nicht mehr überhitzt sein soll. Nur bei weiter Fortleitung des Abdampfes kann seine Überhitzung vorteilhaft sein, weil die Wärme- und Drosselverluste des überhitzten Dampfes geringer sind als jene des gesättigten; dafür erfordert ersterer, wie schon erwähnt, teuerere Leitungsarmaturen. Keinesfalls soll aber der Abdampf beim Eintritt in die Wärmeaustauscher noch überhitzt sein. Wo also der Abdampf in nächster Nähe der Kraftmaschine verwertet wird, muß man seine Überhitzung vermeiden. Sodann ist zu bedenken, daß bei Dampftemperaturen über 320° die Überhitzer einem großen Verschleiß unterliegen und mehr Störungen und Kosten verursachen als bei geringeren Temperaturen.

Der Turbine wird als Vorteil angerechnet, daß die Radreibungs- oder Ventilationsverluste der Qualität des Abdampfes zugute kommen. Dem kann gegenübergestellt werden, daß bei der Heißdampf-Kolbenmaschine die Verluste durch Lässigkeit, welche den Hauptposten der Verluste innerhalb der Maschine bilden, ebenfalls im Abdampf wieder nutzbar werden. Auch die unvollkommene Expansion kommt der Qualität des Abdampfes zugute.

Von den Dampfmaschinen-Fachleuten werden oft die Spaltverluste und die Stopfbüchsenverluste der Gegendruckturbine übertrieben. Der Spaltverlust kann bei gewöhnlichen Überdruckturbinen im Hochdruckteil bis zu 15% betragen. In einer Gegendruckturbine von 4 Atm. Üb. arbeitet aber rd. das 3fache Dampfgewicht, das in einer gewöhnlichen Turbine gleicher Leistung arbeitet, und die Spaltverluste werden hier bei entsprechender Ausführung auch rd. nur $^1/_3$ der Spaltverluste der gewöhnlichen Turbine betragen, denn um ebensoviel verkleinert sich das Verhältnis des freien Spaltquerschnitts zum Schaufelquerschnitt. Ähnlich verhält es sich mit den Verlusten durch die Stopfbüchsen bei Gleichdruckturbinen. Die Verluste durch die Stopfbüchsen sind unwiederbringlich, die Spaltverluste kommen dem Abdampf zugute.

Die Erhöhung der Reibung des Dampfes an den Leitschaufelflächen bei Zunahme des spezifischen Gewichtes des Dampfes, die Vermehrung der Reibungsarbeit der umlaufenden Räder im hochgespannten Dampf, die Steigerung der Wirbelung namentlich bei teilweiser Beaufschlagung verschlechtern naturgemäß die Dampfausnützung bei der Gegendruckturbine gegenüber der normalen Kondensationsturbine um so mehr, je höher der Gegendruck ist.

Der mechanische Wirkungsgrad der Turbine ist, wie schon erwähnt, höher als jener der Gegendruck-Kolbenmaschine. Trotzdem erreicht die Gegendruckturbine nicht die gleiche Kraftausbeute aus der gleichen Abdampfmenge als die Kolbenmaschine unter den besten jeder Maschinenart angepaßten Betriebsbedingungen und auf gleicher wirtschaftlicher Basis, insbesondere gleichem Gegendruck. Nur in jenen Fällen, wo dem Maschinenabdampf dauernd noch Frischdampf zugesetzt werden muß, m. a. W., wo nie Überschuß an Turbinenabdampf auftritt und wo keine Verwertungsmöglichkeit für die in der Kolbenmaschine mehr erzeugte Kraft besteht, ist die schlechtere Dampfausnützung in der Gegendruckturbine als kein Nachteil anzusehen.

Zugunsten der Turbine sprechen in gewissen Fällen ihr geringerer Raumbedarf und die kleineren Anschaffungskosten, insonderheit, wo die Abschreibungskosten einen größeren Anteil an den Krafterzeugungskosten ausmachen. Dies ist um so mehr der Fall, je kürzer die jährliche Betriebszeit ist.

Die hohe Tourenzahl (1500 bis 7500) der Gegendruckturbine gibt ihr Vorteile, wo es sich um direkten Antrieb von Stromerzeugern, Schleuderpumpen, Schleudergebläsen, Zentrifugen, Zerstäubern, Mischern und ähnliches handelt. Beim Antrieb langsamlaufender Arbeitsmaschinen oder von Transmissionen wird man meist die Kolbenmaschine bevorzugen, obwohl für Turbinen ausgezeichnete Zahnradübersetzungsgetriebe gebaut werden, die im neuen Zustand 98 bis 99% Wirkungsgrad haben und in einer Stufe Übersetzungen bis 20:1 gestatten.

Daß die Turbine in einer Einheit bequem größere Leistungen bewältigt, ist ihr häufig als großer Vorzug anzurechnen. Der Betriebsleiter darf aber auch nicht vergessen, daß oftmals gerade die Unterteilung der Kraftmaschinen die Betriebssicherheit sehr erhöht, zumal die Turbine die besondere Eigenschaft aufweist, daß ihre Schäden zwar kaum häufiger als jene der Kolbenmaschinen, dafür aber meist durchgreifender sind.

In der Wartung stellen beide Maschinengattungen ebenbürtige Ansprüche, der Schmierölverbrauch ist bei der Kolbenmaschine höher als bei der Turbine.

Alles in allen kann nur betont werden, daß in jedem Einzelfall alle Umstände bei der Wahl der Kraftmaschine berücksichtigt werden müssen, damit die einmal getroffene Entscheidung auf die Dauer befriedige.

In baulicher Hinsicht ist die Gegendruckturbine, zumal für kleinere Leistungen und Wärmegefälle (Abb. 94) eine sehr einfache Kraftmaschine: Ein einziges Laufrad in einer einzigen Turbinenkammer. In den Düsen, welche die erste Schaufelreihe des zwei-, selten dreikränzigen Geschwindigkeitsrades beaufschlagen, findet bereits

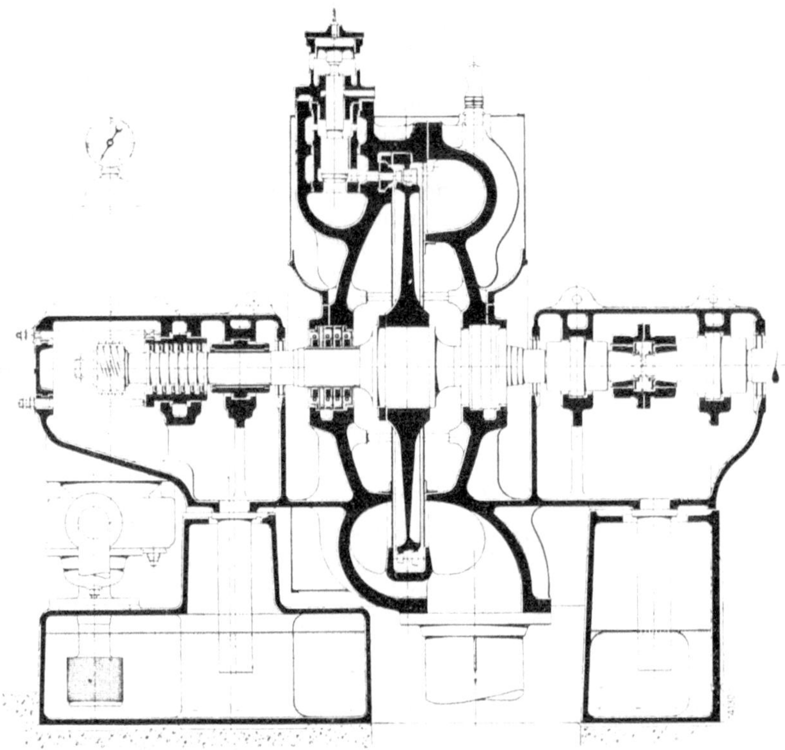

Abb. 94. Schnitt durch eine Aktions-Gegendruck-Turbine. Bauart Brown-Boveri.

die Expansion des Dampfes auf den Gegendruck statt. Die Düsen können rechnerisch jedem üblichen Heizdruck angepaßt werden. Durch die Verwendung von mehreren Schaufelkränzen auf dem Umfang der Radscheibe, in denen der Dampf unter Vermittlung ruhender Umkehrschaufeln nacheinander seine Strahlgeschwindigkeit abgibt, ist es möglich, mit solchen Umfangsgeschwindigkeiten auszukommen, daß die Materialbeanspruchung der rotierenden Teile in zulässigen Grenzen bleibt. Die übrigen Teile, wie Regulierung, Schnellschlußventil, sind dieselben wie bei normalen Kondensationsturbinen.

Das dreikränzige Geschwindigkeitsrad, Abb. 95, kommt für größere Druck- bzw. Wärmegefälle zur Anwendung. Große Raddurchmesser und Unterteilung in eine noch größere Anzahl von Geschwindigkeitsstufen als drei scheiden im allgemeinen für Gegendruckturbinen aus, da die Verbesserung der Wirtschaftlichkeit nicht im Verhältnis zu der dadurch bedingten Erhöhung der Herstellungskosten steht. Es bleibt daher nur die Wahl einer hohen Umlaufzahl übrig.

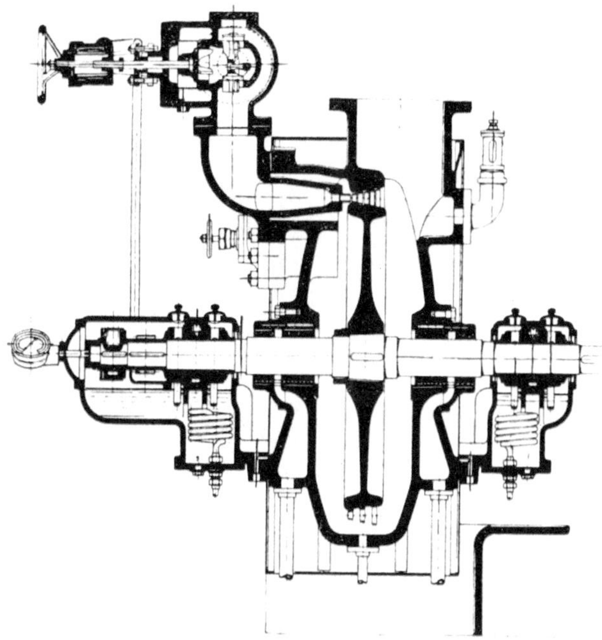

Abb. 95. Schnitt durch eine einstufige dreikränzige Gegendruck-Turbine für große Wärmegefälle. Melms und Pfenninger.

Als Beispiel der Bauart einer Gegendruckturbine größerer Leistung ist eine Ausführung der Maschinenfabrik Augsburg-Nürnberg in Abb. 96 dargestellt. Der Läufer besteht aus zwei Curtisrädern mit je einer Geschwindigkeitsstufe. Selbsttätige Geschwindigkeitsreglung vor den Düsen und Druckreglung in der Abdampfleitung sind vorgesehen. Liefert die Turbine mehr Dampf als die Heizung erfordert, so entweicht dieser durch ein Sicherheitsventil ins Freie. Bei zu geringer Belastung der Turbine muß die etwa fehlende Abdampfmenge in Gestalt von selbsttätig gedrosseltem Frischdampf zugesetzt werden.

In dem Falle, wo kein besonderer Heizdampfkessel vorhanden ist, die Gegendruckturbine aber trotzdem den Druck in der Heizleitung konstant erhalten soll, muß die Turbine eine besondere Gegendruckregulierung erhalten. Die Turbine arbeitet in solchen Fällen mit anderen Kraftmaschinen parallel, wobei letztere die Netzschwankungen sowie die den Heiz- oder Kochzwecken entsprechende veränderliche Leistung des Heizdampfes in der Gegendruckturbine ausgleichen müssen. Die Grundbelastung des Netzes muß im Minimum so hoch sein, als die Leistung des Heizdampfes der Gegendruckturbine ausmacht; unterhalb dieser Minimalbelastung kann die Turbine den Heizdampf nicht mehr konstant halten.

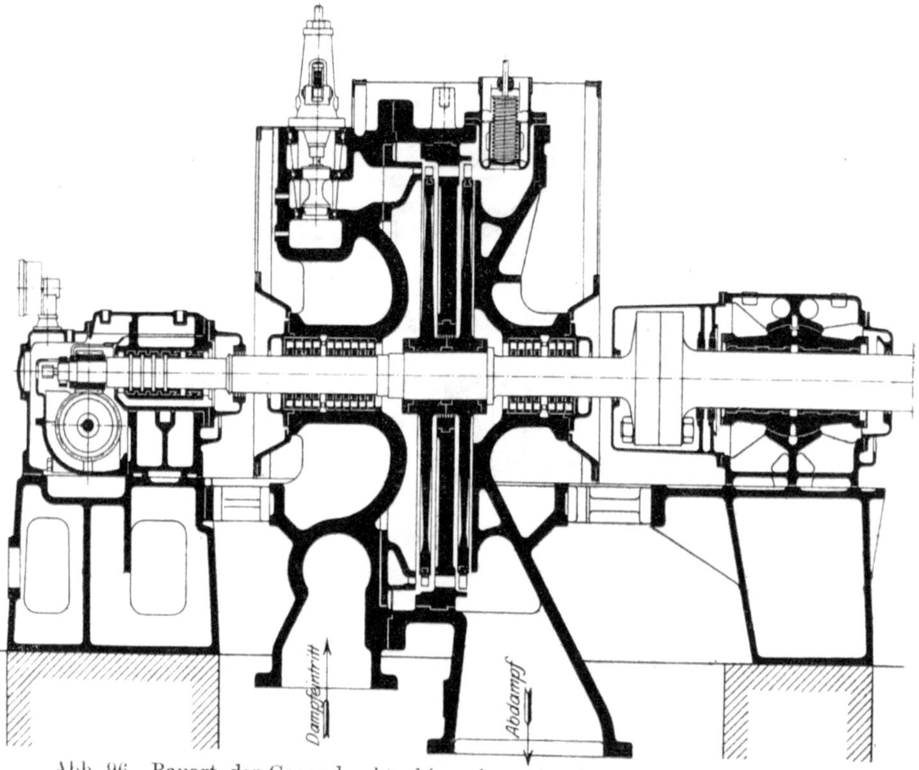

Abb. 96. Bauart der Gegendruckturbine als zweistufige Druckturbine. Leistung 3500 PS bei 3000 Umdr./Min. Maschinenfabrik Augsburg-Nürnberg A.-G.

Die Gegendruckregulierung von Brown, Boveri & Cie. ist in Abb. 97 schematisch dargestellt. Sie unterscheidet sich von der Regulierung einer normalen Turbine durch Einschaltung eines besonderen Druckreglers D in das Ölsystem. Da bei Synchronmaschinen die Tourenzahlen der einzelnen parallelgeschalteten Gruppen zwangläufig miteinander verbunden sind, so macht auch der Regulator R der Gegendruckturbine die den Belastungsschwankungen entsprechenden Tourenänderungen mit. Die Regulierbüchse B ist jedoch so tief gestellt, daß erst bei Überschreiten der Leerlauftourenzahl die Regulatormuffe den Ölabfluß der Büchse B öffnet. Die vorerwähnten Tourenschwankungen haben also innerhalb normaler Grenzen keinen Einfluß auf die Regulierung. Der Druckregler D benützt eine federbelastete Membrane, die durch eine Spindel mit dem Ventil V starr verbunden ist. Der Raum über der Membrane ist durch eine Leitung mit dem

Abdampfstutzen der Turbine oder mit der Heizleitung verbunden. Die Regulierung wird vom Druckregler in der Weise übernommen, daß der Druck in der Heizleitung auch bei variablem Heizdampfverbrauch konstant gehalten wird.

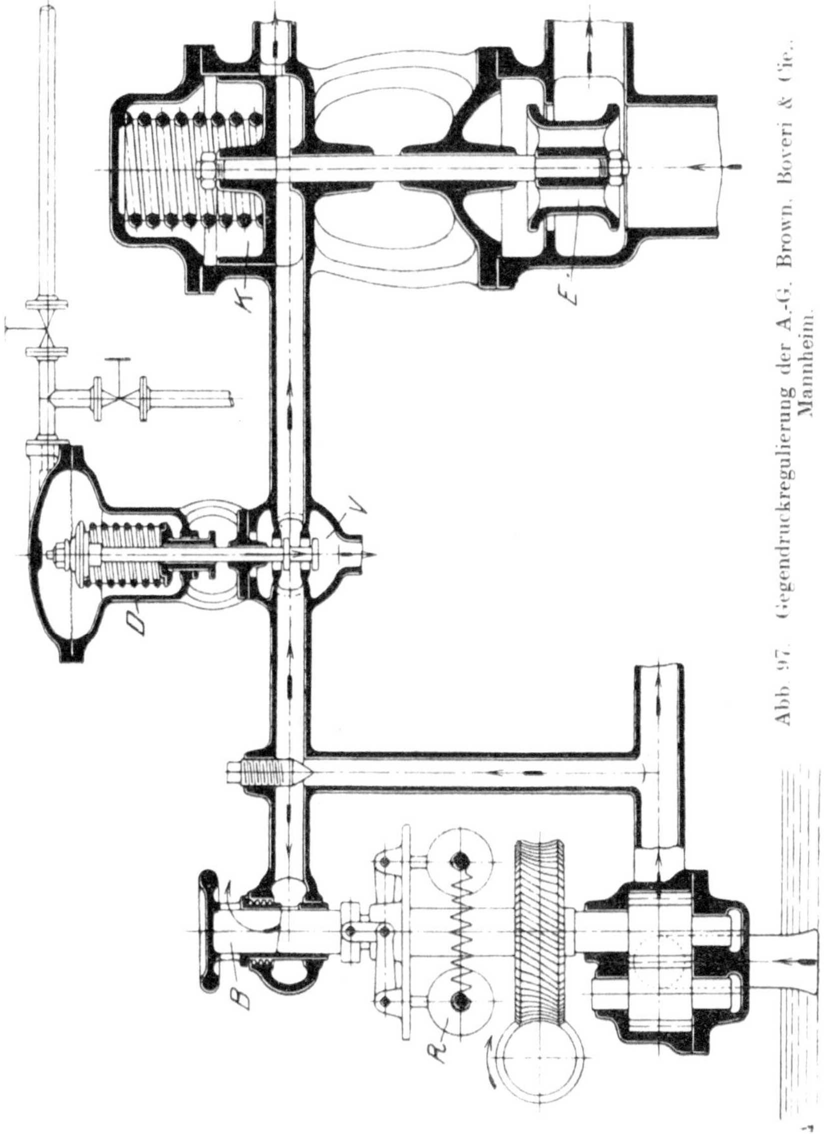

Abb. 97. Gegendruckregulierung der A.-G. Brown, Boveri & Cie., Mannheim.

Wird z. B. weniger Heizdampf gebraucht, so will bei unveränderter Stellung des Druckreglers der Gegendruck zunehmen, die Mebrane bewegt sich abwärts und das Ölregulierungsventil V läßt mehr Öl aus dem Steuerungssystem abfließen. Dadurch sinkt der Öldruck unter dem Kraftkolben K des Dampfregulierventils E und es strömt damit weniger Frischdampf zur Gegendruckturbine. Damit gibt die Turbine weniger Kraft auf das Netz ab, und die übrigen parallel geschalteten Maschinen übernehmen dafür eine höhere Belastung. Gleichzeitig sinkt die Frequenzzahl des Netzes und der Regulator R bewegt seine Muffe nach oben. Da aber die Regulierkante der Regulatormuffe bereits den Ölabflußschlitz in der Regulierbüchse überdeckt, so hat eine weitere Überdeckung des Schlitzes keinen Einfluß auf den Öldruck im Steuerungssystem. Die Belastungsverschiebung auf die parallel arbeitenden Maschinen hat also keine Rückwirkung auf die Regulierung der Gegendruckturbine,die nur vom Druckregler aus beeinflußt wird.

Wird mehr Heizdampf gebraucht, so will der Heizdampfdruck abnehmen, die Membrane bewegt sich infolge der Federwirkung nach oben und das Ölregulierventil V verkleinert den Ölabflußquerschnitt. Die Folge ist ein Steigen des Öldruckes im Steuerungssystem. Der Kolben K hebt sich mit dem Regulierventil E und es strömt mehr Dampf zur Turbine, bis der Heizdampfdruck beinahe wieder seine frühere Höhe erreicht hat. Die parallel arbeitenden Maschinen geben, entsprechend der Mehrleistung der Gegendruckturbine, bei gleichbleibender Netzbelastung weniger Kraft ab, wodurch die Frequenzzahl des Netzes steigt. Durch die erhöhte Tourenzahl bewegt sich die Regulatormuffe nach abwärts, jedoch hat auch dies noch keinen weiteren Einfluß auf den Steuerungsöldruck. Wie bei dem verminderten Heizdampfbedarf übt auch hier die Belastungsverschiebung noch keine Rückwirkung auf die Gegendruckturbine aus.

Bleibt der Heizdampfverbrauch konstant und ändert sich die Netzbelastung, so hat dies, wie aus obigem bereits hervorgeht, auf die Regulierung der Turbine keinen Einfluß, da eine Veränderung der Höhenlage der Regulierkante der Regulatormuffe innerhalb bestimmter Grenzen keine Öldruckveränderung im Steuerungssystem hervorzurufen vermag. Der Gegendruck der Turbinen bleibt also von einer Netzbelastungsänderung unberührt.

Erst wenn die gesamte Netzbelastung unter die Leistung der Gegendruckturbine sinkt und die parallel laufenden Maschinen bereits leerlaufen, fängt infolge der erhöhten Netztourenzahl die Regulierkante der Regulatormuffe der Turbine an, den Ölabflußschlitz in der Regulierbüchse B freizugeben. Die Gegendruckturbine reguliert von diesem Augenblick an wie eine Turbine mit gewöhnlicher Geschwindigkeitsregulierung. Würde auch der Heizdampfverbrauch noch zunehmen und der sinkende Heizdampfdruck den Druckregler weiter beeinflussen, so wird ein weiteres Schließen des Ölregulierventils V durch ein weiteres Öffnen des Ölabflußquerschnittes in der Büchse B ausgeglichen. Sinkt die Netzbelastung schließlich auf Null, so strömt der Gegendruckturbine nur noch die Leerlaufsdampfmenge zu. Dieser Fall wird indessen selten vorkommen. Selbst bei plötzlichen Belastungsschwankungen übernimmt immer unterhalb der erwähnten Belastungsgrenze der Geschwindigkeitsregulator die Hauptregulierung der Turbine, so daß ein Durchgehen derselben ausgeschlossen ist. Für den Fall des Versagens der Geschwindigkeitsregulierung ist immer noch der vollkommen unabhängige Sicherheitsregulator mit Schnellschlußauslösung vorhanden, bei dessen Betätigung die Dampfzufuhr zur Turbine gänzlich

Abb. 98. 6000 PS-Gegendruckturbine. Allgem. Elektriz.-Ges. Berlin.
$p_a = 19$ Atm. Üb. $t_a = 330^0$ C. $p_g = 0{,}5$ Atm. Üb. $n = 3000$/Min.

unterbrochen wird. Bei diesem Regulierverfahren übernimmt die Gegendruckturbine von der Gesamtnetzbelastung so weit wie immer möglich den Belastungsanteil, der der geforderten Heizdampfmenge entspricht. Eine Gegendruckturbine, die mit einer solchen Gegendruckregulierung versehen ist, kann jederzeit durch Umstellen der kleinen Ventile in der Dampfleitung zum Membranraum in eine Turbine mit gewöhnlicher Geschwindigkeitsregulierung umgeändert werden. Der Raum über der Membrane steht dann in Verbindung mit der Atmosphäre und die Feder des Druckreglers D hält das Ölregulierventil V dauernd geschlossen. In diesem Falle wird der Öldruck im Steuerungssystem ausschließlich vom Geschwindigkeitsregulator R beinflußt.

Gegendruckturbinen werden bis zu bedeutenden Größen ausgeführt. Eine Turbine für 4200 kW = rd. 6000 PS Leistung nach der Bauart der AEG mit horizontaler automatischer Düsenregulierung ist in Abb. 98 dargestellt. Sie ist für besonders hohen Anfangsdruck (19 Atm. Üb. und 330° C) und für einen Gegendruck von $^1/_2$ Atm. Üb. gebaut.

c) Die Entnahmeturbine.

Die Entnahme- oder Anzapfturbine gibt in irgendeiner Stufe einen Teil des in ihr arbeitenden Dampfes für Heizzwecke ab, während der restliche Teil bis auf Kondensatorspannung weiter zur Arbeitsleistung herangezogen wird. Sie findet Anwendung, wenn die Heizdampfmenge bedeutend kleiner ist als die für Kraftleistung erforderliche, oder wenn der Heizdampf nur zu bestimmten Zeiten, z. B nur im Winter, benötigt wird. Ihr Anwendungsgebiet ist also ungefähr dasselbe, wie jenes der Kolbenmaschine mit Zwischendampfentnahme.

Die Entnahmeturbine kann als Vereinigung einer Gegendruckturbine mit einer Niederdruck- oder Abdampfturbine in einem einzigen Gehäuse oder als Umkehrung einer Frischdampf-Abdampf-(Zweidruck-)Turbine betrachtet werden. Der Hochdruckteil wird meist als Curtisrad mit einer Druckstufe und zwei Geschwindigkeitsstufen ausgeführt, der Niederdruckteil entweder ebenfalls als Curtisturbine mit einer oder mehreren Druckstufen oder nach dem Reaktionsprinzip mit mehreren Überdruckstufen. Ist das Wärmegefälle, das auf die Hochdruckstufe trifft, sehr groß, etwa bei Entnahmedrücken unter 1 Atm. abs., so kann es im Interesse eines guten Hochdruckwirkungsgrades angezeigt sein, dem Niederdruckteil zwei Curtisräder vorzuschalten. Bei Entnahmedrücken von 1 bis 3 Atm. abs. ist die im ganzen zweistufige Anordnung mit Entnahme nach der ersten Stufe, bei Drücken über 3 Atm. abs. die mindestens dreistufige Turbine mit Entnahme nach der ersten Stufe am Platz. Die dreistufige Bauart hat gegenüber der zweistufigen noch den Vorteil, daß der günstigste Wert für die Umfangsgeschwindigkeiten niedriger liegt und für das praktische Anwendungsgebiet (1 bis 6 Atm. abs. Entnahmedruck) nur ganz kleine Schwankungen zeigt. Man erhält bei gleichen Tourenzahlen kleinere Raddurchmesser und damit auch kleinere Radreibungsverluste. Eine Steigerung der Stufenzahl über drei bei reinen Druckturbinen hat nur für sehr hohe Entnahmedrücke Bedeutung.

Im Abschnitt über die Gegendruckturbine fanden wir den Wirkungsgrad η_u am Radumfang aus der Gleichung einer Parabel:

$$\eta_u = 2\,\varphi^2 \left(X \cos \alpha_1 - Y \frac{u}{c_1}\right) \frac{u}{c_1}.$$

Der indizierte Stufenwirkungsgrad, welcher gleich ist dem Wirkungsgrad η_u, vermindert um den Einfluß der Radreibung N_r, wird somit

$$\eta_{i\,st} = \eta_u - \frac{N_r \cdot 75}{G \cdot \Phi \cdot 427}.$$

Bei Dampfentnahme erfährt gegenüber der normalen Kondensationsturbine gleicher Leistung und Tourenzahl der indizierte Wirkungsgrad der Hochdruckstufe eine Verbesserung, jener der Niederdruckstufe dagegen eine Verschlechterung, da der Wert von G in der Gleichung für den Stufenwirkungsgrad für den Hochdruckteil größer, für den Niederdruckteil dagegen kleiner wird. Daraus folgt, daß gegenüber der normalen Kondensationsturbine mit gleicher Hochdruckdampfmenge, die steigende Entnahme eine Verschlechterung des Gesamtwirkungsgrades mit sich bringt.

Die Radreibungsarbeit in jeder Stufe beträgt

$$N_r = \gamma \cdot \sqrt{\Phi^5} \cdot \frac{\beta}{10^6}\left(\frac{u}{c_1}\right)^5 \cdot \varphi^5 \cdot \left(\frac{60}{\pi \cdot n}\right)^2 \cdot \sqrt{\left(\frac{2 \cdot 9{,}81}{427}\right)^5}$$

$$= \frac{1{,}63}{10^8} \cdot \gamma \cdot \sqrt{\Phi^5} \cdot \left(\frac{u}{c_1}\right)^5 \cdot \varphi^5 \cdot \frac{\beta}{n^2}.$$

Darin bedeutet:

- γ das spezifische Gewicht des Dampfes, in welchem das Rad rotiert,
- Φ das adiabatische Wärmegefälle der Stufe,
- u die mittlere Radumfangsgeschwindigkeit,
- c_1 die Dampfeintrittsgeschwindigkeit in den ersten Laufradkranz der Stufe,
- φ den Geschwindigkeitskoeffizient im Leitapparat,
- n die minutliche Umdrehungszahl der Turbine,
- β einen Festwert.

Da der einstufige Niederdruckteil (gekennzeichnet durch den Index II) bei beliebigen Entnahmedrücken in Dampf von Kondensatorspannung rotiert, bleibt γ_{II} konstant und N_{rII} ändert sich mit der $^5/_2$-Potenz von Φ_{II}, vom wenig veränderlichen $\left(\frac{u}{c_1}\right)_{II}$ abgesehen. Mit steigendem Entnahmedruck nimmt N_{rII} allmählich zu, weil Φ_{II} größer wird. N_{rI} dagegen nimmt ab, weil bei steigendem Entnahmedruck die $^5/_2$-Potenz von Φ_I rascher sinkt als γ_I wächst. Bei gleicher Tourenzahl n und Leistung (proportional mit G) der Turbinen nimmt die gesamte Radreibungsarbeit beider Stufen mit wachsenden Entnahmespannungen ab. Bei großen Leistungen (Gn^2) gilt dies in höherem Maße als bei kleinen.

Der Wirkungsgrad am Radumfang η_u nimmt bei Entnahmedrücken über 1 Atm. abs. in beiden Stufen ab, und zwar in der Hochdruckstufe viel rascher als in der Niederdruckstufe, und dies ist der Grund, daß trotz der günstigen Beziehung zwischen Entnahmedruck und Radreibungsarbeit der indizierte thermodynamische Gesamtwirkungsgrad der Turbine η_{iturb} mit steigendem Entnahmedruck fällt.

Dieser letzte Wirkungsgrad $\eta_{i\,turb}$ ist für eine zweistufige Curtisturbine mit gleichen Raddurchmessern für verschiedene Hochdruckwärmegefälle Φ_I, für einen Düsenwirkungsgrad $\varphi = 95\,^0/_0$ und einen Schaufelwirkungsgrad $\psi = 80\,^0/_0$, sowie einen Eintrittswinkel $\alpha = 17^0$ in Abhängigkeit von $\left(\frac{u}{c_1}\right)_I$ nach Kriegbaum in Abb. 99 aufgetragen. Der Dampfanfangsdruck beträgt dabei 12 Atm. Üb., die Dampftemperatur 300° C und der Kondensatordruck 0,06 Atm. abs. Unter diesen Voraussetzungen entspricht ein Hochdruckwärmegefälle

von	150	100	50 Kal.
einem Entnahmedruck von	0,45	1,7	5,2 Atm. abs.

(Zahlentafel 31.)

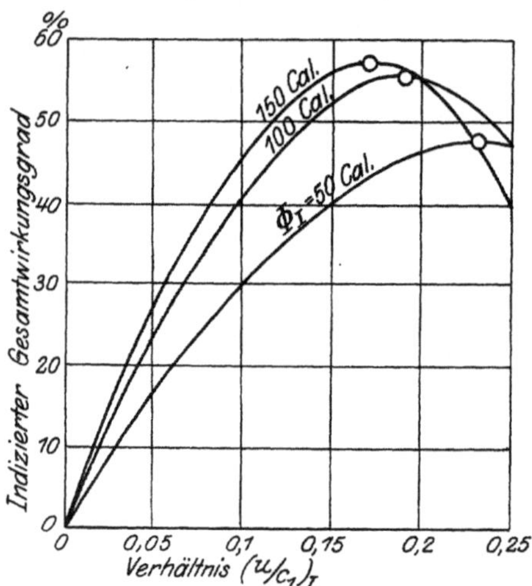

Abb. 99. Indizierter Gesamtwirkungsgrad einer zweistufigen Curtisturbine bei verschiedenem Wärmegefälle im Hochdruckteil in Abhängkeit von Verhältnis $\left(\frac{u}{c_1}\right)_I$. (Gleiche Raddurchm. im Hoch- u. Niederdruckteil.)

$p_a = 12$ Atm. Üb.,
$t_a = 300^0$ C.
$p_c = 0{,}06$ Atm. abs.

Man ersieht aus Abb. 99, daß der günstigste indizierte Wirkungsgrad mit steigender Entnahmespannung abnimmt, von etwa $57\,^0/_0$ bei Auspuffbetrieb auf $48\,^0/_0$ bei 4 Atm. Entnahmeüberdruck.

Die Leistung der Entnahmeturbine setzt sich aus der Leistung der Hochdruck- und der Niederdruckstufe zusammen. Sie beträgt also:

$$N_i = G \cdot \Phi_I \cdot \frac{\eta_I}{632} + (G - E) \cdot \Phi_{II} \cdot \frac{\eta_{II}}{632},$$

worin G die der Maschine stündlich zugeführte und E die der Maschine stündlich entnommene Dampfmenge, η_I und η_{II} die Stufenwirkungsgrade, Φ_I und Φ_{II} die Stufenwärmegefälle sind.

Für 12 Atm. Anfangsüberdruck und 300° C Dampftemperatur, 0,06 Atm. abs. Kondensatorspannung und $\eta_I = \eta_{II} = 60\,^0/_0$ ist die Leistungsverteilung auf Hoch- und Niederdruckstufe einer 1000-PS-Turbine in Abb. 100 dargestellt. In das Diagramm sind Kurven verschieden hoher Dampfentnahme (0, 25, 50, 75 und $100\,^0/_0$ der der Turbine zugeführten Dampfmenge) für Entnahmeüberdrücke von 1, 3 und 5 Atm. eingetragen. Zwischen der Stufenleistung und der Entnahmemenge besteht lineare Abhängigkeit.

Der Hochdruckteil einer Entnahmeturbine wird zuweilen für die größte Dampfmenge bemessen, die ihn bei voller Leistung und reinem Gegendruckbetrieb durchströmt, wobei durch den Niederdruckteil

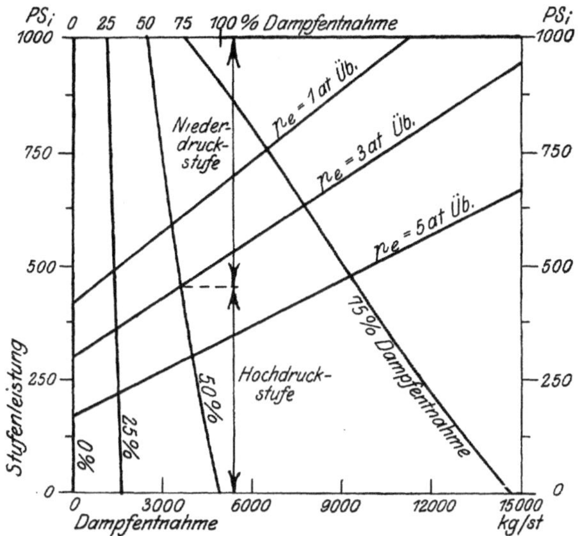

Abb. 100. Leistungsverteilung auf Hoch und Niederdruck bei verschiedenen Entnahmemengen, Entnahmedrücken und konstanter Gesamtleistung. Hochdruckteil: Curtisturbine. Niederdruckteil: mehrstufige Gleich- oder Überdruckräder.

theoretisch die Dampfmenge Null geht. Die bei reinem Kondensationsbetrieb ohne Entnahme für volle Leistung nötige Dampfmenge ist die maximale, die der Niederdruckteil aufzunehmen hat. Für sie wird der Niederdruckteil der Entnahmeturbine bemessen.

Durch den Hochdruckteil einer Entnahmeturbine strömt also ein unter Umständen bedeutendes größeres Dampfvolumen wie durch die Hochdruckstufen einer Turbine gewöhnlicher Bauart und gleicher Leistung. Damit erhalten die Vorteile, die das große Dampfvolumen mit sich bringt, nämlich Ermäßigung der Spaltverluste bzw. der Stopfbüchsenverluste — wie bereits bei der Gegendruckturbine besprochen — auch Geltung für die Entnahmeturbine.

Der effektive thermodynamische Wirkungsgrad der Entnahmeturbine beträgt:

$$\eta_e = \frac{632\ N_e}{E \cdot \Phi_I + (G - E)\,(\Phi_I + \Phi_{II})} \quad \text{oder} \quad \frac{632\ N_e}{G\,(\Phi_I + \Phi_{II}) - E \cdot \Phi_{II}},$$

worin E, G, Φ_I und Φ_{II} die oben erwähnten Größen, N_e die Nutzleistung in PS sind. Die Abhängigkeit von η_e von der Zwischendampfentnahme und der Belastung der Turbine ist in Abb. 101 nach einigen Versuchen zusammengestellt und zwar für folgende Fälle:

Zahlentafel 33.

Größe der Turbine	Anfangsdr.	Dampftemp.	Entnahmedr.	Quelle
600 KW	12 Atm. Üb.	300° C	3,5 Atm. Üb.	Z. bayr. Rev.-V. 1912,
1000 „	13 „ „	300 „	3,5 „ „	„ S. 176.
750 „	12 „ „	250 „	3 „ „	„
650 „	9,5 „ „	280 „	2,5 „ „	Z. D. M. 1915 S. 12.

Die Versuche sind im ersten Fall mit $^4/_4$ und $^3/_4$, im zweiten Fall mit $^4/_4$ und $^1/_2$, im dritten Fall mit $^4/_4$ und $^1/_2$ und im vierten Fall mit $^3/_4$ und $^1/_2$ Belastung angestellt. Sie bestätigen die Abnahme des thermodynamischen Wirkungsgrades mit der Höhe der Dampfentnahme. Bei Teillast ($^1/_2$ bis $^3/_4$) erfolgt die Abnahme etwas rascher

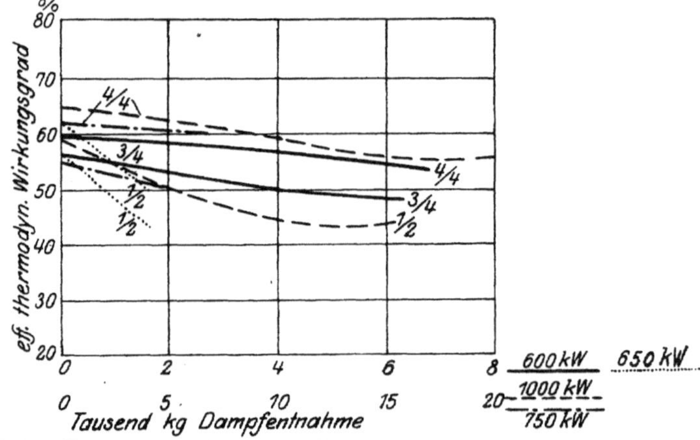

Abb. 101. Veränderung des thermodynamischen Wirkungsgrades mit steigender Dampfentnahme bei Turbinen.

als bei Vollast. Die Abb. 101 kann bei Abgabe von Garantiezahlen oder bei wirtschaftlichen Voranschlägen als Kontrolle benutzt werden, wenn es sich um Entnahme bei Teillasten handelt.

Verhalten einer 500 PS-Entnahmeturbine bei verschiedenen Belastungen und verschieden hoher Zwischendampfentnahme.

Analog dem Rechnungsbeispiel der Entnahmemaschine von 500 PS seien die Verhältnisse bei einer 500 PS-Entnahmeturbine mit

p_a = 12 Atm. Anfangsüberdruck
t_a = 300 °C Dampftemperatur
p_e = 3 Atm. Entnahmeüberdruck und
p_c = 0,06 Atm. abs. Druck im Abdampfstutzen

ausführlich erörtert.

Für eine Leistung von 500 PS wird zwar in den meisten Fällen noch die Kolbenmaschine in Frage kommen. Um einen unmittelbaren Vergleich mit der früher durchgerechneten Maschine aber zu ermöglichen, wurden wiederum 500 PS zugrunde gelegt. Die folgenden Wirkungsgrade sind für eine Turbine dieser geringen Leistung sehr günstig angesetzt.

Als Wirkungsgrad am Radumfang η_u ist für die Hochdruckstufe 60 %, für die Niederdruckstufe 65 % angenommen, die Radreibungs- und Leerlaufarbeit zusammen zu 40 PS bei Vollast. Die Leistung am Radumfang wird damit 540 PS. Das Wärmegefälle Φ_I ergibt sich aus dem i-s-Diagramm zu 62 Kal./kg, der Wärmeinhalt des Frischdampfes zu 728 Kal./kg.

Beim reinen Gegendruckbetrieb errechnet sich ein Dampfverbrauch von G kg/St. aus der Gleichung

$$632\ N_u = G \cdot \Phi_I \cdot \eta_{u\,I}, \text{ d. i.}$$
$$632 \cdot 540 = G \cdot 62 \cdot 0{,}6 \text{ zu}$$
$$G = 9160 \text{ kg/St.}$$

Dies ist zugleich die größte Dampfmenge, für welche der Hochdruckteil zu bemessen ist unter der Voraussetzung, daß die Turbine bis zum Gegendruckbetrieb voll belastet werden soll.

Das Wärmegefälle Φ_{II} beträgt 160 Kal./kg, wovon $160 \cdot 0{,}65 = 104$ Kal./kg am Radumfang in Arbeit übergeführt werden können. $\Phi_I + \Phi_{II}$ sind zusammen 222 Kal./kg. Die adiabatische Expansion von 12 Am. Üb. und 300° C auf 0,06 Atm. abs. in einer einer einzigen Stufe ergäbe $\Phi_0 = 214$ Kal./kg. Die Differenz von 8 Kal./kg kommt von der Divergenz der Kurven konstanten Druckes bei wachsender Entropie im i-s-Diagramm. Im vorliegenden Fall ist $\Phi_I + \Phi_{II} = 1{,}04\,\Phi^0$.

Der Dampfverbrauch G′ der Turbine bei reinem Kondensationsbetrieb rechnet sich aus dem Ansatz:

$$632 \cdot N_u = G' \cdot \Phi_I \cdot \eta_{uI} + G'\ \Phi_{II} \cdot \eta_{uII} \text{ oder}$$
$$632 \cdot 540 = G' \cdot 62 \cdot 0{,}6 + G' \cdot 160 \cdot 0{,}65 \text{ zu}$$
$$G' = 2420 \text{ kg/St.}$$

Hiernach ist der Niederdruckteil zu bemessen.

Als Reglungsart sei im Hochdruckteil reine Füllungs- und im Niederdruckteil reine Drosselregulierung angenommen. Die Entnahmegrenzen liegen bei 500 PS Belastung zwischen 0 und 9160 kg/St., wenn man von den geringen Dampfverlusten durch Kondensation innerhalb der Maschine und von den Labyrinthverlusten absieht.

Der Dampfverbrauch bei E kg/St. Dampfentnahme sei mit G″ bezeichnet, dann gilt die Beziehung:

$$632 \cdot N_u = G'' \cdot \Phi''_{II} \cdot \eta_{uI} + (G'' - E) \cdot \Phi''_{II} \cdot \eta''_{uII}.$$

G″ ist bei Vollast zwischen 2420 und 9160 kg/St. gelegen.

Man kann nun E für verschiedene Werte von G″ auf folgende Weise bestimmen:

G″ sei z. B. 3000 kg/St.

Damit berechnet sich

$$N_{uI} = \frac{3000 \cdot 62 \cdot 0{,}6}{632} = 177 \text{ PS}_u \text{ und}$$

$$N_{uII} = 540 - 177 = 363 \text{ PS}_u.$$

Es besteht die Gleichung:

$$632 \cdot N_{uII} = 632 \cdot 363 = (G'' - E)\ \Phi''_{II} \cdot \eta''_{uII}.$$

Ferner gilt die einfache Beziehung:

$$\frac{G'}{p_e} = \frac{G'' - E}{p''_2}.$$

Aus den beiden letzteren Gleichungen kann man $G'' - E$ eliminieren und $\Phi''_{II} \cdot p''_2$ bestimmen, nämlich zu

$$\Phi''_{II} \cdot p''_2 = \frac{632 \cdot N_{uII} \cdot p_e}{G' \cdot \eta_{uII}} = \frac{632 \cdot 363 \cdot 4}{2420 \cdot 0{,}65}$$

Durch graphisches Interpolieren mittels einer Hilfskurve im i-s-Diagramm findet man auf der Drosselungshorizontalen $i''_2 = \text{const.}$ den Wert von p''_2 zu 3,83 Atm. abs., und nach obiger Gleichung

$$G'' - E = \frac{G' \cdot p''_2}{p_e} = \frac{2420 \cdot 3{,}83}{4} = 2320 \text{ kg/St.}$$

Der Wert von i''_2 entspricht dem Wärmeinhalt des Dampfes nach seiner adiabatischen Expansion von p_a und t_a auf p_e.

Schließlich findet sich

$$E = G'' - 2320 = 3000 - 2320 = 680 \text{ kg/St.}$$

Diese Rechnung wird für verschiedene Annahmen von G'' zwischen 2420 und 9160 kg/St. wiederholt. Auf diese Weise lassen sich alle Beziehungen zwischen Dampfverbrauch und Zwischendampfentnahme bei einer bestimmten Belastung der Turbine aufklären.

Dieselbe Rechnung kann für beliebige Teillasten durchgeführt werden. Es ist zunächst nur noch eine Annahme über den Unterschied zwischen N_u und N_e bei Teillasten zu machen. Die Differenz beider Leistungen wird sich bei sinkender Belastung etwas verringern. Im vorliegenden Fall ist angenommen

$N_u - N_e$ bei Vollast $= 40$ PS
„ $^3/_4$-Last $= 35$ PS
„ $^1/_2$-Last $= 32$ PS
„ $^1/_4$-Last $= 30$ PS.

Die erforderliche Anzahl von Düsen vor dem Hochdruckteil vorausgesetzt, kann η_{uI} und η_{uII} bei allen Belastungen in gleichbleibender Größe, nämlich 0,6 bzw. 0,65 angesetzt werden.

Auf wesentlich einfacherem Weg, als es dieser rechnerische ist, gelingt es mittels eines zeichnerischen Verfahrens zu einer bestimmten Entnahmemenge den Dampfverbrauch der Turbine zu bestimmen, sobald der Dampfverbrauch derselben bei reinem Kondensationsbetrieb (G') und reinem Gegendruckbetrieb (G) bekannt bzw. berechnet ist. Bezeichnet man wieder die Entnahmemenge mit E, den Dampfverbrauch der Turbine bei der Entnahme E mit G'' und die in den Niederdruckteil gelangende Dampfmenge mit $C = G'' - E$, so daß die Beziehung gilt:

$$0 < C < G'$$

und

$$0 < E < G,$$

ferner mit H das Produkt $\Phi \cdot \eta_u$, also das in jeder Stufe wirklich ausgenutzte Wärmegefälle, so kann man die Leistungen:

$G' (H_I + H_{II})$ bei reinem Kondensationsbetrieb,

$G \cdot H_I$ bei reinem Gegendruckbetrieb

und $C\,(H_I + H_{II}) + E \cdot H_I$

einander gleichsetzen; es ist also zunächst:

$$G'\,(H_I + H_{II}) = G \cdot H_I,$$

daraus $$H_I = \frac{G'}{G}(H_I + H_{II}).$$

Ferner ist:

$$G'\,(H_I + H_{II}) = C\,(H_I + H_{II}) + E\,H_I.$$

Setzt man in den letzten Summanden an Stelle von H_I den in der vorhergehenden Gleichung gefundenen Wert ein, so erhält man:

$$G'\,(H_I + H_{II}) = C\,(H_I + H_{II}) + E\,\frac{G'}{G}(H_I + H_{II})$$

oder $$G' = C + E \cdot \frac{G'}{G}$$

oder $$1 = \frac{C}{G'} + \frac{E}{G}.$$

Dies ist aber die Gleichung einer Geraden, die auf einem senkrechten Achsenkreuz xy die Strecken G' und G abschneidet. Die Koordinaten eines beliebigen Punktes dieser Geraden im Achsenkreuz xy sind dann zugeordnete Werte von C und E. Nach diesem einfachen analytischen Beweis, auf den mich Dr. Zerkowitz aufmerksam macht, hat man also, wie Abb. 102 zeigt, die berechneten Werte G' und G senkrecht aufeinander aufzutragen und die Endpunkte miteinander zu verbinden. Jedem Punkt der Verbindungslinie ist ein zusammengehörendes E (Entnahmemenge) und C (in den Niederdruck gelangende Dampfmenge) zugeordnet, und der Dampfverbrauch der Turbine bei der Entnahme E ergibt sich einfach zu

$$G'' = E + C.$$

Dieses zeichnerische Verfahren gilt auch für jede Teilbelastung, wobei die Abdrosselung des Dampfes vom Heizdampfdruck auf den Druck vor dem Niederdruckteil durch das Überströmventil zu berücksichtigen ist.

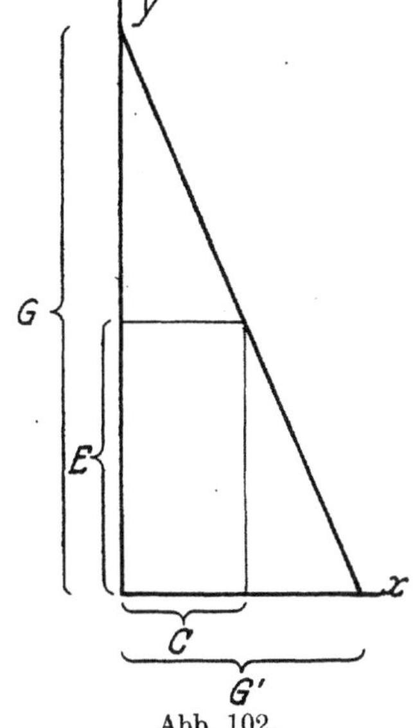

Abb. 102.

Der Fall des reinen Kondensationsbetriebes bei Teillasten soll noch näher untersucht werden.

Falls kein Dampf entnommen wird, ist es auch nicht nötig, daß zwischen Hoch- und Niederdruckstufe der Entnahmedruck p_e herrscht; vielmehr könnte sich dort jeder beliebige Druck einstellen und die Expansion würde im Hochdruckteil unter den Entnahmedruck erfolgen.

Wenn bei Vollast in der richtig bemessenen Turbine im Kondensationsbetrieb zwischen den Stufen sich ein Druck von 4 Atm. abs. ergibt und der Dampfverbrauch bei Halblast rund $\frac{282}{540} = 0{,}52$ desjenigen bei Vollast beträgt, so stellt sich bei Halblast nach dem Gesetz der Proportionalität von Dampfmenge und absolutem Druck zwischen den Stufen ein Druck von $4 \cdot 0{,}52 = 2{,}08$ Atm. abs. ein. Damit wird $\Phi_{Ih} = 91$ Kal./kg und $\Phi_{IIh} = 134$ Kal./kg, sowie

$$G'_h = \frac{632 \cdot 282}{91 \cdot 06 + 134 \cdot 0{,}65} = 1260 \text{ kg./St.}$$

Die Probe $\frac{G'_h}{G'} = \frac{1260}{2420} = 0{,}52$ stimmt.

Bei der Entnahmeturbine herrscht jedoch zwischen Hoch- und Niederdruckstufe der Heizungsdruck p_e, im vorliegenden Fall 4 Atm. abs. und das Überströmventil zwischen Hoch- und Niederdruckteil muß den Dampf auf den seiner Menge entsprechendeu Stufendruck herabdrosseln. Dadurch entsteht ein Verlust an umsetzbarer Energie.

Im gewählten Beispiel bei Halblast rechnet sich folgender Dampfverbrauch G''_h:

$$632 \cdot 282 = G''_h \cdot 62 \cdot 0{,}6 + G''_h \cdot \Phi''_{IIh} \cdot 0{,}65.$$

Da $\frac{G'}{p_e} = \frac{G''_h}{p''_{2h}}$ und daraus $G''_h = \frac{2420}{4} \cdot p''_{2h} = 605\, p''_{2h}$

läßt sich obige Gleichung umformen in

$$\frac{632 \cdot 282}{605} = 37{,}2\, p''_{2h} + 0{,}65 \cdot p''_{2h} \cdot \Phi''_{2h}.$$

Durch graphische Interpolation oder Probieren findet man aus dem i-s-Diagramm auf der Drosselungshorizontalen $i''_2 =$ konst.

$$p''_{2h} = 2{,}29 \text{ Atm. abs.}$$
$$\Phi''_{2h} = 142 \text{ Kal./kg}$$

und schließlich

$$G''_h = 1380 \text{ kg/St.}$$

Der Mehrverbrauch durch die Drosselung des Dampfes vor dem Niederdruckteil beträgt somit in diesem Fall ca. 10 %.

Die sehr selten anzutreffende Ausführung der Entnahmeturbine mit Füllungsregelung vor dem Niederdruckteil vermeidet diesen Überströmverlust bei Teillasten.

Die Ergebnisse der Berechnung der 500 PS-Entnahmeturbine sind in Abb. 103 und 104 zu je einem Raumdiagramm zusammengestellt, welche die Abhängigkeit des Dampf- und Wärmeverbrauches von der Belastung und der Höhe der Zwischendampfentnahme angeben. Der Maßstab ist der gleiche wie in Abb. 69, 70 und 71 für

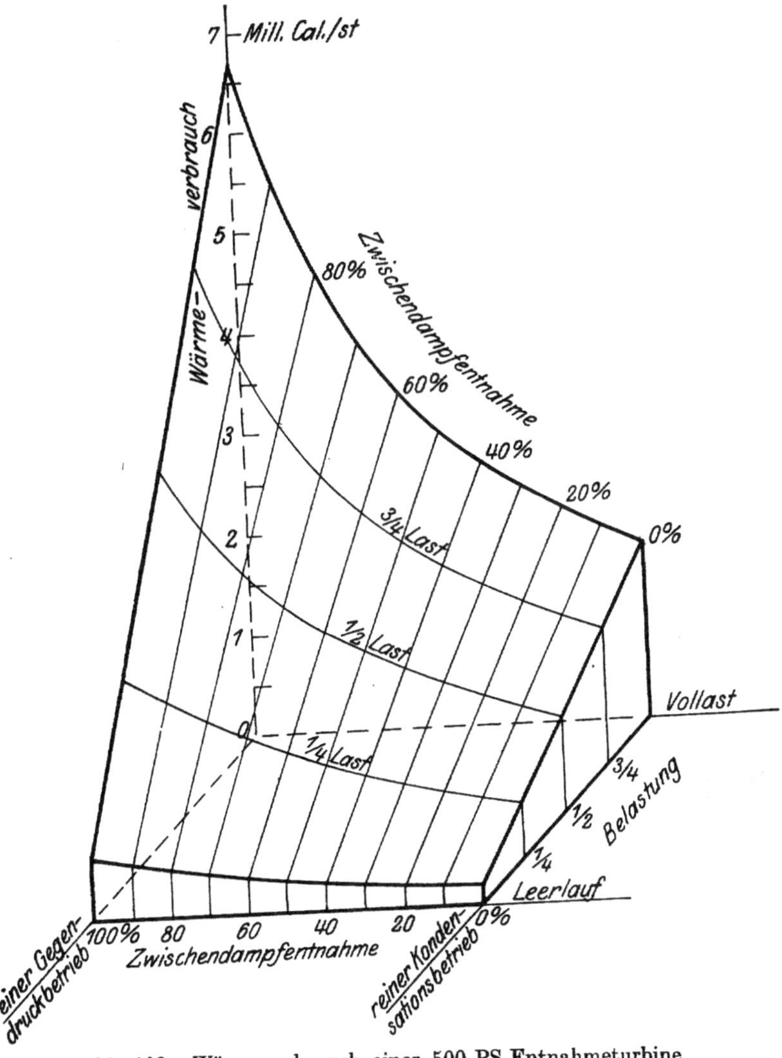

Abb. 103. Wärmeverbrauch einer 500 PS-Entnahmeturbine.
Füllungsregulierung im Hochdruckteil.
(Kurven gleicher Belastung und prozentualer Dampfentnahme.

p_a = 12 Atm. Üb.
t_a = 300° C.
p_e = 3 Atm. Üb.
p_c = 0.06 Atm. abs.

die entsprechenden Verhältnisse bei der Kolbenmaschine, wodurch ein Vergleich beider Maschinengattungen leicht möglich ist. Infolge der günstigen Annahmen ist bei reinem Kondensationsbetrieb und im Leerlauf, allerdings Fälle, die im praktischen Entnahmebetrieb fast ausschalten, die 500 PS-Turbine im Dampf- und Wärmeverbrauch ökonomischer als die Kolbenmaschine. In Wirklichkeit liegt die

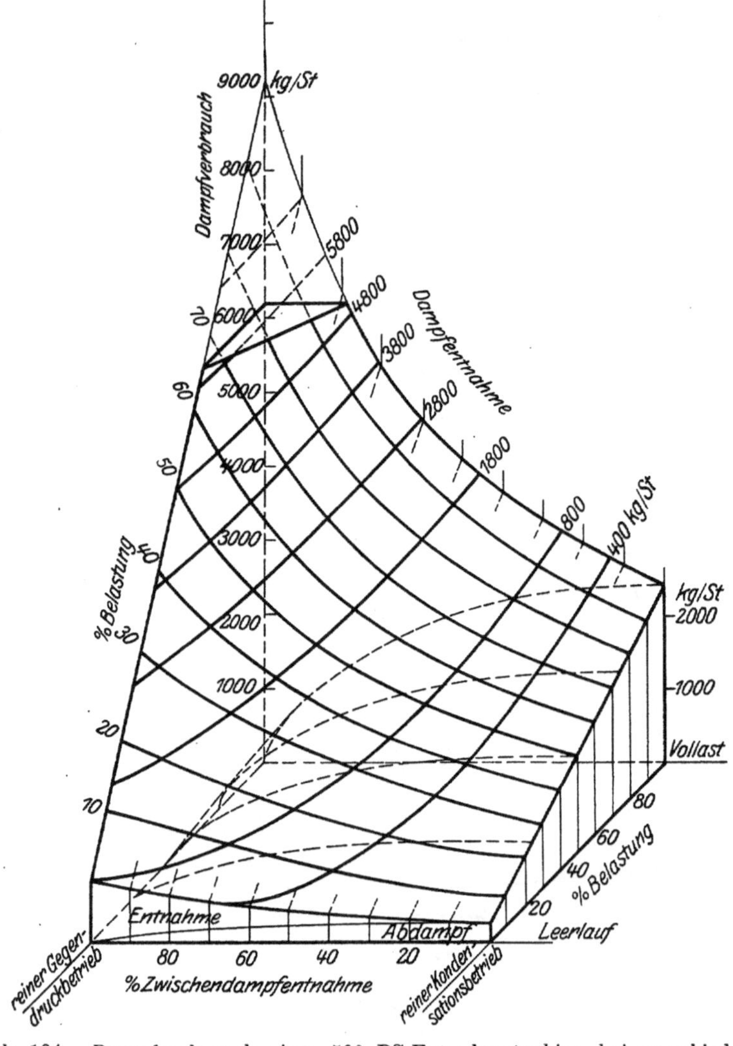

Abb. 104. Dampfverbrauch einer 500 PS-Entnahmeturbine bei verschiedenen Belastungen und Entnahmemengen. Füllungsregulierung im Hochdruckteil. (Kurven gleicher Entnahmemengen.)

p_a = 12 Atm. Üb.
t_a = 300° C.
p_e = 3 Atm. Üb.
p_c = 0,06 Atm. abs.

Grenze, wo sich die Kolbenmaschine und die normale Turbine im Wärmeverbrauch die Wage halten, erst bei rd. 1000 PS. Bei Zwischendampfentnahme jedoch steigt der Dampf- und Wärmeverbrauch der Turbine auf die Leistung bezogen viel rascher an als bei der Kolbenmaschine. Im Gegendruckbetrieb kann der Entnahmeturbine fast die gesamte zugeführte Dampfmenge wieder entzogen werden, wenn man von den Labyrinthverlusten und der geringen Kondensation in der Turbine absieht. Ebenso ist die Turbine auch in ihrer Entnahmemenge weniger von der Belastung abhängig als die Kolbenmaschine. Eine Entnahme von z. B. 2800 kg/St. ist bei der 500 PS-Turbine noch bei rd. 135 PS bei der Kolbenmaschine nicht unter 350 PS möglich.

Tatsächlich wird die Entnahmeturbine meist nicht so bemessen, daß sie unter Vollast bereits in reinem Gegendruckbetrieb laufen muß, um die geforderte maximale Heizdampfmenge zu liefern. Dies brächte die Unzuträglichkeit mit sich, daß schon bei kleinen Belastungsabnahmen die größte Heizdampfmenge rasch abnehmen würde, wie ein Blick auf Abb. 104 lehrt. So wäre bei $^3/_4$ Belastung die größte Heizdampfmenge, welche die Turbine liefern kann, nur mehr rd. 6600 kg/St. Auch nähmen die Ventilationsverluste im Hochdruckteil mit sinkender Last rasch zu, da die Beaufschlagung rasch sinkt. Ferner könnte die Turbine nicht mehr überlastet werden. Man verlangt in der Regel, daß die benötigte Zwischendampfmenge auch noch bei $^3/_4$ bis $^1/_2$ Last geliefert wird und eine Überlast von 20 bis 25 $^0/_0$ erzeugt werden kann. Die Hochdruckstufe wird dann so bemessen, daß sie schon bei $^3/_4$ oder $^1/_2$ Last ganz beaufschlagt ist. In Abb. 106 ist dieser Fall im Beispiel einer 1000 PS-Turbine für Halblast eingezeichnet. Die 500 PS-Turbine gestattet dann z. B. unter $^1/_1$ Last 3300 kg/St. Dampf zu entnehmen, bei $^3/_4$ Last etwa 4100 kg und bei Halblast sogar 4800 kg, bei $^1/_4$ Last dagegen nur mehr 2600 kg. Der Hochdruckteil kann dabei maximal 5000 kg Dampf in der Stunde verarbeiten. Würde man die 500 PS-Turbine so bemessen, daß sie bei Vollast maximal soviel Dampf zu entnehmen gestattet wie die 500 PS-Kolbenmaschine vom Zylinderverhältnis 1 : 2,25 nach Abb. 71, nämlich rd. 5000 kg/St., so müßte der Hochdruckteil rd. 6200 kg/St. Dampf verarbeiten können und die größte Entnahmemenge wäre bei $^3/_4$ Last rd. 5600 kg, bei 65 $^0/_0$ Belastung rd. 6000 kg, um von hier an mit sinkender Last wieder abzunehmen. Sie würde bei $^1/_2$ Last noch 4800 kg betragen. Bei der Dampfmaschine (vergl. Abb. 71) nimmt die größte Entnahmemenge mit sinkender Belastung von $^1/_1$ Last dauernd ab und beträgt bei $^3/_4$ Last rd. 3000 kg/St., bei 65 $^0/_0$ Belastung rd. 2500 kg/St., bei $^1/_2$ Last rd. 1600 kg/St.

Soll die Dampfmaschine im gleichen Belastungsbereich wie die Turbine die Entnahme derselben Dampfmenge gestatten wie die Turbine, so muß sie größer dimensioniert werden als auf S. 45 angegeben. Jedenfalls ist festzustellen, daß die Kolbenmaschine wie die Turbine so gebaut werden kann, daß die größte Entnahmemenge bei einer beliebigen Teillast liegt. Es hängt ganz von den Betriebsverhältnissen im Einzelfall ab, ob diese Eigenschaft anzustreben ist.

Der effektive thermodynamische Wirkungsgrad der 500 PS-Entnahmeturbine ist für ganze und halbe Belastung in Abb. 105 dargestellt. Ein Vergleich mit Abb. 101 zeigt, daß die gemachten Annahmen über Stufenwirkungsgrade, Radreibungs- und Leerlaufsarbeit usw. im allgemeinen zutreffend sind. Bemerkenswert ist der geringe Wirkungsgrad der Turbine mit dem Entnahmedruck p_e zwischen Hoch- und Niederdruckstufe bei Halblast und Entnahme Null gegenüber der normalen Kondensationsturbine. Hierin ist der Einfluß der Drosselregulierung des Niederdruckteiles erkennbar. Man bemerkt,

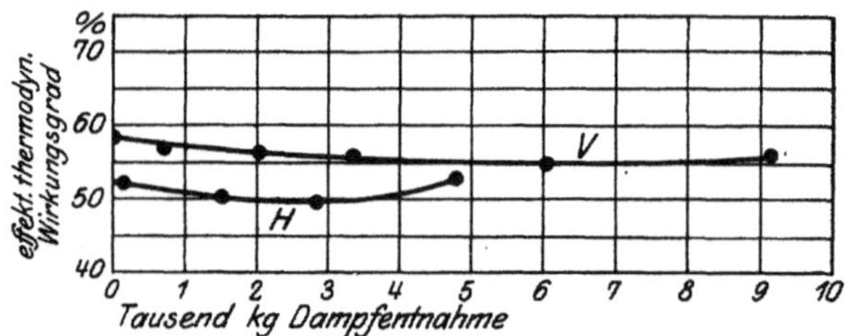

Abb. 105. Veränderung des effektiven thermodynamischen Wirkungsgrades einer 500 PS-Entnahmeturbine mit der Höhe der Dampfentnahme bei Vollast (V) und Halblast (H).

wie auch teilweise in Abb. 101, daß der effektive thermodynamische Wirkungsgrad zuerst ab-, dann wieder zunimmt. Je größer die Dampfentnahme bei konstanter Leistung, desto weniger ist der Niederdruckteil belastet und desto mehr wird der Entnahmedruck p_e durch das Überströmventil herabgedrosselt. Die Leistungsverschiebung auf den Hochdruckteil verschlechtert den thermodynamischen Wirkungsgrad der ganzen Turbine, trotzdem die Ventilationsverluste durch den größeren Beaufschlagungsgrad des Hochdruckteiles etwas herabgesetzt werden.

Beim Vergleich mit der entsprechenden Abb. 68 der Kolbenmaschine findet man vor allem, daß die Turbine geringere thermodynamische Wirkungsgrade als die Kolbenmaschine erreicht. Zum weiteren Vergleich mit der Kolbenmaschine wurden die z. T. bereits in Zahlentafeln 17, 19 und 22 enthaltenen thermischen Wirkunggrade

η_{Lg} bezogen auf die Nutzleistung

$$= \frac{\text{Wärmewert der Nutzleistung}}{\text{der Maschine zugeführte Wärme}} \cdot 100\,\%,$$

η_{Hg} bezogen auf die Heizung

$$= \frac{\text{Wärmeinhalt des entnommenen Zwischendampfes}}{\text{der Maschine zugeführte Wärme}} \cdot 100\,\%$$

und der wirtschaftliche Wirkungsgrad $\eta_w = \eta_{Lg} + \eta_{Hg}$,

in einer weiteren Zahlentafel 34 für die 500 PS-Entnahmemaschine (M) und die 500 PS-Entnahmeturbine (T) für gleiche Leistungen und Dampfentnahme zusammengestellt. Nur bei Betrieb ohne oder mit ganz geringer Entnahme zeigt sich die Turbine überlegen, sonst die Kolbenmaschine, obwohl, wie schon erwähnt, die Wirkungsgrade und das Vakuum für die 500 PS-Turbine günstig angenommen wurden.

Die Wahl zwischen Entnahmekolbenmaschine und Entnahmeturbine hat ähnlich wie beim Gegendruckbetrieb gelegentlich Anlaß zu lebhaften Auseinandersetzungen gegeben. Die Gesichtspunkte, welche im konkreten Fall die Entscheidung beinflussen, sind hier noch mannigfaltiger. Sicher ist, daß im allgemeinen die Ausnützung des Dampfes zur Kraftausnützung in der Kolbenmaschine eine bessere ist, als in der Turbine, worüber später noch zu sprechen sein wird. Wo also keine anderen selteneren Gründe gegen die Kolbenmaschine sind, muß sie in erster Linie ins Auge gefaßt werden.

Solche gegen die Kolbenmaschine sprechende Gründe sind folgende:

Die Entölung des Zwischendampfes gelingt bei der Kolbenmaschine nicht restlos. Es ist aber immer zu überlegen, ob dem eine ausschlaggebende Bedeutung wirklich beizumessen ist. Die Höhe der Zwischendampfentnahme ist von der Belastung der Kolbenmaschine, aber auch von jener der Turbine abhängig. Diese Eigenschaft ist ebenfalls nur selten störend. In vielen Fällen nimmt der Heizdampfbedarf mit dem Kraftbedarf ab; in anderen wieder ist er von vornherein nicht so groß, daß schon bei Vollast der Maschine ein sehr hoher Prozentsatz Zwischendampf entnommen werden muß. Meist führt die Überlegung in den Fällen sehr großen Dampfbedarfes gleich zum Gegendruckbetrieb. Immerhin kann der Fall auch zur Wahl einer Entnahmeturbine führen, wenn nicht die schwache Maschinenbelastung bei gleichzeitig starkem Heizdampfbedarf so selten auftritt, daß Frischdampfzusatz zum Heizdampf in Kauf genommen werden kann. Auch die Aufstellung eines Dampfspeichers (siehe auch den Abschnitt „Bierbrauerei") kann über zeitweiligen Dampfmangel hinweghelfen.

Ein besonders hoher Zwischendampfdruck kann besonders bei der Kolbenmaschine Verlegenheit bereiten, wenn nicht gleichzeitig ein entsprechend hoher Anfangsdruck zur Verfügung steht. Immerhin ist es durchaus unrichtig, wenn eine der führenden Dampfturbinenfabriken in einem Prospekt erklärt, daß „Anzapfturbinen eine Wahl des Entnahmedruckes in sehr weiten Grenzen gestatten, während man bei Kolbenmaschinen auf höchstens 2 Atm. Üb. gehen kann". In Wirklichkeit kann man mit 4 Atm. Üb. Entnahmespannung schon bei dem mäßigen Anfangsdruck von $13^1/_2$ Atm. anstandslos arbeiten. Man geht aber heute — auch bei Turbinenbetrieb — mit der Anfangsspannung bereits bis auf 20 Atm. und die Arbeiten Wilhelm Schmidts haben gezeigt, daß man der Kolbenmaschine unter Hebung des thermodynamischen Wirkungsgrades noch erheblich höhere Anfangsdrücke zumuten kann. Bei so hohen Drücken vor der Maschine kann der Entnahmedruck entsprechend gesteigert werden.

Daß man der Turbine mehr Zwischendampf entnehmen kann als der Kolbenmaschine ist an sich richtig. Bei dem im Vorhergehenden durchgerechneten 500 PS-Beispiel beträgt die größte Entnahmemenge bei der Turbine 9000 kg/St. gegen 5000 kg bei der Kolbenmaschine. Es ist aber vom wirtschaftlichen Standpunkt sehr wohl zu beachten, daß die Turbine trotz der bedeutend höheren Anfangsdampfmenge keinen Mehrbetrag an Arbeit leistet. Dampfwirtschaftlich tritt keine Verschlechterung ein, wenn man die fehlenden 4000 kg Dampf beim Kolbenmaschinenbetrieb unmittelbar den Kesseln entnimmt. Ein Gewinn dagegen läßt sich erzielen, wenn man diese 4000 kg in einer zweiten Kolbenmaschine (etwa in einer Gegendruckmaschine) arbeiten läßt, sofern nur für die erzeugte Kraft Absatz besteht.

Der eventuellen Schleife im Hochdruckdiagramm bei sehr kleiner Belastung kommt nicht die schädliche Bedeutung bei, die ihr von seiten der Turbinenbauer oft beigelegt wird. Durch richtige Wahl der Zylindergrößen und des Anfangsdruckes läßt sich die Schleife meist ganz vermeiden. Es gibt auch Maschinen mit gesteuertem Vorauslaß, bei welchen eine Schleife überhaupt nicht auftritt. Ich vermag darin allerdings keinen Fortschritt zu erblicken, weil die Tatsache, die den Wirkungsgrad einigermaßen verschlechtert, nämlich daß auf einem Teil des Kolbenweges keine Arbeit geleistet wird, dadurch nicht aus der Welt geschafft wird.

Die Behauptung einer anderen führenden Turbinenfirma, daß „sich der Betrieb einer Entnahme-Kolbenmaschine sehr ungünstig stellt. da die Arbeitsverteilung auf Hoch- und Niederdruckzylinder, sobald die Heizdampfentnahme nur zeitweilig erfolgen soll, infolge unvorteilhaften Zylinderverhältnisses sehr unrationell wird“, ist ebenfalls nicht begründet. Bei Maschinen in Tandembauart entfällt dieser Einwand gänzlich, bei Zweikurbelmaschinen ist ein ungünstiger Betrieb schwerlich nachweisbar. Der verlangte Ungleichförmigkeitsgrad der Maschine kann unter allen Umständen durch einfache Mittel sichergestellt werden.

Vieles andere, was beim Gegendruckbetrieb über die beiden Maschinenarten gesagt wurde, hat auch für den Entnahmebetrieb Geltung.

Ein Diagramm nach Abb. 106 gibt einen guten Überblick über die Dampfverbrauchsverhältnisse der Entnahmeturbine. Die Linie AB stellt den Dampfverbrauch der Turbine ohne Entnahme dar, jedoch unter der Voraussetzung, daß die Hochdruckstufe gegen den geforderten Entnahmedruck arbeitet. Bei der gewönlichen Kondensationsturbine arbeiten mit sinkender Belastung, wie eingangs gezeigt, die aufeinander folgenden Stufen bis zur letzten mit immer geringerem Wärmegefälle. Es würden sich zwischen Hoch- und Niederdruckstufe also immer geringere Drücke einstellen. Bei der Entnahmeturbine bleibt aber der Druck hinter der Hochdruckstufe konstant und der Druck vor der Niederdruckstufe muß mit sinkender Last durch das Überströmventil mehr und mehr abgedrosselt werden, wodurch der Dampfverbrauch erhöht wird. Der Dampfverbrauch der Entnahmeturbine bei ganz geöffnetem Überströmventil, wobei also der Entnahmedruck nicht mehr eingehalten würde, wäre durch eine Linie unterhalb AB darzustellen, etwa so, daß deren einer Endpunkt unter A liegt, während der andere Endpunkt auf B zu liegen kommt. Die Linie DE stellt den Dampfverbrauch dar, wenn der Niederdruckteil leer im Vakuum läuft, also bei reinem Gegendruckbetrieb. Die Linie EF begrenzt die maximale Dampfmenge, im gewähltem Beispiel 8800 kg/St., welche die Turbine schlucken kann. Die Höhe der Heizdampfentnahme wird durch parallele Gerade zu AB gekennzeichnet. Die größtmögliche Entnahmemenge nimmt von Leerlauf bis etwa Halblast zu und ist in diesem Bereich nur eine Grenzfunktion der Leistung. Von Halblast an nimmt die größtmögliche

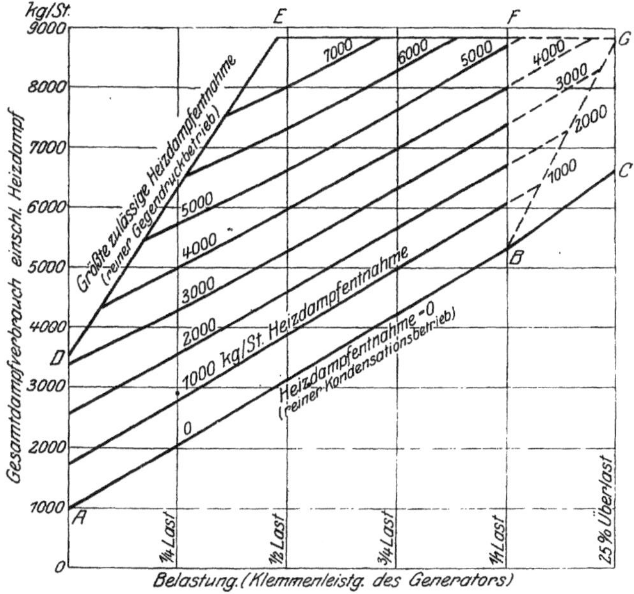

Abb. 106. Flächendiagramm der Abhängigkeit von Belastung, Heizdampfentnahme und Gesamtdampfverbrauch einer (1000 PS) Entnahmeturbine.

Entnahmemenge mit steigender Leistung wieder ab weil die Niederdruckstufe mehr und mehr beaufschlagt werden muß, während der Hochdruckteil nicht mehr Dampf als 8800 kg/St. verarbeiten kann. Die Strecke BC stellt den Dampfverbrauch der Turbine ohne Entnahme zwischen Voll- und 25 % Überlast dar. Er steigt etwas rascher an wie auf AB, weil der Wirkungsgrad bei Überlast rascher abnimmt. Entsprechend dem, was vorher über das Verhalten der Turbine bei ganz geöffnetem Überströmventil gesagt wurde, welcher Zustand bei B eintritt, würde sich bei Überlastung hinter der Hochdruckstufe ein Druck höher als der Entnahmedruck einstellen. Soll dieser aber in der Entnahmeleitung dauernd eingehalten werden, so muß ihr eine Mindestdampfmenge entnommen werden, die von 0 bei Vollast bis auf 3500 kg/St. bei 25 % Überlast ansteigt und durch die Linie GB bezeichnet wird. Man kann sich diese Eigenschaft der

Entnahmeturbine auch folgendermaßen erklären: Der Niederdruckteil gibt unter Berücksichtigung des Umstandes, daß vor ihm der konstante Entnahmedruck herrscht und das Überströmventil ganz geöffnet ist, bereits bei Vollast seine Höchstleistung her. Die Überlast muß also durch den Hochdruckteil allein geleistet werden. Dieser muß zu diesem Behufe aber mit einer größeren Dampfmenge als durch den Niederdruckteil abströmen könnte, beaufschlagt, der restliche Teil also hinter der Hochdruckstufe entnommen werden.

Verlegt man jene Leistung, bei welcher das Überströmventil ganz geöffnet ist, nicht auf B, sondern auf C, so kann bis zu dieser Überlast jede beliebig kleine Dampfmenge entnommen werden. Dafür erhöht sich dann allerdings der Dampfverbrauch der Entnahmeturbine noch um einiges über jenen der normalen Kondensationsturbine.

Die größte mögliche Entnahmemenge nimmt bei Überlast noch weiter ab und beträgt im Beispiel der Abb. 106 bei 25% Überlast nur 3600 kg/St. gegen rd. 5200 kg/St. bei Vollast.

Zahlentafel 34.

Vergleich der 500 PS-Entnahmemaschine mit der 500 PS-Entnahmeturbine.

Nutzleistung PS	Dampfentnahme kg/St.	Maschine oder Turbine	Dampfverbrauch kg/St.	Wirkungsgrade %		
				η_{Lg}	η_{Hg}	η_w
500	1800	M T	3620 3900	12,1 11,1	46,0 43,3	58,1 54,4
487	4680	M T	5500 5950	7,8 7,1	79,2 74	87 81,1
408	0	M T	2240 1920	16,7 18,6	0 0	16,7 18,6
416	625	M T	2660 2500	13,9 14,4	21,7 23,4	35,6 37,8
419	1430	M T	3080 3180	11,9 11,4	42,7 42,2	54,6 53,6
414	2580	M T	3710 4040	9,8 8,9	64 60	73,8 68,9
380	1750	M T	3080 3310	10,9 10,0	52,3 49,4	63,2 59,4
345	2580	M T	3380 3850	9,0 7,8	70 63	79 70,8
276	1820	M T	2670 2960	9,1 8,2	62,6 57,7	71,6 65,9
237	1430	M T	2250 2400	9,2 8,5	59,1 55,7	68,3 64,2
149	625	M T	1445 1460	9,1 8,9	41,8 40,2	50,9 49,1

Die Entnahmeturbine wird sowohl als reine Druck-, als auch in Gestalt einer kombinierten Druck- und Überdruckturbine gebaut. Im ersteren Fall wird sie mit 2 bis 3 Curtisrädern, von welchen in der Regel jedes zweikränzig ist, ausgeführt. (Siehe Abb. 107.) Bei hohen Anzapfdrücken kann das erste Rad auch einkränzig ausgeführt werden.

Bei abnehmender Belastung nimmt bei jeder Turbine bekanntermaßen der Druck in den einzelnen Turbinenkammern ab, so daß bei geringer Maschinenleistung solche Stufen, die bei Vollast unter Überdruck stehen, unter Vakuum zu stehen kommen können. Ist die betreffende Turbinenkammer für Heizdampfentnahme eingerichtet, so würde nicht nur kein Heizdampf abgegeben werden können, sondern die Heizkörper würden vielmehr evakuiert werden. Auch

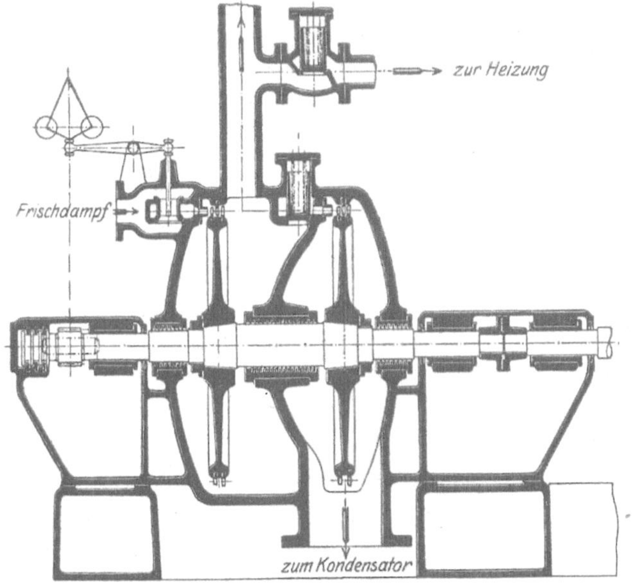

Abb. 107. Entnahmeturbine mit zwei Curtisrädern zu je zwei Geschwindigkeitsstufen.

wird in den meisten Betrieben eine genaue Einhaltung der Dampftemperatur für den Kochprozeß erfordert. Es ist deshalb notwendig, die Entnahmeturbine mit einer Einrichtung zu versehen, die bei allen Belastungen zwischen Vollast und Leerlauf den Druck des Heizdampfes in sehr engen Grenzen unveränderlich hält. Diese Einrichtung besteht in einem Überströmventil, das durch die Spannung des Heizdampfes selbst gesteuert wird und die Aufgabe hat, den Übertritt des nicht für Heizzwecke verwendeten Dampfes in den Niederdruckteil der Turbine derart zu regeln, daß nur so viel Dampf in die Niederdruckstufen gelangt, wie erforderlich ist, um die Bedingung konstanten Gegendruckes im Heizdampfstutzen zu erfüllen. Die Entnahmeturbine arbeitet daher mit Drosselung vor der Niederdruckstufe

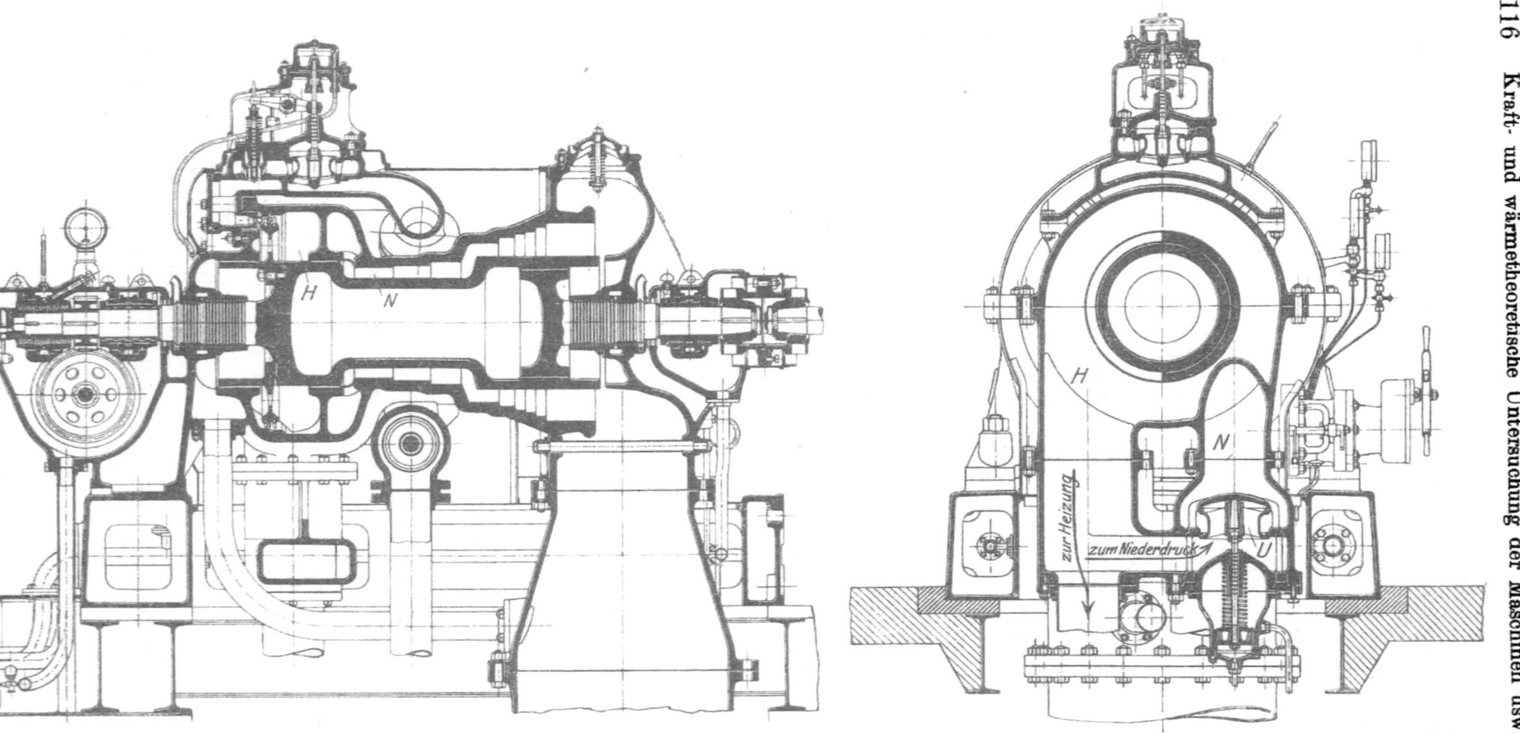

Abb. 108 u. 109. Entnahmeturbine Bauart Melms & Pfenninger. Curtisrad als Hochdruckteil, Überdrucktrommel als Niederdruckteil. Maschinenfabrik J. A. Maffei, München.

In vielen Fällen ist aber die maximal in Frage kommende Heizdampfentnahme im Verhältnis zum Dampfverbrauch eine kleine. Auch kommt es auf die genaue Einhaltung des Gegendruckes zuweilen nicht sehr an, sondern dessen Schwankungen mit der Belastung können in Kauf genommen werden. Es kann alsdann der Heizdampf aus einer Stufe der im übrigen vollkommen normalen Turbine entnommen werden.

Ist ein Überströmventil vorhanden, so befindet sich zwischen Hoch- und Niederdruckteil eine Labyrinthdichtung. Abb. 108 und 109 stellen eine Entnahmeturbine der Bauart Melms & Pfenninger dar, deren Hochdruckteil H aus einem zweikränzigen Curtisrad und deren Niederdruckteil N aus einer Lauftrommel mit Überdruckstufen besteht. Der Frischdampf gelangt durch das Regulierventil und mehrere Düsenventile zu den Düsen und hierauf mit einem Druck von 2 bis 3 Atm. abs. auf den ersten Laufschaufelkranz des Geschwindigkeitsrades. Hinter den Hochdruckteil H schließt die Entnahmeleitung an. Der in den Reaktionsteil N überströmende Dampf durchfließt ein Überströmventil U, welches unter Einwirkung eines Druckreglers den Druck in der Heizleitung auf gleichbleibender Höhe erhält. Das Überströmventil kann entweder unmittelbar unter dem Entnahmedruck stehen, wie in Abb. 109 dargestellt, oder auch durch Drucköl betätigt werden.

Das Wesen einer solchen Vorrichtung ist aus dem Querschnitt einer Entnahmeturbine Abb. 110 ersichtlich. Der Druck p des vom Hochdruckteil der Turbine kommenden Entnahmedampfes wirkt auf

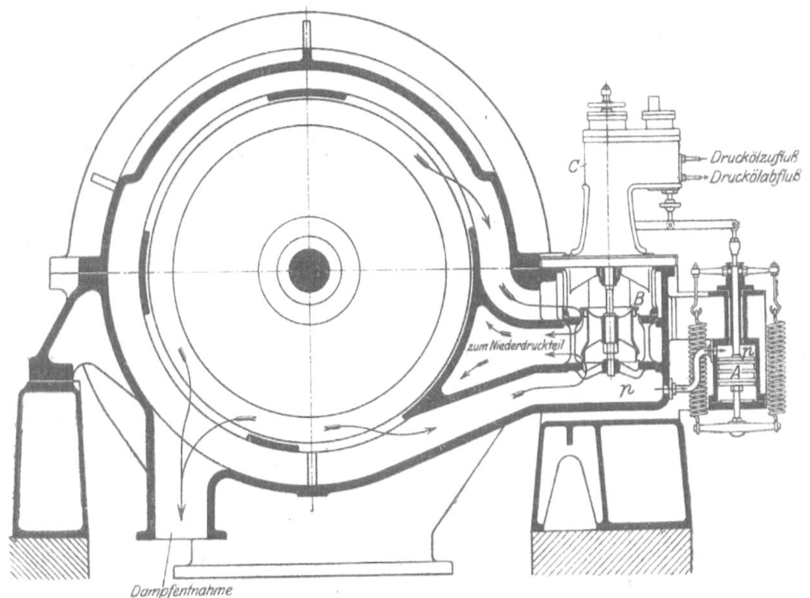

Abb. 110. Überströmventil mit Druckölsteuerung. Maschinenfabrik Augsburg-Nürnberg.

Zahlentafel 35. **Versuche an Turbinen mit Zwischendampfentnahme.**

Nr.	Normal-Leistung PS	Anfangsdruck Atm. Üb.	Dampftemperatur °C	Entnahmedruck Atm. Üb.	Dampfentnahme in % des Dampfverbrauches der Turbine ohne Entnahme	Dampfentnahme in % des der Turbine zugeführten Dampfes	Dampfmehrverbrauch gegenüber der Turbine ohne Entnahme %	Effektiver thermodyn. Wirkungsgrad η_e %	Quelle
1	900	12	300	3,5	68	44	50	57,4	Z. bayr. Rev.-V. 1912, S. 176
2	900	12	300	3,5	110	58	84	55,4	„
3	900	12	300	3,5	141	66	115	53,3	„
4	1500	13	300	3,5	41,5	30,5	36	63,4	„
5	1500	13	300	3,5	136	63,7	113	59,2	„
6	1500	13	300	3,5	227	79	188	55,1	„
7	1500	13	300	3,5	302	87,5	245	55,0	„
8	1100	12	250	3	119	63,5	86	60,3	„
9	450	14	325	4,5	—	69	100	44,5	Z. Dampfk. Maschbetr. 1915, S. 125
10	1700	14,7	326	1,85	71	46	54	62,5	„
11	900	9,5	286	2,5	43,5	32	35	51,7	„
12	900	10	280	2,5	62	40	56	44,5	„

einen federbelasteten Kolben A, der mit dem Überströmventil mittels einer Öldrucksteuerung verbunden ist. Jeder Veränderung des Druckes p entspricht eine Verschiebung des Kolbens A und damit des Ventiles B. Die Regelung geht nun, wie bei der Kolbenmaschine, folgendermaßen vor sich. Nimmt bei gleichbleibender Belastung der Turbine der Heizdampfbedarf ab, so wird dadurch der Druck p erhöht, das Ventil B weiter geöffnet und dadurch dem Niederdruckteil mehr Dampf zugeführt. Infolge der größeren Leistung des Niederdruckteils wird sich die Turbine beschleunigen, worauf der Fliehkraftregler die Frischdampfzufuhr zur Hochdruckstufe verringert Die Spannung p wird sich infolgedessen wieder auf die ursprüngliche Höhe einstellen.

Wird umgekehrt bei gleichbleibender Belastung eine größere Heizdampfmenge entnommen, so sinkt zunächst der Druck p, das Ventil B wird mehr geschlossen, die Leistung des Niederdruckteils verringert. Die Drehzahl der Turbine nimmt daher so lange ab, bis der Fliehkraftregler durch Erhöhung der Frischdampfzufuhr den Gleichgewichtszustand wieder herstellt.

Für eine Reihe von ausgeführten Dampfturbinen sind die Dampfverbrauchsverhältnisse und der effektive thermodynamische Wirkungsgrad η_e in Zahlentafel 35 zusammengestellt. Der effektive thermodynamische Wirkungsgrad ist wie bei der Dampfmaschine (siehe S. 74) berechnet aus:

$$632\ N_e = [G\ (\Phi_I + \Phi_{II}) - E \cdot \Phi_{II}] \cdot \eta_e.$$

Er erreicht im Durchschnitt nicht die Werte der Kolbenmaschinen. Dem bei den Turbinen gegenüber den Kolbenmaschinen etwas höheren Entnahmedruck entspricht auch ein höherer Anfangsdruck. Versuche Nr. 1 bis 3, 4 bis 7, 11 und 12 sind je an den gleichen Turbinen ausgeführt, alle Versuche übrigens bei ungefähr der Normallast bis auf Versuch Nr. 11 und 12, die bei $^3/_4$ bzw. $^1/_2$ Last vorgenommen sind. Zur Berechnung von η_e wurde der elektrische Wirkungsgrad der Dynamo bei Versuch Nr. 9 und 11 gleich $90\,^0/_0$, bei Versuch Nr. 12 gleich $85\,^0/_0$ geschätzt. Die übrigen Rechnungsunterlagen finden sich in den in der Zahlentafel angegebenen Quellen.

Die Beziehung zwischen Dampfentnahme in Prozent des Dampfverbrauchs bei reinem Kondensationsbetrieb und des Dampfmehrverbrauchs gegenüber reinem Kondensationsbetrieb nach Zahlentafel 27

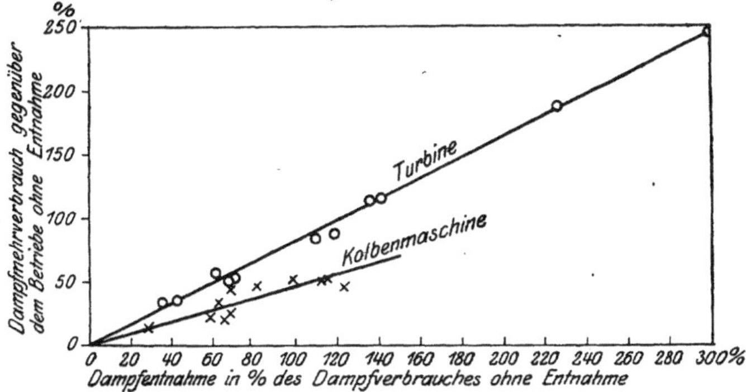

Abb. 111. Ansteigen des Dampfverbrauches mit der Zwischendampfentnahme bei der Kolbenmaschine und der Dampfturbine.

und 35, also nach Versuchswerten, ist für Kolbenmaschine und Turbine noch in einer Abb. 111 veranschaulicht. Die Kolbenmaschine erscheint vom thermodynamischen Standpunkte aus wieder vorteilhafter als die Entnahmeturbine. Für die Bemessung der Kesselanlage in erster Annäherung brauchbar gilt ganz unabhängig vom Entnahmedruck für die

Kolbenmaschine: je $10\,^0/_0$ Dampfentnahme in Prozent vom Dampfverbrauch bei Betrieb ohne Entnahme (reinem Kondensationsbetrieb) bedingen gegenüber dem reinen Kondensationsbetrieb einen Dampfmehrverbrauch von $5\,^0/_0$.

Turbine: je $10\,^0/_0$ Dampfentnahme in Prozent vom Dampfverbrauch bei Betrieb ohne Entnahme (reinem Kondensationsbetrieb) bedingen gegenüber dem reinen Kondensationsbetrieb einen Dampfmehrverbrauch von $8\,^0/_0$.

Der Grundgedanke für die Steuerung der Entnahmeturbine besteht in der Anordnung eines einfachen, von der Hochdrucksteuerung gänzlich unabhängigen Druckreglers, der auf das Überströmventil entweder unmittelbar oder durch Vermittlung einer Zwischensteuerung einwirkt. Diese Anordnung hat gewisse Nachteile insbesondere hinsichtlich der Veränderlichkeit der Drehzahl bei verschiedener Entnahmemenge und konstanter Leistung. Dazu kommt noch, daß das Überströmventil vom Geschwindigkeitsregler gänzlich unabhängig ist; es ist der Fall denkbar, daß Dampf aus der Heizleitung in den Niederdruckteil der Turbine gelangt und diese zum Durchgehen bringt, wenn die Belastung klein ist.

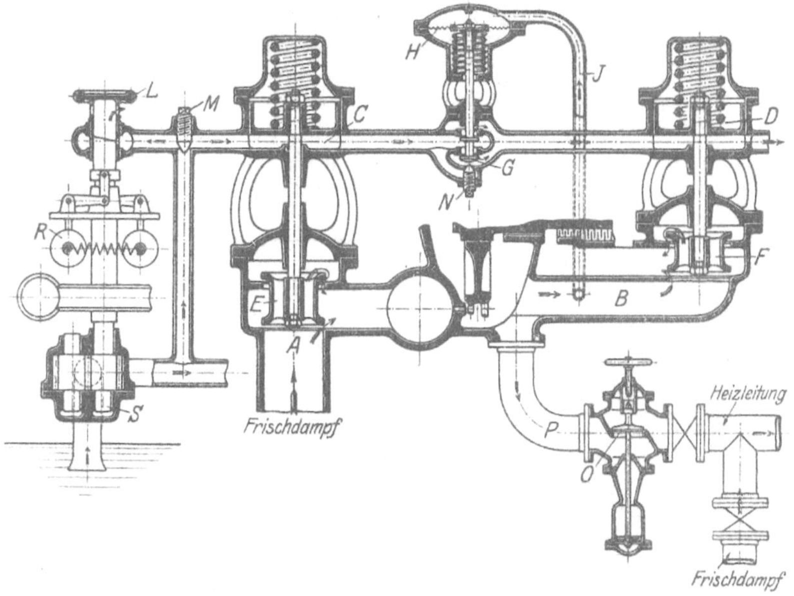

Abb. 112. Regulierung der Entnahmeturbine nach Brown, Boveri & Cie.

Für eine sicher wirkende Präzisionssteuerung ist also die Forderung zu stellen, daß auch das Überströmventil unter Kontrolle des Fliehkraftreglers steht und daß eine Änderung in der Heizdampfentnahme in der Hauptsache nur vom Druckregler ausreguliert wird. Die Forderung unveränderlicher Drehzahl bei verschiedener Entnahmemenge und gleichbleibender Leistung kann auch auf andere Weise erfüllt werden.

Als erstes Beispiel einer sorgfältig durchgebildeten Steuerung einer Entnahmeturbine sei jene von Brown, Boveri & Cie. beschrieben. Das Gerippe der Entnahmeregulierung zeigt Abb. 112. Der Frischdampf strömt der Turbine durch die Leitung A zu und gelangt durch das Einlaßventil E zu den Düsen. Der zu Heizzwecken entnommene Dampf strömt hinter dem Aktionsrad durch das Rohr P zur Heizleitung. Der übrige Dampf wird durch das Überströmventil F zur

Niederdruckstufe geleitet. Gewöhnlich sind bei Brown, Boveri & Cie. zwei solcher Ventile vorhanden. Ihr Zweck ist, den Dampfdruck in der Heizleitung, unabhängig von der Kraftabgabe der Turbine sowie der entnommenen Heizdampfmenge, stets gleichbleibend zu erhalten.

Die Kraftkolben C und D des Einlaß- und Überströmventils sind an das allgemeine Öldrucksystem der Steuerung angeschlossen, dessen Druck vom Geschwindigkeitsregler R verändert wird. Das Drucköl fließt der Steuerung fortwährend durch das Ölregulierventil M von der Zahnradpumpe S aus zu und durch den Regulierschlitz bei der Reglermuffe, sowie durch das immer offene Abflußloch unter dem Kolben D des Überströmventils wieder ab. In das Öldrucksystem ist zwischen den beiden Kraftkolben der Öldruckregler H eingeschaltet, dessen Ölregulierventil G den Steueröldruck vom Heizdampfdruck aus beeinflußt.

Das Ventil G nimmt innerhalb seines wirksamen Regulierbereiches eine Drosselstellung ein und trennt durch seinen Einbau in das Steuerungssystem letzteres in zwei Teile, in das Hochdruckölsystem des Geschwindigkeitsreglers R mit dem Kraftkolben C des Hauptregulierventiles und der Düsenventile, und das Niederdruckölsystem des Öldruckreglers H mit dem Kraftkolben D des Überströmventiles.

Zur Betätigung des Kolbens C des Hauptregulierventiles ist stets ein größerer Öldruck vorhanden, als für den Kolben D des Überströmventiles, daher ist auch die Feder über dem ersteren stärker vorgespannt als über dem letztern.

Die Wirkung dieser Vorrichtung ist folgende: Die Hublage des Ventils G des Öldruckreglers wird durch die Einwirkung des Heizdampfdruckes auf die federbelastete Membrane H verändert, seine Drosselwirkung ist dementsprechend kleiner oder größer. Je nach der Lage des Ventils G fließt dann mehr oder weniger Öl zum Niederdruck-Steuerungssystem. Da die Abflußöffnung unter dem Kolben D unverändert bleibt, ändert sich der Öldruck mit der durchfließenden Ölmenge.

Der Steuerung fließt als Ganzes eine durch das Ventil M eingestellte Ölmenge zu, durch das Niederdrucksteuerungssystem fließt nach dem oben Gesagten eine veränderliche Menge ab, somit bleibt für das Hochdrucksteuerungssystem ebenfalls eine veränderliche Steuerölmenge,

Setzt man bei einem Reguliervorgang voraus, daß nur der Geschwindigkeitsregler eingreife und der Öldruckregler durch unveränderten Heizdampfdruck eine bestimmte Ventillage beibehalte, so wird eine Öldruckerhöhung im Hochdrucksteuerungssystem, z. B. durch eine Verkleinerung des Ölabflußquerschnittes beim Geschwindigkeitsregler, auch auf das Niederdrucksteuerungssystem übertragen. Ebenso hat eine Öldruckabnahme im Hochdrucksteuerungssystem eine Druckabnahme im Niederdrucksystem zur Folge. Ein Öffnen oder Schließen des Einlaßventils durch eine Öldruckzu- oder -abnahme ist somit verbunden mit einer gleichsinnigen Hubänderung des Überströmventils.

Bei zunehmender Belastung der Turbine nimmt die Drehzahl etwas ab, der Geschwindigkeitsregler erhöht den Steuerungsöldruck; das Einlaßventil wird mehr angehoben, so daß mehr Frischdampf zur Turbine strömt. Gleichzeitig steigt aber auch der Öldruck unter dem Kolben D des Überströmventiles F bei vorläufig gleichbleibender Stellung des Ventils G des Druckreglers. Es wird somit gleichzeitig das Überströmventil F mehr angehoben, so daß die vermehrte, durch das Einlaßventil durchströmende Dampfmenge auch durch das mehrgeöffnete Überströmventil nach dem Niederdruckteil der Turbine übertreten kann. Die durch den Geschwindigkeiteitsregler veranlaßte Änderung der Frischdampfmenge verändert somit bei genau abgestimmter Steuerung die Kraftabgabe, nicht aber Heizdampfmenge und Heizdampfdruck. Sollte sich bei diesem Vorgang der Heizdampfdruck doch etwas ändern, so wird durch seine Einwirkung auf die Membrane des Druckreglers die Lage des Ventils G etwas verändert und der Öldruck für das Überströmventil nachreguliert, so daß der Entnahmedruck erhalten bleibt.

Bei abnehmender Belastung der Turbine erhöht sich die Drehzahl, der Steuerungsdruck nimmt ab, es schließen sowohl Einlaß- als auch Überströmventil, so daß Heißdampfmenge und Heizdampfdruck unverändert bleiben. Der Öldruckregler kann auch hier etwaige kleine Änderungen des Heizdampfdruckes nachregulieren.

Setzt man für einen andern Reguliervorgang voraus, daß nur der Öldruckregler zur Wirkung kommt, der Geschwindigkeitsregler jedoch die Höhenlage der Reglermuffe unverändert beibehalte, so wird z. B. durch eine Zunahme des Heizdampfdruckes das Ventil G des Öldruckreglers weiter geöffnet und der Öldruck im Hochdrucksteuerungssystem fallen, während er gleichzeitig im Niederdrucksteuerungssystem steigt. Die Folge ist ein Schließen des Hauptregulierventils E bei gleichzeitigem Öffnen des Überströmventils F. Umgekehrt bewirkt eine Abnahme des Heizdampfdruckes durch Schließen des Ventils G eine Öldruckzunahme im Hochdrucksteuerungssystem und damit ein Öffnen des Ventils E, während im Niederdrucksteuerungssystem durch eine Öldruckabnahme das Überströmventil F schließt.

Bei zunehmender Heizdampfentnahme nimmt der Dampfdruck im Radkasten etwas ab, das Ventil G des Druckreglers wirkt auf Verkleinerung des Öldurchflusses, der Öldruck fällt unter dem Kolben des Überströmventils, während er gleichzeitig unter dem Kolben des Einlaßventils steigt. Dadurch strömt mehr Frischdampf zur Turbine, so daß eine vergrößerte Heizdampfmenge abgegeben werden kann. Die Mehrleistung im Hochdruckteil wird durch die gleichzeitige Minderleistung im Niederdruckteil durch Schließen des Überströmventils ausgeglichen. Kleine Abweichungen werden durch den Geschwindigkeitsregler ausgeglichen. Bei abnehmender Heizdampfmenge findet der umgekehrte Reguliervorgang statt.

Ein durch nur einen der beiden Regler eingeleiteter Reguliervorgang bewirkt somit immer eine Steuerungsdruckänderung im ganzen Steuerungssystem, und zwar bewirkt der Geschwindigkeits-

regler sowohl für das Hauptregulierventil als auch für das Überströmventil eine gleichsinnige Bewegung, während ein durch den Öldruckregler eingeleiteter Reguliervorgang eine entgegengesetzte Bewegung dieser Dampfregulierventile erzeugt.

Durch diesen eigenartigen Einfluß wirkt bei einer Belastungsänderung nur der Geschwindigkeitsregler, während der Druckregler nicht einzugreifen braucht oder höchstens kleine Differenzen auszugleichen hat. Bei einer Änderung des Heizdampfdruckes wirkt nur der Öldruckregler, der Geschwindigkeitsregler braucht dann hier nicht einzugreifen oder hat nur kleine Unterschiede auszugleichen.

Zwischen Leerlauf und Vollast beträgt der Unterschied in der Drehzahl $4\,^0/_0$, zwischen Betrieb ohne Entnahme und größter Entnahme die Schwankung des Entnahmedruckes 0,3 Atm.

Mittels der Feder unter der Membran H kann der Entnahmedruck um rd. 0,5 Atm. über oder unter den normalen Heizdampfdruck eingestellt werden, falls die Fabrikation dies erfordert. Die Stellschraube N erlaubt den Druckregler D ganz auszuschalten, d. h. das Ventil F dauernd geöffnet zu halten, da nach ihrer Entfernung unter dem Kolben des Überströmventiles der gleiche Öldruck herrscht wie unter dem Kolben des Einlaßventils. Nachdem die Feder über dem Kolben D weniger vorgespannt ist als über dem Kolben C bleibt das Ventil T dauernd geöffnet, Diese Umstellung empfiehlt sich, wenn die Turbine längere Zeit ausschließlich als reine Kondensationsturbine ohne Entnahme betrieben werden soll zur Verhinderung der Überströmdrosselung, da das entsprechende Wärmegefälle dann der Hochdruckstufe zugute kommt.

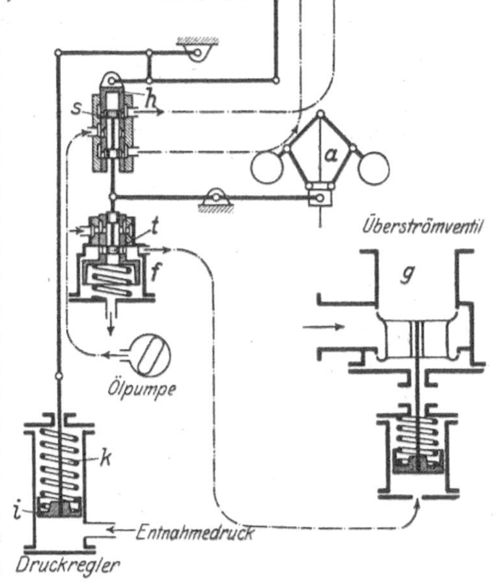

Abb. 113. Regulierung der Entnahmeturbine nach Melms & Pfenninger.

Eine andere Lösung stellt die Reguliereinrichtung nach Abb. 113 dar, die einer der Firma Melms & Pfenninger geschützten Anord-

nung entspricht. Hierbei beherrscht der Fliehkraftregler beide Ventile bzw. Ventilgruppen, hingegen wirkt der Druckregler nur auf die Steuerung des einen Ventils, bei der dargestellten Einrichtung des Frischdampfventils, ein, während das Überströmventil erst mittelbar auf dem Umwege über den Geschwindigkeitsregler verstellt wird. Im übrigen wird der folgende Grundgedanke verwirklicht: Bei unverändertem Bedarf an Entnahmedampf, aber zunehmender Belastung muß sowohl dem Hochdruck- als dem Niederdruckteil eine größere Dampfmenge zugeführt werden, d. h. es muß zur Vermehrung der Leistung die zuzuführende Dampfmenge erhöht werden. Demgemäß ist die Einrichtung derart, daß der Geschwindigkeitsregler beide Ventile bzw. Ventilgruppen, nämlich für den Frischdampf und für den Überströmdampf, im gleichen Sinne verstellt, also z. B. mit zunehmender Belastung mehr öffnet. Wenn hingegen die Belastung unverändert bleibt, die Entnahmemenge jedoch geändert wird, so müssen die beiden Ventile in zueinander entgegengesetztem Sinne betätigt werden. Dies wird dadurch erreicht, daß der Heizdampfdruck durch den Druckregler auf die Steuerung des Frischdampfventils derart einwirkt, daß das Frischdampfventil bei steigendem Heizdampfbedarf, also sinkendem Druck an der Entnahmestelle, mehr geöffnet wird. Der Fliehkraftregler a verstellt durch Vermittlung eines Steuerschiebers s und des Krafteinschalters c das Frischdampfventil d der Hochdruckstufe und gleichzeitig durch den Steuerschieber t und den Krafteinschalter f das Überströmventil g zum Niederdruckteil. Die zum Steuerschieber s gehörige Schieberbüchse h ist verschiebbar eingerichtet und mit dem Kolben i durch ein Gestänge verbunden. Auf die obere Seite des Kolbens wirkt die Feder k, auf die untere der Heizdampf. Wenn z. B. der Heizdampfbedarf steigt, so sinkt der Entnahmedruck unter dem Kolben i. Dieser wird daher durch die Feder nach unten verschoben und verstellt die Büchse h, so daß der Kolben des Krafteinschalters c nach oben bewegt wird, wodurch sich das Hochdruckventil mehr öffnet. Dadurch wird, da an der Dampfzufuhr zum Niederdruckteil nichts geändert worden ist, die Leistungsentwicklung der Maschine zunächst erhöht, so daß die Drehzahl zu steigen beginnt. Es tritt nun der Geschwindigkeitsregler in Tätigkeit, der beide Ventile etwas schließt, so daß ein neuer Gleichgewichtszustand bei unveränderter Leistung aber größerer Heizdampfabgabe eintritt. Die Drehzahl des Aggregates bleibt, wenn keine besonderen Einrichtungen vorgesehen werden, etwas höher als vorher. Dies kann unter Umständen, z. B. wenn die Entnahmeturbine beim Parallellauf mit anderen Maschinen eine größere Leistung übernehmen soll, von Vorteil sein. In manchen Fällen ist es jedoch richtiger, wenn die Drehzahl des Aggregates bei gegebener Leistung unabhängig von der Entnahmemenge konstant bleibt. Dies läßt sich dadurch erzielen, daß der Kolben i bei Änderung seiner Lage zugleich eine Feder verstellt, welche die Muffe des Geschwindigkeitsreglers belastet. Durch entsprechende Wahl der Feder kann man erzielen, daß die Drehzahl der Turbine bei konstanter Belastung, aber veränderter Heizdampfentnahme, unverändert bleibt.

Endlich kann es von Vorteil sein, die Steuerung derart zu gestalten, daß die Drehzahl des Aggregates mit zunehmender Entnahme, aber gleichbleibender Leistung, abnimmt. Dieser Fall kann vorliegen, wenn die Entnahmeturbine mit einer gewöhnlichen Kondensationsturbine parallel geschaltet ist und vorübergehend, z. B. während einer Periode besonders starken Frostes, eine die normale wesentlich übersteigende Heizdampfmenge abgeben soll. Bei großer Leistung würden die Steuerung und die Düsensätze nicht ausreichen, um eine so große Dampfmenge abzugeben (vergl. Abb. 105), und man müßte gedrosselten Frischdampf für Heizzwecke mit heranziehen. In diesem Falle ist es zweckmäßig, daß die parallel geschaltete Kondensationsturbine die größere Leistung übernimmt, die Entnahmeturbine selbst also entlastet wird. Dies läßt sich verwirklichen, wenn die Steuerung der Entnahmeturbine derart arbeitet, daß mit zunehmender Heizdampfabgabe die Drehzahl sinkt. Zu diesem Zwecke wird die Einrichtung nach Abb. 113 dahin abgeändert, daß der Druckregler nicht auf die Steuerung des Frischdampfventiles, sondern auf die des Überströmventiles einwirkt.

Bei beiden Steuerungen, jener von Brown, Boveri & Cie. und jener von Melms & Pfenninger, ist selbst bei kleinen Belastungen ein Durchgehen der Maschine durch Rückströmen von Niederdruckdampf aus der Heizleitung ausgeschlossen.

Die Entnahme von Dampf aus zwei verschiedenen Stufen einer Turbine, also bei zwei verschiedenen Drücken, ist möglich. Solche Ausführungen verlangen ungewöhnliche Turbinenmodelle und sind daher verhältnismäßig teuer. Man kann aber in manchen Fällen Gegendruck-Entnahmeturbinen verwenden, bei welchen ein Teil des Dampfes mit hohem Druck entnommen und der Rest bei dem niedrigeren Gegendruck hinter der Turbine verwertet wird.

Bemerkenswerte Entnahmeturbinen mit zwei Entnahmestellen sind von der Aktiebolag de Lavals Angturbin, Stockholm, für Zellstoffabriken in Finnland ausgeführt worden.

Die Turbine in der Zellstoff- und Garnspulenfabrik Kaukas A.-G. in Willmanstrand[1]), Abb. 114, ist dreifach unterteilt und leistet bei 3000 Umdrehungen 1500 KW. Die Hochdruckstufe arbeitet zwischen 20 und 9 Atm. Üb. Mit diesem Druck wird Dampf für die Kocher abgegeben. Der Restdampf arbeitet weiter in der Mitteldruckstufe zwischen 9 und 2,8 Atm. Üb. Mit diesem letzteren Druck wird Dampf den Papiermaschinen geliefert. In der letzten Stufe der Turbine expandiert der Dampf schließlich von 2,8 Atm. auf den Kondensatordruck. Die Entnahmemengen sind 8000 und 14000 kg/St. Ein Ruth-Dampfspeicher ist an das Niederdrucknetz angeschlossen und für 2,8 Atm. Höchstdruck gebaut. Er gibt Dampf in ein drittes Netz ab, in welchem 0,7 Atm. Überdruck herrscht. Sämtliche drei Stufen der Turbine stehen unter dem Einfluß von Fliehkraftreglern, und zwar wird aufeinanderfolgend der Dampf zur Niederdruckstufe, dann zur Mitteldruckstufe und zuletzt

[1]) Vgl. Z. V. d. I., 1922, S. 599.

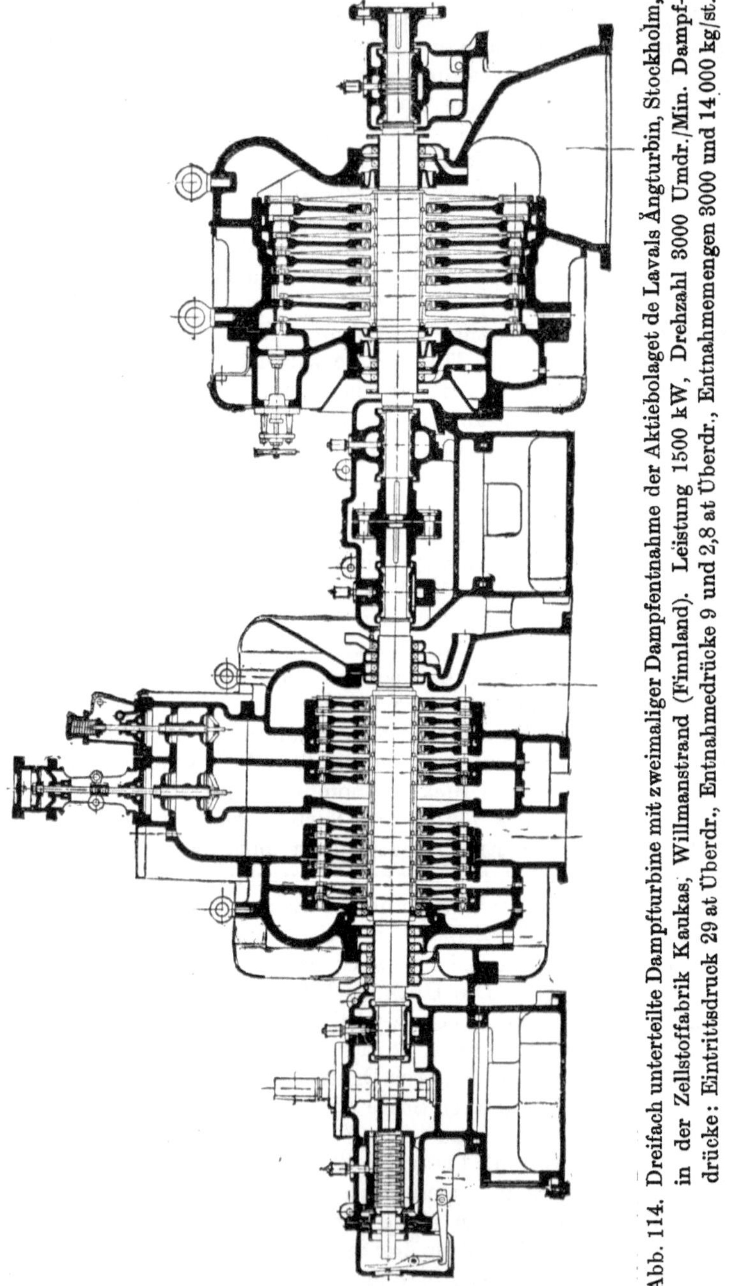

Abb. 114. Dreifach unterteilte Dampfturbine mit zweimaliger Dampfentnahme der Aktiebolaget de Lavals Ångturbin, Stockholm, in der Zellstoffabrik Kaukas, Willmanstrand (Finnland). Leistung 1500 kW, Drehzahl 3000 Umdr./Min. Dampfdrücke: Eintrittsdruck 29 at Überdr., Entnahmedrücke 9 und 2,8 at Überdr., Entnahmemengen 3000 und 14 000 kg/st.

zur Hochdruckstufe abgesperrt. Die Dampfverteilung zwischen den einzelnen Stufen der Turbine, der Fabrikationsanlage und dem

Speicher wird von einem zwischen Mitteldruckstufe und Dampfspeicher geschalteten Ventil besorgt, das mittels hydraulischer Fernübertragung vom Dampfkesseldruck so geregelt wird, daß dieser unabhängig von der jeweiligen Dampfentnahme ständig konstant bleibt. Alle Schwankungen, sowohl im Heizdampf- wie im Kraftverbrauch werden vom Speicher ausgeglichen. Dieser kann, wenn er unter dem Höchstdruck voll aufgeladen ist, eine Dampfmenge von 12000 kg abgegeben.

Eine zweite, von dieser etwas abweichende Anlage befindet sich in der Zellstoffabrik Enso. Die Hochdruckstufe der 2000-KW-Turbine mit 3000 Umdrehungen arbeitet zwischen 15,6 und 6 Atm. Üb., die Mittelstufe mit einem Dampfdruck von 6 bis 1,5 Atm. Üb. und die Niederdruckstufe bis zum Kondensatordruck. An die 6-Atm.-Leitung sind die Kocher angeschlossen, an die 1,5-Atm.-Leitung die Papiermaschinen, eine Bleicherei und die Heizung. Der Ruths-Dampfspeicher ist in diesem Fall parallel zur Mitteldruckstufe der Turbinen geschaltet. Er gibt zwischen 6 und 1,5 Atm. Üb. eine Dampfmenge von 18000 kg ab. Die Turbine wird vor der Niederdruckstufe mittels eines Fliehkraftreglers geregelt. Dieser kann bei höherer Drehzahl auch den Dampf zur Mitteldruckstufe und zur Hochdruckstufe absperren. Die Düsenregulierung zur Hochdruckstufe wird vom Kesseldruck aus beinflußt, so daß mehr Düsen geöffnet werden, wenn der Kesseldruck steigt. An der Mitteldruckstufe befindet sich ein Druckregler, der einerseits von dem Druck in der Entnahmeleitung hinter der Hochdruckstufe, andrerseits vom Druck in der Entnahmeleitung hinter der Mitteldruckstufe beeinflußt wird. Ebenso werden die Leitungsnetze unmittelbar durch Spezialventile, die durch den Kesseldruck eingestellt werden, verbunden. Die Regelorgane arbeiten so miteinander, daß ein vollständiger Ausgleich der Belastungen durch den Speicher erreicht wird.

Eine Entnahmeturbine für 1900 PS-Leistung, deren Hochdruckteil aus einer Druckturbine und deren Niederdruckteil aus einer Überdruck-Parsonsturbine besteht, ist in Abb. 115 abgebildet. Das automatische, unter dem Entnahmedruck stehende Überströmventil, von welchen Brown, Boveri & Cie. in der Regel zwei anordnen, ist vorne in der Mitte der Turbine ersichtlich.

Eine Zoelly-Entnahmeturbine von 2900 PS-Leistung ist in Abb. 138 dargestellt. Sie baut sich verhältnismäßig nur unwesentlich kürzer als die kombinierte Turbine Abb. 115. Das der Abb. 110 entsprechende automatische Überströmventil ist vorn an der Turbine zu erkennen. Die beiden Abb. 115 und 138, wie auch die Gegendruckturbine Abb. 98 zeigen die überaus raumsparende Unterbringung großer Maschinenleistungen mittels der Dampfturbine.

Vom Gesichtspunkt der Krafterzeugung die beste Maschinenanlage wäre die Vereinigung einer Gegendruckkolbenmaschine für die Hochdruckstufe mit einem effektiven thermodynamischen Wirkungsgrad bis über 80% und einer Niederdruckturbine mit einem effektiven thermodynamischen Wirkungsgrad von 70% und darüber. Die

Dampfentnahme hätte zwischen beiden Maschinen zu erfolgen. Bei ungefähr gleicher Leistung der Kolbenmaschine und der Turbine ergäbe sich in dieser Anlage ein effektiver thermodynamischer

Abb. 115. 1900 PS-Aktions-Reaktions-Entnahmeturbine. Brown, Boveri & Cie., Mannheim.
p_a = 12 Atm. Üb. t_a = 300° C. p_e = 2,5 Atm. Üb. n = 3000/min.
Gekuppelt mit einem Drehstrom-Generator.

Gesamtwirkungsgrad von mindestens 75 %, der noch größer wird, wenn die Kolbenmaschine mehr als die Hälfte der Gesamtleistung übernimmt, was bei größerer Dampfentnahme eintreten wird.

Literatur über das vorbehandelte Gebiet.

Kriegbaum, A.: Turbinen mit Damfentnahme. Ein Beitrag zur Berechnung der Anzapfturbinen. München: R. Oldenbourg.

Dahme, A.: Die Dampfturbine in Betrieben mit gemischtem Energiebedarf. Z. Turbinenw., S. 49, 1909.

Grunewald: Abdampfverwertungsanlagen. Z. V. d. I., S. 210, 1911. Gegendruckturbine der Gutehoffnungshütte. Zoelly-Entnahmeturbine. Regelung dieser Turbinen.

Lasche, O.: Die Turbinenfabrikation der AEG. Z. V. d. I., S. 1251, 1911.

Zerkowitz, G.: Die Berechnung der Dampfturbinen mit Hilfe des spezifischen Gefälles. Z. Turbinenw., S. 133, 1912.

Vigener: Abdampfgewinnung und -verwertung unter besonderer Berücksichtigung einer Brown-Boveri-Anzapfturbine von 2500 KW. Z. V. d. I., S. 1152, 1913.

Büggeln, H.: Neuerungen an den Kondensations- und Kesselanlagen des Elektrizitätswerkes Straßburg i. E. Z. V. d. I., S. 1295, 1914. Vorrichtung zur Speisewasservorwärmung am Oberflächenkondensator einer 8000-KW-Dampfturbine.

Blau, E.: Erhöhung der Wirtschaftlichkeit von Dampfkraftanlagen durch Abdampf- und Zwischendampfverwertung. Z. Dampfk. Maschbtr., S. 79, 1915. Wirkungsweise des Rateauschen Wärmespeichers. Erklärung des Prinzips der Abdampf- und der Zweidruckturbine. MAN-Zweidruckturbine mit Rateauscher Steuerung. Bergmann-Zweidruckturbine. Versuchsergebnisse von Abdampf- und Zweidruckturbinen. Vorteile der Zwischendampfentnahme zu Heizzwecken. MAN-Gegendruck- und Entnahmeturbine. Versuchsergebnisse von Entnahmeturbinen.

Schapira, B.: Neuere Entwicklung des Dampfturbinenbaues. Z. Dampfk. Maschbtr., S. 169, 1916. Dampfverbrauchsverhältnisse bei der Entnahme- und der Zweidruckturbine. AEG-Gegendruckturbine, Brown-Boveri-Gegendruckturbine, Melms & Pfenninger-Zweidruckturbine, Brown-Boveri-Entnahmeturbine, Oerlikon-Kleinturbine, Entnahme-, Zweidruck- und Kleinturbinen der British Thomson Houston Co., Kienast-Kleinturbine, Westinghouse-Kleinturbine, Imle-Kleinturbine, Kondensation, rotierende Luftpumpen, Strahlapparate.

Josse, E.: Neue Abwärmeverwertung bei Dampfturbinen zur Erzeugung von Zusatzspeisewasser, destilliertem Wasser, zum Eindampfen usw. Mitt. Vereinigg. El.-Werke, S. 90. 1919. Z. Turbinenw., S. 49, 1919.

Dampfturbinenkonstruktionen der Maschinenfabrik Oerlikon. Schw. El. Z., S. 89, 1919.

Regulierung der Bergmann-Anzapfturbinen. Z. Turbinenw., S. 204, 1919.

Baer, H.: Die Dampfturbine für die Abgabe von Niederdruckdampf. Z. Turbinenw., S. 5. 1920.

Hanszel: Betriebsergebnisse einer Dampfkraft- und Heizanlage mit kleineren Anzapfturbinen. Z. Turbinenw., S. 327. 1920.

Einige neue Wege in der Abwärme-Verwertungstechnik. Papier-Fabr., S. 403, 1920. Beschreibung des Verfahrens von Josse-Gensecke und eines zweiten zur Erzeugung von Zusatzspeisewasser.

Steuerung für Anzapfturbinen, Bauart Melms & Pfenninger, Z. V. d. I., S. 213, 1920.

Forner, G.: Der Dampfverbrauch von Dampfturbinen. Z. V. d. I., S. 955, 1922.

3. Zur Frage der Dampf- und Dampfwasserentölung.

Der Zwischen- und Abdampf der Turbinen ist bis auf verschwindende Spuren, die meist jede Behandlung des Dampfes unnötig machen, frei von Öl. Dagegen ist der Abdampf von Kolbenmaschinen, Dampfhämmern, Pressen usw. mit dem zur Schmierung der Zylinderlaufflächen, Schieberflächen und Stopfbüchsen verwendeten Öl verunreinigt. Für die Weiterverwendung des Dampfes ist seine Entölung oft erwünscht wegen der verschmutzenden Wirkungen des Öles und seiner Rückstände auf Flächen, die der Reinigung nicht zugänglich sind.

Die Schädlichkeit des im Dampf enthaltenen Öles ist eine mehrfache. Es verlegt die Dampfwege, verschmutzt die Wärmeübertragungsflächen, ruft auf ihnen Anfressungen hervor und erschwert unter Umständen den Wärmeaustausch. Die letztere Tatsache wird zwar in der Regel am meisten betont, ist aber in Wirklichkeit verhältnismäßig am unwesentlichsten. Vor allem ist es nicht gleichgültig, auf welcher Seite der Heizfläche der Ölbelag entsteht. Wird z. B. durch dampfbeheizte Rohre Braunkohlenpulver erhitzt, so schadet die Ölablagerung auf der Dampfseite fast gar nicht, da trotz der isolierenden Wirkung des Öles die Wärme immer noch ganz erheblich leichter vom Dampf durch das Öl auf die Wandung übergeht, als von dieser an das Braunkohlenpulver. Die Wandungstemperatur und damit das für den Trocknungsprozeß maßgebende Wärmegefälle Wandung-Braunkohle bleiben hoch. Der Widerstand, den die Wärme auf ihrer Wanderung findet, wird durch das Öl nur unwesentlich erhöht. Anders liegt der Fall, wenn z. B. durch gaserfüllte Heizrohre Wasser erhitzt werden soll und sich ein Ölbelag auf der Wasserseite bildet. Gase und besonders ruhendes Wasser sind schlechte Wärmeleiter. Es wird behauptet, daß eine 0.5 mm starke Ölschicht in der isolierenden Wirkung einer 5 mm starken harten Kesselsteinschicht ungefähr gleichkommt. Eine so starke Ölschicht dürfte aber nur bei gleichzeitiger Verschmutzung durch Ölrückstände oder Staub zustande kommen. Da jedoch die Wärmeleitfähigkeit des Öles nur ungefähr 100 Kal. beträgt, so genügen auch schon geringere Ölschichten, um unter bestimmten Voraussetzungen bemerkbar zu werden. In diesem zweiten Fall hindert die Isolierschicht den Wärmeübergang von der Wandung an das Wasser, erhöht dadurch die Wandungstemperatur und verringert den stark ins Gewicht fallenden Temperaturunterschied zwischen Wandung und Heizgasen. Auf diesen kommt es bei dem schlechten Wärmeübergangskoeffizienten Gas-Wandung aber besonders an. Doch ist selbst in diesem Fall die isolierende Wirkung des Ölbelages nicht zu überschätzen. Claassen hat auf der Oberfläche mehrerer Heizrohre eines Verdampfapparates der Zuckerfabrikation nach längerer Betriebszeit einen Ölbelag von $^5/_{1000}$ bis $^5/_{10\,000}$ mm gefunden. Die dickere Schicht war nur an wenigen, dem Dampfeintritt zunächstliegenden Rohren festzustellen. Sie entspricht in der Wirkung etwa einer Eisenwand von 2,5 mm Dicke, die dünnere Ölschicht gar nur einer solchen von 0,25 mm. Da die Zahl der Rohre, die das in Tröpfchenform in den Heizraum gelangende Öl auffangen, nicht groß ist, so kann, schließt Claassen, die Veringerung der Gesamtleistung der Heizfläche durch den Ölgehalt des Abdampfes praktisch kaum in Betracht kommen. Empfindlicher sind die Trommeln der Papiermaschinen, in welchen sich ein ungleichmäßiger Ölbelag durch ungleichmäßige Trocknung der sehr dünnen Papiermasse und Ausbeulung der Papierbahn schädlich bemerkbar machen kann. Es fehlt aber nicht an Stimmen von Papierfachleuten, die derartige Schäden in Abrede stellen.

Eine sorgfältige Entölung des Zwischen- und Abdampfes empfiehlt sich in den meisten Fällen schon deshalb, weil das zurückgewonnene Zylinderöl — etwa 80% des aufgewendeten Öles — wieder zu untergeordneten Zwecken, z. B. für Transmissionslager Verwendung finden kann und durch die Abdampfentölung der häßlichen Verschmutzung von Dächern und Gebäudemauern durch den gelegentlich auspuffenden Dampf vorgebeugt wird.

Die Wirkungsweise der Abdampfentöler beruht darauf, daß man den ölhaltigen Dampf in feine Streifen zerlegt und einem öfteren Richtungswechsel aussetzt, wobei das Öl, welches erheblich zäher und rund 1500 mal spezifisch schwerer ist als z. B. Dampf von 1 Atm. abs.

Abb. 116. Öl- und Wasserabscheider einer 7000 PS-Dampfmaschine.

durch Abstreifen an Flächen und Kanten infolge der Adhäsionswirkung oder durch Stoß- und Zentrifugalkräfte infolge des Beharrungsvermögens zur Abscheidung kommt. Der Druckverlust des Dampfes von Kondensatorsspannung darf im Entöler 2 cm Quecksilbersäule = 0,026 Atm. nicht überschreiten. Dampf von höherer Spannung darf im richtig gebauten Entöler keine 5% Druckverlust erleiden. Die Entöler müssen so gebaut sein, daß das einmal abgeschiedene Öl nicht wieder vom Dampfstrom mitgerissen wird. Auf leichte und schnelle Reinigungsmöglichkeit der Apparate ist besonders zu achten.

Die Wirksamkeit der verschiedenen Konstruktionen zu kritisieren, ist um so undankbarer, als die Erfahrung bewiesen hat, daß ein- und dieselbe Bauart sich unter anscheinend gleichen Verhältnissen recht verschieden bewähren kann, ohne daß zurzeit allgemein gültige Regeln aufgestellt werden können. Jede der bekannteren Firmen, die sich mit dem Bau von Entölern befassen, kann Fälle nachweisen, wo sie „Ölabscheider der Konkurrenz durch ihre Apparate zur vollsten Zufriedenheit der Abnehmer ersetzte“.

Irreführend ist das Vorgehen mancher Firmen, in ihren Prospekten die Entölung in Prozenten des Ölgehaltes vor dem Abscheider anzugeben. Ist der Ölgehalt vor dem Abscheider sehr hoch, so kann wohl eine Entölung von „99,56 %“ erreicht werden. Praktisch hat diese Paradeziffer nicht viel zu bedeuten, da naturgemäß bei sehr hohem Ölgehalt des Dampfes vor dem Abscheider auch eine prozentual sehr hohe Entölung stattfinden wird.

Eberle hat mit einer Reihe von Entölern Versuche angestellt und kommt zu folgendem Schluß:

„Nach den Versuchsergebnissen kann mit den zurzeit bekannten Apparaten auf eine Entölung von 10 bis 15 g Öl auf 1000 kg Wasser gerechnet werden. Entöler, die dieser Bedingung unter allen Umständen, d. h. für gesättigten und überhitzten Dampf mit den verschiedensten Drücken von Gegendruck bis zur Luftleere genügen, müssen nach dem jetzigen Stand der Dampfentölertechnik als befriedigend bezeichnet werden.

Diese Entölung auf 10 bis 15 g Öl auf 1000 kg Dampfwasser wird für viele Zwecke vollkommen genügen. Wenn der Entöler nur die Aufgabe hat, das Öl zurückzugewinnen, wird sich im allgemeinen auch schon bei diesem Grad der Entölung die Einrichtung des Entölers aus den Ersparnissen rechtfertigen lassen. Sollen Heizflächen, die der Abdampf nach der Entölung bestreicht, tunlichst von Öl freigehalten werden, so wird in sehr vielen, wenn nicht in weitaus den meisten Fällen eine solche Entölung den Bedürfnissen entsprechen.

Als nicht genügend kann eine solche Entölung für die Verwendung des Dampfwassers zur Kesselspeisung bezeichnet werden. Hier ist ein vorhergehendes Durchläutern des Wassers durch geeignet ausgebildete und entsprechend bemessene Filter vor der Speisung unerläßlich“.

Wo eine ungenügende Entölung eintritt, liegt die Ursache häufig nicht im Entöler, sondern in der Zusammensetzung des Öles, in der Ausführung der Zylinderschmierung oder im Dampfzustand vor der Maschine.

Bei den Überhitzungsgraden über 300° C und dem verbreiteten Verfahren, dem heißen Dampf das Schmieröl vor Eintritt in den Zylinder zuzuführen, geht ein Teil des Öles in Dampfform über und kann daher aus dem Abdampf nicht wieder entfernt werden, da der Entöler nur flüssiges Öl abscheidet. Eine Verbesserung liegt darin, daß man die Lauffläche des Kolbens selbst am Hubende oder in Zylindermitte schmiert, wo schon eine wesentlich niedrigere Temperatur herrscht als im Dampfzuleitungsrohr oder in den Ventilkästen. Auch kann man es sich bei Verwertung des Abdampfes meist versagen, mit der Überhitzung bis an die Grenze zu gehen, da bei dem hohen wirtschaftlichen Wirkungsgrad der Abdampfverwertung es auf einige Prozent mehr oder weniger Dampfverbrauch nicht ankommt. Nebenbei sei noch erwähnt, daß die hohen Überhitzungsgrade auch die Lebensdauer der Überhitzer ungünstig beinflussen. Die Schwierigkeit der Entölung des wenn auch nur schwach überhitzten Zwischendampfes rührt wahrscheinlich daher, daß sich die Ölteilchen wohl leicht den Wasserteilchen des nassen Dampfes beigesellen und mit diesen abgeschieden werden, wo aber solche fehlen, länger im Dampf schwebend bleiben.

Schließlich kann auch der Fall eintreten, daß der Entöler zu klein ist, so daß das abgeschiedene Öl leicht wieder vom Dampfstrom mitgerissen wird. Man bringt dann wohl zwei Entöler hintereinander an. Nur zu häufig wird durch die Schmierpressen viel zu viel Öl in die Zylinder eingeführt. Fälle, wo das Fünf- bis Zehnfache der nötigen Ölmenge aufgewendet wird, kommen vor[1]).

Allgemeingültige Regeln für die Menge des nötigen Schmieröles lassen sich nicht aufstellen, vielmehr ist dieselbe jedesmal durch Ausprobieren festzustellen, was allerdings große Sorgfalt beim Versuch voraussetzt.

Anhaltspunkte bieten die Ermittlungen Hilligers über den sparsamen Ölverbrauch verschiedener Dampfmaschinengattungen. In Abb. 117 sind diese Werte zusammengestellt. Der höhere Öl-

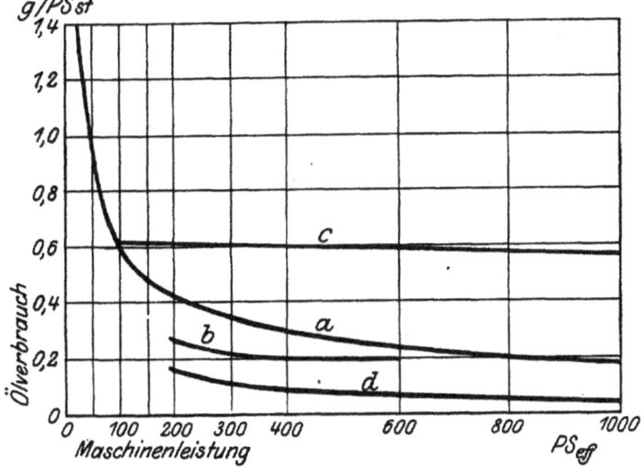

Abb. 117. Ölverbrauch für Dampf- und Stopfbüchsenschmierung nach Hilliger.

Kurve a: Liegende Dampfmaschinen
„ b: Stehende „
„ c: Gleichstromdampfmaschinen
„ d: Seeschiffsmaschinen (Sattdampf).

verbrauch der Gleichstrommaschinen ist begründet in ihrem schweren Kolben und langen Zylinder, welche eine reichliche Schmierung verlangen und in den Auslaßschlitzen, an welchen das Schmieröl vom Kolben leicht abgestreift wird.

[1]) Vgl. Z. V. d. I., S. 144, 415, 656 (1910), sowie den Ausspruch eines amerikanischen Praktikers: The worst trouble with oil in the exhaust steam is due to the fact, that the average engineer uses a great deal more oil than there is any need of, sometimes several times as much.

Das aus dem Entöler ablaufende Öl-Wassergemisch fließt einem Ölrückgewinner zu. Das Öl wird in dieser Vorrichtung vom Wasser getrennt, gereinigt und filtriert. Arbeiten die Maschinen mit höherem Gegendruck oder handelt es sich um Zwischendampf, dann schaltet man, um Dampfverluste zu vermeiden, zwischen den Entöler und den Ölrückgewinner einen Kondenstopf ein. Die Kondenstöpfe dürfen sich durch Öl nicht zusetzen und müssen während des Betriebes durchgeblasen werden können. Apparate mit Schauglas, bei denen man von außen erkennen kann, ob sie richtig arbeiten oder verstopft sind, sind zu empfehlen.

Bei Kondensationsmaschinen wird der Entöler zwischen Niederdruckzylinder und Vorwärmer eingebaut. Da der Apparat alsdann unter Luftleere steht, muß das Ölwasser aus dem Entöler herausgeschafft werden, was bei schlechtem Vakuum durch eine Pumpe gelingt, bei gutem Vakuum durch besondere Apparate (Schäffer u. Budenberg.)

Bei Beachtung folgender Gesichtspunkte: Verwendung guten Zylinderschmieröls ohne Rückstände und mit hoher Verdampfungstemperatur, Wahl einer nur mäßigen Anfangsüberhitzung (270 bis 300° C), richtige Anordnung der Ölzuführung, sparsame Schmierung, Verwendung nicht mehr überhitzten Zwischen- und Abdampfes, kann durch einen richtig gebauten und gewarteten Dampfentöler eine für fast alle Fälle ausreichende Entölung erzielt werden. Nur bei unmittelbarer Dampfkochung, z. B. in der chemischen und Nahrungsmittelindustrie sind oft schon Spuren im Öl so schädlich, daß man die Turbine mit ihrem ölfreien Abdampf wählen muß.

In Fällen, wo die Warmwasserbereitung durch unmittelbare Dampfeinströmung erfolgt, oder wo das Dampfwasser bzw. das Wasser aus einer Einspritzkondensation Verwendung finden soll, kann es notwendig werden, das Öl aus dem Wasser abzuscheiden. Im Dampfkessel wird das Öl vom Betriebsleiter bekanntlich sehr ungern gesehen. Mit Öl vermischter Schlamm oder Kesselstein wirkt stärker isolierend als Öl allein, und schon eine Schicht von 1 mm dieses Ansatzes ruft derartige Wärmestauungen im Blech hervor, daß es schwach rotwarm wird und in seiner Festigkeit erheblich nachläßt. Kessel, die mit ölhaltigem Kondensat gespeist werden, sind regelmäßig nach vier- bis sechsmonatiger Betriebszeit zu reinigen.

Die Entfernung des Öles aus dem Kondensat erfolgt auf chemischem, elektrolytischem und auf mechanischem Weg. Das erstere Verfahren kann auch dazu benützt werden, verunreinigte Vorwärmer, Heizkörper usw. vom Ölbelag zu säubern und beruht darauf, das Öl durch eine Lösung von Soda und Pottasche zu verseifen und dadurch in Lösung zu bringen. Es ist nur auf vegetabilische und animalische Öle und Fette anwendbar. Bei mineralischen Ölen, wie man sie fast ausschießlich zur Zylinderschmierung benutzt, versagt es, da dieselben weder verseift werden können, noch sonst von alkalischen Basen angegriffen werden.

Die mechanische Trennung von Öl und Wasser erfolgt nach dem Gesetz der Schwere, da Öl etwa 0,9 mal so schwer ist als Wasser und sich aus einer ruhig stehenden Mischung oben ausscheidet. Allerdings geht dieser Prozeß sehr langsam vor sich. Von Wichtigkeit ist es, den Wasserbehälter sehr groß zu bemessen, damit in ihm das ölhaltige Wasser praktisch zur Ruhe kommt. Das zurückbleibende Wasser ist im allgemeinen durchaus noch nicht technisch ölfrei, sondern bildet ein milchiges, opalisierendes Gemenge allerkleinster Ölkörperchen mit den Wasserteilchen. Bei bester Filterung enthalten 1000 l Wasser immer noch wenigstens 40 g Öl. Eine solche kolloidale Lösung enthält Ölteilchen bis zu $^1/_{4000}$ mm Durchmesser, die durch eine elektrische Ladung oder durch eine sich bildende Oxydhaut verhindert werden, sich zu größeren, mechanisch angreifbaren Teilchen zu vereinigen. Eine Filtration durch Tuch verspricht erst nach Zusatz von Kalkmehl, Natriumkarbonat oder Tonerdesulfat, welche das Öl an sich reißen (flockig machen), einen vollen Erfolg.

Die Gerinnung der Öl-Wasseremulsion kann auch herbeigeführt werden dadurch, daß man das zu entölende Kondensat zwischen einer Anzahl platten- oder spiralförmiger Elektroden aus Eisen hindurchführt und dem elektrischen Gleichstrom aussetzt. Nach Verlauf weniger Tage wird die Stromrichtung im Elektrolyseur gewechselt. Der den Elektroden anhaftende Ölschlamm, bestehend aus zu schaumigen Flocken zusammengeballten emulgierten Ölteilchen, löst sich ab, steigt nach oben und kann hier abgeschöpft oder durch ein genügend groß bemessenes Filter abgesondert werden. Das Kondensat wird vorher durch Zusatz von etwas hartem Brunnen- oder Flußwasser, Kalkwasser oder Sodalösung für den elektrischen Strom besser leitend gemacht. Der Stromverbrauch beträgt 0,12 bis 0,20 KW für das Kubikmeter Kondensat bei einer Stromstärke von 1 bis 2 Amp/cbm. Ölwasser und 110 bis 120 Volt Spannung. Warmes Wasser läßt sich leichter entölen als kaltes. Mit guten Elektrolyseuren ist schon eine Entölung bis auf 0,05 g Öl in 1000 l Wasser bei ursprünglich 85 g Ölgehalt erreicht worden.

Literatur über das vorbehandelte Gebiet.

Versuche mit Dampfentölern. Z. V. d. I., S. 1969, 1910. Z. bayr. Rev.-V., S. 207. 1910; S. 34, 1911.

Die Entölung des Abdampfes. Z. Dampf. Maschbtr., S. 244, 1912. Beschreibung des Dampfentölers von I. Thoren.

Petersen: Reinigung von Frisch- und Abdampf. Z. Dampfk. Maschbtr., S. 528. 1914. Beschreibung des Zentrifugalentölers und Entwässerers von Chr. Hülsmayer.

Meuskens: Neuerungen und Verbesserungen auf dem Gebiet der Abdampf entölung. Z. Dampfk. Maschbtr., S. 320, 1915. Braunkohle, Nr. 18, 1915. An Hand von Abbildungen werden die Entölerkonstruktionen folgender

Firmen beschrieben: Voran-Apparatebaugesellschaft, Hans Reisert, Scheibe & Söhne, Oskar Loss, Bühring & Wagner, Scheer, Franz Seifert, Schumann, Schiff & Stern, Herweg, Gebr. Körting, A. L. G. Dehne, J. Ehrhard und I. Thoren.

Vahle: Gewinnung von Öl und ölfreiem Kondensat aus Abdampf. Glückauf, Nr. 17, 1915.

Elektrischer Kondenswasser-Entöler Bauart Reubold. Z. Dampfk. Maschbtr., S. 168, 1915; Gesundhtsing., S. 346, 1915.

Winkelmann, H.: Über Entöler und Entölerkonstruktionen. Z. Dampfk. Maschbtr., S. 141, 1915.

Beschreibung der Zylinderölabscheider von Bühring & Wagner, Oskar Loss, Franz Seifert, Arno Unger, Gebr. Körting, Scheer & Co., ferner der Apparate zur Aufbereitung des Ölwassergemisches von Eckard, Bühring & Wagner, der Preßluftentöler von Chr. Hülsmeyer, der Maschinenfabrik Oberschöneweide, der Deutschen Niles-Werkzeugmaschinenfabrik, endlich der elektrischen Kondenswasserentöler von Halvor Breda und der Hannoverschen Maschinenfabrik.

Bamberg: Die elektrolytische Entölung des Kondenswasssers. Schw. Bauz., S. 50, 1916, II.

Nach seinem Vortrag im Magdeburger Bezirksverein.

Hilliger: Die Schmierung der Dampfmaschinen. Z. V. d. I., S. 173, 1918; Z. Dampfk. Maschbtr., S. 297, 1917; Dingler, S. 122, 1918.

Angaben sparsamer Ölverbrauchszahlen in g/PS-St. von Dampfmaschinen in Abhängigkeit von der Größe derselben und zwar für Schrauben- und Raddampfer im Binnenverkehr, Gleichstromdampfmaschinen, Betriebsdampfmaschinen liegender und stehender Bauart, Schiffsmaschinen in der Hochseeschiffahrt.

Claassen, H.: Die Einwirkung des Ölgehaltes des Abdampfes auf die Leistung der Verdampferheizfläche. Z. V. deutsch. Zuck.-Ind., S. 128, 1919.

Etwas über neuzeitliche Dampfzylinder-Schmiervorrichtungen. Z. ges. Brauwes. S. 44, 1920.

Weniger, K. A.: Über Beschaffenheit und Verwendung der Schmiermittel. Papierfabr., S. 704, 1920.

Schmierung von Dampfzylindern mit Ölemulsionen. Z. V. d. I., S. 248, 1921.

Das Öl im Abdampf. W. f. Pap., S. 2667, 1921.

4. Gasmaschinen.

Die Abwärme der Gasmaschinen ist zum Teil im Kühlwasser aus den Zylindermänteln und Deckeln, Kolben und Kolbenstange, zum anderen Teil in den abziehenden Abgasen enthalten. In Betracht kommen für Abwärmeverwertung besonders die mit Generator- oder mit Hüttengasen betriebenen Maschinen. Hüttengase sind das Hochofengichtgas und das Koksofengas.

Aus einem Hochofen von 250 t Tagesleistung oder 10 t/St. Koksverbrauch können in Gichtgasmaschinen nach Deckung von 2000 PS Eigenbedarf des Hochofenbetriebes an elektrischem Strom und für Gebläsemaschinen noch rund 5500 PS Leistungsüberschuß erzielt werden. Die Wärmebilanz ist dabei etwa folgende:

Zahlentafel 36.

	%	%
Aus Koks erzeugte Wärme		100
Wärmeverbrauch im Hochofen:		
Verdampfung	5	
Reduktion	24	
Strahlungsverlust	5	
Schlacke.	14	
Eisen	4	52
Verlust im Winderhitzer		14
Maschinenbetrieb:		
Strom für Hochofenbetrieb, Gebläsemaschinen	9	
Leistungsüberschuß	25	34
		100

Im Gichtgas ist also der vierte Teil des Wärmewerts des aufgewandten Brennmaterials enthalten. Hiervon wird in der Gasmaschine wiederum der vierte Teil in Nutzarbeit verwandelt, während bei Betrieb ohne Abwärmeverwertung die übrigen drei Viertel als Abwärme und Reibungsarbeit verloren gehen.

Das Gichtgas enthält brennbare Stoffe, die bei Zufuhr von Luft unter Zündtemperatur verbrennen und Wärme entwickeln. Es verhält sich also ähnlich wie das besonders erzeugte Generatorgas oder das Leuchtgas. Die Zusammensetzung des Gichtgases beträgt nach einigen Analysen:

Zahlentafel 37.

	Gewichtsprozente		
	I	II	III
Kohlendioxyd CO_2	12,09	10,92	5,8
Kohlenoxyd CO	25,48	32,72	30,8
Wasserstoff H_2	3,54	1,04	6,8
Stickstoff N_2.	58,89	55,16	55,8
Methan NH_4.	—	0,16	0,6
Sauerstoff O_2	—	—	0,2
	100	100	100

Der Heizwert des Gichtgases beträgt 750 bis 900 Kal./cbm.

Hochwertiger ist das Koksofengas. Eine Regenerativ-Koksofenbatterie erzeugt für 10 t/St. Kohlenverbrauch Koksofengase, die zur Gewinnung von ca. 2800 PS in Koksofengasmaschinen hinreichen. Die Wärmebilanz einer Batterie für etwa 200 t Tagesleistung läßt sich folgendermaßen ausdrücken:

Zahlentafel 38.

	%	%
Aus der Kohle erzeugte Wärme		100
Mit der vorgewärmten Luft zugeführt . .		3
		103
Heizwert des ausgestoßenen Koks . . .		71—79
Strahlungsverluste der Koksöfen		3
Verbrennungsverlust		5—3
Verluste in Teer usw.		1—4
Im Koksofengas enthalten:		
Zur Koksofenheizung verwendet . . .	7—10	
Für Gasmaschinen verfügbar	6—7	13—17
Koksgrus im Generator verwendet:		
Generatorverlust	1	
Für Gasmaschinen verfügbar	3	4
		103

Etwa 9 bis 10 % der Verbrennungswärme der Kohle stehen also für die Gasmaschine zur Verfügung und werden in dieser zu ein Viertel in Nutzleistung verwandelt, während drei Viertel in Form von Abwärme und Reibungsarbeit verloren gehen, falls die Abwärme nicht ausgenützt wird.

Die Zusammensetzung eines Koksofengases ist z. B.

Zahlentafel 39.

	Gewichtsprozente
CO_2	1,6
CO	4,6
H_2	52,2
N_2	9,4
CH_4	28,8
O_2	1,8
Schwere Kohlenwasserstoffe	1,6
	100

Der Heizwert des Koksofengases ist je nach der Zusammensetzung sehr schwankend und liegt in der Regel zwischen 3500 und 4500 Kal./cbm.

Die Verwendung der Ofenabgase im Betrieb der Hüttenwerke ist eine vielfache. Man benützt sie zum Trocknen, Sintern, Brennen, Rösten, Glühen, Erhitzen, Schmelzen, Heizen und Anwärmen. Im Walzwerk werden sie in Tief-, Roll- und Stoßöfen verwertet. Die Nebenbetriebe, wie Zement- und Brikettfabriken, Kalkwerke, Ziegeleien, Anlagen zur Herstellung feuerfester Steine benützen sie ebenfalls. Für viele dieser Zwecke sind ebensogut die Abgase der Gasmaschinen zu verwerten.

Abgase von Puddelschweißöfen und Siemens-Martinöfen enthalten kaum noch irgendwelche brennbare Bestandteile. Sie sind deshalb nicht in Maschinen verwertbar und kommen lediglich mit ihrer Abhitze in Dampfkesseln, Lufterhitzern, Vorwärmern, Röstöfen usw. zur Nutzleistung.

Die Frage, ob es besser ist, die Gicht- und Koksofengase unter Dampfkesseln zu verbrennen und mit dem erzeugten Dampf Turbinen zu betreiben oder Gasmaschinen aufzustellen, wird meist im letzteren Sinn zu entscheiden sein. Im Einzelfall sind der Wärmeverbrauch der miteinander konkurrierenden Kraftmaschinen, der Wärmepreis, die Belastung der einzelnen Maschinen wie des ganzen Werkes und die Anlagekosten zu berücksichtigeu.

Mit dem im Gasgenerator aus verschiedenen Brennstoffen, Anthrazit, Braunkohle, Koksgrus, Torf, Gerberlohe usw. erzeugten Kraftgas wird die Generator- oder Sauggasmaschine betrieben. Die Wärmebilanz eines Generators stellt sich etwa folgendermaßen dar:

Zahlentafel 40.

	%	%
Aufgewandtes Brennmaterial		100
Verlust bei Abkühlung des heißen Gases	9—11	
„ durch Strahlung	5— 8	
„ „ Kondensation des Wasserdampfes . . .	3— 5	
„ „ Asche und Teer	3— 5	20—29
Für die Gasmaschine verfügbar		80—71
		100

Durch Vorwärmung der Einblaseluft lassen sich 6 bis 12 % der aufgewendeten Wärme wieder gewinnen, so daß in diesem Fall der Wärmewirkungsgrad des Generators 80 bis 85 % erreicht. Die Gasmaschine setzt rund ein Viertel der ihr zugeführten Wärme in Nutzarbeit um, drei Viertel erscheinen als Reibungs- und Abwärme.

Die Zusammensetzung eines Generatorgases, welches im Schichtgenerator aus Anthrazit unter Einblasen von Luft und Wasserdampf erzeugt wurde, ist z. B. folgende:

Zahlentafel 41.

	Gewichtsprozente	
CO_2	6,2	16,6
CO	32,2	25,6
H_2	1,3	1,9
CH_4	0,6	1,3
N_2	59,7	54,4
C_2H_4	—	0,1
O_2	—	0,1
	100	100

Der untere Heizwert dieses Gases bei 15 °C und 1 Atm. abs. Druck beträgt 1200 Kal./cbm.

Die Wärmebilanz einer 50 PS-Generatorgasmaschine nach Versuchswerten bei Halblast und bei Vollast[1]) ist in Abb. 118 dargestellt. Der effektive thermodynamische Wirkungsgrad beträgt 19 bis $21^1/_2$ %. Unter Berücksichtigung der Verluste im Generator ist der Gesamtwirkungsgrad der Anlage bei Halblast 12,5 bis 14 %, bei Vollast 17 bis 17,8 %. Die im Kühlwasser abgeführte Wärmemenge nimmt mit der Belastung der Maschine zu, der Wärmeinhalt der Abgase verhältnismäßig ab.

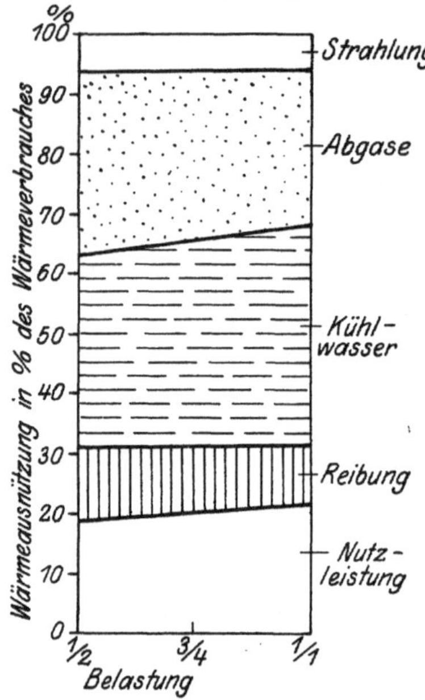

Abb. 118. Wärmeausnützung einer Generatorgasmaschine bei verschiedenen Belastungen. (Versuchswerte.)

Hauptsächlich durch den Wettbewerb mit der Dampfkraft veranlaßt, hat man auch bei der Gasmaschine mit gutem wirtschaftlichen Erfolg zur Abwärmeverwertung gegriffen.

Das Kühlwasser verläßt die Großgasmaschine mit rund 40 °C Temperatur. Eine höhere Erwärmung läßt man im allgemeinen wegen der Möglichkeit von Vorzündungen nicht zu. Bei kleineren Einheiten bis zu etwa 100 PS sind 50 bis 55 °C noch zulässig. Nach Versuchen, die in Nordamerika von J. B. Meriam gemacht wurden, beginnt die Dampfblasenbildung im Kühlmantel der Gasmaschinen bei 65 °C mittlerer Wassertemperatur. Die Dampfblasen bewirken durch ihre isolierende Eigenschaft ein gefährliches Ansteigen der Temperatur der Zylinderwandung. Bei 93 °C zeigt sich die ganze Fläche mit kleinen Blasen bedeckt. Dagegen sind bei Verwendung von Druckwasser und hoher Kühlwassergeschwindigkeit noch Temperaturen von rund 120 °C ungefährlich.

In der Rombacher Hütte waren von 1912 bis zur feindlichen Besetzung i. J. 1918 vier Gasdynamos von je 800 KW mit Heißkühlung in Betrieb. Das Kühlwasser ging mit 120 °C ab. Es wird berichtet, daß der Gang der Maschine durchaus ruhig blieb, der Verbrauch an Schmieröl änderte sich nicht und die Haltbarkeit der Zylinder wurde sogar für besser befunden als bei Kaltkühlung. Das heiß abgehende Kühlwasser wurde durch die Abgase der Maschinen, die sich dabei bis auf 165 °C abkühlten, verdampft und der erzeugte Niederdruckdampf in einer 400 KW Abdampfturbine verwertet.

[1]) Z. V. d. Ing., S. 892, 1911.

Die Abgase der Gasmaschinen haben beim Verlassen des Arbeitszylinders noch 350 bis 600 °C Temperatur je nach Art, Größe und Belastung der Maschine. Sie bestehen im wesentlichen aus Kohlendioxyd, Stickstoff, Wasserdampf und Sauerstoff und enthalten Spuren von Öl, Ruß und zuweilen schwefliger Säure. In Fällen, wo die Abgase der Generatoren zur Erzeugung des einzublasenden Dampfes nicht verwendbar sind, weil sie teerhaltig sind und der Teer die Dampfkessel bald zulegen würde, finden die heißen Maschinenabgase zur Dampferzeugung Verwendung. Damit können sogar rund 25 % mehr Dampf gebildet werden, als z. B. zur Erzeugung des Mondgases benötigt wird. Die Abwärme der Gasmaschinen wird im übrigen verwendet für Warmwasserheizungen, zur Speisewasservorwärmung und für verschiedene Zwecke der Warmwasserbereitung und Dampferzeugung. Die Abwärme sinkt etwa proportional mit der indizierten Leistung. Der mechanische Wirkungsgrad der Gasmaschinen ist 58 bis 62 % bei Halblast und 68 bis 72 % bei Vollast.

Die Wärmeausnützung verschiedener Gasmaschinen ist in Zahlentafel 42 zusammengestellt. Die Zahlen dieser Zusammenstellung gelten für volle Maschinenbelastung; die prozentualen Angaben sind auf die den Maschinen zugeführten Wärmemengen bezogen.

Für die erzeugte Nutzpferdekraftstunde sind also im Kühlwasser und in den Abgasen folgende Wärmemengen enthalten und verwertbar (Zahlentafel 43):

Zahlentafel 42.

Spalte	1	2	3	4	5	6	7	8	9	10
	Gasverbrauch	Heizwert des Gases	In Nutzarbeit umgesetzte Wärme	Reibungsarbeit	Kühlwassermenge	Kühlwasserablauftemperatur	Im Kühlwasser enthaltene Wärme	Temperatur der Abgase	In den Abgasen enthaltene Wärme	Gesamte nutzbare Abwärme, Kühlwasser und Abgase
Einheiten	cbm/PS-Std.	Kal./cbm	%*)	%*)	l/PS-Std.	°C	%*)	°C	%*)	%*)
Leuchtgasmotor	0,50—0,65	4500—6000	20—25	6—10	30—35	50—55	35—40	350—600	30—40	22+30=52
Koksofengasmaschine	0,8	3500—4500	20—25	6—10	30—40	35—40	35—40	400—500	30—40	16+26=42
Generatorgasmaschine	2—2,3	1100—1500	20—25	6—10	30—35	50—55	35—40	350—500	23—33	22+26=48
Gichtgasmaschine	2,8	750—900	22—28	6—10	30—40	35—40	30—35	400	28—36	15+22=37

*) In Prozent der der Maschine zugeführten Wärme und bei Vollast.

Zahlentafel 43.

	Im Kühlwasser enthalten Kal.	In den Abgasen enthalten Kal.	Nutzbare Abwärme (15 °C Wasser- und 150 °C Gasendtemperatur) Kal.
Leuchtgasmaschine	1100	1050	1550
Koksofengasmaschine	1050	1050	1100
Generatorgasmaschine (bis 100 PS, darüber wie Koksofengasmachine)	1100	850	1450
Gichtgasmaschine	800	650	900

Die Art und Weise der Verwertung der Abwärme der Großgasmaschinen läßt sich in drei Gruppen einteilen und ergibt folgende Durchschnittszahlen:

I.

Zahlentafel 44.

Ein Teil des warmen Kühlwassers dient als Speisewasser für Dampfkessel.

Die heißen Abgase erzeugen in den Kesseln hochgespannten Dampf von 8—15 Atm. Druck und 300—350 °C Temperatur. Der Dampf wird in Maschinen bis zur Vakuumspannung ausgenützt.

Der Gasmaschine zugeführte Wärme = 100 %.

Wärmeausnützung:

Aus dem Kühlwasser nutzbar gemacht = 2 %.

Aus den Abgasen nutzbar gemacht = 24 %.

	%		%		%
Nicht ausgenütztes Kühlwasser	30	Nutzleistung der Gasmaschine	25	Abwärmeverlust der Dampfkraftmasch.	18
Abgasverlust	13	Nutzleistung der Dampfkraftmasch.	5	Reibung, Strahlung	2
Reibung, Strahlung	7				
	50		30		20

Zusammen = 100 %.

II.

Zahlentafel 45.

Ein Teil des warmen Kühlwassers dient als Speisewasser für Dampfkessel.

Die heißen Abgase erzeugen in den Kesseln hochgespannten Dampf von 8—15 Atm. Druck und 300-350 °C Temperatur. Der Dampf wird in Auspuffmaschinen ausgenützt und hierauf für Heizzwecke verwendet.

Der Gasmaschine zugeführte Wärme = 100 %.

Wärmeausnützung:

Aus dem Kühlwasser nutzbar gemacht = 2 %.	Aus den Abgasen nutzbar gemacht = 24 %.

	%		%		%
Nicht ausgenütztes Kühlwasser . . .	30	Nutzleistung der Gasmaschine . .	25	Reibung, Strahlung der Dampfkraftmaschine . . .	2
Abgasverlust . . .	13	Nutzleistung der Dampfkraftmasch.	2,5		
Reibung, Strahlung .	7	Durch Abdampfverwertung gewonnen	20,5		
	50		48		2

Zusammen = 100 %.

III.

Das gesamte Kühlwasser wärmt in Gegenstromvorwärmern Kesselspeisewasser vor.	Die Abgase werden im Dampfkessel zur Verdampfung des vorgewärmten Wassers verwendet.

Wärmeausnützung wie unter I oder II.

Seufert[1]) berichtet über einen Versuch an einer 5000-PS-Koksofengasmaschine mit Abhitzekessel der Zeche „Bergmannsglück", Buer i. W., mit folgenden Ergebnissen:

Kühlwassereintritt 24,4 °C	Nutzbar gemacht
„ -austritt 39,3 °C	a) in d. Masch. 28,6 %
Abgastemperatur hint. d. Maschine 530°	b) im Vorw. 5,2 „ } 22,7 %
„ vor d. Überhitzer 496°	c) im Kessel 14,7 „ }
„ hint. d. „ 431°	d) im Überh. 2,8 „ }
„ vor d. Vorwärmer 232°	Verloren: a) durch Reibung 2,9 %
„ hint. d. „ 167°	b) im Kühlwasser 24,4 %
Dampfdruck 10,3 Atm. Üb.	c) in den Abgasen 11,8 %
Dampftemperatur 356 °C	d) durch Leitung usw. 9,6 %
	100 %

(Zahlentafel 46)

Die mitgeteilten Zahlen weichen nur wenig von den oben angegebenen Durchschnittswerten ab und zwar sind sie meist wirtschaftlich günstiger.

Von je 1 PS Leistung der Gasmaschine können mittels der Abgasverwerter 0,7 bis 0,8 kg Hochdruckdampf von 300 bis 350° C Überhitzung erzeugt werden, von der Leistung einer KW-Stunde beträgt die Dampfleistung rund 1 kg.

Bei voller Ausnützung der Abwärme des gesamten Kühlwassers bis auf 15° C erhöht sich der wirtschaftliche Wirkungsgrad, der bei einer Anlage nach Fall I und II 30 bzw. 48 % beträgt, um weitere 30 %.

Josse[2]) gibt an, daß bei Schaltung von Großgasmaschinen und Dampfturbinen hintereinander für je 100 in der Gichtgasmaschine

[1]) Versuche, 6. Aufl.

[2]) Z. Turbinenw., S. 313, 1920.

erzeugter Nutzpferdestärken sich durch Verwertung der Abgase 15 PS und durch Verwertung der Abgase und des warmen Kühlwassers 30 PS noch zusätzlich in der Turbine gewinnen lassen.

Literatur über das vorbehandelte Gebiet.

Neumann, K.: Versuche an einer Generatorgasanlage. Z. V. d. I., S. 892, 1911. Versuchswerte der Wärmeausnützung im Gasgenerator und in der Gasmaschine.

Ausnutzung der Abwärme von Gasmaschinen. Z. Dampfk. Maschbtr., S. 197, 1912.

Semmler, O.: Beitrag zur Frage der Abwärmeausnützung bei Gasmaschinen. Dingler, S. 37, 1912.
Allgemeines und Beschreibung einer Abwärmezentrale System Semmler.

Abwärmeverwertung bei Verbrennungskraftmaschinen. Z. V. d I., S. 1206, 1912. Bericht über einen Vortrag von K. Kutzbach: Wärmeausnützung in den Verbrennungskraftmaschinen. Allgemeines über stehende und liegende MAN.-Abwärmeverwerter. Wirtschaftlichkeit.

Abwärmeverwertung bei Gasmaschinen. Z. Dampfk. Maschbtr., S. 493, 1913, Z. V. d. I., S. 1516, 1913.
Hinweis auf eine Abgas-Dampfkesselanlage in Verbindung mit Gasmaschinen. Die Kesselanlage ist in $1^3/_4$ Jahren aus den Ersparnissen abbezahlt.

Endrich, C.: Ausnützung des Kühlwassers von Maschinenanlagen für Bade- und Heizungszwecke. Gesundhtsing., S. 217, 1913.

Rummel, K.: Die Gaswirtschaft auf Eisenhüttenwerken. Z. V. d. I, S. 1153, 1914.

Gentsch, W.: Über die Verwertung der Abwärme von Verbrennungsmaschinen in Turbinen. Z. Turbinenw., S. 385, 1915. Dingler, S. 191, 1916.

Abwärmegewinnung bei Gasmaschinen. Z. Dampfk. Maschbtr., S. 39, 1915. Hinweis auf Versuche mit Druckkühlwasser und hoher Kühlwassergeschwindigkeit.

Kombinierte Gas- und Dampfmaschinen-Einheiten. Schweiz. Bauz., S. 244, 1915 I.
Beschreibung einer Maschineneinheit, die aus einem zweizylindrigen Viertaktgasmotor und einer zweizylindrigen Verbunddampfmaschine von zusammen 6000 PS besteht. Die Abgase des Gasmotors werden zunächst in einen Zwischenüberhitzer geleitet, wobei ein Teil davon auch durch den Mantel des Hochdruckzylinders zur Verringerung der Kondensationsverluste geführt wird. Hierauf gelangen sie in den Speisewasservorwärmer des Kessels, wo sie das mit einer Temperatur von 65 bis 80° C dem Kühlmantel der Gasmotorzylinder entnommene Speisewasser auf etwa 120° C erwärmen.

Gasgeneratoren mit als Dampfkessel ausgebildetem Kühlmantel. Z. Ver. d. Gas- und Wasserfachm. Öst.-Ung., 1915. Z. österr. Ing.- u. Arch.-Ver., S. 707, 1915.

Gentsch, W.: Die Verwertung der Abwärme von Brennkraftmaschinen für Kraftzwecke. Z. V. d. I., S. 982, 1916.

Abwärmeverwerter der Gasmotorenfabrik Deutz. Z. Dampfk. Maschbtr., S. 150., 1916

Witz, H.: Die Großgasmaschinen. Z. Dampfk. Maschbtr., S. 298, 1916. Angaben über die Wärmeausnützung im Gasmaschinenbetrieb. Abwärmeverwertungsanlage Bauart MAN.

Gentsch, W.: Gasdampf. Z. Dampfk. Maschbtr., S. 89, 1917.
Hinweis auf Versuche, Wärmekraftmaschinen mit hohem thermischen Wirkungsgrad durch unmittelbare Mischung von Dampf und Gas zu schaffen. Verbindung von Gas- und Dampfkraftmaschinen durch Verwertung des Wärmeinhaltes der Abgase zur Dampferzeugung in Kesseln. Prinzip der W. Schmidtschen Abgasmaschine zum Antrieb eines Vorverdichters für die Verbrennungsluft von Gasmaschinen.

Kutzbach, K.: Das Gaskraftwerk der Zeche Bergmannsglück. Z. V. d. I., S. 515, 1919.
Die Auspuffgasse von vier Gasmaschinen von je 2350 PS gelangen durch gut gegen Ausstrahlung geschützte, in Stopfbüchsen bewegliche Rohre in Abwärmeverwerter, die als liegende Röhrenkessel ausgebildet sind, deren Dampf mit 7 Atm. Üb. und 350° C in eine Nebenproduktenfabrik geht. Die Verwerter von zwei weiteren gleichen Maschinen erzeugen Dampf von 12 Atm. für das Dampfkesselrohrnetz der Zeche. Hinter dem Auslaßventil haben die Abgase etwa 500° C, hinter den Verwertern 230 bis 250° C, hinter dem Speisewasservorwärmer 180 bis 200° C Temperatur. Aus den Abhitzeverwertern können die Gase unmittelbar über Dach ins Freie geführt werden. Rentabilität.

Die vereinigte Öl- und Dampfmaschine von Still. Z. V. d. I., S. 813, 1919.
Der Grundgedanke des Still-Motors ist, die in den Auspuffgasen enthaltene Wärme zur Erzeugung von Dampf auszunützen, welcher in einem und demselben Zylinder mit dem Treiböl arbeitet. Auf die Oberseite des Kolbens wirkt die Explosion des Treiböles, während bei dem folgenden Kolbenhub der Dampf von unten wirkt. Dabei läßt sich auch die sonst in das Kühlwasser gehende Abwärme insofern ausnützen, als statt des Wassermantels ein Dampfmantel um den Zylinder gelegt wird, und die Wärme der Explosionsgase dazu dient, den Dampf, bevor er zur Arbeit in den Zylinder gelangt, zu überhitzen. Die Leistungssteigerung der Gasmaschine durch die Abwärmeverwertung beträgt 20 bis 30%.

Mees, G.: Der Wirkungsgrad von Gasmaschinen bei niedriger Belastung. Z. V. d. I., S. 893, 1920.

Blau, E.: Dampferzeugung durch Abwärmeverwertung. Z. Dampfk. Maschbtr., S. 169. 1920.
Abwärmekessel im Anschluß an Gasmaschinen. Wirtschaftlichkeitsrechnungen. Ausnützung der Abwärme von technischen Öfen. Martin-Ofen für 50 t Einsatz. Verhältnisse in der Leuchtgasindustrie.

Wärmewirtschaft einer Gasmaschinenzentrale mit Abwärmeverwertung. Z. Dampfk. Maschbtr., S. 392, 1920.
Auszug aus dem Bericht über die amtliche Abnahme einer 3200-KW-Gasmaschine mit Abwärmedampfkessel. Dampfleistung der Abwärmekessel: 0,78 kg Normaldampf für 1 PSe-St. Graphische Wärmebilanz.

Schuster, Der Stillmotor. Z. Dampfk. Maschbtr., S. 121, 1921.

Abwärmeverwertung in Gasmaschinenanlagen. Z. V. d. I., S. 400, 1921.

5. Dieselmaschinen.

Wärmeträger bei den Verbrennungskraftmaschinen, wozu der Dieselmotor zählt, sind die Verbrennungsprodukte aus der chemischen Vereinigung des in die Maschine eingeführten Brennstoffes mit atmosphärischer Luft. Der grundsätzliche Unterschied gegenüber den Dampfkraftmaschinen liegt in der Art des Wärmeträgers — hier Gase mit hohem Druek und hoher Temperatur, aber geringer spezifischer Wärme — dort Dampf von relativ niedriger Temperatur, aber hoher latenter Wärme. Auch für die Beurteilung der Verbrennungskraftmaschinen als Heizungskraftmaschinen ist dieser Unterschied grundlegend.

Das Arbeitsvermögen der Verbrennungsgase liegt in ihrem hohen Druck begründet; sind sie entspannt, so ist ihr Arbeitsvermögen praktisch erschöpft, wenn ihre Temperatur auch immer noch hoch ist.

Nach Diesel kommen für die Dieselmaschinen als Brennstoffe in Betracht:

Die rohen Erdöle, ihre Destillate und Rückstände, also Naphtha, Gasöl, Masut, Gasölteer;

Schieferöle;
Derivate der Braunkohlendestillation: Solaröl, Paraffinöl;
Derivate der Steinkohlendestillation: Kreosotöl, Anthrazenöl, Teer;
Pflanzenöle: Erdnußöl, Rhizinusöl;
Tierische Öle: Fischtran;
Künstlich erzeugte Kohlenwasserstoffe: Spiritus.

Der Preis dieser Brennstoffe ist je nach dem örtlichen Vorkommen, der Besteuerung usw. großen Schwankungen unterworfen.

Die Wärmezufuhr zum Dieselmotor setzt sich aus drei Posten zusammen, von welchen der erste weitaus überwiegt, nämlich:

1. durch den eingeführten Brennstoff. Bei S kg/St. Brennstoffverbrauch von H Kal. Heizwert beträgt die stündlich zugeführte Wärme $S \times H$ Kal.

2. durch die verdichtete Einspritzluft, deren potentielle Energie pro 1 kg Brennstoffverbrauch gleich ist:

$$\frac{N_p}{S} \times 632 \text{ Kal.},$$

worin N_p die von der Luftpumpe verbrauchte Arbeit in PS ist. Diese Luftpumpenarbeit in PS gemessen beträgt nach Versuchen

Zahlentafel 47.

Bei einer Motorgröße von	15	70	250 PS
und Vollast rd.	12	6	7,5
$^3/_4$ Last „	21	7	10
$^1/_2$ Last „	27	8,5	13

Prozent der Nutzleistung der Maschine.

3. Schließlich wird noch Wärme mit der in den Zylinder eingesogenen Verbrennungsluft zugeführt. Die Luftmenge pro kg Brennmaterial beträgt

$$J = 14{,}5 \times \alpha,$$

worin α der aus der Gasanalyse bestimmbare Luftüberschußgrad ist, nämlich

$$\alpha = \frac{1}{1 - \frac{79 \times O}{21 \times N}}.$$

Der Wert von α beträgt bei Normallast etwa 2,1
„ $^3/_4$ Last „ 2,5
„ $^1/_2$ Last „ 3,0.

Nehmen wir die Zusammensetzung der Luft gleich $0{,}23\ O + 0{,}7627\ N + 0{,}0005\ CO_2 + 0{,}0068\ H_2O$ und bezeichnen wir mit c_1 bis c_4 die spezifische Wärme des Sauerstoffes, Stickstoffes usw. und mit t die Temperatur der eingesogenen Luft, so sind mit derselben

$$[(0{,}23 c_1 + 0{,}7627 c_2 + 0{,}0005 c_3 + 0{,}0068 c_4) J \times t + 0{,}0068 \cdot J \cdot 637] \text{Kal.}$$

eingetreten.

Die zugeführte Gesamtwärmemenge wird teils für indizierte Arbeit verbraucht, teils von den Abgasen und dem in ihnen enthaltenen Wasserdampf fortgetragen, teils von dem die Arbeitszylinder und Deckel abkühlenden Wasser aufgenommen. Der Rest geht durch Strahlung verloren.

Die aus 1 kg Brennmaterial in indizierte Arbeit verwandelte Wärmemenge beträgt:

$$\left[\frac{N_i}{S} \cdot 632\right] \text{Kal.}$$

Die pro 1 kg Brennstoffverbrauch an das Kühlwasser abgegebene Wärmemenge ist:

$$\frac{Q\,(t_1 - t_2)}{S} \text{ Kal.},$$

wobei Q die stündlich verbrauchte Wassermenge in Kilogramm,
t_1 die Anfangstemperatur des Kühlwassers und
t_2 die Endtemperatur „ „
bedeutet.

Mit den Abgasen von T^0 C Temperatur werden pro 1 kg Brennstoffverbrauch abgeführt:

$$[c_1\, O + c_2\, N + c_3\, CO_2]\, T \text{ Kal.},$$

während im Wasserdampf enthalten sind:

$$(c_4\, T + 637) \times H_2O \text{ Kal.},$$

wobei O, N, CO_2, H_2O die Gewichte der einzelnen Gase bzw. des Wasserdampfes pro kg Brennstoffverbrauch und c_1 bis c_4 die entsprechenden spezifischen Wärmen sind.

Die meist verwendeten Brennstoffe der Dieselmaschinen haben folgende Zusammensetzung in Gewichtsprozenten und Heizwerte in Kal./kg:

Zahlentafel 48.

	C	H	N+O	S	Heizwert
Pechelbronner Rohöl .	86	12	1,2	0,8	9865
Hannoveraner Rohöl .	86,5	11,6	0,7	1,2	9878
Galizisches Rohöl . .	86,5	13	0,2	0,3	10151
Rumänisches Rohöl .	86,8	12,1	0,7	0,4	9812
Mexikanisches Rohöl .	83	11	1,7	4,3	8487
Patagonisches Rohöl .	86,5	12	1,2	0,3	8940
Pechelbronner Gasöl .	85,7	12,7	0,9	0,7	10120
Wietzer Gasöl	86,7	12,8	0,02	0,3	9990
Rumänisches Gasöl . .	86,6	12,1	0,7	0,6	9990
Galizisches Gasöl . .	86,4	12,8	0,4	0,4	10164
Mexikanisches Gasöl .	85,1	11,5	1,3	2,1	10035
Solaröl	85,5	12,3	1,4	0,8	9980
Paraffinöl	85,9	11,6	1,0	1,5	9800
Steinkohlenteeröl . .	90	7	2,94	0,06	9100
Koksofenteer	91,1	5,3	1,6	2,0	8500
Vertikalofenteer . . .	89,5	6,6	3,35	0,55	8500
Schrägofenteer . . .	90,2	5,9	3,4	0,5	8300

Bei einer Zusammensetzung des Brennstoffes aus

$$0{,}8682\,C_2 + 0{,}1317\,H_2 + 0{,}0001\,O_2$$

enthalten die Abgase pro kg Brennstoffverbrauch:

O_2	kg:	0,0005 J + 3,1834
N_2	„	0,7627 J
CO_2	„	0,2300 J − 3,3687
H_2O	„	0,0068 J + 1,1853
zusammen:		(J + 1) kg.

Die spezifischen Wärmen von O_2, N_2, CO_2 und H_2O sind:

$$c_1 = 0{,}209 + 0{,}000\,044\,T,$$
$$c_2 = 0{,}239 + 0{,}000\,050\,T,$$
$$c_3 = 0{,}189 + 0{,}000\,095\,T,$$
$$c_4 = 0{,}410 + 0{,}000\,206\,T.$$

Mit Hilfe einer Rechnung auf dieser Grundlage ist es möglich, die Wärmebilanz einer Dieselmaschine aufzustellen, sobald der stündliche Brennstoffverbrauch S, die Temperaturen t, t_1, t_2 und T, sowie der Heizwert und die chemische Analyse des Treiböles bekannt sind.

Versuchsergebnisse eines Motors von 250 PS Leistung sind im folgenden als Beispiel gegeben:

(Zahlentafel 49.)

Wärmebilanz eines 250 PS Dieselmotors bezogen auf 1 kg Treibölverbrauch.

Indizierte Maschinenbelastung . .	$^1/_2$	$^3/_4$	$^1/_1$	$^6/_5$
Mit dem Brennstoff zugeführt Kal.	10876	10876	10876	10876
Mit der Zerstäubungsluft zugef. „	122	112	125	102
Mit der Saugluft zugeführt . . „	177	190	235	143
Mit dem Wasserdampf zugef. . „	106	118	142	98
Insgesamt zugeführt . . . . „	11281	11296	11378	11219
In Indiz. Leistung verwandelt . Kal.	4280	4380	4290	4160
Mit dem Kühlwasser abgeführt „	3080	2660	2400	2160
Mit den Abgasen abgeführt . „	2470	2585	3145	3130
Mit dem Wasserdampf abgef. . „	1180	1180	1165	1300
Strahlung und Restglied . . . „	271	491	378	489
Insgesamt abgegeben . . . . „	11281	11296	11378	11219

Der mechanische Wirkungsgrad der Dieselmaschinen beträgt bei $^1/_2$ Last 58 bis 64%, bei $^3/_4$ Last 68 bis 73%, bei Vollast 74 bis 78%.

Die Wärmeausnützung von Dieselmaschinen verschiedener Größen ist in Zahlentafel 50 und in den Diagrammen Abb. 119 bis 123 dargelegt.

Der effektive thermodynamische Wirkungsgrad ist am größten (33%) bei etwa 100 PS Zylinderleistung und nimmt bei geringerer

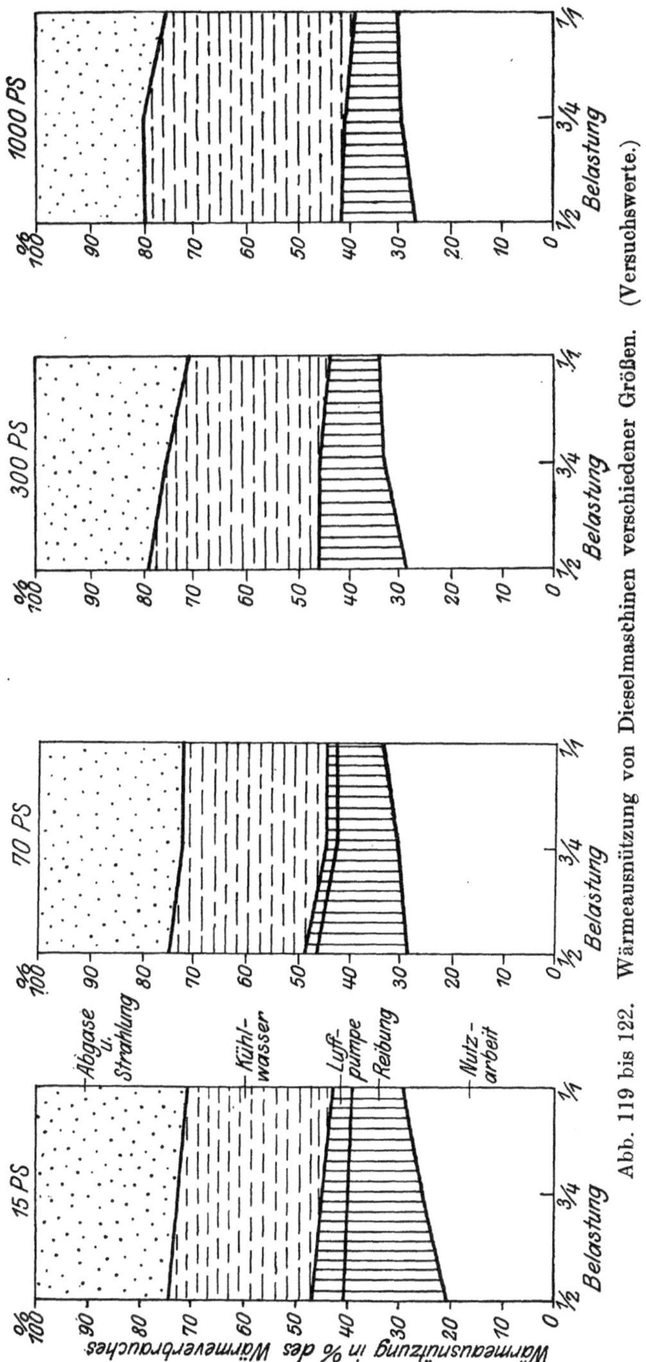

Abb. 119 bis 122. Wärmeausnützung von Dieselmaschinen verschiedener Größen. (Versuchswerte.)

Zahlentafel 50.

Wärmeausnützung in Dieselmaschinen.

Quelle	Z. V. d. I., S. 1049, 1914			Z. V. d. I., S. 1339, 1911			Z. V. d. I., S. 591, 1911			Z. V. d. I., S. 458, 1912			Z. V. d. I., S. 1291, 1914		
Maschinengröße . . . PS norm.	15			70			250			300			1000		
Zylinderanzahl	1			1			4			3			4		
Tourenzahl/Min.	230			170			350			160			125		
Nutzbelastung	0,50	0,75	1,00	0,54	0,80	1,12	0,59	0,74	1,00	0,39	0,74	0,97	0,51	0,75	1,00
Wärmeverbrauch . . . Kal./PS-St.	2830	2510	2280	2210	1970	1900	2380	2390	2285	2360	1940	1890	2423	2174	2143
Kühlwasserverbrauch bei 10° und 70° C Grenztemperaturen . . . kg/PS-St.	16	13,2	11,2	9,1	9,0	8,8	10,5	9,8	9,2	13,6	—	8,6	15,3	14,1	13,4
Abgastemparaturen . . . °C	—	—	—	247	298	371	290	350	420	290	390	497	195	235	295

und größerer Leistung ab (auf etwa 30%). Der indizierte thermodynamische Wirkungsgrad sinkt von 44% beim Kleinmotor auf 37% bei der Großdieselmaschine. Die Beträge für Luftpumpenarbeit und Reibung nehmen mit der Maschinen- bzw. Zylindergröße von rund 14 auf 8% ab. Aie Abwärmemenge nimmt mit steigender Maschinengröße zu, und zwar besonders der Anteil der im Kühlwasser enthaltenen Abwärmemenge. Der Schnelläufer hat einen schlechteren effektiven und indizierten thermodynamischen Wirkungsgrad als die Maschine mit normaler Tourenzahl; die Abgastemperaturen sind höher.

Der Einfluß der Belastung ist bei allen Maschinengrößen und Umdrehungszahlen gleich. Mit sinkender Belastung nehmen die Abgastemperaturen zu, die verhältnismäßige Wärmeabführung durch die Abgase jedoch ab. Die Wärmeableitung durch das Kühlwasser bleibt fast gleich, die Reibungsverluste wachsen; der indizierte thermodynamische Wirkungsgrad nimmt zu, der effektive ab.

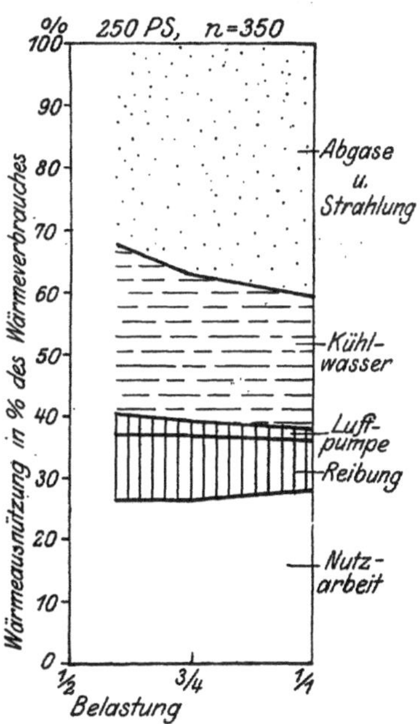

Abb. 123. Wärmeausnützung einer 250 PS-Dieselmaschine, Schnelläufer mit n = 350. (Versuchswerte.)

Aus den Abb. 119 bis 123 ist zu entnehmen, daß pro Nutzpferdekraftstunde je nach der Maschinengröße bei normaler (voller) Maschinenbelastung 530 bis 770 Kal. durch das Kühlwasser und ca. 530 Kal. durch die Abgase abgeführt werden. Die im Kühlwasser enthaltene Wärme kann je nach der unteren Temperaturgrenze mehr oder minder restlos ausgenützt werden, die Abwärme der Abgase mit Rücksicht auf die Vermeidung der Kondensation des in ihnen enthaltenen Wasserdampfes zu rund 70%, d. h in einem Betrag von rund 350 Kal./PS-St. Insgesamt sind also 900 bis 1100 Kal./PS-St. Abwärme gewinnbar. Zum Vergleich mit anderen Wärmekraftmaschinen sind die Abb. 119 bis 123 neben die Abb. 63, 65, 67, 118 und 125 zu stellen. Der wärmetechnische Wirkungsgrad von Dieselmaschinenanlagen mit Abwärmeausnützung erreicht bei Normalbelastung Beträge von etwas über 80%. Davon treffen 30 bis 33% auf Krafterzeugung und rund 50% auf Abwärmegewinnung.

Literatur über das vorbehandelte Gebiet.

Hopf, W.: Zusammensetzung und physikalische Eigenschaften flüssiger Brennstoffe. Z. Dampfk. Maschbtr., S. 25, 1910.

Seiliger: Thermodynamische Untersuchung schnellaufender Dieselmotoren. Z. V. d. I., S. 591, 1911. Berichtigung, S. 241, 1912.

Hottinger, M.: Die Wärmeausnützung bei Dieselmotoren. Z. V. d. I., S. 673, 1911. Z. bayr. Rev.-V., S. 241, 1912.
Versuche mit einem Sulzerschen Abgasverwerter älterer Bauart.

Nägel, A.: Die neuere Entwicklung der ortsfesten Ölmaschine. Z. V. d. I., S. 1318, 1911.
Konstruktion, Wärmeausnützung der Dieselmaschinen.

Cochand u. Hottinger: Versuche an einer Sulzerschen 300-PS-Dieselmotoranlage mit Abwärmeverwertung. Z. V. d. I., S. 458, 1912. Dingler, S. 243, 1917.
Der 300-PS-Dieselmotor der Kammgarnspinnerei Bürglen ist mit drei Wasserturbinen von zusammen 400 PS parallel geschaltet und arbeitet im Winter und Hochsommer mit Voll- und Überlast, im Frühling und Herbst mit etwa $^3/_4$-Belastung. Im Fabrikbetrieb benötigt man täglich 42 bis 46 cbm Wasser von 70° C. Hierzu wird das mit 50° C den Motor verlassende Kühlwasser verwendet, nachdem es durch die Abgase auf 70 bis 80° C erwärmt worden ist. In Verwendung sind zwei Sulzersche Abgasverwerter von je 30,24 qm Heizfläche. Versuchswerte des Brennstoff- und Kühlwasserverbrauches, der Abgastemperaturen und der nutzbaren Abwärme. Wärmebilanz.

Münzinger, F.: Untersuchungen an einem 15-PS-MAN-Dieselmotor. Z. V. d. I., S. 1049, 1914.

Barth, F.: Liegende doppeltwirkende Viertakt-Dieselmaschinen. Z. V. d. I, S. 1242, 1914.
Das warme Kühlwasser der 1200 PS-Dieselmaschine in der Zwirnerei und Nähfadenfabrik Göggingen vereinigt sich in einem Sammelbehälter und fließt von hier nach der Färberei ab, wo seine Wärme vollständig ausgenützt wird. Braucht die Färberei vorübergehend kein Wasser, so fließt es nach dem Kesselhaus, wo es zum Speisen benutzt wird. In der Lufterhitzungsanlage zur Ausnützung der Abgase können 20000 cbm/St. Luft um 60° C erwärmt werden. Der Lufterhitzer ist nach Art eines Röhrenvorwärmers gebaut. Während die Abgase von unten nach oben durch das Röhrenbündel strömen, wird die zu erwärmende Luft außerhalb der Röhren mittels eines Ventilators von oben nach unten durch den Lufterhitzer gedrückt, entsprechend angeordnete Staubleche erzeugen eine lebhafte Luftwirbelung. Vom Lufterhitzer aus wird die warme Luft durch einen Verteilungskanal nach der Trocknerei zum Trocknen der Garne geleitet. Es wird eine Gesamtausnützung des Brennstoffes bis zu 84% erreicht.

Saupe, R.: Erhöhte Ausnützung kommunaler Maschinenbetriebe durch Verwertung ihrer Abwärme, unter besonderer Berücksichtiguug der Dieselmotoren. Gesundhtsing, S. 575, 1914.

Mrongovius, E.: Abwärmeverwertung bei Dieselmotoren. Dingler, S. 165, 1916.
Brennstoffverbrauch, Kühlwasserbedarf, Wärmeausnützung des Dieselmotors.

Riehm, W.: Die Verarbeitung von Teeröl im Dieselmotor. Z. V. d. I, S. 522, 1921.
Erhöhung der Anfangstemperatur der angesaugten Verbrennungsluft durch die Wärme der Abgase der Maschine.
Die Temperatur der Abgase eines MAN-150-PS_e-Dreizylinder-Dieselmotors ist:

bei Belastung	$^6/_5$	$^1/_1$	$^3/_4$	$^1/_2$	$^1/_4$	0
°C	408	352	298	273	249	235.

Rosborg, A.: Untersuchung eines 1600 PS_e-Nobel-Dieselmotors. Z. V. d. I., S. 137, 1922.

6. Verbrennungs-Kleinmotoren.

Explosionskleinmotoren werden für Leistungen bis zu etwa 25 PS gebaut. Sie arbeiten mit teueren Brennstoffen, wie Benzol, Benzin, Ergin, Petroleum, weißer Naphtha, Spiritus u. dgl. Infolge des hohen Wärmepreises dieser Brennstoffe wäre die Abwärmeverwertung hier sehr am Platz. Allerdings stehen ihr hier aber auch besonders ungünstige Umstände entgegen. Zunächst arbeiten diese Kleinkraftmaschinen meist sehr verschieden belastet und mehr oder minder lang aussetzend, und dann scheut man bei einer Anlage, die selten sachgemäß beaufsichtigt wird, jede Verwicklung, welche in diesem Fall die Abwärmeverwertung doch unter Umständen mit sich bringt.

Zu bestimmten Zwecken, wie Warmwasserbereitung, Schranktrocknung, Leimkochen usw. läßt sich aber in zahlreichen Fällen auch die Abwärme der Kleinmotoren wirtschaftlich ausnützen.

Der Wärmeverbrauch verschiedener Kleinmotoren liegt zwischen 2300 und 4000 Kal./PS-St. bei Normallast. Bei Teilbelastungen nimmt der Wärmeverbrauch sehr rasch zu. Am günstigsten arbeiten die gut durchkonstruierten Dieselmotoren. In Abb. 124 ist der

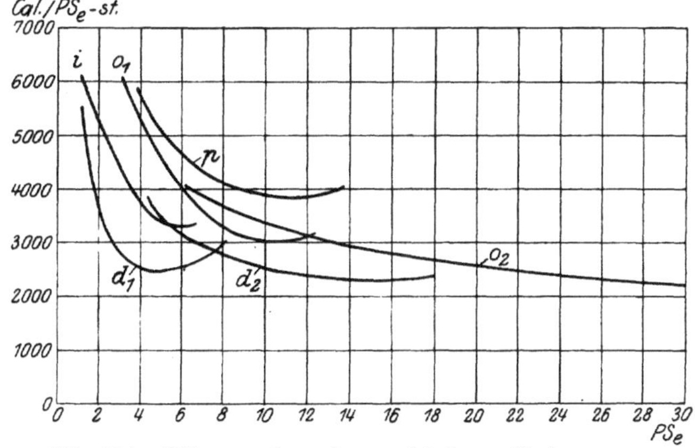

Abb. 124. Wärmeverbrauch verschiedener Verbrennungs-Kleinmotoren.

i = 5 PS-Benzinmotor.
o_1 = 10 „ Benzolmotor.
o_2 = 25 „ „
p = 10 „ Petroleummotor.
d_1 = 5 „ Dieselmotor.
d_2 = 15 „ „

Wärmeverbrauch für die PS-St. einiger Verbrennungs-Kleinmotoren und seine Änderung mit der Entlastung des Motors dargestellt. Den Wärmeverbrauch wird man neben den Anlage- und Bedienungskosten, welch letztere meist sehr gering sein werden, da eine eigene Wartung und Bedienung der Kleinmotoren nicht üblich ist, zur Grundlage einer Rentabilitätsrechnung beim Vergleich mit anderen Krafterzeugungs- bzw. Kraftbezugsmöglichkeiten nehmen.

Die Abwärme der Verbrennungs-Kleinmotoren ist wiederum teils im Kühlwasser, teils in den Abgasen enthalten.

Die Kühlwassertemperatur beträgt beim Austritt aus dem Mantel 50 bis 70° C, die Menge 22 bis 27 kg/PS-St. bei Normalleistung und ca. 40 kg/PS-St. bei halber Belastung, so daß sich die mit dem Kühlwasser bei voller Belastung abgeführte Wärmemenge zu ca. 1100 Kal., bei Halblast zu ca. 1500 Kal./PS-St. ergibt.

Die Abgase besitzen eine Temperatur von 350 bis 450° C bei Vollast und von 230 bis 300° C bei Halblast., Sie weisen einen Wärmeinhalt von etwa 1700 Kal./PS-St. bei Vollast und von 2000 Kal./PS-St. bei Halblast auf, wovon 60 bis 70% verwertbar sind. Diese Abwärmemengen gelten für Motoren von etwa 3600 Kal./PS-St. Wärmeverbrauch. Bei sparsamerem Wärmeverbrauch ermäßigen sie sich im gleichen Verhältnis. Man darf also bei Betrieb mit normaler Belastung annehmen:

Zahlentafel 51.

Wärmeverbrauch Kal./PS-St.	Nutzbare Abwärme aus dem Kühlwasser[1] Kal./PS-St.	Nutzbare Wärme aus den Abgasen Kal./PS-St.	Zusammen Kal. PS-St.	%[2]
2500	500	800	1300	52
3000	600	950	1550	52
3500	700	1100	1800	51
4000	800	1250	2050	51

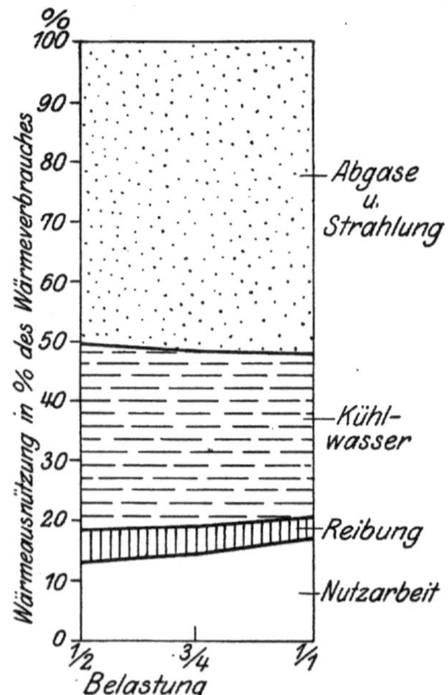

Abb. 125. Wärmeausnützung eines 10 PS-Petroleummotors. (Versuchswerte.)

In Anlagen mit praktisch vollkommener Ausnützung der Abwärme der Kleinmotoren können also

rund 17% in Form von Nutzarbeit und
50% als Abwärme gewonnen werden.

Der wärmetechnische Wirkungsgrad erreicht somit Beträge bis zu 67%.

Zum Vergleich mit den entsprechenden Darstellungen bei anderen Wärmekraftmaschinen sind in Abb. 125 Versuchswerte der Wärmeausnützung eines 10-PS-Petroleummotors aufgetragen.

Gegenüber dem Dieselmotor fällt einmal der geringere thermodynamische Wirkungsgrad und dann der größere Anteil, den die Abgase an der Wärmeabführung haben, auf. Der Anteil der im Kühlwasser enthaltenen Wärme nimmt mit steigender Belastung ab.

[1]) Bei Abkühlung des Wassers bis auf 20° C.
[2]) Der dem Motor zugeführten Wärmemenge.

7. Abwärmeverwerter und Wärmespeicher.

Von den speziellen Apparaten zur Verwertung der im Abdampf und in den Abgasen enthaltenen Wärme sind die Abdampfvorwärmer, Lufterhitzer und Abgasverwerter zu erwähnen.

Die Vorwärmer werden im allgemeinen als Großwasserraumvorwärmer oder als Schnellzirkulationsapparate gebaut. Die ersteren sind besonders in den Fällen nur zeitweiligen Warmwasserbedarfs oder zeitweilig aussetzender Abdampflieferuug am Platz. Sie können in gewissem Umfang als Puffer oder Speicher dienen. In der Wirkung unterscheiden sich beide Gruppen von Apparaten hauptsächlich durch die verschiedene Wassergeschwindigkeit, welche bei den Schnellfluß-vorwärmern 0,5 bis 2 m/sec, bei den Großwasserraumvorwärmern 0 bis 0,1 m/sec beträgt. Eine Wasserumwälzung, meist mit Hilfe einer Pumpe ausgeführt, ist bei den Großwasserraum-Vorwärmern oft nötig, um die ganze Wassermasse gleichmäßig zu erwärmen.

Nach zahlreichen Versuchen, u. a. von Prof. Josse[1]) und vom Verfasser[2]) ergibt sich die in Abb. 126 dargestellte Abhängigkeit der Wärmeübertragung in Kal. pro qm wasserberührter Heizfläche, Stunde und 1 °C mittlerer Temperaturdifferenz zwischen heizendem und beheiztem Körper von der Wassergeschwindigkeit längs der Heizfläche. Während die Geschwindigkeit des Wassers von einschneidender Bedeutung ist, hat die Geschwindigkeit des Dampfes der Heizfläche entlang so gut wie keinen merkbaren Einfluß auf die Größe der Wärmeübertragungszahl. Durch die Kondensation wird der Dampf offenbar genügend durcheinandergewirbelt und findet reichlich Gelegenheit, seine Wärme an die Heizfläche abzugeben. Dringt Luft in den Vorwärmer ein, so sinkt der Wirkungsgrad der Heizfläche beträchtlich, weil der Wärmeübertragungskoeffizient der Luft im Mittel hundertmal kleiner ist als jener von Dampf an Wasser. Schon geringe Luftbeimengungen machen sich stark bemerkbar. Josse stellte fest, daß 5 v. T. Luftgehalt die Wärmeübertragungszahl auf die Hälfte gegenüber luftfreiem Dampf erniedrigte. Wirth hat an einem etwas undichten Vakuumverdampfer gemessen, daß 3,5 v. T. Gewichtsteile Luft die Wärme-

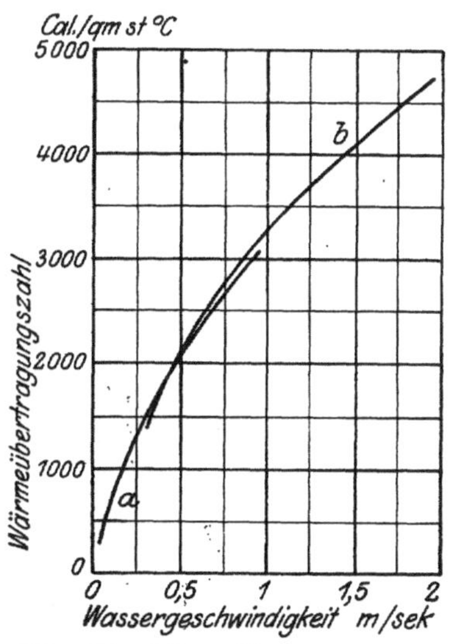

Abb. 126. Wärmeübertragung von Dampf an strömendes Wasser.
a Kurve aus 67 Versuchswerten von Schneider.
b „ „ 10 „ „ Prof. Josse.

[1]) Mitteil. aus dem Masch.-Laborat. d. Techn. Hochsch. Berlin, V. Heft.
[2]) Z. V. d. I., S. 265, 1918.

durchgangszahl von 2140 auf 1410 verminderten. Nach Versuchen von Stauf und des Verfassers ist der Wert der Wärmeübertragungszahl bei lufthaltigem Schwadendampf nur die Hälfte bis ein Viertel der Wärmeübertragung luftfreien Abdampfes, für welchen die Abb. 126 Gültigkeit besitzt.

Überhitzter Dampf eignet sich nicht zur Beschickung von Wärmeaustauschern. Die Wärmeübertragungszahlen von überhitztem und gesättigtem Dampf verhalten sich wie 1 : 100.

Zu beachten ist auch, besonders beim Eindampfen, daß die Wärmeübergangszahlen an Flüssigkeiten mit fortschreitender Konzentration der Laugen stark abnehmen. So nimmt z. B. der Wärmeübergang beim Eindampfen von gereinigter Sulfitlauge auf sauberer Heizfläche und von ungereinigter Sulfitlauge auf am Ende leicht verkrusteter Heizfläche mit der Konzentration folgendermaßen ab:

Spez. Gewicht der Lauge	Gereinigte Lauge Kal./qm-St. °C	Ungereinigte Lauge Kal./qm-St. °C
1,05	5000	5000
1,1	4430	3800
1,2	3600	2300
1,3	3000	1250

(Zahlentafel 52)

Die Vorwärmerheizfläche wird meist durch Rohre gebildet, welche zwecks leichter Reinigung innen vom Wasser durchflossen und außen vom Abdampf bespült werden. Wegen der Gefahr des Rostens von

Abb. 127. Oberflächenkondensator von 285 qm als Warmwasserbereiter eines Heizungskraftwerkes.
J. A. Maffei, München.

Eisen- oder von verzinkten Eisenrohren empfiehlt sich die Verwendung von Messing- oder Kupferrohren. Hinsichtlich des Wärmeüberganges ist der Unterschied nicht von Belang, da dieser hauptsächlich vom Wärmeübergang Wandung—Wasser abhängt, demgegenüber sowohl der Wärmedurchgang durch die Wand als auch der Wärmeübergang vom Dampf an die Wand zurücktritt. Sicherheitsventil und besonders Temperaturmeßgeräte sollen am Vorwärmer nicht fehlen.

Über den Wert des Gleich- und des Gegenstromes beim Abdampfvorwärmer herrschen noch vielfach falsche Begriffe. Die Gegenstrombauart ist bei Wärmeaustauschapparaten nur da am Platze, wo beide Medien, der wärmende und der erwärmte Körper, ihre Temperatur ändern. Dies trifft beim Abdampf, der im ganzen Vorwärmer die gleiche Temperatur besitzt, weil in allen Teilen des Vorwärmers auch der gleiche Druck herrscht, nicht zu. Nur bei sehr engen Dampfquerschnitten kann sich der Dampfdruck ändern, allerdings bis zu mehreren Atmosphären. Nur in diesem besonderen, seltenen Fall kann man den Gegenstrom anwenden. Vorwärmer werden von fast jeder Maschinenfabrik, die sich mit dem Bau von Dampfkesseln oder Kondensatoren befaßt, geliefert; einige Werke in Deutschland betreiben den Vorwärmerbau als Spezialität.

Die Lufterhitzer können mit Abdampf von Unter- oder Überdruck beschickt werden. Sie bestehen aus einem Heizröhrensystem, welches von einem Gehäuse umgeben ist. Der in den Röhren strömende Dampf gibt seine Wärme an die über die Heizröhren geblasene Luftmenge ab. Über die Wärmeabgabe geheizter Körper an Wasser, Dampf und Luft bestehen eingehende Forschungsarbeiten von Josse, Höfer, Eberle, Wamsler, Gröber, Poensgen, Nusselt u. a.

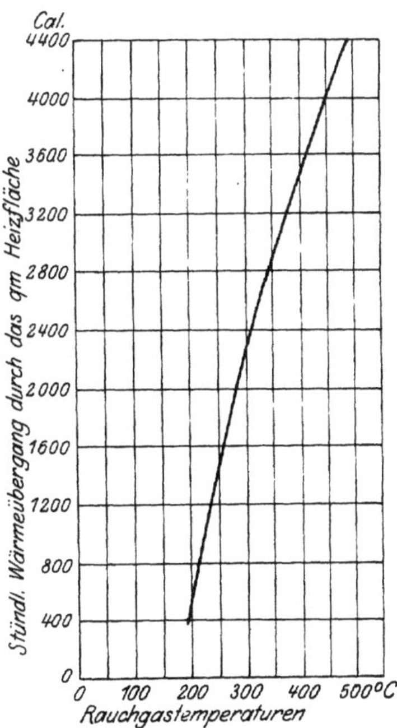

Abb. 128. Wärmeübertragung von Abgasen an Wasser nach Versuchen an Rauchgasvorwärmern.

Die Apparate zur Verwertung der Abgase der Dieselmaschinen werden aus Gußeisen gebaut, welches sich gegen die Abgase widerstandsfähiger erweist als Schmiedeeisen. Besonders bei Verwendung von stärker schwefelhaltigen Treibölen entstehen sehr korrosiv wirkende Ablagerungen. Diese bestehen aus Eisenoxyd, Eisenoxydul, Eisenoxydulsulfat, Ruß und geringen Mengen unverbrannten Öles. Durch die Abkühlung der Gase wird ihre zerstörende Wirkung gesteigert, besonders, indem dadurch die Entstehung der Sulfate des Eisens ermöglicht wird. Auf keinen Fall soll die Abkühlung unter 150 °C, d. h. bis in die Nähe des Kondensationspunktes des in den Abgasen enthaltenen Wasserdampfes erfolgen.

Falls die Abgase ihre Wärme an Wasser abgeben, ist eine gußeiserne Heizfläche von 0,2 qm/PS zur vollständigen Ausnützung der Abgase hinreichend. Dabei wird 1 qm Heizfläche mit etwa 2000 bis 3000 Kal./St. beansprucht. Diese Bemessung trägt einer geringen Verschmutzung der Wärmeübertragungsflächen bereits Rechnung. Ähnliche Verhältnisse wie bei den Abgasverwertern, aber um 100 bis 200° geringere Gasanfangstemperaturen, nämlich meist nur 300 bis 450° C, herrschen bei den Rauchgasvorwärmern (Ekonomisern) der Dampfanlagen. Der Mittelwert der Wärmeübertragung von 1 qm Heizfläche bei verschiedenen Anfangstemperaturen der Rauchgase ist in Abb. 128 nach 53 Versuchen an Ekonomisern dargestellt[1]). Diese Mittelwertskurve kann bei der Berechnung von Abgasverwertern Anwendung finden. Wir erhalten so für Abgasanfangstemperaturen von 300 bis 500° C Leistungszahlen für 1 qm Heizfläche von 2300 bis 4400 Kal./St., also Werte, die mit den oben angegebenen gut übereinstimmen.

Nach 21 Versuchen an Rauchgasvorwärmern wurden vom Bayerischen Revisions-Verein die Wärmeübertragungszahlen in Abhängigkeit von der mittleren Temperaturdifferenz zwischen den Rauchgasen und dem Speisewasser angegeben[2]). Diese Versuchszahlen und der daraus sich ergebende Mittelwert sind in Abb. 129 eingetragen. Der

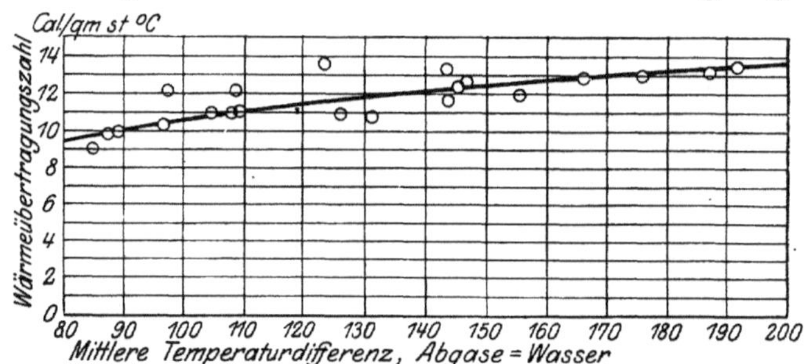

Abb. 129. Wärmeübertragung von Abgasen an Wasser nach Versuchen an Rauchgasvorwärmern.

Veranstalter der Versuche bemerkt hierzu, daß infolge von Strahlungseinflüssen auf die Thermometer die Heizgastemperaturen etwas zu gering, infolgedessen auch die mittleren Temperaturdifferenzen etwas zu niedrig und die Wärmeübertragungszahlen ein wenig zu hoch angegeben sind. Die Schwierigkeiten, die genauen Heizgastemperaturen zu ermitteln, sind aber ziemlich erheblich und bessere Werte zurzeit nicht zu erhalten. Für die Praxis, in welcher sich die fast unvermeidlichen Fehler bei der Bestimmung der Gastemperaturen stets wieder einfinden, sind die in Abb. 129 dargestellten Werte immerhin brauchbar, so daß auf ihre Wiedergabe an dieser Stelle nicht verzichtet werden soll. Von anderer Seite[3]) werden als Wärmeübertragungskoeffizienten an Abgasverwertern von Dieselmaschinen angegeben:

[1]) Z. Dampfk. Maschbtr., S. 313, 1913. [2]) Z. bayr. Rev.-V., S. 21, 1914.
[3]) Z. V. d. I., S. 448, 1912.

Zahlentafel 53.

Mittl. Temperaturdifferenz zwischen Gasen und Wasser °C	Wärmeübergangszahl Kal./qm-St. °C
44	6,3
92	7,3
145	8,8
315	12

Der Wärmeübertragung günstig sind große Wasser- und Gasgeschwindigkeiten bei langen Wegen; die Gasgeschwindigkeit spielt aber eine noch weit größere Rolle als die Wassergeschwindigkeit. Der Abgasverwerter wirkt wie ein großer Auspufftopf und bringt dadurch den Vorteil hervor, daß jedes Geräusch der auspuffenden Gase verschwindet. Der Auspuffdruck darf auch bei Zwischenschaltung des Verwerters nicht größer sein als 0,17 bis 0,20 Atm., wie bei der normalen Auspuffleitung. In den Abgasverwertern kann auch Niederdruckdampf erzeugt werden für chemische Zwecke oder für eine untergeordnete Dampfheizung. Die direkte Beheizung von Räumen mit den heißen Auspuffgasen kann nur stattfinden, wo weder hygienische Anforderungen gestellt werden, noch Feuergefahr besteht. Die Auspuffrohre nehmen in Motornähe Temperaturen von mehreren hundert Grad an, wodurch der Staub unter Ausscheidung unangenehmer Gerüche versengt wird und brennbare Gegenstände leicht Feuer fangen.

Die Abgasverwerter müssen sich von außen leicht reinigen lassen, da namentlich die auf der Gasseite entstehenden Ablagerungen nicht nur den Wärmeübergang stark beeinträchtigen, sondern bei zu starker Anhäufung auch Verstopfungen verursachen können. Man macht die Apparate deshalb durch Türen zugänglich und reinigt sie mittels Stahldrahtbürsten von den rußigen Ansätzen. Der Gasstrom ist zur Förderung des Wärmeaustausches stark zu unterteilen und im Gegenstrom zum Wasser zu führen. Die Wasserseite der Apparate ist durch Verwendung eines möglichst weichen Wassers zu schonen. Unter Umständen muß das Wasser vorher durch entsprechende Mittel gereinigt werden.

Die gebräuchlichste Ausführungsart von Abgasverwertern für Großgasmaschinen sind liegende Röhrenkessel in Verbindung mit Vorwärmern und oft auch Überhitzern (Abb. 130). Maßgebend für dauernde Wirtschaftlichkeit und sicheren Betrieb ist die richtige Ausbildung und Bemessung des Abwärmeverwerters im Zusammenhang mit der Kraftmaschine. Die Heizfläche kann mit 5000 Kal./qm belastet werden, wobei etwa 0,14 qm auf die Leistung einer Nutzpferdekraft der Gasmaschine treffen.

Bei dem nicht seltenen Fall, daß Kraft- und Wärmebedarf zeitlich nicht zusammenfallen, wird die Aufspeicherung von Kraft oder von Wärme oder von beiden zugleich nötig.

Die Aufspeicherung von Kraft erfolgt in den bekannten Blei- oder in Edisonakkumulatoren. Es wurde schon darauf hingewiesen, daß das für den Betrieb derselben nötige destillierte Wasser wirtschaftlich durch Verwertung von Abdampf oder Abgasen gewonnen wird.

Abb. 130. Abgasdampfkessel mit Dampfüberhitzer und Speisewasservorwärmer für 12 Atm. Betriebsüberdruck und 380° C Dampftemperatur in Verbindung mit 2 Gasmaschinen von je 2350 PS der Berginspektion Buer in Westfalen. Maschinenfabrik Augsburg-Nürnberg.

Die Wärmeaufspeicherung kann erfolgen in isolierten Warmwasserbehältern, die sich so bauen lassen, daß ihr Wärmeverlust nur wenige Prozent erreicht. Der Wärmeverlust heißen Wassers in gemauerten Becken von 200 bis 500 cbm beträgt in 18 Stunden nur 1 bis 2,5° C.

Die Abdampfspeicher beruhen zum Teil darauf, daß der überschüssige Abdampf in eine Wassermasse eingeleitet wird (System Rateau-Balcke). In dem Apparat ist das speichernde Wasser in einer großen Anzahl flacher, tellerähnlicher Schalen dem Dampf gut zugänglich gemacht. Der Dampf umströmt die Schalen und gibt seine Wärme an das Wasser ab. Mit der Erwärmung des Wassers steigt auch der Druck; sobald die starke Dampfzuströmung aufhört, fällt der Druck wieder, das Wasser ist überhitzt und gibt die aufgenommene Wärme in Gestalt von Dampf wieder ab. Bei einer anderen Bauart wird das Wasser nicht durch Schalen in kleine Mengen zerlegt, sondern in dem Apparat befindet sich eine geschlossene Wassermenge, welche von einer großen Anzahl gelochter Rohre durchzogen wird. Durch die Löcher in diesen Rohren tritt der Dampf in das Wasser über und bringt es in lebhaften Umlauf. Die Vorgänge sind im übrigen die gleichen wie vorher geschildert.

Der Abdampfspeicher Harlé-Balcke ähnelt in jeder Weise den bekannten Gasometern. Der Dampf wird in eine schwimmende Glocke geleitet. Je größer der Dampfüberschuß ist, desto mehr steigt die Glocke empor und umgekehrt. Der Dampf wird als Dampf aber über Wasser aufgespeichert, er braucht seinen Aggregatzustand nicht zu ändern, wie beim Rateau-Speicher.

Der Raumspeicher, System Balcke, ist lediglich ein großer hohler Raum, in den der Dampf geleitet wird. Die Speicherung geschieht dadurch, daß der weiter hinzutretende Dampf die im Raum schon befindliche Dampfmenge komprimiert und sich dadurch Platz schafft. An der unteren Seite ist der Apparat durch einen Wasserverschluß geschlossen. Diese Einrichtung hat den Zweck, zu verhindern, daß in dem Apparat jemals Unterdruck und zu hoher Überdruck entstehen kann. Der Unterdruck ist der größte Feind des Apparates, da große Kessel gegen äußeren Druck in keiner Weise widerstandsfähig sind. Es muß darauf gesehen werden, daß Unterdruck nicht auftreten kann. Im übrigen ist der Apparat mit allen Dampfein- und auslässen und sonstigen Armaturen wie die anderen Speicher ausgerüstet. Der Wasserverschluß dient nur als Sicherheitsvorrichtung gegen Ausnahmezustände, in normalem Betriebszustand tritt er nicht in Wirkung.

Auch der Speicher von Estner-Ladewig hat einen unveränderlichen Rauminhalt. Soll in einem solchen Speicher eine Druckzunahme von 1,0 auf 1,2 Atm. abs. zulässig sein, so wird ein Raum von 0,27 cbm/kg = dem Unterschied der zu den genannten Drücken gehörigen spezifischen Rauminhalte frei. In diesem freiwerdenden Raum können 0,186 kg Dampf untergebracht werden, so daß also 15,7 % des ganzen Raumes zur Aufspeicherung nutzbar gemacht werden. Ist es zulässig, den Dampf bis 1,6 Atm. abs. Druck anzustauen, so werden 35,7 % des Speicherinhaltes nutzbar. Zuweilen kann man alte Dampfkessel als Wärmespeicher verwenden.

In der Größe unterscheiden sich die Rateau-Speicher sehr von den Raumspeichern. Der Rateau-Wärmespeicher hat nur ca. $^1/_{30}$ der Größe des Raumspeichers. Er ist also bequemer unterzubringen. Beide Speicherarten liefern vollständig trockenen Dampf.

Die Entscheidung für die eine oder andere Speicherbauart ist je nach der aufzuspeichernden Dampfmenge — für große Abdampfmengen eignen sich besser die Raumspeicher — und nach den Platzverhältnissen zu treffen.

Die Speicher werden nach außen durch eine etwa 3 cm starke Kieselgurschicht isoliert und weisen nur ganz geringe Wärmeverluste auf. Ein solcher Speicher, dessen Glocke 8 m Durchmesser bei 7 m Hub aufwies und für eine Maschine mit stündlich 7000 kg Abdampf diente, hatte z. B. 90 kg/St. Dampfverlust, d. h. 0,8 % der gesamten Dampfmenge oder 0,25 kg/St. auf 1 qm Abkühlungsfläche.

Die Abdampfspeicher sind besonders zur Verwertung des Abdampfes für Krafterzeugung in Abdampf- oder Zweidruckturbinen oder Abdampfkolbenkompressoren eingeführt. Bei der Verwendung des Abdampfes zu Heizzwecken begegnet man ihnen noch selten. Von den Röchlingschen Stahlwerken in Völklingen a. d. Saar und von der Berginspektion zu Vienenburg wurde je ein Wasserakkumulator zur Dampfabgabe behufs Vorwärmung von Kalilauge aufgestellt. In Abdampfspeichern für Kraftzwecke läßt man nur etwa 0,2 Atm. Druckschwankung zu; bei der Speicherung für Heizzwecke kann man in sehr vielen Fällen wesentlich höher gehen und dadurch bedeutende Dampfmengen aufspeichern. Während die Rateau-, Glocken- und Raumspeicher nur einige Hundert Kilogramm aufnehmen, was für deren Sonderaufgabe auch genügt, bedingt die Arbeitsweise bei Verwendung des Dampfes zu Koch- oder Heizzwecken, daß das 10- bis 100fache dieser Dampfmenge aufzuspeichern ist.

Die Möglichkeit, solche Dampfmengen aufzunehmen und abzugeben, hat der schwedische Ingenieur Dr. Johannes Ruths nachgewiesen. In der feuerlosen Lokomotive, die mit Dampfdrücken von 12 bis herab auf 1 bis 2 Atm. Überdruck arbeitet und deren Kessel nichts anderes darstellt als einen Dampfspeicher, war uns die von Ruths eingeschlagene Arbeitsweise schon wohlbekannt. Sein Verdienst ist, die Dampfspeicherung unter Zulassung größerer Druckschwankungen und unter Anwendung sinnreicher Schaltungen in die Kraft- und Wärmewirtschaft eingeführt zu haben.

Die Ruthsspeicher werden als große, liegende, zylindrische Behälter mit halbkugelförmigen Enden gebaut und zu 90 bis 95 % mit Wasser gefüllt. Im Innern des Behälters liegt das Dampfverteilungsrohr, von welchem nach unten kurze Rohrstutzen abzweigen, die zum Zwecke eines günstigen Wasserumlaufes von diffusorartigen Mundstücken umgeben sind, die bis fast auf den Boden des Behälters reichen. Der Höchstwert der Temperaturunterschiede im Wasserraum beträgt während des Ladens gewöhnlich weniger als 0,2° C. Der Dampf wird beim Entladen einem Dom entnommen und zwar durch eine Art Lavaldüse, die so berechnet ist, daß auch beim Höchstdruck des Speichers durch sie höchstens so viel Dampf ausströmt, als der Speicher ohne Gefahr des Überkochens abgeben kann. Rückschlagventile regeln selbsttätig die Ladung und Entladung. Die Ruthsschen Speicheranlagen arbeiten mit Druckunterschieden im Speicher von mehreren Atmosphären, beispielsweise von 6 auf 1 Atm., 3,5 auf 2 Atm., 3 auf 0,5 Atm. Ihre Speicherfähigkeit innerhalb solcher Druckgrenzen beträgt im allgemeinen 5000 bis 20000 kg Dampf. Es liegen aber bereits Ausführungen darunter bis zu 165 kg als auch darüber bis zu 36000 kg Ladungsvermögen vor. Die Entladungsgeschwindigkeit beträgt bei den größten bis jetzt gebauten Ruthsspeichern 100000 kg/St. In Abb. 131 ist die Abhängigkeit des Speichervolumens pro Tonne aufgespeicherten Dampfes innerhalb der praktisch vorkommenden Druckgrenzen des Dampfes bei 90% Wasserfüllung dargestellt. Der praktisch meist benützte Bereich liegt zwischen 10 und 30 cbm/t. Die Dauer der Dampfentnahme kann sich auf Stunden erstrecken.

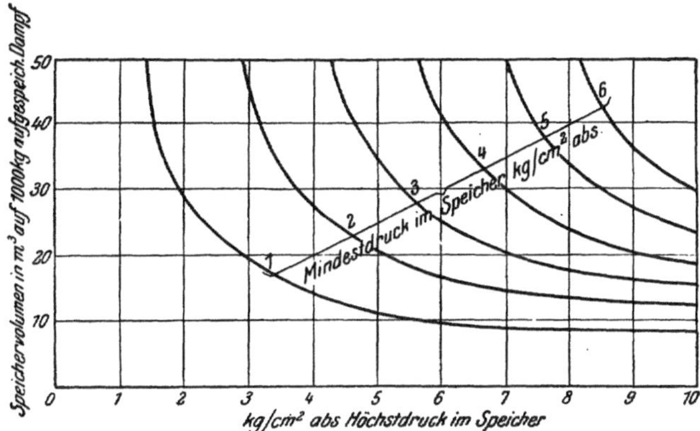

Abb. 131. Speicherfähigkeit des Ruths-Dampfspeichers.

Die Abkühlungsverluste der mit 100 mm Kieselgur, Kieselgur mit Korkplatten oder Magnesia isolierten Ruthsschen Speicher sind praktisch bedeutungslos. Ein kleiner Speicher von 85 cbm Rauminhalt und 4,6 Atm. Dampfanfangsdruck verlor in 24 St. bei einer mittleren Außentemperatur nur 7°C; bei größeren Speichern sind sogar nur 2,5 bis 3°C Abkühlung in 24 Stunden festgestellt worden.

Der wirtschaftliche Erfolg der Dampfspeicherung nach Dr. Ruths beruht darauf, den Speicher an eine Stelle der Dampfverwertung einzufügen, wo größere Druckschwankungen zulässig sind, als in den Dampfkesseln, und die Druckschwankungen selbst in ein niedrigeres Druckgebiet zu verlegen. Überall da, wo die Kessel außer Heizdampf auch Kraftdampf erzeugen müssen, sind Schwankungen im Kesseldruck von thermodynamischen Verlusten begleitet. Berücksichtigt man, daß die Dampfspeicher erheblich größere Raumabmessungen haben wie die Kessel, so begreift man, daß durch ihre Einschaltung die Kesselbeanspruchung eine viel gleichmäßigere wird, und dadurch wird die Möglichkeit geschaffen, den Hochdruckdampf bis herab zum jeweiligen Speicherdruck besser in einer Kraftmaschine auszunützen. Ein solcher Speicher kann geradezu die teuere elektrische Akkumulatorenanlage ersetzen. Bei allen dem dürfen wir nicht vergessen, daß jede Herabdrosselung des Dampfdruckes eine Entropievergrößerung, m. a. W. eine verpaßte Gelegenheit, aus Wärme mechanische Arbeit zu gewinnen, bedeutet.

Die Einordnung Ruthsscher Dampfspeicher in die Wärmeversorgung industrieller Betriebe sei an 3 nicht ganz einfachen Beispielen erläutert:

I. Brauerei. Kesseldruck 13 Atm. Üb. 300° C.
Dampfmaschine mit Zwischendampfentnahme 300 PS. Speicher von 165 cbm und 3800 kg Ladefähigkeit zwischen 3,5 und 2,0 Atm. Üb. parallel zum Aufnehmer geschaltet. Er erhält Dampf vom Hochdruckzylinder und gibt ihn ab in den Niederdruckzylinder und in das Sudhaus, in letzteres durch ein Reduzierventil mit 2 Atm. Üb. Füllung des Hochdruckzylinders wird durch Druckregler bei steigendem Kesseldruck vergrößert. Fliehkraftregler wirkt zunächst auf Niederdruck- sodann auf Hochdruckzylinder.
Vorteile: a) Größere Speichermöglichkeit als in den Kesseln. b) Verlegung der Druckschwankungen in das Gebiet von 3,5 bis 2,0 Atm. Dadurch Ausnützung des Hochdruckdampfes, solange Kraftbedarf überhaupt besteht, im Hochdruckzylinder von 13 auf 3,5 bis 2 Atm.

II. Zellstoffabrik. Kesseldruck 20 Atm. 325° C.
Dampfturbine mit Entnahme bei 9 und bei 2,8 Atm. Üb. Speicher von 345 cbm und 12000 kg Ladefähigkeit zwischen 2,8 und 0,7 Atm. Üb. hinter die Mitteldruckstufe der Turbine geschaltet und von dieser gespeist. Hoch- und Mitteldruckstufe der Turbine nach Maßgabe des Kraftbedarfes stets in erster Linie belastet. Fliehkraftregler wirkt zuerst auf Niederdruck, dann auf Mitteldruck, dann auf Hochdruckstufe.
Vorteile: sinngemäß wie bei I.

III. Zellstoffabrik. Kesseldruck 16 Atm. Ü. 350° C.
Dampfturbine mit Entnahme bei 6 und bei 1,5 Atm. Üb. Speicher von 260 cbm und 18000 kg Ladefähigkeit zwischen 6 und 1,5 Atm. Üb. parallel zur Mitteldruckstufe der Turbine geschaltet und vom Hochdruckteil gespeist. Düsenregulierung der Hochdruckstufe vom Kesseldruck aus beeinflußt, Mitteldruckstufe durch Druckregler von der I. und II. Entnahmeleitung aus. Fliehkraftregler wirkt auf Niederdruckteil und sodann auf Mittel- und Hochdruckstufe.
Vorteile: sinngemäß wie bei I.

Außer Wasser und Dampf werden bei der Aufspeicherung von Wärme noch benützt: Öl, das bis rd. 320° oder 6 Am. Druck verwendet wird, oder Beton und dergl., der Temperaturen von 350° und darüber aushält. Feste Körper als Wärmespeicher werden insbesondere bei Abgabe der Speicherwärme an Luft verwendet. Die spezifische Wärme pro Kilo ist für Öl 0,31, Ton 0,22, Beton 0,23 bis 0,31, Ziegel 0,22, Speckstein 0,24 bis 0,25, Schamotte 0,25.

Literatur über das vorbehandelte Gebiet.

Grunewald: Abdampfverwertungsanlagen. Z. V. d. I., S. 210, 1911.
Abgasverwerter von J. Cockerill, Wärmespeicher Bauart Sorge, Louis Schwarz & Co., Gustav Moll & Co., Balcke-Harlé. Wärmebilanz einer AEG-Abdampfturbine, Gegendruck-, Entnahme- und Zweidruckturbinen.
Wärmespeicher Balcke-Harlé. Z. V. d. I., S. 446, 1911.

Abdampfspeicheranlagen Balcke-Harlé. Z. V. d. I., S. 1483, 1911.

Schmidt, J.: Über Thermometrie, insbesonders die elektrischen Temperatur-Meß- und -Regulierapparate und ihre Verwendung in der Industrie und Technik. Schweiz. El. Z., S. 433, 1912.

Morison, D. B.: Wärmespeicher für Abdampfanlagen. Z. Turbinenwes., S. 298, 1912.

Ostertag, P.: Bemerkenswerte Anlagen von Turbokompressoren. Z. Turbinenwes., S. 421, 1912.
Das Zusammenarbeiten von Turbokompressoren und Wärmespeichern.

Höfer, K.: Versuche über die Wärmeübertragung von Dampf an Kühlwasser. Z. Turbinenwes., S. 113, 1914. Z. ges. Kälteind., S. 61, 1914. Mitt. a. d. Masch.-Lab. d. Techn. Hochsch. Berlin, V. Heft.

Deinlein, W.: Über die Verwendung der Maschinenabwärme für Heizzwecke unter besonderer Berücksichtigung der Heizflächenbemessung. Z. bayr. Rev.-Ver., S. 163, 1914.
Schaltungsplan einer Niederdruckdampfheizung aus einer Auspuffmaschine, einer Vakuumheizung aus einer Kondensationsmaschine, einer Warmwasserheizung aus einer Verbrennungskraftmaschine und einer Abgasheizung aus einer Verbrennungskraftmaschine. Arten der verschiedenen Wärmeübertragungsapparate. Formeln zur Berechnung der Wärmeübertragung von Gas an Luft, von Gas und Dampf an Rohre, von Rohren an Luft. Berechnung des Wärmeüberganges bei ruhender Außenluft, für Dampf, Wasser und Gase als Heizmittel bei 50, 100 und 150° C Oberflächentemperatur. Es verhalten sich die Heizleistungen von

	Dampf:		Wasser:		Luft:
bei 50° C wie	1,3	:	1,2	:	1
„ 100° C „	1,5	:	1,4	:	1
„ 150° C „	1,6	:	1,5	:	1

Formeln für die Wärmeübertragung von Dampf an Wasser, Wasser an Wasser, Luft an Luft. Vergleiche mit verschiedenen heizenden und beheizten Stoffen. Erforderliche Heizfläche für einen stündlichen Wärmebedarf von 250000, 500000 und 750000 Kal. bei Vakuumdampf-, Niederdruckdampf- und Warmwaserheizung aus Dampfmaschinen, Sauggasmaschinen und Ölmaschinen.

Hautog und Amonn: Größenbemessung und Wirtschaftlichkeit von Abdampfverwertungsanlagen. Glückauf, S. 569, 1914, I.
Berechnung der Größe von Abdampfspeichern verschiedener Systeme. Abdampfspeicher der Gutehoffnungs-Hütte.

Gramberg, A.: Versuche an einem Dampf-Wasserwärmer im Gegen- und Gleichstrom. Z. V. d. I., S. 170, 1914.
Versuchsreihen an einem Vorwärmer mit sehr engem Dampfquerschnitt mit Hochdruckdampf bis zu 10 Atm. Üb. Entsprechend der veränderlichen Temperatur des sich erst im Vorwärmer entspannenden Dampfes und des sich erwärmenden Wassers erweist sich der Gegenstrom vorteilhafter als der Gleichstrom.

Blau, E., Zur Entwicklung des Abdampfspeicherbaues. Z. Dampfk. Maschbtr., S. 361, 1915.
Ausführung der Wärmespeicher von Rateau, Balcke-Harlé und des Raumspeichers von Balcke.

Wunder, K.: Betriebserfahrungen mit Dampfspeichern. Glückauf, Nr. 43, 1915.

Schaeffer, W.: Entfernung von hartem Kesselstein aus Kondensatorrohren. Mit. V. El.-Werke, S. 53, 1915.
Die Kondensatoren wurden innerhalb drei Stunden mit Salzsäure von 22° Bé beschickt und darauf noch 20 Stunden lang der Einwirkung der im Überschuß vorhandenen Säure überlassen. Der feine Schlamm mit 83% Gehalt an kohlensaurem Kalk konnte alsdann aus den Rohren durch Leitungswasser fortgespült werden.

Heinicke: Entfernung von hartem Kesselstein aus Kondensatorrohren. Mitt. V. El.-Werke, S. 160, 1915.

Korrosionen an Kondensatorrohren. Mitt. V. El.-Werke, S. 190, 1915.

Stoper, A.: Korrosionserscheinungen an schmiedeeisernen Speiseleitungen, Vorwärmerröhren und Kesseln und deren Beseitigung durch das v. Walthersche Eisenspanfilter. Mitt. V El.-Werke, S. 355, 1915.

Döpke: Über Korrosionen an Vorwärmerrohren. Mitt. Vereinigg. El.-Werke, S. 364, 1915.

Margolis, Die Bewertung von Lufterhitzern unter besonderer Berücksichtigung des Rhombicus-Lufterhitzers. Z. V. d. I., S. 913, 1916.

Deinlein, W., Abdampfverwertung mit Wärmespeichern. Z. bayr. Rev.-V., S. 163, 1917. Z. Dampfk. Maschbtr. S. 206, 1918.

Tappert, F.: Über Abdampfverwertung. Z. Dampfk. Maschbtr., S. 145, 1917. Dingler, S. 229, 1917.
Nutzen der Einfügung eines Lufterhitzers zwischen Dampfmaschine und Kondensator. Rechnungsbeispiel.

Tappert, F.: Über Verdampfapparate. Z. Dampfk. Maschbtr., S. 329, 1917. Röhrenverdampfapparat, Verdampfapparat mit getrenntem Heiz- und Kochraum, Zirkulationsverdampfer.

Claassen, H.: Die Vorgänge beim Wärmedurchgang durch die Heizflächen von Verdampfern und deren Einfluß auf die Leistung. Zentralbl. Zuckerind., S. 898, 1917.

Schneider, L.: Versuche mit Speisewasservorwärmern und Speisepumpen für Lokomotiven. Z. V. d. I., S. 265, 1918.
Versuche an vier verschiedenen Röhrenvorwärmern über die Wärmeübertragung an fließendes Wasser bei verschiedenen Wassergeschwindigkeiten und Dampf von 1 Atm. und 1,2 Atm. abs. Spannung. Dampfverbrauch von Kolben-Dampfpumpen.

Schneider, L.: Die Wärmeabgabe von lufthaltigem Dampf an Wasser. Z. bayr. Rev.-V., S. 85, 1919.
Hinweis auf die schlechte Wärmeübertragung der Luft gegenüber Dampf. Versuche mit lufthaltigem Dampf. Maßregeln gegen das Eindringen von Luft in Kondensatoren und Vorwärmer.

Haack, E.: Vorrichtung zum Erkennen der vollkommenen Abdampfausnützung im Vorwärmer. W. f. Br., S. 167, 1919.

Hoefer, K.: Berechnung und Betriebsverhältnisse der Oberflächenkondensatoren unter Berücksichtigung der in den Kondensator eindringenden Luft. Z. V. d. I., S. 629, 1919.

Claassen, H.: Über Verdampfer und die Bestimmung der Leistung ihrer Heizflächen. Deutsch. Landw. Masch.-Bau, S. 101, 1919. Z. angew. Chemie, S. 241, 1919.

Erfahrungen mit Schlangenverdampfern und Verbesserungsvorschläge. Z. Dampfk. Maschbtr., S. 117, 1920.
Auszug aus der Dissertation: Kraushaar, O.: Über wirksame und wirtschaftliche Dampfwärmeübertragung beim Rohrschlangenverdampfer und Dampftellertrockner. Braunkohle, Nr. 21, 1919.

Abdampfturbine und Wärmespeicher. Z. V. d. I., S. 212, 1920.

Gröber, H.: Die Berechnung von Heiz- nnd Kühlrohren. Gesundhtsing. S. 301. 1920.

Schmitz, J.: Über Berechnung von Lufterhitzern und Abgasverwertern, insbesondere der Rhombicus-Lufterhitzer und Abgasverwerter. Gesundhtsing., S. 327, 1920.

Hausbrand, E.: Bestimmung der Flüssigkeitstemperaturen an jeder Stelle von Wärmeaustauschapparaten. Gesundhtsing., S. 527, 1920.

Schmidt, E.: Die elektrische Wärmespeicherung. Mitt. V. El.-Werke, S. 273, 1921.

Dampfspeicher mit unveränderlichem Rauminhalt. Z. V. d. l., S. 498, 1921.

Ruths, J.: Dampfspeicher, Z. V. d. I. S. 509, 1922.

Englert, F.: Der Ruths-Wärmespeicher, sein Wesen und seine Bedeutung für die dampfverbrauchenden Industrien. Die Wärme, S. 170, 1922.

De Grahl: Nutzen der Wärmespeicher. An. Glaser, S. 123, 1922.

Rüster: Der Ruths-Dampfspeicher. Z. bayr. Rev.-V., S. 28, 1922.

8. Widerstandswärme elektrischer Maschinen.

Der Leistungsfähigkeit elektrischer Maschinen und Apparate wird durch das zulässige Maß der höchsten Temperatur eine Grenze gesetzt. Durch zu hohe Temperaturen werden die Isolationen gefährdet; Kurzschlüsse und Brände können eintreten; zum mindesten wachsen die Wirbelstromverluste durch die Zerstörung der Papierisolation zwischen den einzelnen Blechen der Pakete. Das Altern der Transformatoren beruht auf einer Zunahme der Hysteresis durch lange Einwirkung hoher Temperaturen auf die Bleche. Die Übertemperatur umlaufender elektrischer Maschinenteile wird angegeben zu

$$t = \frac{A}{\Sigma F} \cdot \frac{333}{1 + 0{,}107\,v}$$ bei stark lackierter Oberfläche und

$$t = \frac{A}{\Sigma F} \cdot \frac{460}{1 + 0{,}25\,v}$$ bei schwach lackierter oder blanker Oberfläche.

Dabei ist A der Gesamtarbeitsverlust in Watt innerhalb des Maschinenteils, ΣF die Wärme abgebende Oberfläche in qcm und v die Umfangsgeschwindigkeit in m/Sek.

Die Übertemperatur muß soviel als möglich erniedrigt werden. Große Generatoren und Transformatoren, in besonderen Fällen auch Motoren werden durch Gebläseluft gekühlt. Künstlich gekühlte Transformatoren lassen sich um 15% höher belasten als ungekühlte. Kreyßig (s. u.) berichtet über die Kühlung von Transformatoren von je 1000 KVA Leistung bei einem Spannungsverhältnis von 6000 zu 10800 V. In der Stunde waren pro Transformator 18,5 in Wärme verwandelte KW oder 15900 Kal. abzuführen. Der Bedarf an Kühlluft bei Erwärmung der Luft um 10° C betrug 1,58 cbm/Sek. und /1000 KVA. Diese Zahl wurde auch bei Generatorwicklungen gefunden. Wenn die Anfangstemperatur der Kühlluft zwischen —10° und +32° C schwankt und die Endtemperatur gleichbleibend +40° C sein soll, muß die Fördermenge des Gebläses im Verhältnis 1:6 reguliert werden können.

Die entwickelte Wärme läßt sich in manchen Fällen ausnützen für Beheizung von Bureaus und zur Verwertung der Warmluft zum Trocknen und Darren, indem man die warme Kühlluft von 30 bis 40° C Höchsttemperatur durch Rohrleitungen an die Verwendungsstelle leitet. Da die Kühlluft sehr rein ist, kann sie mit dem Trockengut unmittelbar in Berührung treten. Derartige Anlagen sind besonders in der Schweiz und in Schweden ausgeführt worden, z. B. in Trollhättan, wo die Drehstromgeneratoren vollständig gekapselt sind und die von ihnen erwärmte Luft durch Kanäle dem entfernten Schalthaus behufs Heizung desselben zugeführt wird. Vorgeschlagen wurde auch schon, die warme Kühlluft mit etwa 50° C an Stelle von kalter Luft den Dampfkesselfeuerungen zuzuführen, was rd. 1% Kohlenersparnis ergeben würde. Dieses Verfahren ist besonders bei Unterwindfeuerungen anwendbar.

Literatur über das vorbehandelte Gebiet.

Schüppel, W.: Über den Einfluß der Oberflächenbeschaffenheit und Tourenzahl auf die Erwärmung der elektrischen Maschinen. Diss. Hannover, 1902.

Ott, L.: Untersuchungen zur Frage der Erwärmung der elektrischen Maschinen. Forschungsarbeiten, Heft 35 und 36.

Hinlein, E.: Ein Beitrag zur Frage der Erwärmung der elektrischen Maschinen. Forschungsarbeiten, Heft 98 u. 99.

Ausnützung der Wärme elektrischer Transformatoren für Luftheizung. Gesundhtsing., S. 611, 1912.

Zwei Transformatoren von je 120 KW geben bei 97,4% Wirkungsgrad in der Stunde 5400 Kal. ab. Die Lufttemperatur beträgt 35°C.

Trockenanlage im Anschluß an eine Turbodynamo. Mitt. V. El.-Werke, S. 308 1917.

Die warme Kühlluft eines 5000 KW-Turbogenerators wird im Elektrizitätswerk der Stadt Duisburg zum Trocknen von Gemüse und Obst auf Darrhorden benützt. Beschreibung der Anlage.

Kreyßig, Kühlung von Transformatoren durch Gebläseluft. Mitt. Vereinigg. El.-Werke 1920, S. 137.

Reichelt, A., Ausnützung der Abwärme elektrischer Generatoren. Z. Dampfk. Maschbtr., S. 177, 1920.

Vorschlag, die warme Kühlluft als Verbrennungsluft den Kesselfeuerungen zuzuführen. Die Verwendung der auf 50°C erwärmten Kühlluft der Generatoren als Verbrennungsluft in den Dampfkesseln ergibt 1,2% Kohlenersparnis (9 cbm Kühlluft/KW-St.)

9. Umwandlung elektrischer Überschußenergie in Wärme.

Eine Abfallenergie, die unter Umständen in großen Mengen zur Verfügung steht und auf einfache Weise in Wärme verwandelt werden kann, ist die hydroelektrische Energie. Mit Wasserkraft betriebene Überlandzentralen und industrielle Kraftwerke ohne Stauseen können häufig während großer Teile des Jahres, mindestens aber zu gewissen Tageszeiten und besonders nachts nicht alle Kraft verwerten, welche die Anlage zu erzeugen imstande wäre. Es liegt nahe, die überschüssigen Wassermengen durch die Turbinen zu leiten, wodurch kostenlos bedeutende Energiemengen gewonnen werden können, denn auf die Betriebskosten hat es keinen Einfluß, ob die Turbinen voll oder nur halb beaufschlagt laufen. Hier bietet sich nun oft eine Gelegenheit, durch Elektrizität Wärme zu erzeugen, welche entweder sofort verwendet oder für spätere Verwendung aufgespeichert werden kann. Bekanntlich entspricht 1 KW-St. elektrischer Energie einer Wärmeenergie von 860 Kal. Die Umsetzung elektrischer Energie in Wärme gelingt fast verlustlos.

Nach dem Verfahren von Nodon wird der elektrische Wechselstrom von 15 bis 20 Perioden zur Trocknung und Konservierung von Holz verwendet, indem die aus frisch gefällten Stämmen geschnittenen Hölzer übereinandergeschichtet und dabei zwischen die einzelnen Lagen teppichartige Elektroden gelegt werden. Dadurch werden die den größten Teil des Saftes bildenden hygroskopischen Stoffe zu Harz oxydiert, wodurch sie ihre ein rasches Trocknen verhindernden Eigenschaften verlieren. Das Verfahren erfordert eine Strommenge von 150 Amp.-St. pro cbm Holz bei einer Stromstärke von 4 bis 5 Amp. für Hölzer, die für Schreiner- und Möbelarbeiten bestimmt sind, und von 10 Amp. für Hölzer zur Herstellung von Pflasterklötzen, Eisenbahnschwellen usw. Bei vollsaftigen Hölzern beträgt die nötige Spannung des Stromes etwa 40 Volt.

Die elektrische Raumheizung ist normalerweiser etwa dreimal bis viermal so teuer als Gasheizung und 15 mal so teuer als Kohlenheizung. Sie kann also wirtschaftlich nur in Betracht kommen, wo billige Überschußenergie vorhanden ist. Die Umsetzung der Elektrizität in Wärmeenergie kann sowohl in Widerstandsheizkörpern für Gleichstrom unmittelbar an Luft oder durch Heizflächen hindurch an Wasser erfolgen als auch bei Wechselstrom durch Elektroden unmittelbar an Wasser oder Dampf. Widerstandsheizkörper sind außer für Raumheizung und Badewasserbereitung in Gebrauch als Fußwärmer, Haartrockner, Schaufensterwärmer, für Tee- und Kaffeekocher, Bügeleisen, Lötkolben, Luftduschen, ferner für die verschiedenartigsten technischen Zwecke, z. B. Aufschrumpfen von Zahnrädern, Lokomotiv- und Wagenradreifen, zum Nietenwärmen u. dgl.

Industrielle Heizanlagen im Anschluß an Gleichstromnetze werden vorderhand mit Widerstandheizung ausgeführt, wobei Draht- oder Bandwiderstände, die entweder freitragend oder eingebettet angeordnet sind, Verwendung finden. Als Widerstandsmaterialien kommen Eisen, Konstantan, Nickelin und Chromnickel in Betracht. Jede Stromart und Spannung bis zu 1200 V kann für Widerstandsheizkörper verwendet werden. Gleichstrom kommt nur noch selten vor. Elektroden würden durch die Elektrolyse bei Gleichstrom zerstört werden, auch Knallgasbildung wäre nicht ausgeschlossen.

Der elektrische Speicherofen wird in den zu beheizenden Räumen aufgestellt, wo man sich die Zentralheizung nicht leisten will oder kann. Er wird in der Regel während der Nachtstunden, 9 Uhr bis 6 oder 7 Uhr früh, geladen. Als Speichermaterial kommen feuerfeste Erde, Betonmischungen, sowie der Serpentinstein (Speckstein) in Betracht. Die Anschlußwerte der Öfen schwanken je nach Quadratmeter Oberfläche von 2 bis 5 KW. Die Blockspeicheröfen für Beheizung größerer Hallen und Fabrikräume werden in Einheiten bis zu 15 und 20 K-W. ausgeführt.

Bei einem Dampfpreis von

50 80 100 200 usw. M/1000 kg

darf der elektrische Heizstrom einen Preis von

6 9,6 12 24 usw. Pf./KW-St.

erreichen, bis zu welchem die elektrische Dampferzeugung billiger zu stehen kommt, als die Dampferzeugung aus Kohle. Die als Überschuß gewonnene elektrische Energie ist aber meistens sehr gering im Gestehungspreis, zuweilen ganz kostenlos, anzusetzen.

Durch Heizflächen hindurch kann aus Wasser Dampf von beliebiger Spannung erzeugt werden.

Auf den deutschen U-Booten wurden Widerstände aus Eisendraht in Stickstoff nach Patent R. v. Brockdorff vielfach verwendet. Bei diesem war ein bandförmiger Widerstand durch Einwickeln von Eisendraht in die Schlitze eines Tragkörpers aus keramischem Material hergestellt. Die Wärmeübertragung des mit etwa 1200° beanspruchten Drahtes erfolgte lediglich durch Strahlung auf den umgebenden Kessel. Bei der hohen Temperatur ist der spez. Widerstand des Eisendrahtes höher als jener der im Kriege nicht erhältlich gewesenen Nickellegierungen. Zu bemerken ist, daß Eisendraht in atmosphärischer Luft gebettet, nur mit 400° C beansprucht werden kann.

Warmwasserbereitungsanlagen im Anschluß an Gleichstrom- oder Wechselstromnetze sind nach diesem System wiederholt ausgeführt worden. In der schweizerischen Textilindustrie sind in zahlreichen Anlagen mit eigener Wasserkraft und Hochdruckdampfkesseln Einrichtungen geschaffen, um das Kesselspeisewasser auf elektrischem Wege mittels Überschußstrom so hoch vorzuwärmen, daß nur noch die Verdampfungswärme durch die Kohlenfeuerung aufgebracht werden muß. Auch zur Herstellung von Warmwasser für Färbereien dient dieses Verfahren.

Ohne Benutzung von Heizflächen erfolgt die Erwärmung und Verdampfung des Wassers durch Wechsel- oder Drehstrom von etwa 50 Perioden einfach mit Hilfe von Eisenelektroden.

Die ersten elektrischen Dampfkesselanlagen großer Leistung wurden in den Papierfabriken Håfreström (Abb. 132) und Langed in Schweden aufgestellt. Die Anlagen nach Entwürfen und Patenten von R. v. Brockdorff bestehen aus Dampfkesseln, in denen das Wasser selbst als elektrischer Widerstand dient. Der Widerstand des Wassers ist in hohem Maße von seinem Gehalt an gelösten Bestandteilen und in noch höherem Maße von der Temperatur abhängig. Bei steigender Temperatur fällt der Widerstand rasch ab. Erfahrungsgemäß liegt er bei Temperaturen zwischen 150 und 160° trotz verschiedenster Anfangswerte in kaltem Zustande doch innerhalb eines Bereiches von etwa 800 bis 2000 Ohm pro ccm. Das Wasser wird bei diesen Dampfkesseln durch senkrecht stehende Porzellanrohre an Elektroden, die durch isolierte Einführungen in den Kessel hineinreichen, vorbeigeführt. Eine bewegliche Gegenelektrode gestattet die Veränderung der Leistung. Die Kessel arbeiten mit Drehstrom, mit Spannungen bis zu 12000 Volt direkt, und erreichen Wirkungsgrade über 97%. Ein Nachteil dieser älteren Anlagen war der, daß ihre Regulierfähigkeit in ziemlich engen Grenzen lag. Es war nämlich bei kaltem Kessel nicht möglich, große Leistungen zu erzielen, so daß lange Anheizzeiten notwendig wurden. Bei dem unter Druck stehenden Kessel dagegen konnte die Leistung dann nicht weit genug herunterreguliert werden, so daß diese Anlagen hauptsächlich dort in Frage kamen, wo sie in 24 stündigem Dauerbetrieb mit nicht allzu schwankender Belastung arbeiten konnten.

Abb. 132. Elektrischer Drehstromdampfkessel. Papierfabrik Håfreström, Schweden.

Die neueren Konstruktionen **Brockdorffs** u. a. vermeiden diesen Übelstand durch besondere Maßnahmen bei der Wasserführung im Kessel, die die Regulierfähigkeit von den sehr großen Schwankungen des Wasserwiderstandes je nach Zusammensetzung und Temperatur des Wassers unabhängig macht. Bei diesen Anlagen kann in jedem Betriebszustand des Kessels sowohl bei Füllung mit kaltem Wasser wie unter Druck jede gewünschte Leistung eingestellt werden. Ein solcher Kessel ist in den Münchener Elektrizitätswerken in Betrieb, wo Überschußkraft von 5000 V Spannung zur Erzeugung von Dampf von 6 Atm. für das Volksbad oder wahlweise zur Bereitung von Warmwasser für eine Fernheizung Verwendung findet. Man erzielt bei derartigen Anlagen mit 1 KW-St. 1,25 kg Dampf oder mit 1 PS-St. 1 kg Dampf. Daraus folgt, daß das 24 stündige Jahrespferd im Vergleich zu einem mit Kohle beheizten Kessel mit achtfacher

Verdampfung 1 t Kohlen erspart. In Wirklichkeit wird achtfache Verdampfung im Dauerbetrieb bei Kohlenfeuerung kaum erreicht, so daß die Ersparnis noch höher anzusetzen ist. Die Bedienung der Anlagen kann durch den Schaltbrettwärter erfolgen, so daß solche Werke im höchsten Grade wirtschaftlich arbeiten. Der Dampf als Wärmeträger bietet gegenüber der direkten elektrischen Heizung in vielen Fällen wesentliche Vorzüge, da seine Temperatur nur eine Funktion der Spannung ist. Z. B. sind Papiermaschinen schwer für direkte elektrische Heizung einzurichten, weil bei Stillstand der Maschine das Papier verbrennen würde, wenn nicht umständliche automatische Regelvorrichtungen eingebaut werden. Diese Nachteile fallen bei Dampfheizung weg. Das gleiche gilt für sehr viele Koch- und Heizanlagen der Industrie, wo vieles von der genauen Einhaltung der Temperaturen abhängt.

Die nächtlich überschüssige elektrische Energie läßt sich verwerten zum Anwärmen von Speisewasser, Aufheizen von Kesseln, Kochern und feuerlosen Lokomotiven, Beheizen von Theatern, Magazinen, Vorheizen von Bureaus und Wohnräumen, Bereitung von aufzuspeicherndem Gebrauchs- und Badewasser; die an Sonn- und Feiertagen, bei der heutigen Arbeitszeit vielfach auch Samstag nachmittags, überschüssige Energie kann verwendet werden zur Beheizung von Kirchen, Museen, Vergnügungsstätten usf. Oft werden auch gewerbliche Betriebe, die nachts tätig sein können oder müssen, wie metallurgische Betriebe, Bäckereien, Trockenanstalten, Wäschereien usw. von der in Form elektrischer Überschußkraft zur Verfügung stehenden Wärme Gebrauch machen können. Besonders sollten elektrische Bäckereien, für welche selbstverständlich das Nachtbackverbot aufgehoben werden muß, in Gegenden starken Kohlenmangels errichtet werden. Die hierdurch erzielbare Kohlenersparnis ist ziemlich erheblich.

Daß größere elektrische Kesselanlagen in Deutschland noch nicht in größerer Anzahl erstanden sind, ist wohl darauf zurückzuführen, daß die Gelegenheit, Überschußstrom zu gewinnen, bei uns an sich nicht sehr häufig ist und durch das Arbeiten auf eine Sammelschiene immer seltener wird, da diese schon einen gewissen Ausgleich zwischen Tages- und Nachtverbrauch herbeiführt.

Literatur über das vorbehandelte Gebiet.

Elektrische Backeinrichtungen. Schweiz. El. Z., S. 121, 1912.

Rossander, C. A.: Der gegenwärtige Stand und die zukünftige Entwicklung der elektrischen Heizung. Schweiz. El. Z., S. 78, 1913.

Schulz, W.: Elektr. Badewasserbereitung. Haustechn. Rundsch., S. 4, 1913.

Elektrische Raumheizung. Haustechn. Rundsch., S. 131, 1913.

Ritter: Elektrische Kirchenheizungen. Haustechn. Rundsch., S. 313, 1913.

Schulz, W.: Über elektrische Raumheizung. Haustechn. Rundsch., S. 81, 1914.

Tschirner, H.: Elektrische Heizung von Gebäuderäumen. Gesundhtsing. S. 523, 1914.

Häßler, Ch.: Regulierbarer elektrischer Wärmespeicher. Schweiz. El. Z., S. 121, 1914.

Frank, H.: Betrachtungen über elektrische Raumheizung. Gesundhtsing., S. 358, 1915.

Baumann, S.: Elektrische Heizung. Gesundhtsing., S. 457, 1915.
Holztrocknung mittels Elektrizität. Ann. Glaser, S. 123, 1915, I.
Höhn, E.: Dampferzeugung durch Elektrizität mit Wärmeaufspeicherung. Schweiz. Bauz., S. 183, 1917, I. Z. Dampfk. Maschbtr., S. 389, 1917. Z. bayr. Rev.-V., S. 181, 1917. ETZ, S. 458, 1918.
Rutgers, F.: Anwendung der elektrischen Heizung für industrielle Zwecke. Schweiz. Bauz., S. 245, 1917, II.
Trautweiler, A.: Elektrische Vorwärmung des Lokomotivspeisewassers. Schweiz. Bauz., S. 35, 1917, II.
Vorschläge zur besseren Ausnützung der Elektrizitätswerke. Mitt. V. El.-Werke, S. 332, 1917.
Elektrische Wärmeapparate. Schweiz. El. Z., S. 409, 1917.
Schapira, B.: Konstruktion elektrischer Koch- und Heizapparate. Schweiz. El. Z., S. 379, 1917.
Betrachtungen über die elektrische Raumheizung. ETZ, S. 39, 1917.
Die Denaturierung des Heizstromes. ETZ, S. 41, 1917.
Elektrische Raumheizung und Temperaturregulierung. ETZ, S. 153, 1917.
Hasler, O.: Elektrische Warmwasserbereitung in Verbindung mit Zentralheizungsanlagen. Schweiz. Bauz., S. 187, 1917, I. ETZ, S. 181, 1917.
Hasler, O.: Die elektrische Heizung als Aushilfsheizung. Bull. Schweiz. E. V., S. 186, 1917. ETZ, S. 470, 1917.
Brotbacken mit billiger elektrischer Nachtkraft. ETZ, S. 588, 1917.
Der gegenwärtige Stand der Technik der elektrischen Kochapparate. Bull. Schweiz. E. V., S. 1, 1918. ETZ, S. 264, 1918.
Nüscheler: Die Anwendungsmöglichkeit der elektrischen Energie zu wärmetechnischen Zwecken. Z. bayr. Rev.-V., S. 174, 1918.
Hasler, O.: Betriebsergebnisse von Dampf- und elektrischen Backöfen. Mitt. V. El.-Werke, S. 332, 1918.
Herberg, G.: Untersuchungen an elektrisch geheizten Wärmespeichern. Forschungsarbeiten, Heft 214.
Coulon: Einige Erfahrungen an elektrischen Kochern und Anschlußvorrichtungen. Mitt. V. El.-Werke, S. 93, 1919.
Blau, E.: Heizung und Dampferzeugung mittels elektrischen Stromes. Z. Dampfk. Maschbtr., S. 17, 1919.
Gradenwitz, A.: Elektrisch beheizte Dampfkessel. Schweiz. El. Z., S. 115, 1919.
Passavant: Anwendung der elektrischen Heizung in der Industrie. Mitt. V. El.-Werke, S. 30, 1919.
Norden, K.: Industrielle Heizung in der Friedenswirtschaft. Mitt. V. El.-Werke, S. 105, 1919.
Heizung und Dampferzeugung mittels elektrischem Strom. Gesundhtsing., S. 274, 1919.
Über die Wirtschaftlichkeit des elektrischen Backofenbetriebes. Schweiz. Bulletin, S. 135, 1919.
Graf, F.: Einrichtung zum elektrischen Heizen von bestehenden Backöfen. Schweiz. Bulletin, S. 139, 1919.
Constam, E. G.: Der elektrische Dampferzeuger, System Revel. Schweiz. Bauzg., S. 282, 1919, I.
Beschreibung und Abbildung eines elektrischen gußeisernen Kessels mit feststehenden Elektroden, der bei 1 qm Grundfläche und 2,5 m Höhe mit 750 KW Belastung stündlich 950 kg Dampf erzeugt. Hinweis auf die günstige Verbindung mit Dampfspeichern zur Aufspeicherung billigen Nachtstromes in Form von Wärmeenergie.
Osten: Über elektrische Warmwasserversorgung. ETZ, S. 277, 1919.
Schneider, L.: Umwandlung elektrischer Überschußenergie in Wärme. Z. bayr. Rev.-V., S. 183, 1919.
Bauer, B.: Der Zusammenschluß der Kraftwerke zum Zwecke erhöhter Energieausnützung. Schweiz. Bauzg., S. 165, 1920, I.
Kummer, W.: Die elektrische Abfallenergie schweizerischer Wasserkräfte. Schweiz. Bauzg., S. 181, 1920, I.

Hottinger, M.: Die Betriebskosten verschiedener Raumheizarten und die Wärmespeicherung bei elektrischer Heizung. Schweiz. Bauzg., S. 16, 1920, II.
Constam-Gull, E. G.: Neuere Anwendungen der elektrischen Revel-Kessel in der Schweizerischen Industrie. Schweiz. Bauzg., S. 42, 1920, II.
Versuche mit einem Revel-Kessel von 95,7 % Nutzeffekt. Anwendungsbeispiele. Dampfspeicheranlage nach System Revel. Beschreibung der größten hydroelektrischen Dampfspeicheranlage in Europa. Speicherfähigkeit täglich 4 Mill. Kalorien. Wirkungsgrad in 24 Stunden über 83 %.
Immerschnitt: Die elektrische Heizung in der Industrie. Z. Dampfk. Maschbtr., S. 129, 1920.
Dampfkessel mit Drehstrom-Niederspannungselektroden, Elektrodensysteme, Drehstrom-Durchlauferhitzer mit Regulierung für Warmwasserbereitung, elektrische Dampfüberhitzer, Drehstrom- und Einwellenstrom-Hochspannungskessel, Niederspannungselektroden - Heißwasserkessel, Warmwasserheizanlagen, Speicheranlagen, Heizanlagen für Warmluft. Kohlengefeuerte Kessel mit elektrischer Nachtheizung.
Höhn, E.: Über elektrisch geheizte Dampfkessel und Wärmespeicher. Z. bayr. Rev.-V., S. 33, 1920.
Isolierte Widerstandsheizung, die wasserberührte Widerstandsheizung, Elektrodenkessel, Wärmewasserspeicher für Dampferzeugung, Wärmespeicherung durch Oel, Wärmespeicherung in Beton, Warmwasserheizung, wirtschaftliche Fragen.
Elektrische Dampfkessel. W. f. Pap., S. 256, 1921.
Elektrisch geheizter Großwasserraumkessel. Z. V. d. I., S. 757 u. 1075, 1921.
Sulzer, Gebr.: Entwicklung der elektrischen Heizung in der Schweiz. Gesundhtsing., Festnummer S. 18, 1921.
Gautschi, R.: Die Verwendung der Elektrizität in der Heizungstechnik. Gesundhtsing., S. 13, 1921.
Wullschleger, H.: Zum gleichen Gegenstand, ebenda S. 568.
Sulzer, Gebr.: Zum gleichen Gegenstand, ebenda S. 581.
Elektrische Heizung in der Schweiz (aus Gesundhtsing. S. 13/14, 1921.) Z. V. d. I., S. 277, 1921
Ein neuer Warmwasserbereitungs-Apparat für hochgespannten Drehstrom. Mitt. V. El.-Werke, S. 56, 1921.
Hindelang: Dampf- und Warmwassererzeugung in elektrischen Dampfkesseln. Z. bayr. Rev.-V., S. 84, 1922.
Wärmeversorgung des Volksbades und des deutschen Museums in München durch einen Elektrodampfkessel, Bauart Brockdorff.

10. Kraftverdampfung und Wärmepumpe.

Die Kraftverdampfung mittels der Wärmepumpe ist ein heute so viel erörtertes Verfahren, daß sie hier nicht unbesprochen bleiben darf. Ähnlich wie im vorhergehenden Abschnitt, wird bei der Kraftverdampfung Wärme in der Regel aus Abkraft erzeugt, also etwa der entgegengesetzte Weg eingeschlagen, wie bei der Abwärmeverwertung zur Krafterzeugung, welche im Kapitel „Gasmaschinen" behandelt worden und beim Betrieb von Abdampfturbinen üblich ist. Die Beziehungen der Kraftverdampfung zur Abwärmeverwertung zu Heizzwecken sind sehr vielfache und enge.

Bei der Kraftverdampfung wird den aus einer Flüssigkeit, einer Lösung oder aus feuchten Körpern ausgetriebenen Dämpfen durch Aufwendung mechanischer Arbeit unter Druck- und Temperatursteigerung Wärme zugeführt, so daß diese Dämpfe, Brüden oder Schwaden genannt, selbst als Heizmittel ihres Ausgangsstoffes verwendet werden können. Man spricht deshalb auch von Schwadenverdichtung oder Brüdenkompression. Es ist auf diese Weise möglich, fast ohne Aufwand von Brennstoff einen Verdampfungs-, Eindampfungs- oder Trocknungsprozeß nur durch Aufwand mechanischer Arbeit durchzuführen. Die Maschine oder der Apparat, in welchem die mechanische Arbeit in Wärme umgesetzt wird, heißt Wärmepumpe, weil gewisser-

Abb. 133. Kraftverdampfer für die Eindickung von Milch, geliefert für die Genossenschaft für Milchtrocknung Sulgen (Schweiz) von der Metallbank und Metallurgischen Gesellschaft A.-G., Frankfurt a. M.

Stdl. Wasserverdampfung 1500 kg. Verdampfungstemperatur 60 bis 65° C. Eindickungsverhältnis 1:4. Kraftverbrauch des Brüdenkompressors 30 bis 32 KW.

maßen die den Brüden innewohnende Wärme auf eine höhere Temperaturstufe gepumpt wird.

Die Wärmezufuhr durch Verdichtung hat möglichst adiabatisch zu erfolgen; der theoretisch aufzuwendende Betrag kann sehr einfach dem I-S-Diagramm entnommen werden. Die Schwaden können Unterdruck als auch atmosphärischen besitzen, sie können spezifisch feucht oder trocken gesättigt sein. Die aufzuwendende mechanische Arbeit ist zunächst nur abhängig vom Anfangsdruck der Schwaden und der gewünschten Druckerhöhung. Bei trocken gesättigten Schwaden führt die Verdichtung in das Gebiet der Überhitzung. Die Überhitzungstemperaturen sind aber für die Wärmeübertragung nie zu berücksichtigen, sondern nur die Sättigungstemperaturen, die sich bei der oberen Druckstufe ergeben. Auf welchen Druck man zu verdichten hat, hängt von dem Temperaturgefälle ab, das für eine ausreichende Verdampfung nötig ist. Je größer die Heizfläche, desto geringer nur braucht der Temperaturunterschied zwischen heizendem und beheiztem Stoffe zu sein. Dabei ist sehr zu beachten, daß wohl die aus Wasser, dünnen oder dicken Lösungen oder aus feuchten Körpern ausgetriebenen Schwaden in jedem Falle die ihrem Drucke nach der Regnaultschen Tabelle für Wasserdampf entsprechende Temperatur besitzen, daß dagegen die Lösung, sei sie eine chemische oder eine kolloidale, oder der feuchte Körper eine nicht unbedeutend höhere Konzentrationstemperatur haben kann. Beispielsweise kann eine Lösung bei 105 Grad sieden; die daraus entweichenden Schwaden haben 100 Grad. Sie müssen also auf einen Druck entsprechend 105 Grad Sättigungstemperatur verdichtet werden ohne ein nützliches Temperaturgefälle gegen ihren Ausgangsstoff zu erhalten; erst die weitere Verdichtung macht sie als Heizmittel geeignet.

Die jeweilige Siedetemperatur der Lösung ist mittels der Methoden der Thermodynamik der Mehrkörpersysteme oder der Thermochemie[1]) zu ermitteln. Schreber[2]) gibt für die Berechnung der Verdampfungswärme aus einer Lösung eine eintache Formel an, von deren Wiedergabe jedoch hier abgesehen sein mag, da sie durch schon vorbereitete Versuche noch nachzuprüfen ist. Sehr bemerkenswert ist es, daß für Lösungen mit gleicher Verdünnungszahl die zu einem bestimmten Dampfdruck gehörige Siedetemperatur nahezu unabhängig vom gelösten Stoff ist. Jedenfalls sind die Abweichungen kleiner als die Unsicherheit in der Kenntnis der Wärmedurchgangsziffer durch die Heizfläche. Die Verdünnungszahl ist die Zahl der Molen Wasser, in welchen in der vorhandenen Lösung eine Mole des gegebenen Stoffes gelöst ist. Eine Mole Wasser ist $(1\,H_2O) = 2 + 16 = 18$; eine Mole Natron $(1\,NaOH) = 23 + 16 + 1 = 40$; eine Mole Zucker $(1\,C_{12}H_{22}O_{11}) = 342$.

Um aus dem theoretischen Arbeitsaufwand zur Verdichtung den tatsächlich notwendigen zu finden, ist ersterer noch mit dem effektiven thermodynamischen Wirkungsgrad der Wärmepumpe zu multiplizieren. Die Wärmepumpe kann ein Kolbengebläse, ein Schleudergebläse oder ein Dampfstrahlgebläse sein.

Bezeichnet p' den Druck der Schwaden in Atm. abs., p'' den Druck der verdichteten Schwaden in Atm. abs., Q die Menge der zu verdichtenden Schwaden in cbm/Sek., η_K den mechanischen Wirkungsgrad des Kolbengebläses, so beträgt der Arbeitsaufwand zur Verdichtung von Q cbm Schwaden pro Sek.:

[1]) Z. B. Sackur; Lehrbuch der Thermochemie und Thermodynamik. Berlin: Julius Springer, 1912.

[2]) Z. Dampfk. Maschbtr., S. 144, 1921.

$$N = \frac{10000 \frac{1,4}{0,4} p' \left[\left(\frac{p''}{p'}\right)^{\frac{0,4}{1,4}} - 1\right]}{\eta_K \cdot 75} Q \text{ Pferdestärken}$$

Die Formel für Schleudergebläse lautet einfach:

$$\text{Arbeitsaufwand } N = \frac{Q \cdot h}{\eta_S \cdot 75} \text{ Pferdestärken},$$

worin Q die Menge der in einer Sek. zu verdichtenden Schwaden in cbm, h die Spannungserhöhung in mm Wassersäule und η_S der mechanische Wirkungsgrad des Schleudergebläses ist.

η_K kann man durchschnittlich zu 0,7,
η_S zu 0,55 ansetzen.

Gegenüber trocken gesättigtem Dampfe von 1 Atm. abs. Ausgangspunkt beträgt nach obigen Formeln berechnet:

Zahlentafel 54.

Der Verdichtungsdruck Atm. abs.	Die Temperatursteigerung °C	Der Arbeitsaufwand zur Verdichtung von 1 kg/Sek. in einem Kolbengebläse PS	Schleudergebläse PS
1,1	2,6	32	42
1,2	5,1	63	83
1,3	7,5	89	125
1,4	9,6	115	167
1,5	11,7	140	209
1,6	13,6	168	250
1,7	15,4	187	291
1,8	17,2	211	333
1,9	18,9	230	375
2,0	20,5	250	417

Die Arbeitsleistung der Wärmepumpe kann, wie schon erwähnt, auch einfach aus dem I-S-Diagramm bestimmt werden, falls ein solches zur Hand ist. Beträgt z. B. der adiabatische Wärmeunterschied bei der Verdichtung von 1,0 auf 2,0 Atm. abs. 36 Kal. und der thermodynamische Wirkungsgrad der Wärmepumpe η, so ist zur Verdichtung von 1 kg/Sek.-Schwaden eine Leistung aufzuwenden von

$$\frac{36 \times 425}{\eta \times 75} \text{ PS}$$

η kann man bei Kolbengebläse etwa $= 0,80$,
bei Schleudergebläse „ $= 0,50$ wählen.

Ob man das eine oder das andere Gebläse zu wählen hat, hängt vom Anfangsvolumen der Schwaden und von ihrem Verdichtungsverhältnis ab, schließlich auch von der Gesamtmenge der in der Zeiteinheit entstehenden Flüssigkeitsdämpfe. Die Frage muß übrigens noch durch Versuche geklärt werden.

Unter günstigen Umständen sind mit 1 PS Energiebedarf schon bis zu 65 kg Wasser verdampft worden. Die Wärmepumpe hat besonders dort eine Zukunft, wo Brennstoffe teuer sind oder eine billige Wasserkraft oder Abfallkraft zur Verfügung stehen, also besonders da, wo weitgehende Abwärmeverwertungsmöglichkeit die Kraftgestehungskosten verbilligt. Die Wirtschaftlichkeit der Kraftverdampfung wird gefördert durch Beachtung folgender Punkte:

1. Man muß suchen, den Temperaturunterschied zu beiden Seiten der Heizfläche möglichst klein zu halten.
2. Man hat dafür zu sorgen, daß der Flüssigkeitsdruck auf die Heizfläche möglichst gering wird. (Folgt aus 1.)
3. Man hat die Wärmeverluste nach außen möglichst gering zu machen.
4. Die Flüssigkeit muß gut entgast und ein Eindringen von Luft in den Schwadendampfraum möglichst ausgeschaltet sein. Dies bringt besondere Schwierigkeiten beim Arbeiten im Vakuum mit sich.
5. Man muß unter allen Umständen bei möglichst starkem Druck eindampfen, da es für jeden Druck des Heizdampfes bei gegebenen Temperaturunterschied zu beiden Seiten der Heizfläche eine Grenze des Reichtums der Lösung gibt, von der ab ein Eindampfen durch mechanische Arbeit allein nicht mehr möglich ist, wo also Brennstoffwärme zugesetzt werden muß[1]).

Im allgemeinen ist die Mahnung Claaßens zu beherzigen: „Nicht darauf kommt es im praktischen Betriebe an, daß die Wärmepumpe Dämpfe verdichtet und wieder nutzbar macht, sondern darauf, daß für die gesamte Anlage einschließlich der Krafterzeugung weniger Dampf verbraucht wird als bei der Arbeit ohne Wärmepumpe“[2]).

Literatur über das vorbehandelte Gebiet.

Wirth, E.: Zur Frage der Wirtschaftlichkeit der Eindampfung mit Brüdendampfverdichtung. Papierfabr., S. 482, 1920.

Wirth, E.: Die spezifische Verdampfungsleistung bei Brüdendampfverdichtung. Papierfabr., S. 703, 1920.

Wirth, E.: Der Schutz von Kreiselverdichtern gegen Korrosionen beim Eindampfen von Sulfitablauge. Papierfabr., S. 873, 1921.

Dahme: Die Wärmepumpe. Z. Dampfk. Maschbtr., S. 153, 1920.

Hottinger, M.: Die Wärmepumpe. Schweiz. Bauzg., S. 107, 1920, II. Ausführungsarten, die erzielbaren Wärmeleistungen, die Kosten der Wärmegewinnung mittels der Wärmepumpe.

Schreber, K.: Die Wärmepumpe. Z. Dampfk. Maschbtr., S. 349, 1920 und S. 61, 1921, sowie S. 143, 1921.

Flügel, G.: Wärmewirtschaft und Anwendungsformen der Wärmepumpe. Z. V. d. I., S. 954, 1920. Aufstellung von Wirtschaftlichkeitsgleichungen für Eindampfen ohne und mit Schwadenverdichtung im Einkörperapparat, im ersteren Fall durch Frischdampf als auch durch Abdampf als Heizmittel, Schwadenverdichtung

[1]) Schreber: Z. Dampfk. Maschbtr., S. 398, 1920.

[2]) Z. V. deutsch. Zuckerind., S. 440, 1921.

mit elektrischem Antrieb, mit Antrieb durch Heizungskraftmaschinen, mit Frischdampf-Strahlgebläse. Stufenverdampfer. Vergleich der Rentabilität, Anwendungen der Wärmepumpe. Vorschläge zur Kochsalzbereitung, zum Trocknen.
Kritik hieran von Schreber, siehe Z. Dampfk. Maschbtr., S. 62, 1921.
Wirth, E.: Fortschritte in der Verwertung der Sulfitablauge durch Eindampfen unter Anwendung der Wärmepumpe. Fest- und Auslandsheft des Papierfabr., S. 70, 1921.
Ombeck, W.: Versuche an Wasserdestillationsanlagen mit Wärmepumpe. Z. V. d. I., S. 64, 1921.
Klein, R.: Neuzeitliche Einrichtungen zur Erzeugung von Kesselspeisewasser. Z. Dampfk. Maschbtr., S. 25, 1921.
Verdampfanlagen mit Brüdenkompressor, Verdampfanlagen Bauart Balcke, Verdampfer mit Impfanlage. Leistung 3,5 bis 4 kg Destillat mit 1 kg Frischdampf, Abdampf- und Abgasverwertung für Speisewasserbereitung.
Claaßen, H.: Die Wärmepumpe und ihre Anwendung zum Verdampfen von Wasser und wässerigen Lösungen. Z. V. deutsch. Zuck.-Ind., S. 440, 1921.
Fried, H.: Wärmewirtschaft und Anwendungsformen der Wärmepumpe. Z.V.d.I., S. 188, 1921.
Wirth, E.: Erfahrungen an Eindampfanlagen mit Wärmepumpe. Z. V. d. I., S. 1183, 1921.

III. Spezielle Abwärmeverwertung.

1. Bierbrauerei.

In der Bierbrauerei ist die Verwertung der Abwärme von Kesseln und Dampfmaschinen seit geraumer Zeit heimisch. Es gibt auch kaum einen Industriezweig, bei dem Wärme und Kälte eine so hohe Bedeutung besitzen und wo der Wärmebedarf das ganze Jahr hindurch andauernd so gleichmäßig bleibt wie hier. Die Bierbrauereien waren deshalb auch unter den ersten Betrieben, welche sich die Vorteile der Abdampfverwertung zunutze machten. Die Braufachleute haben sich so ihres berühmten Fachgenossen James Prescott Joule, des großen Physikers und Bierbrauers, würdig gezeigt. Immerhin bietet gerade die Bierbrauerei noch ein dankbares Feld für Verbesserungen auf diesem Gebiet. Ein Kenner der Verhältnisse im Brauereifach, Prof. Dr. Haack, betonte auf der Oktobertagung 1912 der Versuchs- und Lehranstalt in Berlin, daß eine der hervorragendsten Aufgaben zur Verbilligung des Betriebes zunächst noch die rationelle Ausnützung des Abdampfes bleibe. Zweifellos sind in der Zwischenzeit gute Fortschritte gemacht worden, aber manche Kalorie kann noch geholt werden, und bei Betriebsumstellungen und Neuanlagen von Brauereien müssen die Forderungen rationeller Wärmewirtschaft mit in erster Linie erfüllt sein. In einem Brauereibetriebe ohne Mälzerei von 50000 hl Jahresausstoß werden mindestens 1000 t guter Steinkohle jährlich verfeuert (Haack). Gerade die Brauereien kämpfen aber beim Brennstoffbezug unter den heutigen — und leider noch nicht absehbaren — Verhältnissen der amtlichen Zuteilung nach volkswirtschaftlichen Notwendigkeiten mit den ungünstigsten Umständen. Rohbraunkohle, Torf, Wurzelholz sind heute im Kesselhaus der Brauerei heimisch geworden. Manche Brauerei sah sich, ihrer besseren Einsicht entgegen, gezwungen, die eigene Wärmekraftanlage stillzulegen und elektrischen Kaufstrom zu beziehen, nur um wenigstens den Betrieb nicht schließen zu müssen. Wärmewirtschaftlich ist dies nicht, aber privatwirtschaftlich begreiflich!

Anderwärts scheint man unsere Leistungen auf dem Gebiet der Abwärmeverwertung noch nicht einmal erreicht zu haben; so schreibt K. Fritz[1]): Die Zwischen- und Abdampfverwertung ist schon seit vielen Jahren Gemeingut der deutschen Fachgenossen, während man sich in Österreich überhaupt noch nicht darüber schlüssig ist, ob sie sich für Brauereien eignet.

Genaue und zahlreiche Erhebungen haben ergeben, daß sich für mittlere und größere Brauereien der Wärmeverbrauch auf 100 000 bis 120 000 Kal./hl Bierausstoß beschränken lasse. Der geringste ermittelte Wert war 70 000 Kal./hl. Haack fand aber auch Großbrauereien mit einem Wärmeverbrauch von 250 000 bis 300 000 Kal./hl. Nach anderen Angaben[2]) schwankten die Kohlenkosten pro hl erzeugtes Bier in einer Reihe von mittleren und Großbetrieben zwischen 30 und 100 Pf. (Vorkriegspreise!) Diese Zahlen beweisen, daß die Wärmeausnützung noch sehr ungleichmäßig erfolgt. Mit Recht wird — und dies gilt nicht nur für den Brauereibetrieb — darauf hingewiesen, daß bei der Dampferzeugung im Kessel und bei der Dampfausnützung in Kraftmaschinen um verschwindend kleine Beträge gefeilscht wird, während die übrige Dampfverwendung noch ganz im argen liegt. Etwas mehr Toleranz im ersten und mehr Genauigkeit im letzten Punkt würde der Wirtschaftlichkeit des Betriebes oft sehr zustatten kommen,

Nach Fehrmann beträgt der Gewinn durch Abdampf- oder Zwischendampfkochung allein 31—40 % des Gesamtwärmeverbrauches im Sudhaus. Dieser selbst wird zu 25 % des Gesamtwärmeverbrauches der Brauerei angegeben. Bei einer Sudzahl von 250 im Jahr beläuft sich die Ersparnis auf 8 %, bei 500 Suden auf 12 bis 13 %. Dazu kommt noch die wesentliche Ersparnis durch die Abdampfverwertung an anderen Wärmeverbrauchsstellen des Betriebes.

Bei vollkommener Abwärmeausnützung läßt sich der Kohlenverbrauch pro hl Bierausstoß auf etwa 13 kg Steinkohlen zurückführen.

Die Hälfte des gesamten Kraftbedarfes in der Brauerei entfällt auf den Betrieb der Kältemaschinen. Außerdem wird Kraft benötigt für Beleuchtung, Wasserbeschaffung, Antrieb von Rührwerken, Maisch- und Würzepumpen, Aufzügen, der Treberpresse, für Hilfsmaschinen in der Eisfabrik und in der Flaschenkellerei, ferner bei angegliederter Mälzerei für Luftförderanlagen für Gerste und Malz, mechanische Keimgutwender, Maschinen zum Reinigen und Sortieren der Gerste und des Malzes, zum Putzen des Malzes usw.

Die Abwärme kann in Brauereien nutzbar gemacht werden zu Trocknungszwecken, zur Warmwasserbereitung und zur Dampfkochung, zum Pasteurisieren, Pichen und Entpichen.

[1]) VII. Jahrb. d. öst. Akad. f. Brauindustrie, S. 59, 1919.
[2]) Z. ges. Brauwes., S. 469, 1909.

Warme Luft wird zunächst zum Entfeuchten der Rohmaterialien, Hopfen und Malz, gebraucht.

Für das Trocknen des Hopfens werden dafür Temperaturen von 21 bis 60° C in Vorschlag gebracht. Die Ansichten der Sachverständigen auf diesem Gebiet gehen ziemlich weit auseinander. Man nimmt an, daß beim Trocknen des Hopfens bei höheren Temperaturen ein Teil der Weichharze, die den Hauptbrauwert des Hopfens ausmachen, in Hartharz, ein wertloses Produkt, verwandelt wird.

Die Trocknung der Gerste erfolgt bei Temperaturen von 50 bis 60° C und einer Trocknungsdauer bis zu 24 Stunden. Außer der für verlustfreie Lagerung notwendigen Entfeuchtung, die je nach dem Erntejahr verschieden ist, wird damit auch die Abtötung des überaus schädlichen schwarzen Kornkäfers erreicht.

Das Malzen ist ein physikalischer Vorgang, indem der Gerste zunächst noch Wasser entzogen wird, hauptsächlich jedoch ein chemischer Prozeß, nämlich Umwandlungen von Kohlenhydraten und Eiweißstoffen durch Enzymwirkungen. Der Prozeß ist vielgliedrig und besteht in Umwandlung des Zuckers (Invertase), Verzuckerung der Stärke (Diastase), Abbau der Eiweisstoffe (Peptase), Spaltung der Fette (Lipase) und Lösung des Zellstoffes (Cytase). Der erste Vorgang beim Malzen besteht im Keimen der Gerste. Die Gerste wird hierzu kalt oder in einer Warmwasserweiche von etwa 30° C Temperatur eingeweicht.

Für schlecht keimende Gerste bedient man sich der Heißwasserweiche. Dabei beträgt die Wassertemperatur 40 bis 50° C und die Weichdauer 10 bis 25 Minuten. Auch bei normal keimender Gerste wendet man mancherorts die Heißwasserweiche dergestalt an, daß man 5 bis 6 Stunden vor dem Ausweichen Warmwasser von 40 bis 50° C in die Weiche gibt und nach einigen Minuten wieder abläßt. Der Haufen kommt bei diesem Verfahren mit ca. 20° auf die Tenne, wo infolge dieser hohen Temperatur der Wachstumprozeß sofort einsetzt[1]).

Die Heißwasserweiche von 50 bis 100° C Temperatur ist heute wieder verlassen.

Nach dem Weichen kommt die Gerste zum Keimen auf die Malztenne in Schichten von 12 bis 30 cm, bis sich 6 bis 8 mm lange Würzelchen gebildet haben. Der Keimprozeß wird sodann unterbrochen und das „Grünmalz" auf dem Trockenboden und auf der Malzdarre mittels Heißluft gedarrt. Die Heißluft kann entweder in einer eigenen Feuerung oder durch Maschinenabdampf erzeugt werden. Bei zwei mit direkter Feuerung angestellten Versuchen[2]) betrugen unter Zugrundelegung eines Wärmepreises von 31,6 bzw. 37,8 Pf. pro 100000 Kal., die Kohlenkosten pro 100 kg fertiges Malz 44,1 bezw. 44,4 Pf. (Vorkriegspreise!) Diese Zahlen geben einen Anhaltspunkt, um die Wirtschaftlichkeit der Abdampflufterhitzung an Stelle der Feuertrocknung nachzuprüfen.

---

[1]) Z. ges. Brauwes., S. 65, 1909. [2]) Z. bayr. Rev.-V., S. 81, 1911.

Die Temperaturen beim Darren betragen meist 60 bis 70° C. Unter 46 Stunden Dauer wird selten gedarrt.

In neuerer Zeit, wo die Versteuerung des Malzes nicht mehr nach dem Raummaß, sondern allgemein nach dem Gewicht erfolgt, gewinnt das Nachtrocknen des Malzes kurz vor seiner Verarbeitung steigende Bedeutung. Die Trockenvorrichtung, ähnlich dem Ottoschen Trebertrocknungsapparat, besteht aus einer durchlochten rotierenden Trommel; in der sich ein ebenfalls rotierendes Dampfrohrbündel befindet, das mit Abdampf geheizt wird. Getrocknet werden Malze mit einem Mindestfeuchtigkeitsgehalt von 5 bis 6%. Das Korn wird etwa 10 Minuten dem Trocknungsprozeß unterworfen und kommt hierauf sofort zum Verschroten.

Die Ersparnis an Malzsteuer nach Trocknung von 5 auf 3% beträgt bereits ca. 2.5%, Dieser Vorteil dürfte schon bei einer mittleren Brauerei mit 8000 bis 10000 Ztr. Malzverarbeitung ins Gewicht fallen, um so mehr natürlich bei größeren Brauereien. Eine weitere Ersparnis ergibt sich aus der Qualitätsverbesserung, da das getrocknete Malz eine höhere Sudhausausbeute liefert als das feuchte[1]). Zum Trocknen wird Abdampf von atmosphärischer Spannung ausgenützt, da die Warmluft nicht viel über 100° C haben darf, weil sonst Nachfärbung des Malzes eintritt und der Extraktgehalt leidet. Die günstigste Temperatur wird zu 95° C angegeben[2]).

In geringeren Mengen wird Heißluft zum Trocknen der Hefe benötigt. Die Naßhefe hat einen Feuchtigkeitsgehalt von ca. 80%. Sie wird in einem mit Dampf geheizten Tellertrockenapparat bis auf 5% Wassergehalt getrocknet. Der vielfach gebräuchliche Apparat von Oschatz wird mit Frischdampf von 6 bis 7 Atm. Spannung geheizt. Es unterliegt aber durchaus keiner Schwierigkeit, Zwischendampf von 1 bis 3 Atm. Spannung zum Trocknen zu benützen.

Die Trockenhefe enthält 50 bis 54% Eiweiß und ist ein vorzügliches Futtermittel. Zur Nährhefefabrikation muß die Trockenhefe gewaschen und entbittert werden. Bei 250000 hl Bierausstoß fallen rund 10 hl dickbreiige Hefe an.

Endlich beansprucht die Trebertrocknung nicht geringe Wärmemengen. Hier ist der Abdampf mit besonderem Vorteil zu verwenden, da die hohe Temperatur des Frischdampfes von ungünstigem Einfluß auf den Wert des Trockengutes ist.

Der Apparat von Hecking besteht aus einer doppelwandigen mit Dampf geheizten Innentrommel, durch welche die nasse Treber axial geschoben und vorgetrocknet wird. Sie gelangt dann in eine ebenfalls geheizte äußere Trommel, aus welcher sie fertig getrocknet in eine Sammelgrube entleert wird. Man rechnet aus 1000 kg Einmaischquantum etwa 1200 kg ungepreßte Naßtreber oder 300 kg Trockentreber, zu deren Entwässerung 1000 kg Abdampf von Atmosphärenspannung gebraucht werden. Wird die Treber vor dem Trocknen bis auf rund 50% Feuchtigkeitsgehalt ausgepreßt, so kommt man

[1]) Z. ges. Brauwes., S. 425, 1910. [2]) Z. ges. Brauwes., S. 641, 1911.

mit einer Abdampfmenge von 550 bis 650 kg pro 1200 kg ungepreßte Naßtreber aus. Die modernen Trockenapparate arbeiten mit 90 bis 93% Wärmewirkungsgrad.

Die Trockentreber enthält noch 7 bis 12% Feuchtigkeit und beträgt 27 bis 30% der Einmaischmenge. Der Wert getrockneter Treber als Futtermittel für Milchkühe und zur Aufzucht und Ernährung von Pferden ist sehr hoch. In der Naßtreber bilden sich im Sommer leicht Säuren und Schimmelpilze, die fürs Vieh schädlich sind.

Nach Koenig ist die Zusammensetzung

	Wasser	Roh-protein	Roh-fett	Stickstofffreie Extraktstoffe	Roh-faser	Asche
von Naßtreber in frischem Zustande . . . . . %	76,22	5,07	1,69	10,64	5,14	1,24
von Trockentreber . . %	9,5	20,62	7,0	42,2	16,0	4,7

(Zahlentafel 55.)

Abgesehen vom Trocknen und Darren kann der Abdampf im Brauereibetrieb zur Bereitung von Warm- und Heißwasser Verwendung finden, worin der Bedarf sehr hoch ist. Außer, wie schon erwähnt, zum Einweichen, werden große Mengen Warmwasser für verschiedene Reinigungszwecke benötigt. Pro 1000 kg Malzschüttung = ca. 52 hl Biererzeugung kann man im Durchschnitt 20 bis 30 hl Reinigungswasser, je nach der Ausdehnung der Flaschenkellerei veranschlagen.

Der größte Teil des im Rrauereibetrieb benötigten Warmwassers von 40 bis 50° C dient zum Einmaischen. Während des Maischens sollen die im Malz löslichen Stoffe in Lösung gehen, Dieses Auslaugen, wie man es bezeichnen könnte, erfolgt in der Maischpfanne.

Pro 1000 kg Malzschüttung beträgt der Bedarf an warmem Einmaischwasser 30 bis 35 hl. Die Maischpfanne wird mit Dampf von 0,75 bis 2 Atm. Üb. geheizt, wovon später noch die Rede sein wird.

Nach dem Maischen kommt der Inhalt der Maischpfanne in den Läuterbottich oder auf den Maischfilter, wo sich die festen Bestandteile (Treber) von den flüssigen (Stamm- oder Vorderwürze) absondern. Die Treber enthält noch viele wertvolle Bestandteile (s. o.) und wird durch heißes Wasser ausgelaugt. Mit dem Auslaugen, Aussüßen oder „Anschwänzen" bezweckt man die Gewinnung der in der Treber noch enthaltenen Würze, sowie die Verzuckerung der noch nicht aufgeschlossenen Stärke. Die so gewonnene „Nachwürze" wird mit der Vorderwürze vereinigt. Ein letzter Aufguß der Treber mit warmem Wasser gibt das sog. Glattwasser, das zur Spiritusfabrikation und als Viehfutter Verwendung findet. Da beim Abläutern die obersten Schichten der Treber etwas abkühlen, wählt man die Temperatur des ersten Anschwänzwassers zu 80 bis 90° C, des folgenden nur zu 70 bis 80°. Die Menge des benötigten Anschwänzwassers beträgt 40 bis 50 hl pro 1000 kg Malzschüttung.

Hauptsächlich wird im Brauereibetrieb Wärme für das Kochen der Maische und der Würze aufgewendet. Für den Kohlenverbrauch bei Feuerkochung werden von Thausing folgende Zahlen angegeben:

Auf 1 hl erzeugter Würze	Für die Maischpfanne kg	Für die Würzepfanne kg	Zusammen kg
Mittelgute Steinkohle	3,5 — 5,5 — 7	3 — 4,8 — 6	6,5 — 10,3 — 13
Gute böhm. Braunkohle	5,5 — 8,5 — 12	4,5 — 7,5 — 10	10 — 16 — 22

(Zahlentafel 56.)

Der überwiegende Teil des Abdampfes wird demgemäß auch für das Maische- und Würzekochen verbraucht. Das erstere geschieht, wie schon kurz erwähnt, bei einem Dampfdruck von 0,75 bis 2 Atm. Üb. Es sind zwei Maischverfahren üblich, nämlich:

1. Das Infusionsverfahren, bei welchem die gesamte Malz- und Wassermenge gleichmäßig auf die Abmaischtemperatur gebracht wird.

2. Das Dekoktionsverfahren, wobei bestimmte Mengen der Maische gekocht und zum ungekochten Rest hinzugefügt werden. Dieses Mischen wird so oft wiederholt, bis die ganze Maische gekocht ist. Die Temperatur der abgeschöpften Maische wird nach jedem Sud erhöht, so daß jene

der 1. Maische . . . . 50 bis 52° C
der 2. „ . . . . 62 bis 65° C
und die der 3. „ . . . . 70 bis 75° C

(Abmaischtemperatur) beträgt. Die erste und zweite Maische heißen Dickmaische, die dritte Läutermaische. Schwer angreifbare Malzbestandteile werden wohl auch durch Kochen unter Druck von ca. 1 Atm. aufgeschlossen. Man kann für diesen Zweck pro 100 kg Malzschüttung etwa 700 kg Dampfverbrauch annehmen, während das Kochen der Maische ohne Druckhalten pro 1000 kg Schüttung ca. 800 kg Dampf mit einer mittleren Spannung von 1 Atm. Üb. erfordert.

Der Läuterbottich, so benannt, weil in ihm die Würze abgeläutert wird, ist ähnlich wie die Maischpfanne meist mit einem mit Dampf geheizten Doppelboden versehen, um die Nachwürze warm zu halten. Der Dampfverbrauch für den Läuterbottich kann zu 400 kg pro 1000 kg Einmaischmenge veranschlagt werden.

Die vereinigte Vorder- und Nachwürze gelangt in die Hopfenpfanne oder Sudpfanne zum Kochen. Dabei sollen die koagulierbaren Eiweißstoffe ausgeschieden, die Würze konzentriert und sterilisiert, sowie die richtige Farbe und der richtige Geschmack des Produktes erzielt werden.

Die modernen Dampf-Sudpfannen arbeiteten mit einem Wärmewirkungsgrad von 90 bis 92 %. Der Dampfüberdruck im Heizmantel der Pfannen beträgt nicht unter 0,5 Atm., meist aber 1 bis 2 Atm. Üb. Am Anfang der Dampfleitung kann ein etwas höherer Druck nötig sein, um den Spannungsverlust in der Leitung zu decken.

Die Kochzeit beträgt für Winterbiere ca. $1^1/_2$ Stunden, für Lagerbiere 2 bis 3 Stunden, wenn die Würze nach dem Dekoktionsverfahren gewonnen wurde und bis zu 5 Stunden für die nach dem Infusionsverfahren hergestellte Würze. Der Dampfverbrauch schwankt der Länge der Kochdauer entsprechend je nach der Biersorte in weiten Grenzen und beträgt 1600 bis 3000 kg pro 1000 kg Malzschüttung.

Abb. 134. 600 PS-Tandem-Verbundmaschine für Zwischen- und Abdampfverwertung im Bürgerlichen Brauhaus München. Maschinenfabrik J. A. Maffei, München.

$p_a = 14\frac{1}{2}$ Atm. Üb. $t_a = 300^0$ C. $p_e = 2\frac{1}{2}$ Atm. Üb. $p_c = 0{,}2$ Atm. abs. $n = 110$/min.

Nach dem Kochen kommt die Würze in die Kühlschiffe und damit ist die Wärmebehandlung beendet.

Zusammengefaßt ist der Bedarf an Warm- und Heißwasser und an Kochdampf pro 10 dz = 1000 kg Malzschüttung = ca. 52 hl Bierausstoß folgender:

(Zahlentafel 57.)

Warmwasser für Reinigungszwecke	von 40—40°		20—30 hl
„ zum Einweichen	„ 40—50°		gering
„ „ Einmaischen	„ 40—50°		30—35 hl
Heißwasser zum Anschwänzen	„ 70 - 90°		40—50 hl
Dampf für die Hopfendarre	von 1 Atm. abs.		gering
„ „ die Malzdarre	„ 1 „ „		„
„ „ Trebertrocknung	„ 1 „ „		500—1000 kg
„ „ die Maischpfanne	„ 0,75—2 Atm. Üb.		800 „
„ „ den Läuterbottich	„ 0,75—2 „ „		400 „
„ „ die Sudpfanne	„ 0,75—2 „ „		1600—3000 „
„ „ Hefetrocknung	„ 1—3 „ „		gering

Bei Verwertung der heißen Kondenswässer aus den Pfannen und Warmwasserapparaten wird vom gesamten Zwischen- und Abdampf (ohne Trebertrocknung) verbraucht:

ca. 50—55% zum Würzekochen,
ca. 30—35% zum Maischen und Abläutern,
ca. 8—10% für Warm- und Heißwasserbereitung.

Der Gesamtdampfbedarf einer Brauerei für Warm- und Heißwasserbereitung, Durchführnng des Maisch- und Sudprozesses, Trebertrocknung, Maschinenbetrieb usw. beträgt pro 10 dz = 1000 kg Malzschüttung 8000 bis 10000 kg. Bei diesem hohen Betrag liegt es auf der Hand, daß die rationelle Abwärmeverwertung von beträchtlichem Einfluß hinsichtlich der Gesamtwirtschaftlichkeit ist.

Bemerkenswerte Feststellungen in diesem Punkte macht Prof. E. Haack, indem er sagt[1]): „Betriebe, welche die Abdampfverwertung nach jeder Richtung gut durchgeführt hatten und glaubten am Ende des Erreichbaren zu sein, hatten immer noch einen riesigen Abdampfüberschuß, der nicht verwertet werden konnte. Dieses Mißverhältnis zwischen Abdampfproduktion und -verwertung wird nun in der Regel hervorgerufen durch den hohen spezifischen Dampfverbrauch der Betriebsmaschine, die lange tägliche Arbeitszeit derselben und durch den hohen Kraftverbrauch des Betriebes.“ Als Abhilfe dagegen wird vorgeschlagen: Aufstellung von sparsam arbeitenden Dampfmaschinen, Beschränkung des Kältebedarfs durch weitgehende Raumausnützung in den Kellern, gute Vorkühlung der heißen Würze, beste Kellerisolierung und gute Instandhaltung der Kühlmaschinenanlage. Der Kühlmaschinenbetrieb soll beendet sein, wenn die Arbeit im Sudhaus zu Ende ist. Die bequeme elektrische Kraftverteilung führt leicht zur Kraftverschwendung: Fast immer haben Betriebe mit weitgehend durchgeführter elektrischer Kraftverteilung einen sehr hohen Kraftbedarf.

---

[1]) W. f. Br., S. 37, 1912; W. f. Br., S. 14, 1915.

Ganzenmüller[1]) weist ebenfalls darauf hin, daß durch Einführung der Kühlmaschinen der Kraftbedarf der Brauereien derart erhöht wurde, daß trotz Wassererwärmung ein Überschuß an Abdampf vorhanden ist. Eine Ausnützung des Abdampfes in einem Betrieb mit künstlicher Kühlung war erst dann restlos möglich, nachdem die Dampfheizung der Braupfannen an Stelle der Feuerkochung Eingang gefunden hatte.

Durch den Betrieb der Pfannen mit Zwischen- oder Abdampf gegenüber Kesseldampf werden die Schwankungen des Dampfverbrauches derart vermindert, daß man statt Großwasserraumkessel Wasserrohrkessel verwenden kann. Die Dampfverbrauchs- und Kraftbedarfsverhältnisse sind so gelagert, daß man für Brauereien unter 10000 hl jährlichem Bierausstoß die Gegendruckmaschine, in größeren Betrieben meist die Entnahmemaschine wählen wird. Die Heizfläche der Braupfannen ist derart zu bemessen, daß ein Überdruck des Heizdampfes von 0,75 bis 1, höchstens 2 kg/qcm genügt. Die Temperatur des Kesselbodens hat 120 bis 130° C zu betragen.

Da im Winter die Betriebskraft für die Kühlmaschinen geringer ist als im Sommer, so ist es vorteihaft, mit der Brauerei eine Mälzerei zu verbinden, deren Kraftbedarf neben jenem für Beleuchtung von der Betriebsmaschine befriedigt wird.[2])

Die Überhitzung des Dampfes erniedrigt den Dampfverbrauch der Maschine und damit die Abdampfmenge. Sie ist also anzuwenden, wo sich leicht ein Dampfüberschuß einstellt. Umgekehrt ist bei sehr großem Abdampfbedarf nicht nur Sattdampfbetrieb, sondern zuweilen sogar die Dampfturbine zu wählen, deren Dampfverbrauch und folglich Abdampfmenge größer als bei der Kolbenmaschine ist. Meistens läßt aber die Möglichkeit des direkten Kompressorantriebes die Wahl auf die Kolbenmaschine fallen. Unter Umständen wäre, um den Abdampf rationell zu verwerten, im Kühlmaschinensystem die Kombination einer Kompressionskühlmaschine mit einer durch den Abdampf der Maschine betriebenen Absorptionskältemaschine zu treffen. Der Dampfverbrauch der Ammoniakpumpe einer Absorptionsmaschine ist nur etwa $^1/_8$ des Dampfverbrauches einer Kompressionsmaschine.

Falls der Abdampf der Betriebsmaschinen zur Warmwasserbereitung nicht ausreicht, werden mit wirtschaftlichem Erfolg die von den Pfannen abziehenden Schwaden in Vorwärmern ausgenützt. Hierzu ist zu bemerken, daß die Vorwärmerheizflächen groß bemessen werden müssen, da der Schwadendampf lufthaltig ist, wodurch die Wärmeübertragungszahl auf $^1/_2$ bis $^1/_4$ ihres normalen Wertes sinkt. Die Verwendung der Wärmepumpe zum Verdichten der Schwaden scheitert bisher ebenfalls daran, daß diese stark lufthaltig sind, da das Sieden unter Luftabschluß nicht durchführbar ist.

Die Wärmebilanz einer neuzeitlich eingerichteten Großbrauerei ist in der instruktiven Abb. 135 im Bilde wiedergegeben. In dieser

[1]) Z. ges. Brauw., S. 389, 1913. [2]) Z. ges. Brauw., S. 141, 1918.

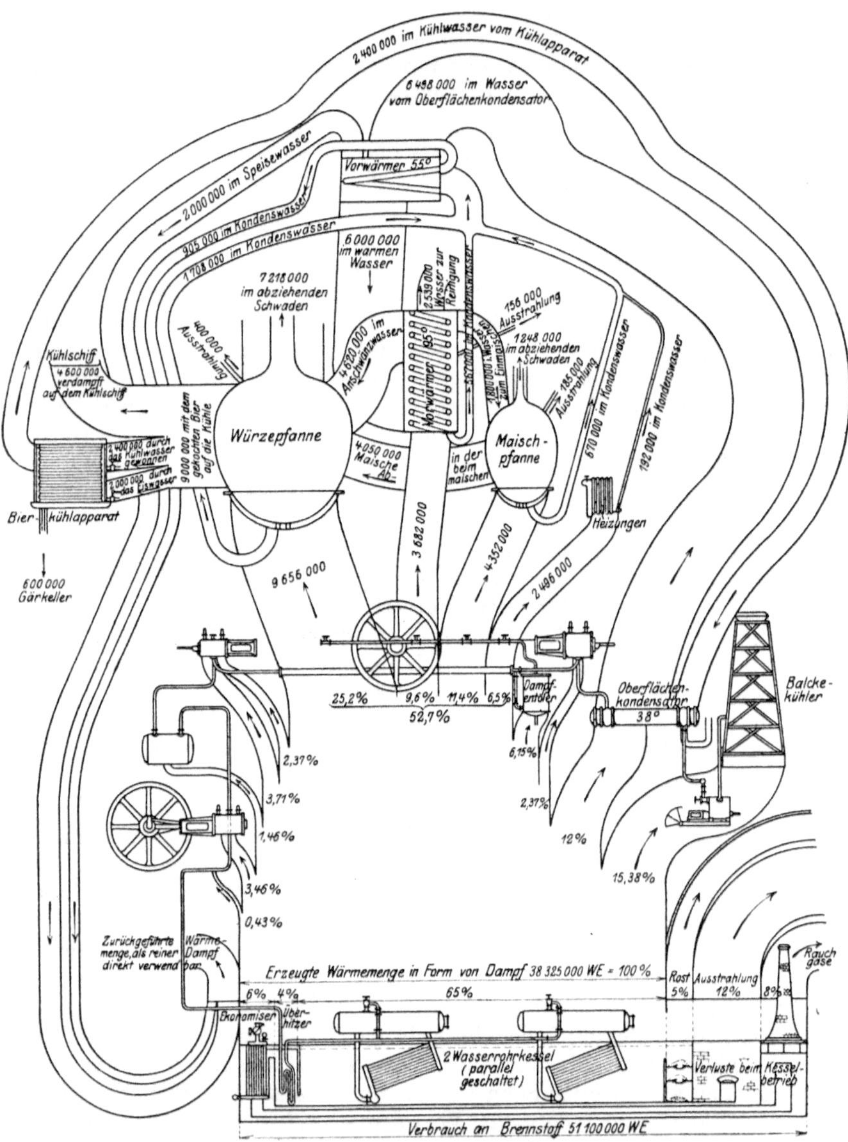

Abb. 135. Wärmebilanz einer Brauerei bei täglich rund 1000 hl Bierausstoß.

In Arbeit verwandelte Wärme:	Zum Heizen und Kochen usw. nutzbar gemachte Wärme:	Gesamte nutzbar gemachte Wärme:
3,46	52,7	11,91
6,08	12,0	64,70
2,37	64,7 %	76,61 %
11,91 %		

Anlage wird Dampf von 17 Atm. Üb. und 300° C Temperatur in drei Wasserrohrkesseln von je 180 qm Heiz- und 65 qm Überhitzerfläche erzeugt. Er wird in drei Stufen zur Arbeitsleistung verwendet, nämlich zunächst in einer 100 PS-Einzylindermaschine mit 8 Atm. Gegendruck. Von hier strömt der Dampf in ein Reservoir, das zugleich mit den Kesseln durch ein Reduzierventil in Verbindung steht. Aus diesem Behälter gelangt er in den Hochdruckzylinder einer 300-PS-Verbundmaschine, welche eine Entnahme von Zwischendampf mit veränderlicher Spannung von 0,75 bis 2,5 Atm. Üb. gestattet. Der Zwischendampf wird verwendet zur Speisung von Würzepfanne, Läuterbottich, Maischpfanne, Heißwasserbereiter und im Winter zur Beheizung von Bureau- und Wohnräumen. Die Pfannen werden durch Doppelböden geheizt, die Würzepfanne überdies durch eine kupferne Heizschlange. Der Rest des Dampfes wird noch im Niederdruckzylinder bis auf Vakuumspannung herab ausgenützt. Bemerkenswert ist das System der Warmwasserbereitung zunächst durch den Abdampf des Niederdruckzylinders der Verbundmaschine auf 38°, dann mittels der Kondenswässer aus Würze- und Maischpfanne auf 55° und endlich durch Zwischendampf auf 95° C. Die ganze Dampfanlage (Rob. Leicht in Vaihingen bei Stuttgart) kann als mustergültig bezeichnet werden. Der Wärmewirkungsgrad beträgt bezogen auf Dampf 76,61%, bezogen auf Kohle 47,59%. Dabei ist noch nicht berücksichtigt, daß im Bierkühlapparat, ferner im Speisewasser und im Kondenswasser des zweiten Vorwärmers weitere 13,65% der in Form von Dampf erzeugten Wärme zurückgewonnen werden.

Abb. 136 und 137 geben ein Bild des Dampfverbrauches an einem Durchschnittstag bei täglich drei Suden, und zwar Abb. 136, wenn der im Sudhaus erforderliche Dampf unmittelbar den Kesseln entnommen wird, und Abb. 137, wenn mit Zwischendampf gekocht wird, der vorher in einer oder zwei Stufen gearbeitet hat. Dabei ist folgendes zu berücksichtigen: Bei jedem Sud werden drei Maischen und eine Würze gekocht, die für je einen Sud in derselben Schraffur angelegt sind, wogegen Anwärmen und Kochen verschieden bezeichnet sind. Zu Zeiten, wo kein Kochgefäß Dampf beansprucht oder nur ein Maische- bzw. Würzegefäß in Betrieb ist, wird Warmwasser bereitet, während der Dampf für die Heizungen während der ganzen Zeit in gleichbleibender Menge entnommen wird. Bei beiden Abbildungen sind die Leitungsverluste, weil jedesmal annähernd gleich, außer acht gelassen.

Hervorzuheben ist bei Abb. 137, außer dem bedeutend geringeren Dampfverbrauch als bei Abb. 136, der den ganzen Tag sehr gleichmäßig bleibende Verlauf.

Der Haupterfolg in der möglichst weitgehenden Wärmeausnützung des Brennstoffes wird erzielt durch Entnahme von Zwischendampf zu Koch- und Heizzwecken aus dem Aufnehmer der Verbundmaschine sowie durch Zuziehung von Abdampf aus dem Niederdruckzylinder zur Warmwasserbereitung, während aller nicht gebrauchte Maschinendampf unter hochgradiger Luftleere niedergeschlagen wird. Gleichzeitig ist in dieser modernen Anlage noch ein zweiter Vorteil erreicht worden, d. i. das sehr geringe Erfordernis an Bedienungsmannschaft.

Abb. 136 und 137.

Dampfverbrauch für den Betrieb der Dampfmaschinen und für die Herstellung von 3 Suden von je 4500 kg Malz in 24 Stunden. Brauerei R. Leicht in Vaihingen.

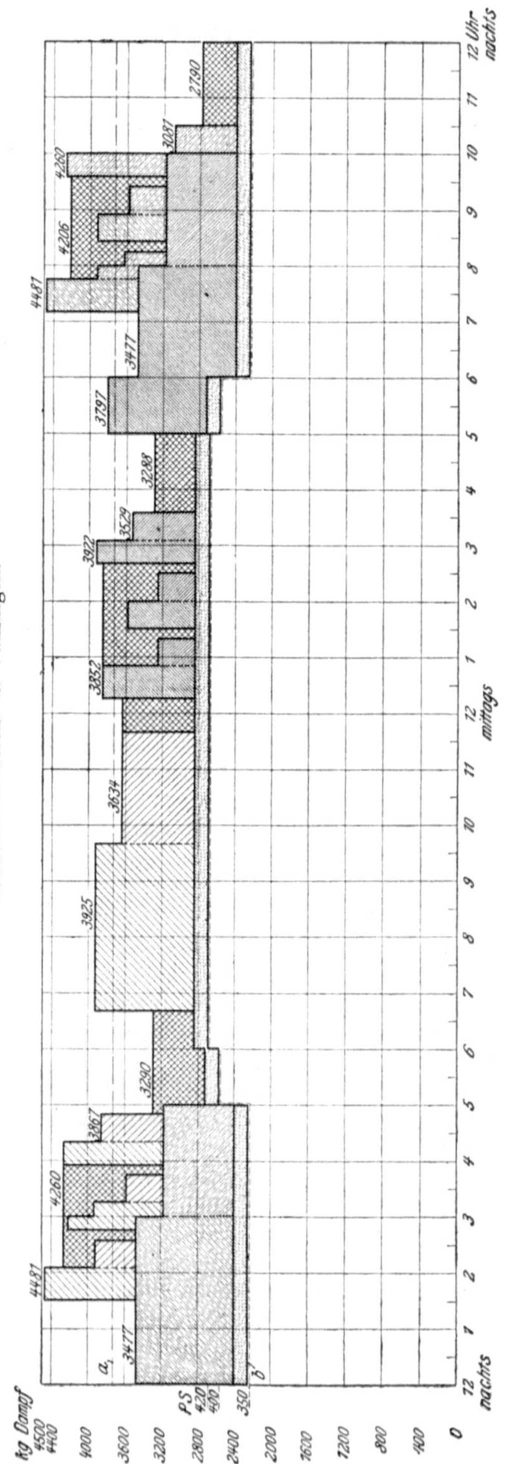

Abb. 136. Der Heizdampf wird unmittelbar dem Kessel entnommen.

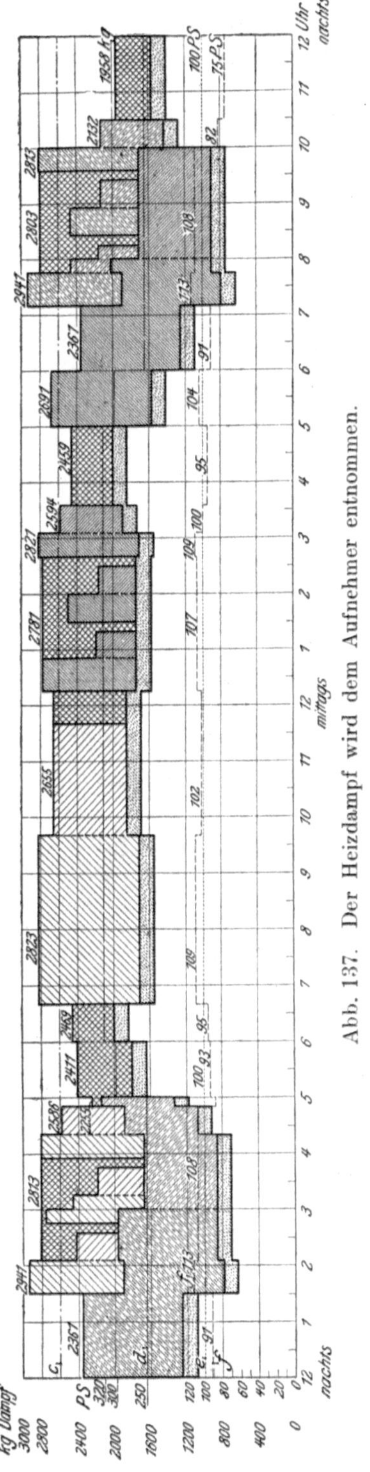

Abb. 137. Der Heizdampf wird dem Aufnehmer entnommen.

Alle entbehrliche Menschenkraft ist durch selbstätige Vorrichtungen ersetzt, ein Umstand, der dem Betriebe Unabhängigkeit sichert, ganz abgesehen von erhöhter Betriebssicherheit und geringeren Unkosten. Da aber, wo sich menschliches Eingreifen nicht umgehen läßt, ist nach Möglichkeit alles mit Einrichtungen versehen, die dem Betriebsleiter ermöglichen, die Sachlage mit einem Blicke zu überschauen. Um an warmem Wasser, das ja in gewaltigen Mengen gebraucht wird, tunlichst zu sparen, ist im Sudhaus eine Sammelleitung angebracht, in welchem mehrere abschließbare Leitungen einmünden, die verschieden warmes Wasser führen, beispielsweise von 10, 35, 50 und 90° C. Da das 10° und 35° warme Wasser in großen Mengen mit Leichtigkeit zu beschaffen ist, das wärmere aber besonders erwärmt werden muß, so liegt es im Interesse der Wirtschaftlichkeit, daß nicht mehr heißes Wasser als durchaus nötig verwendet wird, was bei dieser bequemen Anordnung der Hähne leicht zu erreichen ist. Es ist dabei auch möglich, durch gleichzeitiges Öffnen zweier

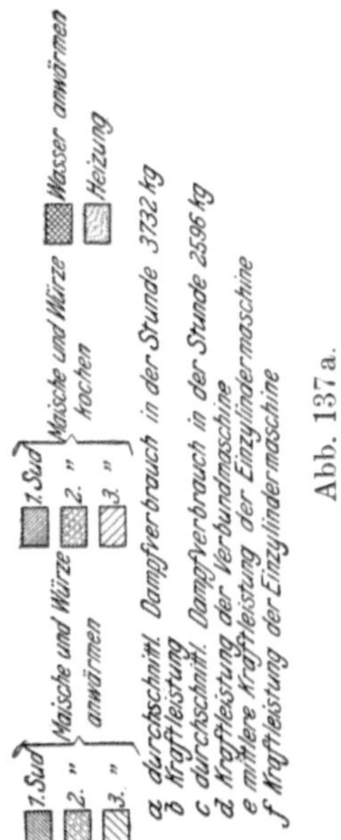

Abb. 137 a.

Hähne jede beliebige Mischtemperatur zwischen 10° und 90° zu erreichen. Hocherwärmtes Wasser wird dabei aus dem erwähnten Grunde so wenig als möglich zugesetzt. Ein Thermometer zeigt am Ende der Sammelleitung sofort die erzielte Mischtemperatur an. Zur Kontrolle sind überdies im Maschinenhaus eine Thermometer- und eine Manometeranlage angebracht, die groß zur Anschauung bringen, welche Temperatur die verschiedenen Hauptwässer haben und wie hoch die Behälter noch gefüllt sind.

Die in Abb. 134 dargestellte Dampfmaschine einer Münchener Großbrauerei arbeitet mit Entnahme von Zwischendampf von $2^1/_2$ bis 3 Atm. Üb. Der Abdampf wird nach seiner Entölung zur Erwärmung von Wasser auf 45° C verwendet. Ein kleiner Teil dieses Wassers wird durch den Zwischendampf auf 80° C zum Anschwänzen erhitzt. Ferner wird Zwischendampf zum Maischen und Kochen verwendet und zwar werden bei einer Maschinenbelastung von rd. 450 PS etwa 70% des der Maschine zugeführten Dampfgewichtes zum Maischen und Kochen, 55% zum Kochen allein benötigt. Der Rest des nicht zur Warmwasserbereitung verwendeten Abdampfes wird in einem Einspritzkondensator niedergeschlagen.

Im Brauereibetrieb, wo die zeitliche Zusammenlegung des Hauptkraft- mit dem Hauptwärmeverbrauches häufig Schwierigkeiten bereitet, kann mit Vorteil vom Ruthsschen Dampfspeicher Gebrauch gemacht werden. Eine solche Brauereianlage findet sich im Abschnitt „Wärmespeicher" erwähnt. Zwischen Kessel und Dampfmaschine ist ein Ventil X_1, zwischen Kessel und Speicher bzw. Niederdruckverbraucher das Ventil X_2, geschaltet (Abb. 138). Normaler-

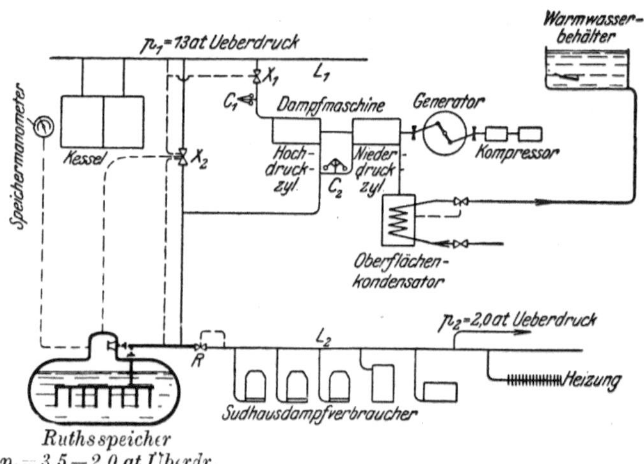

Abb. 138. Ruths Speicheranlage in einer Brauerei.

weise geht aller Dampf durch den Hochdruckzylinder der Dampfmaschine und leistet hier Arbeit. Wird die Dampfmaschine stark belastet, so strömt der Dampf aus dem Hochdruckzylinder zum Niederdruckzylinder weiter. Der Heizdampfbedarf der Niederdruckverbraucher wird in diesem Falle durch den Speicher gedeckt. Wird dagegen wenig Kraft gebraucht, so verringert der Zentrifugalregler die Dampfzufuhr zum Niederdruckzylinder, und der ganze Abdampf aus dem Hochdruckzylinder strömt zum Speicher. Man sieht, daß hier der Zentrifugalregler der Dampfmaschine die Aufgaben eines Reduzierventiles übernimmt. Das Ventil X_3 ist nur zur Sicherheit angebracht für den Fall, daß einmal mehr Heizdampf in den Niederdruckverbrauchern nötig sein sollte, als gerade entsprechend dem augenblicklichen Kraftbedarf durch die Dampfmaschine fließt.

Literatur über das vorbehandelte Gebiet.

Linde, C.: Die Wärme im Haushalte der Bierbrauereien. Z. bayr. Rev.-V., S. 123, 1901.

Eberle, Ch.: Der Einfluß der Dampfkochung auf die Dampfanlagen der Bierbrauereien. Z. bayr. Rev.-V., S. 106, 1902.

Eberle, Ch.: Die neue Dampfanlage der Pschorrbrauerei in München. Z. bayr. Rev.-V., S. 183, 1904.

Eberle, Ch.: Abdampfkochung für kleinere und mittlere Bierbrauereien. Z. bayr. Rev.-V., S. 143, 1906.

Eberle, Ch.: Die neue Dampfanlage der Altenburger Aktienbrauerei in Altenburg. Z. bayr. Rev.-V., S. 31, 1907.

Eberle, Ch.: Die neue Dampfanlage der Aktienbrauerei zum Löwenbräu und der Freiherrl. v. Tucherschen Brauerei. Z. bayr. Rev.-V., S. 77, 1908.

Alte und neue Dampfanlage einer mittelgroßen Bierbrauerei mit Dampfkochung. Z. bayr. Rev.-V., S. 210, 1911.

Fries, G.: Über das Nachtrocknen des Malzes. Z. ges. Brauwes., S. 641, 1911.

Hottinger, M.: Einige Dampfkraftanlagen mit Abwärmeverwertung. Z. V. d. I., S. 11, 1912
Inhaltsangabe s. S. 77.

Ganzenmüller, Th.: Shiguli-Brauerei in Baku. Z. ges. Brauwes., S. 15, 1912.
Die Einzylindermaschine von 250 PS wird mit einem Anfangsüberdruck von 10,1 Atm. und einem Gegendruck von 2,5 Atm. Üb. betrieben. Der Abdampf wird nach Durchströmen eines Ölabscheiders zur Beheizung der mit Doppelwirkung arbeitenden Seewasserdestillatoren sowie der Braupfannen verwendet.

Vogel, E.: Zur Frage des Nachtrocknens von Malz. Z. ges. Brauwes., S. 40, 1912.

Rankl, J.: Ist das Nachtrocknen von Malz rentabel? Z. ges. Brauwes., S. 473, 1912.

Eisenbach: Selbsttätige Trebertrockenanlagen. Z. ges. Brauwes., S. 361, 1912.

Moufang, E.: Über die Wirkung verschiedener Vormaischtemperaturen. W. f. Br., S. 369, 1912.
Einfluß der Höhe und der Dauer der Einwirkung verschiedener Vormaischtemperaturen auf die qualitative und quantitative Zusammensetzung der Würze.

Haack, E.: Der Abdampfüberschuß. W. f. Br., S. 37, 1912.

Fehrmann, K.: Maschinentechnische Revisionen als Grundlage für Betriebsverbesserungen, zugleich ein Beitrag zur Bedeutung der Dieselmotoren im Brauereibetrieb. W. f. Br.. S. 598, 1912.

Haack, E.: Über den Strombezug von elektrischen Zentralen. W. f. Br., S. 605, 1912.
Angaben über den Verbrauch von Warmwasser, Frischdampf und Kraft in Brauereien von 60000 bis 200000 hl Bierausstoß. Ein Betrieb, der gerade so viel Abdampf erzeugt als er benötigt, kann nicht daran denken, Strom von einem Elektrizitätswerk zu beziehen.

Ganzenmüller, Th.: Rationelle Brauereieinrichtungen und deren wirtschaftlicher Betrieb. Z. ges. Brauwes., S. 357, 1913.
Schindele, K.: Wie können die Betriebskosten der mittleren und kleineren Brauereien erniedrigt werden? Z. ges. Brauwes., S. 389, 1913.
Tartar: Über die Wirkung des Darrens bei 63° C auf die Zusammensetzung des Hopfens. W. f. Br., S. 17, 1913.
Windisch: Die Warmwasserweiche. W. f. Br., S. 68, 1913.
Haack, E.: Abnahmeversuch an einer Abdampfkühlmaschine. W. f. B., S. 327, 1913.
Heeger: Die Hefetrocknungsanlage in der Brauerei Julius Bötzow, Berlin. W. f. Br., S. 392, 1913.
Herrmann: Die Hefetrocknungsanlage in der Schultheiß-Brauerei in Berlin. W. f. Br., S. 427, 1913.
Hoffmann, J. F.: Die Gerstentrocknung in der Tuborg-Brauerei in Kopenhagen. W. f. Br., S. 460, 1913.
Hoffmann, J. F.: Der Wärmebedarf für Erzeugung von Darrmalz. W. f. Br., S. 504, 1913.
Nies, G.: Die Hefetrockenanlage der Brauereigesellschaft vorm. S. Moninger in Karlsruhe. Z. ges. Brauwes., S. 241, 1914.
Langer, Th.: Über die Ausbildung von Farbe und Aroma beim Darren des Malzes. Z. ges. Brauwes., S. 90, 1914.
Doevenspeck, H.: Verbesserungsvorschläge für die Beheizung von Luftmalzdarren unter Benützung von Lamellenkaloriferen und gasförmigen Brennstoffen. Z. ges. Brauwes., S. 273, 1914.
Fehrmann, F.: Beiträge zur Frage des Kraft- und Dampfverbrauches in Brauereien. W. f. Br., S. 47, 1914.

1. Brauerei mit Tennenmälzerei für den eigenen Betrieb; 130 000 hl/J. Bierausstoß; Doppelsudwerk für 64 Ztr. Schüttung; Feuerkochung.
2. Brauerei ohne eigene Mälzerei; 150 000 hl/J. Bierausstoß; Doppelsudwerk für 31 Ztr. Schüttung; Dampfkochung.
3. Brauerei ohne eigene Mälzerei; 35 000 hl/J. Bierausstoß; Sudwerk für 26 Ztr. Schüttung; Dampfkochung.
4. Brauerei ohne eigene Mälzerei; 40 000 hl/J. Bierausstoß; Doppelsudwerk für 43 Ztr. Schüttung; Dampfkochung.
5. Brauerei mit pneumatischer Trommelmälzerei; 150 000 hl/J. Bierausstoß; Doppelsudwerk für 76 Ztr. Schüttung; Dampfkochung.
6. Brauerei ohne eigene Mälzerei; 90 000 hl/J. Bierausstoß; Doppelsudwerk für 60 Ztr. Schüttung; Dampfkochung.
7. Brauerei mit Tennenmälzerei; 120 000 hl/J. Bierausstoß; Sudwerk für 72 Ztr. Schüttung; Dampfkochung.
8. Brauerei mit Mälzerei; 65 000 hl Bierausstoß; Doppelsudwerk für 54 Ztr. Schüttung; Dampfkochung.
9. Brauerei ohne Mälzerei; mit Kühlung durch Kompressionskühlmaschinen, aber ohne Eiserzeugung; 80 000 hl/J. Bierausstoß; Doppelsudwerk für 47 Ztr. Schüttung; Dampfkochung.
10. Brauerei ohne Mälzerei; Sudwerk für 30 Ztr. Schüttung.
11. Brauerei mit pneumatischer Mälzerei; 220 000 hl/J. Bierausstoß; Sudwerk für 100 Ztr. Schüttung; Dampfkochung.
12. Brauerei ohne Mälzerei; 70 000 hl/J. Bierausstoß; Sudwerk für 60 Ztr.
13. Brauerei ohne Mälzerei; 75 000 hl/J. Bierausstoß; 2 Sudwerke für je 56 Ztr. Schüttung.
14. Brauerei ohne Mälzerei; 100 000 hl/J. Bierausstoß; Sudwerk für 50 Ztr. Schüttung.
15. Brauerei ohne Mälzerei; 100 000 hl/J. Bierausstoß; Sudwerk für 48 Ztr. Schüttung.

Windisch, W.: Dampfkochung oder Feuerkochung. W. f. Br., S. 217, 1914.
Coblitz, W.: Brauer und Mälzer, trocknet eure Gerste! W. f. Br., S. 331, 1914.
Fehrmann, F.: Wrasenvorwärmer für Braupfannen. W. f. Br., S. 341, 1914.
Krüger, C.: Bericht über die dampftechnische Betriebsführung in der Brauerei von Janssen & Bechly in Neubrandenburg. W. f. Br., S. 357, 1914.

Stauf: Ausnützung von Schwadendampf zur Warmwasserbereitung. Z. bayr. Rev.-V., S. 105, 1914.

Haack, E.: Aus den Jahresberichten der Versuchs- und Lehranstalt für Brauerei in Berlin. W. f. Br., S. 14, 1915.
Maßnahmen zur Beseitigung des Abdampfüberschusses. Der Explosionsmotor in der Brauerei.

Rolf: Erfahrungen beim Gerstetrocknen. W. f. Br., S. 27, 1915.

Haack, E.: Der Einklang zwischen Abdampferzeugung und Abdampfverwertung. W. f. Br., S. 93, 1915.
Bemerkungen zum gleichen Gegenstand. W. f. Br., S. 133 u. 162, 1915.

Haack, E.: Die Maschinenzentrale der Sozietätsbrauerei „Waldschlößchen" in Dresden. W. f. Br., S. 213, 1915.
Dampfverbrauchsversuche an einer 400 PS-Verbundmaschine mit Zwischendampfentnahme von 0,9 Atm. Üb.

Windisch, K.: Das Trocknen des Getreides auf der Darre. W. f. Br., S. 309, 1915.

Achilles, F.: Über Kraftbedarf und Wärmebedarf in gewerblichen Betrieben. W. f. Br., S. 211, 1915.

Spalek, F.: Über Kohlenökonomie in Brauereibetrieben. Z. öst. Ing.-V., S. 521, 1915.
Nach den Erfahrungen Spaleks benötigt 1 hl Bier für seine ganze Erzeugungs- und Wartungsmanipulation pro Jahr:

a) in einer Brauerei mit eigener Mälzerei, Kühlmaschinenanlage und Faßfabrik . . . . 8,6—10,6 PS_i.
b) in einer Brauerei mit eigener Mälzerei, Kühlmaschinen anlage, ohne Faßfabrik . . . . 8,5—10,5 „
c) in einer Brauerei ohne Mälzerei, mit Kühlmaschinenanlage, ohne Faßfabrik . . . . 6,3— 8,3 „
d) in einer Brauerei mit Mälzerei, ohne Faßfabrik und ohne Kühlmaschinenanlage . . . . 3,6— 5 „
e) in einer Brauerei ohne Mälzerei, ohne Faßfabrik und ohne Kühlmaschinenanlage . . . . 2,8— 5 „

Barth, F.: Dampf- oder Elektrizität für Brauereibetriebe. Z. Dampfk. Maschbtr., S. 41, 1916.

Goslich, W.: Fernheizungen in Brauereien. W. f. Br., S. 17, 1916.

Hoffmann, J. F.: Das Trocknen von Gerste auf der Darre. W. f. Br., S. 327, 1916.

Haack, E.: Der Wasserverbrauch zum Faß- und Flaschenspülen. W. f. Br., S. 329, 1916.

Haack, E.: Jahresbericht über die Tätigkeit der Versuchs- und Lehranstalt in Berlin. W. f. Br., S 416, 1916.
Angaben über den Wärmeverbrauch pro hl Bierausstoß.

Wenzl: Der Wärmeverbrauch im Biersudhaus. Z. bayr. Rev.-V., S. 417, 1917.

Winckelmann, H.: Vorteile der Anzapfdampfkraftmaschinen für Brauereien. Z. ges. Brauwes., S. 73, 1917.

Ganzenmüller, Th.: Der Neubau des Hofbräuhauses Freising. Z. ges. Brauwes. S. 233, 1917.
Anlage und Einrichtung der Mälzerei für eine jährliche Verarbeitung von 6000 dz Malz und der Brauerei für jährlich 30 000 hl Bierausstoß. Zur Erzeugung der gesamten Betriebskraft dient eine Gegendruckmaschine mit 1 Atm. Abdampf-Überdruck. Wenn die Braupfannen keinen Abdampf bebenötigen, arbeitet die Maschine ohne Gegendruck mit Auspuff, wobei der Abdampf zur Bereitung von Warmwasser in stehenden Großwasserraum-Vorwärmern dient.

Müller, F.: Die Ausnützung des Schwadendampfes von Bierpfannen. Z. bayr. Rev.-V, S. 36, 1917.
Bericht über einen Aufsatz in „Der Ingenieur", Nr. 33, 1917.

Wagner, K.: Die Brauereidarren als Allestrockner. Z. ges. Brauwes., S. 49, 1917.

Versuche an Trebertrockenapparaten. Z. bayr. Rev.-V., S. 180, 1918.

Haack, E.: Zur Einschränkung des Kohlenverbrauches in Brauereien. W. f. Br., S. 55, 1918.

Wenzl, J.: Der Wärmeverbrauch im Biersudhaus. Z. ges. Brauwes., S. 151, 1918.
Daran anschließende Erörterungen. Z. ges. Brauwes., S. 237, 243, 257, 263, 1918.

Reichard, A.: Kolloidchemische Vorgänge bei der Feuer- und Dampfkochung in der Brauerei. Z. ges. Brauwes., S. 141, 1918.

Fries, G.: Kohlen und Zeitersparnis durch Vereinfachung der Sudhausarbeit. Z. ges. Brauwes., S. 42, 1918.

Grempe, M.: Die Trocknerei als Nebenbetrieb der Brauerei. Z. ges. Brauwes., S. 169, 1918.

Deinlein, W.: Über die Abwärmeausnützung im Biersudhaus. Z. bayr. Rev.-V., S. 93, 1919.

Fehrmann, K.: Wichtige Maßnahmen der Maschinenbetriebsführung. W. f. Br., S. 83, 1919.

Fehrmann, K.: Zur Beurteilung von Dampfbraupfannen. W. f. Br., S. 137, 1919. Einfluß der Feuer- und der Dampfkochung auf die Qualität des Bieres. Gesichtspunkte für die Wahl der Höhe des Dampfdruckes. Bauarten der Pfannen.

Fehrmann, K.: Über den Wärmedurchgang an Heizkörpern von Braupfannen. Z. V. d. I., S. 973, 1919.
Skizzen von Braupfannen für Feuer- und Dampfkochung. Versuche über den Wärmedurchgang an verschiedenen Pfannen. Aufstellung einer Formel für die Wärmeübertragung.

Haack und Gesell: Einschränkung der Betriebszeit und Dampfverbrauch in gärungstechnischen Betrieben. W. f. Br., S. 91, 1919.

Die Arbeitsweise im Brauereibetrieb im Zusammenhang mit der Wärmewirtschaft. W. f. Br., S. 247, 1919.

Cluß, A.: Neuere Erfahrungen über die Behandlung der Gerste von der Ernte bis zur Verarbeitung unter spezieller Berücksichtigung der Trocknungsfrage. VII. Jahrb. d. öst. Akad. f. Brauindustrie, S. 43, 1919.

Haack, E. und Gesell, H., Verteilung der täglichen Einmaischmengen zur Beschränkung der stoßweisen Dampfentnahme und Vermeidung des Abdampfüberschusses. W. f. Br., S. 169, 1920.

Goslich, W.: Wärmewirtschaft im Brauereibetriebe. W. f. Br., S. 297, 1920.
Untersuchung, in welchen Fällen elektrischer Kaufstrom für die Brauereien billiger kommt als eigene Krafterzeugung.

Gesell, H.: Jahresbericht für 1919/20 der Versuchs- und Lehranstalt für Brauerei in Berlin über die maschinentechnische Revisionstätigkeit. W. f. Br., S. 355, 1920.

Jalowetz, E.: Ersparnis an Heizmaterial bei Anwendung des Infusionsmaischverfahrens. Brau- u. Malzind., S. 83, 1920.

Heuß: Über den Einfluß der Temperatur auf verschiedene Funktionen der Hefe. Z. ges. Brauwes., S. 211, 1920.

Schneider, L.: Die neue Dampfanlage des Bürgerlichen Bräuhauses in München. Z. bayr. Rev.-V., S. 3, 1920.
Krafterzeugung und Verteilung, Zwischen- und Abdampfausnützung, Beschreibung der Maschine, Zwischendampfdruckregler Bauart Maffei, Dampfdiagramme.

Goslich, W.: Wärmewirtschaft im Brauereibetriebe. W. f. Br., S. 297, 1920.

Gebhardt, G.: Abkraftgewinnung bei der Malzerzeugung. Z. bayr. Rev.-V., S. 157, 1920.
Die Zukunft gehört der Dampfdarre. Verbindung einer Mälzerei mit einer Mühle zur Hebung der Kraft- und Wärmewirtschaft.

Haack, E.: Beitrag zur Wärmewirtschaft bei Kaufstrombezug neben Krafterzeugung in eigener Anlage. W. f. Br., S. 125, 1921.

Haack, E.: Beziehungen zwischen Kraftbetrieb und Wärmewirtschaft. W. f. Br., S. 119, 1921.

Haack, E. und Schliewe, W.: Einfluß der Dampfverteilung auf den Wärmeverbrauch und die Kesselgröße in Brauereien. W. f. Br., S. 223, 1921.

Fehrmann, K.: Zur Frage der Abdampf- und Zwischendampfheizung in Brauereien. W. f. Br., S. 225, 1921.

Wärmeersparnis im Brauereibetriebe. Z. V. d. I., S. 530, 1921.
Eine nordböhmische Brauerei vermochte durch geeignete Stromentnahme aus einem Überlandkraftwerk die Wärmewirtschaft bedeutend zu verbessern.

2. Zellstoff- und Papierfabrikation.

Große Kraftmengen werden in der Zellstoffindustrie, bedeutende Wärmemengen in der Zellstoff- wie in der Papierfabrikation benötigt. Die häufig mit diesen Industrien verbundenen Beiwerke wie Chlorkalk- oder elektrolytische Bleichanlage, Sulfitspiritusfabrik, Laugeneindickanlage erhöhen sowohl den Kraft- wie den gleichzeitigen Wärmeverbrauch.

Die Darstellung der Holzzellulose auf chemischem Wege geschieht nach zwei verschiedenen Verfahren, die sich durch die Art der Kochung unterscheiden.

Die stehenden Kocher von 50 bis 100 cbm Fassungsraum werden mit kleinen Holzstückchen (Fichten- oder Tannenholz) gefüllt. Hierauf werden die Mannlöcher luftdicht verschraubt, die Sulfitlauge eingefüllt und bei Anwendung des Mitscherlich-Verfahrens der Kocherinhalt mit Hilfe einer am Boden des Kochers liegenden, mit Dampf von ca. 6 Atm. geheizten Rohrspirale auf 130 bis 140° erwärmt und 20 bis 30 Stunden auf dieser Temperatur gehalten. Meist wird das von den Hackmaschinen zerkleinerte Holz im Kocher, bevor es mit der Sulfitlauge in Berührung kommt, unter atmosphärischem Druck gedämpft, wozu Abdampf von geringem Überdruck verwendet werden kann. Bei dem Verfahren nach Keller-Ritter erfolgt die Erhitzung des auf 80° vorgewärmten Kocherinhaltes nicht durch Röhrenheizkörper, sondern durch direkt einströmenden Dampf. Der Prozeß dauert ca. 8 Stunden lang, während welcher Zeit die Temperatur des Kocherinhaltes allmählich von 80° auf 160° erhöht wird.

Der gewonnene Zellstoff wird nach dem Verlassen der Kocher mit heißem Wasser ausgewaschen.

Der Zweck der chemischen Einwirkung auf das Holz ist, eine Faser zu gewinnen, die frei von inkrustierenden Substanzen, besonders von Lignin und Harz ist. Außer Holz finden noch Stroh und Espartogras zur Gewinnung der Papierfaser Verwendung. Diese Rohstoffe werden ca. 3 Stunden lang unter einem Überdruck von $2^1/_2$ bis 4 Atm. mit Ätznatronlauge gekocht. Die Herstellung von Laubholzzellulose nach dem Natronverfahren geht unter dem Druck von 7 bis 9 Atm. vor sich.

Außer auf chemischem Wege wird Holzstoff (Holzschliff) auch auf mechanischem Wege gewonnen, dadurch, daß das Holz unter Druck mit gleichzeitiger kräftiger Wasserberieselung gegen Schleifsteine aus Sandstein gepreßt wird. Hierdurch werden die Fasern vom Stamme getrennt. Die mechanische Energie kann von einem Wasserkraft- oder von einem Dampfkraftwerk geliefert werden. Der chemischen oder mechanischen Fasergewinnung geht die Entrindung durch Schälmaschinen oder Entrindetrommeln voraus.

Der aus den Kochern oder aus dem Schleifer kommende Stoff wird in den Zellstoffentwässerungsmaschinen von einem Teil des anhaftenden Wassers befreit. v. Laßberg gibt den Kraftverbrauch einer reinen Sulfitzellstoffabrik ohne Bleicherei auf rd. 22 KW-St. für

100 kg/St. lufttrockenen Zellstoff an, den Dampfverbrauch zu rd. 3,3 kg Dampf von 6 Atm. Üb. zum Kochen und rd. 2,5 kg Dampf von 3 Atm. Üb. für die Trockenzylinder der Zellstoffentwässerungsmaschine. Grewin gibt für Sulfitzellstoffgewinnung 2,2 kg Dampf auf 1 kg Stoff zum Kochen und Dämpfen und 2 kg Dampf zum Trocknen an.

An die Gewinnung der Papierfaser reiht sich die eigentliche Papierfabrikation an. Der Faserbrei wird mit den Füllstoffen, Leimmitteln und gegebenenfalls mit den erforderlichen Farbstoffen in den sog. Holländern vermischt und noch mehr zermahlen, nachdem er vorher schon in Raffineuren zerkleinert worden ist. Nach den Holländern durchläuft der Stoff die Kegelstoffmühlen zur nochmaligen Vermahlung, die Sand- und Knotenfänger zur Abtrennung der gröberen, schwereren Bestandteile, gelangt dann auf ein endloses Metalltuch, das Sieb, welches um zwei Walzen, die Brustwalze und die Gautschwalze und eine obere Druckwalze läuft, wo ihm durch die Saugkästen durch Vakuumpumpen und durch die Gautschpresse möglichst viel Wasser entzogen wird und wird dann der Preßpartie zugeführt. Diese verläßt die Masse mit 60 bis 70% Feuchtigkeit.

Bei der Herstellung von Pappe wird der Faserbrei in mehreren dünnen Lagen auf einen rotierenden Zylinder aufgetragen, davon als sog. Pappe abgenommen, auseinandergerollt und gepreßt. Die aus der Spindelpresse kommende Pappe enthält noch 60 bis 65% Wasser, welches in Trockenkammern entfernt werden muß. Die Trockendauer beträgt 8 bis 9 Stunden bei einer Trockentemperatur von 45 bis 50° und darüber. Mehr als 80° ist für die Zellulose schädlich. Der Wärmeverbrauch zum Trocknen ist erheblich und setzt sich zusammen aus den Beträgen für Anwärmung der Heißluft, Erwärmung der Pappe und für Wasserverdampfung. Die spezifische Wärme der Pappe kann man zu 0,65 Kal./kg annehmen.

Um 100 kg gepreßte Pappe von 65% Wassergehalt bei einer Außenlufttemperatur von 20° C zu trocknen, benötigt man:

Zur Erwärmung der Pappe von 20° auf 50° $35 \times 0{,}65 \times 30 =$	685 Kal.
Zur Verdunstung von 65 kg Wasser $65 \times 620 =$	40400 Kal.
Zur Erwärmung von 1500 cbm Luft von 20° auf 50° rd. $1500 \times 0{,}305 \times 30 =$	13700 Kal.
Insgesamt	54785 Kal.

Diese Wärmemenge wird durch Kondensation von rund 100 kg trocknem Dampf von Atmosphärenspannung frei. Die Menge der benötigten Luftmenge berechnet sich folgendermaßen:

1 cbm Luft von 20° Temperatur enthält gesättigt 17,3 g Wasser. 1 cbm Luft von 50° enthält zu drei Vierteilen gesättigt 61,7 g Wasser. Somit kann 1 cbm Luft durch Erwärmung von 20° auf 50° eine Wassermenge von 44,4 g aufnehmen. Es sollen aber 65000 g Wasser verdunstet werden, wozu 65000 : 44,4 = rund 1500 cbm Luft er-

Abb. 139. 2900 PS-Entnahmeturbine der Haindlschen Papierfabrik Augsburg. Maschinenfabrik A.-G. Augsburg-Nürnberg.
$p_a = 15$ Atm. Üb. $t_a = 350^0$ C. $p_e = 3$ Atm. Üb. Luftleere $95{,}75\,\%$.

forderlich sind. Die Heißluft wird in einem Abdampfkondensator oder auch in Kalorifers mit Dampf von Überdruck erzeugt.

Die von der Pressenpartie kommende Papierbahn wird auf die Trockenpartie geführt, welche aus einer größeren Zahl (6 bis 40 Stück) dünnwandiger gußeiserner Zylinder besteht, die durch Dampf geheizt werden. Um diese Zylinder laufen die Trockenfilze, deren Aufgabe es ist, die Papierbahn dicht an die Oberfläche der Trockenzylinder zu drücken. Hierdurch verdampft das rückständige Wasser bis auf 5 bis 10%. Nach den Trockenzylindern durchläuft das Papier das Glättwerk, die Umroll- und Schneidemaschinen und kommt endlich zum Wiegen und Verpacken.

Die Trockenfilze nehmen während des Trocknens etwas Feuchtigkeit auf, die entfernt wird, indem die Filze allein, ohne Papier, über eigene Trockenzylinder, sog. Filztrockner, geführt werden. Die Filze dürfen dabei nicht zu heiß werden, weil darunter ihre Lebensdauer leidet. Der Dampfdruck beträgt für die Filztrockner 0,7 bis 2 Atm. Üb.; für die Papiertrockenzylinder genügt 0,4 bis 1 Atm. Üb. Es ist nicht empfehlenswert, zu hohen Druck und damit hohe Temperatur zu wählen, da sonst leicht Dampfblasen gebildet werden, welche Löcher ins Papier bringen und verursachen, daß die Papierbahn reißt. Zur Erzielung einer ebenen Papierbahn und guten Trocknung unter möglichst geringem Dampfverbrauch muß die Dampfzufuhr sehr gleichförmig sein. Meist erhalten alle Papierzylinder die gleiche Temperatur.

Bei der Gewinnung des Papierrohstoffes aus Lumpen und Papierabfällen spielt die Wärme ebenfalls eine wichtige Rolle.

Vor der Verarbeitung im Holländer werden die Lumpen einer nassen Reinigung unterzogen, indem man sie in einer Lauge von Kalkmilch und Ätznatron unter einem Dampfüberdruck von 1 bis 4 Atm. kocht und hierauf mit warmem Wasser auswäscht. Das Bleichen des Halbzeuges geschieht mit Chlorgas bei Gegenwart von Wasserdampf von 100°.

In den Papiermaschinensälen entsteht viel Wasserdampf, der sich an den Decken in Form von Wassertröpfchen niederschlägt. Letztere können, wenn sie auf fertiges Papier herabfallen, Schaden verursachen. Um den Wasserdampf aus den Sälen zu entfernen, läßt man warme trockene Luft von etwa 50° die Decken entlangstreichen.

In den Papierfabriken kann in der Regel der gesamte Abdampf der Dampfmaschinen oder Turbinen ausgenützt werden.

Eine Ausnützung des Dampfes in drei Stufen, ähnlich wie auf S. 189 an dem Beispiel einer Brauerei beschrieben, wäre in vielen Fällen, wo sehr hoch gespannter Dampf zum Kochen gebraucht wird, ganz am Platze. Der Kesseldampf würde sich beispielshalber in einer Einzylinder-Gegendruckmaschine von 16 bis 18 Atm. auf 6 bis 8 Atm. entspannen, dann zum Teil in die Zellstoffkocher, zum Teil in den Hochdruckzylinder einer Tandemmaschine treten, welch letzterer Dampf von 2 bis 4 Atm. zu Heizzwecken aus dem Aufnehmer entnommen werden könnte. Der Abdampf des Niederdruckzylinders wäre noch zur Warmwasserbereitung oder zur Heißluftbereitung heranzuziehen. Für den eigentlichen Trocknungsvorgang in der Papiermaschine wird ein Dampfverbrauch von 3,5 kg je kg Papier angegeben. Unter Berücksichtigung der Wärme, welche zur Raumheizung und Lüftung gebraucht wird beträgt der Dampfverbrauch 4,2 bis 5,6 kg je kg Papier. Nach Reutlinger beträgt der Kohlenverbrauch in der Papierfabrikation knapp 1 kg für 1 kg Druckpapier, der aber in schlecht angelegten oder geführten Betrieben den 3- bis 4fachen Betrag erreichen kann.

Der Dampfspeicher von Ruths kann in Zellstoff- und Papierfabriken mit Vorteil Verwendung finden. Einige Beispiele sind im Abschnitt über Wärmespeicher erwähnt.

Bleicherei und Spiritusfabrik erfordern Dampfdrücke von 0,5 bis 1 Atm. Üb.

Die Frage, ob die Dampfmaschine oder die Turbine die für Zellstoff- und Papierfabriken geeignetste Maschinenart sei, wurde von Fachleuten gründlich erörtert. Dieserhalb sei auf den folgenden Literaturnachweis verwiesen. Die entsprechenden Ausführungen im Abschnitt II dieses Buches dürften übrigens die Gesichtspunkte, welche zur Klärung dieser Frage beitragen, vollkommen klarstellen und jede Wiederholung an dieser Stelle entbehrlich machen.

Literatur über das vorbehandelte Gebiet.

Laßberg, Frh. v.: Wärmetechnische und wärmewirtschaftliche Untersuchungen aus der Sulfit-Zellstoffabrikation. Berlin: Julius Springer.

Eberle, Chr.: Neue Dampfanlage einer Papierfabrik. Z. bayr. Rev.-V., S. 51, 1906.

Eberle, Chr.: Neue Dampf- und Kraftanlage einer Papierfabrik. Z. bayr. Rev.-V., S. 41, 1909.

Eine Trockeneinrichtung für Pappe. Gesundhtsing., S. 107, 1911.

Laßberg, v.: Wärmebewegung in einem Sulfitzellstoffwerk. Z. bayr. Rev.-V., S 1, 1920.
Wärmebewegung in einer Zellstoffabrik, die nur ungebleichten, trockenen Mitscherlichstoff herausarbeitet nach der gewöhnlich angewandten Arbeitsweise und bei Abdampfverwertung ohne Berücksichtigung des Einflusses der Beiwerke. Die Schaubilder und Zahlen beziehen sich auf ein mittleres Werk von 150—200 Waggons monatlicher Zellstofferzeugung. Stufen der Abwärmeverwertung: Ekonomiser, Verwertung des Abdampfes der Kraftmaschinen als Kochdampf mit 7 Atm. und zum Trocknen mit 4 Atm. Verwertung des Kocherkondensates zur Kesselspeisung, Verwertung der flüssigen Ablauge zum Anwärmen von Frischlauge auf 45°, Verwertung des Heizwertes der in der Ablauge enthaltenen Trockenrückstände der Harze und Lignine des Holzes. Die gesamte Wärmeersparnis würde 50% betragen.

Stiel, W.: Dampfturbine und elektrische Kraftübertragung in der Papierindustrie. Papierfabr., S. 5, 1920, u. S. 603, 1921.
Der Verfasser entscheidet sich für die Anzapfturbine mit rein elektrischer Kraftübertragung.

Reutlinger, E.: Wärmewirtschaft in Papierfabriken. Papierfabr., S. 42, 1920.
Stand der Wärmewirtschaft in der Papierindustrie. Vorteile der Abwärmeverwertung der Antriebsmaschine. Fehlerhafte Anlagen.

Laßberg, v.: Wärmewirtschaft in der Papierfabrikation. Papierfabr., S. 501, 1920.

Lest, G.: Dampfturbine und elektrische Kraftübertragung in der Papierindustrie. Papierfabr., S. 399, 1920.

Verfasser kommt zur Feststellung der Überlegenheit der Kolbenmaschine und des damit verbundenen mechanisch-elektrischen Antriebs in eventueller Verbindung mit einer Niederdruckturbine gegenüber der Anzapfturbine und rein elektrischer Kraftübertragung.

Kausch, O.: Das Ein- oder Abdampfen der Zellstoffablaugen. Papierfabr., S. 439, 1920.

Derichsweiler, E.: Die Dampfmaschinenanlage, mechanischer und elektrischer Antrieb. Papierfabr., S. 526, 1920.

Die wichtigsten Verfahren zum Trocknen der Pappe. Papierfabr., S. 803 und 1024, 1920.

Langen, F.: Dampfturbine und elektrische Kraftübertragung in der Papierindustrie. Papierfabr., S. 915, 1920.

Der Autor ist Anhänger der Kolbenmaschine in Verbindung mit einer Abdampfturbine.

Laßberg, v.: Einfluß der Wärme auf die Entwässerung von Zellstoff- und Papierbrei. Z. bayr. Rev.-V., S. 9, 1921.

Notwendigkeit der Stoffanwärmung hauptsächlich für die schmieriger gemahlenen Pergamentersatzpapiere und für einige Sonderpapiere. Anwärmung vor dem Sieb, auf dem Sieb und durch Zwischentrockner. Wärmeaufwand. Anwendung von Zwischentrockner wärmetechnisch am wirtschaftlichsten.

Strauch, F.: Wärmetechnische Studie über Heizung der Trockenzylinder. W. f. P., S. 21, 1921.

Wirth, E.: Fortschritte in der Verwertung der Sulfitablauge durch Eindampfen unter Anwendung der Wärmepumpe. Fest- und Auslandsheft des Papierfabr., S. 70, 1921.

Die Trockensubstanz der Sulfitablauge hat 4300 bis 4500 Kal./kg Heizwert. Ihre Gewinnung wird auf eine neue wirtschaftliche Grundlage gestellt durch Verwendung der Wärmepumpe, die vier- bis sechsmal weniger Wärme verbraucht gegenüber Vielkörperapparaten.

Alfthan, H.: Dampfverbrauch beim Kochen und Trocknen von Sulfitzellstoff. Papierfabr., S. 657 u. 786, 1921.

Mallickh, H.: Über die Wirtschaftlichkeit der Papier-Zylindertrockner und ihre Entnebelungsanlagen unter besonderer Berücksichtigung der Abwärmeverwertung. W. f. Pap., S. 808, 1921.

Kraft- und Wärmebilanz einer Druckpapierfabrik für 3300 kg/St. Nettoproduktion bei -20^0 bis $+30^0$ Außentemperatur und für verschiedene Antriebsmöglichkeiten. Verfasser kommt zum Schluß, daß für große Papierfabriken mit Dampf-Holzschleiferei und über 3000—4000 PS Kraftbedarf die zentrale Entnahmeturbine mit rein elektrischem Antrieb, in kleineren und mittleren Papierfabriken bis zu 800 PS Kraftbedarf dagegen die zentrale Gegendruckmaschine mit Transmissionsantrieb der Hauptkraftverbraucher die wirtschaftlichste Lösung ist. In allen anderen Fällen ist stets eine genaue Untersuchung nötig.

Hakanson, A.: Über die Schwankungen im Dampfverbrauch in der Zellstoff- und Papierindustrie. Papierfabr., S. 929, 1921.

Ursachen der Schwankungen. Höhe an Beispielen gezeigt. Beeinflussung durch den Wärmespeicher von Ruths.

Laßberg, v.: Dampfverbrauchsversuche an Trockenpartien. Papierfabr., S. 989, 1921.

Grewin, F.: Die Verwendung von Wärme und Kraft in der Papierindustrie. Papierfabr., S. 1025, 1921.

Strauch, F.: Wirkungsgrad von Trockenpartien. Papierfabr., S. 1249, 1921.

Strauch, F.: Verhältnis der Abdampfmengen zum erforderlichen Heizdampf bei Antrieb des variablen Teiles der Papiermaschinen durch eine Einzeldampfmaschine. W. f. Pap., S. 1768, 1921.

Kummer: Entlüftung in Papier-, Zellstoff- und Holzstoffabriken. W. f. Pap., S. 2010, 1921.

Heizung der Trockenzylinder. W. f. Pap., S. 2019, 1921.

Strauch, F.: Betrachtungen über praktische Ergebnisse von Kraft- und Dampfverbrauch einer Papier- und Zellulosefabrik. W. f. Pap., S. 3347 u. 3444, 1921.
Schumann: Abdampfverwertung — Überhitzung. W. f. Pap., S. 2337, 3265 und 4337, 1921.
Das Heizen der Trockenzylinder mit überhitztem Abdampf schließt Nachteile in sich.

3. Textilindustrie.

Die meisten Zweige der Textilindustrie, Spinnereien, Webereien, Färbereien, Appreturanstalten, Bleichereien, Hutfabriken usw. haben ein mehr oder minder großes Bedürfnis an Heizdampf zur Lufterhitzung und Warmwasserbereitung.

Spinnereien ohne angegliederte Webereien brauchen Dampf nur zur Saalbeheizung. Dieselbe erfolgt meist durch warme Luft, welche in Luftkondensatoren zwischen Zylinder und Einspritzkondensator angewärmt wird. Die Temperatur im Spinnsaal hat 20 bis 25° C zu betragen. Im Vorspinnsaal und in der Trockenspinnerei hat der Luftwechsel im Winter stündlich 2- bis $2^1/_2$mal, im Sommer 4- bis 5mal zu erfolgen, im Kardensaal Sommer wie Winter 5 bis 6mal.

Baumwollgespinste und Gewebe werden um so haltbarer, je höher der Wasserdampfgehalt in den Arbeitssälen ist. Wenn es der Luft an Feuchtigkeit mangelt, werden die Gespinste spröde. In Textilfabriken sind deshalb für Luftbefeuchtung größere Wärmemengen aufzuwenden. Die angewärmte Luft passiert eine Befeuchtungskammer, so daß die relative Luftfeuchtigkeit in den Arbeitssälen nicht unter 70% sinken kann.

Färbereien benötigen große Abdampfmengen zur Warmwasserbereitung für die Wollwäscherei und zur Lufterhitzung zum Trocknen der gewaschenen Wolle. Heißes Wasser wird gebraucht für die Sodaauflöser der Kocherei. Die Kochgefäße werden mit heißem Wasser angefüllt und dadurch der Dampfverbrauch zum Ankochen vermindert. Die Kontinuefärbkufen werden vorzugsweise mit Hilfe geschlossener Rohrschlangen geheizt, da bei direkter Dampfeinströmung durch perforierte Rohre die Flotte gegen Ende der Färbung mehr und mehr verdünnt wird.

Die aufsteigenden Dampfschwaden sind durch Entnebelungsanlagen zu entfernen. Diese beruhen auf dem Prinzip der Zuführung von Luft, welche sich im ungesättigten Zustand befindet, die also in der Lage ist, weitere Feuchtigkeit aufzunehmen. Um dies herbeizuführen, wird atmosphärische Luft so weit getrocknet, daß genügende Aufnahmefähigkeit für Feuchtigkeit hergestellt ist. Der Überdruck des Heizdampfes für Färbereien beträgt 1 bis 3 Atm.

In Webereien ist großer Bedarf an Warmwasser und an Heizdampf vorhanden. Das warme Wasser wird verwendet zum Bereiten der Schlichte, zum Waschen und Putzen. Die Schlichtmaschinentrommeln werden mit Dampf von 1 bis höchstens 2 Atm. Üb. beschickt. Beim Schlichten werden die Kettenfäden mit einem leimartigen Überzug versehen, welcher ihnen eine glatte Oberfläche verleiht, so daß sie sich bei der nun folgenden Verarbeitung am Webstuhl nicht aufrauhen. Das Garn läuft zunächst durch die Schlichtflüssigkeit, welche durch einen mit Dampf geheizten Röhrenapparat warmgehalten wird, sodann über eine mit Flanell bekleidete Preßwalze und von hier zu einer Trockenvorrichtung .mittels Heißluft. Die Schlichte wird dann später mit warmem Wasser durch Verseifen oder Emulsieren wieder aus dem Gewebe entfernt und dasselbe in Zentrifugen und mit Dampf geheizten Walzentrockenmaschinen getrocknet. Die Zentrifugen trocknen das Gewebe nur bis auf einen Feuchtigkeitsgehalt von 30 bis 40 $^0/_0$. Der Rest wird in den Trockentrommeln verdunstet. Bei den nun folgenden Arbeiten zur Erzielung einer gleichmäßigen Oberfläche des Gewebes wird letzteres in den Bürstenmaschinen nochmals der Einwirkung von Dampf unterworfen, indem es durch ein fein perforiertes Dampfrohr angefeuchtet wird. Nach mehreren Versuchen in einer Schlichterei wurde als Dampfverbrauch für Heizung der Trommeln und Trocknung des Garnes 1,4 bis 1,7 kg pro 1 kg geschlichtetes Garn ermittelt; der Gesamtdampfverbrauch einschließlich Kochen und Warmhalten der Schlichte erreicht 3,2 bis 4 kg pro 1 kg geschlichtetes Garn, für eine mittlere Garnnummer etwa 3,6 kg.

In der Appreturanstalt erfolgt die weitere Bearbeitung des Gewebes und zwar das Niederlegen der Fasern und das Ausfüllen der Poren mit darauffolgendem Glätten. Dabei werden große Mengen Dampf von 1 bis 2 Atm. Üb. zu Trocknungszwecken benötigt. Das Trocknen der Gewebe kann mit warmer Luft von 40 bis 50° C erfolgen. Das Glätten erfolgt in mit Dampf geheizten Pressen oder in Kalandern.

Außer zu den angeführten Zwecken begegnen wir bei der Erzeugung der Gewebe noch vielfach der Anwendung der Wärme in Form des Dampfes oder warmer Luft, so beim Bleichen des Leinen, beim Warmwalken des Loden, beim Dekatieren des Tuches, namentlich zu wiederholten Trocknungszwecken.

Literatur über das vorbehandelte Gebiet.

Gerold, O.: Frischluft oder Zirkulationsluft? Dingler, S. 449, 1912.
Wirtschaftliche Betrachtungen über Entstaubungs-, Heizungs- und Befeuchtungsanlagen in Textilfabriken.

Gerold, O.: Die wirtschaftliche Bedeutung der Heizung, Befeuchtung und Entstaubung in der Karderie einer Hanfspinnerei. Dingler, S. 689, 1912. Sozialtechnik, S. 25, 1914.

Hottinger, M.: Einige Dampfkraftanlagen mit Abwärmeverwertung. Z. V. d. I., S. 11, 1912.
Inhaltsangabe s. S. 77.

Gerold, O.: Die Entnebelung gewerblicher Betriebe. Sozialtechnik, S. 25, 1913.

Schulz, E.: Neuere Entstaubungs-, Lüftungs- und Heizungsanlagen in der Textilindustrie. Sozialtechnik, S. 206, 1914.

Über Entnebelungsanlagen. Haust. Rundschau, S. 111, 1914.

Stauf: 120-PS-Dampfmaschinen- und Dampfheizungsanlage einer Lodenfabrik. Z. bayr. Rev.-V., S. 108, 1913.
Die Einzylindermaschine wird mit Heißdampf von 11 Atm. Üb. und 280° C bei 0,4 Atm. Üb. Gegendruck betrieben. Die jährliche Durchschnitts-

belastung beträgt bei elfstündiger Arbeitszeit 98 PS. Während des ganzen Jahres wird warmes Wasser und Heizdampf für Trockenzwecke in der Fabrik gebraucht. Außerdem werden im Winter sämtliche Bureau- und Fabrikräume teils mit Maschinenabdampf, teils mit Frischdampf geheizt. Im Januar und Dezember werden je 80%, im Februar, März, April, Oktober und November im Mittel 50%, im Mai bis September je 15% des Kohlenverbrauches durch die Abdampfverwertung nutzbar gemacht. Von den Kohlenkosten des ganzen Jahres treffen 68% auf die Heizung und 32% auf die Krafterzeugung. Ohne Abdampfverwertung erhöhen sich die jährlichen Kohlenkosten um 23% und es treffen alsdann 55% auf die Heizung und 45% auf die Krafterzeugung. Die Gesamtkosten der Krafterzeugung (Kohle, Öl, Putzmittel, Bedienung, Instandhaltung, Verzinsung und Abschreibung) sind bei Abdampfverwertung nur 70% der Gesamtkosten ohne Abdampfverwertung.

Stauf: 520-PS-Dampfmaschinenanlage mit Abdampfverwertung einer Fabrik der Textilindustrie. Z. bayr. Rev.-V., S. 121, 1913.
Die Einzylindermaschine arbeitet mit Dampf von 15½ Atm. Anfangsüberdruck, 300° C Dampftemperatur und 3 Atm. Üb. Gegendruck. Bei einer täglichen Arbeitszeit von 9½ St. beträgt die durchschnittliche Belastung 490 PS. Der Abdampf wird stets vollständig für Heiz- und Kochzwecke ausgenützt. Von den Kohlenkosten des ganzen Jahres treffen auf die Krafterzeugung nur 10%, auf die sonstige Dampfverwendung 90%. Gesamtkosten der Nutzpferdekraftstunde i. J. 1913 nur 1,16 Pf., davon 0,37 Pf. Kohlenkosten.

Stauf: 1500-PS-Dampfmaschinenanlage mit Zwischendampfentnahme einer Spinnerei. Z. bayr. Rev.-V., S. 139, 1913.
Der mit 11,5 Atm. Anfangsüberdruck und 300° C Dampftemperatur betriebenen Dreifachexpansionsmaschine wird aus dem ersten Aufnehmer Zwischendampf von 2 bis 3 Atm. Üb. entnommen. Bei 9¾ St. mittlerer täglicher Betriebszeit beträgt die Durchschnittsbelastung 1500 PS. Die Zwischendampfentnahme erfolgt während des ganzen Jahres zur Heizung der Schlichterei, der Speisenwärmer und soweit nötig der Fabrikräume, sowie zur Luftbefeuchtung in der Weberei. Frischdampf wird im Winter für zwei kleine Sattdampfverbundmaschinen mit Kondensation, außerdem dauernd in geringer Menge für die Speisenwärmer und die Garndämpfer in der Spinnerei gebraucht. Zwischendampfentnahme im Sommer 17%, im Winter 33%. Vom jährlichen Kohlenverbrauch treffen 75,5% auf die Krafterzeugung, 18% auf die Heizung mit Zwischendampf, 6,5% auf die Lichtmaschinen und sonstige Zwecke. Ersparnis durch Zwischendampfentnahme jährlich 10% der Kohlenkosten.

Stauf: 2000-PS-Dampfmaschinenanlage mit Zwischendampfentnahme und Abdampfausnützung einer Spinnerei und Weberei. Z. bayr. Rev.-V., S. 150, 1913.
Die Maschine wird mit Heißdampf von 13½ Atm. Üb. und 270° C betrieben. Die jährliche Durchschnittsbelastung beträgt 1620 PS bei 10 St. mittlerer täglicher Betriebsdauer. Die Zwischendampfspannung ist 1¼ Atm. Üb. Zwischen Niederdruckzylinder und Einspritzkondensator ist ein Lufterhitzer und ein Speisewasservorwärmer eingebaut. Der größte Teil der Fabrikräume wird durch den Lufterhitzer erwärmt. Dies geschieht im März, Oktober und November durch Abdampf (Vakuumdampf), im Januar, Februar und Dezember durch Zwischendampf. In den letztgenannten Monaten wird außerdem morgens eine Stunde lang vor Anlaufen der Maschine mit Frischdampf vorgeheizt. Beheizung der Schlichtzylinder mit Zwischendampf ist geplant. Der Speisewasservorwärmer von 40 qm wird das ganze Jahr hindurch benutzt. Durch Verwendung der Abdampf- bzw. der Zwischendampfwärme zum Heizen werden die Kohlenkosten für die Krafterzeugung um 17% gegenüber der heizungsfreien Zeit erniedrigt. Die Zwischendampfentnahme beträgt im Mittel 32%. Von den Gesamtbrennstoffkosten treffen im Jahr 75% auf Krafterzeugung, 3,5% auf die Luft-

erwärmung mittels Abdampf, 7% auf die Lufterwärmung mittels Zwischendampf, 8,5% auf die Heizung der Schlichterei und der Wärmeöfen mit Frischdampf, der Rest von 6% auf Speisepumpen und sonstige Frischdampfverwendung. Ersparnis durch Zwischen- und Abdampfverwertung jährlich 9% der Kohlenkosten.

Janicki: Wäschereien und Neuerungen an Wäschereimaschinen. Gesundhtsing., S. 506, 1915.

Spiegelberg, O.: Allgemeine Angaben über Wäschereianlagen. Gesundhtsing., S. 61, 1919.

Heym: Die Entnebelung von Betriebsräumen. Zentralbl. Zuckerind., S. 793, 1919.

Wassergehalt der Luft bei 30 bis 50 m Sehweite 1 g/cbm, bei 15 m Sehweite 4,5 g/cbm und bei Sehweite 0 ca. 9 g/cbm.

Haehnle, H.: Färben mit Abdampf von Dampfmaschinen. Z. bayr. Rev.-V., S. 172, 1920.

Bekämpfung von Vorurteilen gegen Verwendung entölten Abdampfes von Kolbendampfmaschinen.

Wirtschaftliche Dampfspannung für Textiltrockner. Z. V. d. I., S. 1062, 1920.

Zur Schonung der Faser und Ersparnis an Dampf soll stets mit der niedrigsten Dampfspannung gearbeitet werden, bei der die erforderliche Trockenleistung noch erzielt werden kann.

Verwendung von Abdampfwasser zu Wäscherei- und Färbereizwecken. Z. bayr. Rev.-V., S. 110, 1921.

Die Verwendungsmöglichkeit des niedergeschlagenen Abdampfes zu Wäscherei- und Färbereizwecken wird bejaht. Entölung des Kondensates einer 60-PS-Dampfmaschine.

Witz, H. E.: Die Wärmewirtschaft in Textilbetrieben. Leipz. Monatsschr. Textilind., S. 7, 1921.

Der Aufsatz enthält allgemeine Angaben über Wärmekraftmaschinen, ohne jedoch auf die besonderen Verhältnisse in der Textilindustrie einzugehen.

Bublitz: Vervollkommnung der Wärmewirtschaft bei den Gruschwitz-Textilwerken in Neusalz a. O. Zentralbl. Gew.-Hyg., S. 123, 1921.

Ausnützung des warmen Kühlwassers der 3000-KW-Hauptturbine und des Abdampfes der Turbine, welche die Kondensationspumpen antreibt. Alter 100-qm-Cormwall-Kessel als Wärmespeicher für 20 cbm Warmwasser. Verwendung der Abwärme: Erwärmung des Spinnwassers der Naßspinnerei, des Speisewassers, Bereitung von Heißwasser für die Sodaauflöser, für die Färbekufen und zum Füllen der Kocher. Warmluftheizung. Entnebelung der Färberei.

4. Rübenzuckergewinnung.

Die Zuckerfabrikation erfordert so große Dampfmengen zu Trocknungs- und Kochzwecken, daß meistens der Zwischen- und Abdampf der Betriebsmaschinen nicht ausreicht, sondern noch mit eigenen Heizdampfkesseln gearbeitet werden muß. Je weniger aber Gefahr ist, daß der Maschinenabdampf unbenützt bleibt, destomehr ist die Abdampfverwertung wirtschaftlich berechtigt.

In Rübenzuckerfabriken und Raffinerien ist Kraft zu erzeugen für die Quirlwäschen, Schüttelsiebe, Schnitzelmaschinen, Schnitzelpressen, Filterpressen, Kohlensäurepumpen, Saftpumpen, Zentrifugen, Förderrinnen, Elevatoren, Antrieb der Sudmaischen, Rührgefäße, Luftpumpen, Zuckersiebe usw. Nach Abraham beträgt der Kraftbedarf für 1000 kg Rübenverarbeitung 12 bis 15 PS. Große Dampfmengen werden benötigt für die Diffusoren, die Schnitzeltrocknerei, die Scheidung und Saturation, das Eindampfen und Verkochen, endlich zum Raffinieren und Trocknen des fertigen Zuckers.

Zum Aufkochen der Säfte in den Scheide- und Schlammpfannen, zum Ausdampfen der Filterpressen, Aufkochen der Abläufe, Anwärmung der Luft für die Zuckertrocknung, Ausdämpfen der Kochapparate sowie zum Decken des Zuckers in den Zentrifugen muß mit Frischdampf sparsam umgegangen werden. Zum Decken des Zuckers in den Schleudern ist ölfreier Dampf zu verwenden, da dieser den Zucker nicht schädigt. Die Verkochung der Säfte muß durch Abdampf erfolgen, weil Frischdampf durch seine hohe Temperatur den Zucker zu stark bräunt. Warmes Wasser wird gebraucht für die Saftgewinnung und zum Absüßen der Schlammpressen.

Die Zuckerindustrie gehört zu jenen Fabrikationsgebieten, die über gute wärmetechnische Einrichtungen verfügen. Hier findet deshalb auch die Abwärmeverwertung verständige Anwendung. Die Vakuumeindampfung und damit unsere Kenntnisse über Wärmeaustauscher gefördert zu haben, ist ein großes Verdienst der Zuckerindustrie. Der Gang der Zuckerherstellung, soweit die Wärme darin eine Rolle spielt, ist folgender:

Der eigentlichen Saftgewinnung geht das Waschen der Rüben mit Warmwasser von 40 bis 45° C voraus. Das Auslaugen der Schnitzel in den Diffusionsapparaten wird ebenfalls mit Warmwasser vorgenommen. In die Diffusoren werden die Schnitzel zur Dialyse des Zuckers aus den Zellen zusammen mit 40grädigem Wasser eingebracht und dann durch Doppelböden oder Röhrenapparate mittels Dampf aufgeheizt. Zwischen die einzelnen Diffusoren sind Saftwärmer eingeschaltet, um die Flüssigkeit auf konstanter Temperatur zu erhalten. Die Ausbeute an Dünnsaft beträgt 120 bis 160 l pro 100 kg Rüben. Da die ausgelaugten und ausgepreßten Schnitzel (Preßlinge) im feuchten Zustande nicht haltbar sind, werden sie mit Abdampf getrocknet und finden als zuckerreiches Viehfutter Verwendung. Sie enthalten 5% Proteïn, 55% Kohlenhydrate und 20% Rohfaser.

Der Saft unterliegt weiter in verschiedenen Kochern bis zum Auskristallisieren des Zuckers der Einwirkung der Wärme. In der Scheidepfanne, wo seine Temperatur auf 80 bis 90° C gehalten wird, erfolgt durch Ätzkalk die Neutralisation der organischen Säuren und die Fällung derselben zugleich mit der Phosphorsäure, den koagulierten Eiweißkörpern und dem überschüssigen Kalk. Eine mechanische Reinigung des Saftes ist damit verbunden. Von der Scheidepfanne fließt der Saft in die Saturationspfanne, wo der teils gelöste, teils suspendierte Kalk durch Kohlensäure wieder ausgeschieden wird. Gleichzeitig wird der Saft durch Beheizung mit Dampf warm gehalten. Der noch schwach alkalische Inhalt der Saturationspfannen wird in die Filterpressen gedrückt, hierauf wieder angewärmt und zum zweiten bis dritten Male saturiert, bis aller Kalk entfernt ist. Darauf folgt wieder eine doppelte Filtration und sodann das Eindampfen, indem aus dem Dünnsaft von 10 bis 12% Zuckergehalt ca. 80 % Wasser verflüchtigt werden. Das Eindampfen geschieht in Drei-, Vier- oder Fünfkörperapparaten unter mehrfacher Dampfausnützung, indem die Brüden des einen Körpers zur Beheizung des nächstfolgenden dienen. Der erste Körper wird mit Maschinenabdampf beheizt. Der gewonnene Dicksaft wird nochmals erhitzt und mit schwefliger Säure saturiert. In Vakuumverkochapparaten erfolgt dann das Verkochen bis zur Kristallisation.

Dem I. Körper ist meist ein Vorverdampfer vorgeschaltet, der mit Frischdampf oder Zwischendampf von 120° Temperatur beschickt wird. An ihn ist der Dicksaftkocher mit 110° und der I. Körper mit ebenfalls 110° angeschlossen. Die gleiche Dampftemperatur herrscht im Sirupkocher, Dünnsaftvorwärmer, Dicksaftvorwärmer, Diffusionsvorwärmer. Der II. Körper, Saturationsvorwärmer, Rohsaftvorwärmer I werden mit Schwaden von 97° beheizt, der III. Körper mit Schwaden von 80°, endlich der IV. Körper und der Rohsaftvorwärmer II mit Schwaden von 60°.

Bei einem so geführten Betrieb kann die Wärmepumpe keinen merkbaren Nutzen mehr erbringen. Claaßen empfiehlt Angliederung der Wärmepumpe höchstens an den I. Körper einer mehrstufigen Verdampfanlage, der gleichzeitig mit den verdichteten Brüden und mit Abdampf beheizt wird.

Die Dampfkochung erlaubt ein sehr genaues Regulieren der Temperatur, so daß das Anbrennen der Säfte leicht vermieden werden kann. Temperaturen über 120 bis 125° C beim Kochen vermindern die Ausbeute an kristallisierbarem Zucker und schädigen die Säfte.

Nach K. Loß beträgt der Dampfverbrauch einer Rohzuckerfabrik pro Verarbeitung von 100 kg Rüben 56 kg, welche sich für die einzelnen Zwecke folgendermaßen verteilen:

Zahlentafel 58.

Für mechanische Arbeitsleistung	4,2 kg
Wärmeinhalt der verschiedenen Produkte und Abfälle	15,1 „
Ausstrahlungs- und Abkühlungsverluste	12,7 „
Kondensation der Verkochstation	12,0 „
Rübenwäsche, Diffusion, Absüßen der Schlammpressen	2,0 „
Verlust im Fallwasser	6,0 „
Verschiedene Verluste	4,0 „
	56,0 kg

H. Claaßen gibt etwas davon abweichende Werte an. Nach seiner Aufstellung sind zur Verarbeitung von 1 t/St. Rüben 15 bis 18 PS nötig; ferner sind 1250 kg Saft von etwa 10° auf 110 bis 120° zu erwärmen und daraus 1100 kg Wasser abzudampfen. Wollte man diese Maßnahmen getrennt ausführen, so brauchte man zur Kraftleistung 200 kg Dampf/St., zum Anwärmen 250 kg/St. und zum Verdampfen des Wassers mindestens 1100 kg/St., im ganzen also 1550 kg Dampf, während man heute tatsächlich nur etwa 600 kg/St. auf 1 t Rüben, also nur 40 % der genannten großen Dampfmenge benötigt. Der Dampfverbrauch einschließlich der Verluste verteilt sich nach Claaßen für Verarbeitung von 100 kg Rüben wie folgt:

Für mechanische Arbeitsleistung	2 kg	
Maschinenabdampf z. Anwärmen u. Verkochen	20 „	von $^1/_2$ b. $^3/_4$ Atm. Üb.
Frischdampfzusatz z. Anwärmen u. Verkochen .	27—28 „	nutzbar gemacht
Abkühlverluste	8—10 „	
Undichtheits- und Verluste beim Ausdämpfen	3 „	
zusammen .	60—63 kg	

(Zahlentafel 59.)

Der Wärmeverbrauch einer Rohzuckerfabrik ist im übrigen vom gewählten Arbeitsverfahren abhängig. Claaßen[1]) gibt für den spezifischen Kohlenverbrauch folgende Werte an, die teils durch die Praxis festgestellt, teils in Handbüchern der Zuckerfabrikation mitgeteilt sind:

Arbeitsverfahren	Kohlenverbrauch auf 100 kg Rüben kg	100 kg Rohzucker kg
1. In einer Zuckerfabrik mit normaler Verarbeitung	8,6	53,7
2. „ „ „ „ verringerter „	10,75	67,2
3. „ „ „ „ „ „ und Störungen	11,65	72,8
4. In einer Weißzuckerfabrik mit normaler Rübenverarbeitung und Dampfdecke. Sämtlicher Weißzucker wird während der Rübenverarbeitung hergestellt	10,05	62,8
5. In einer Weißzuckerfabrik mit Drostschem Verfahren, im übrigen nach 4.	9,8	61,2
6. In einer Weißzuckerfabrik mit Dampfdecke, $^2/_3$ des Weißzuckers wird während der Rübenverarbeitung hergestellt, $^1/_3$ nachher	11,2	70,3
7. In einer Weißzuckerfabrik mit Drostschem Verfahren, im übrigen nach 6.	11,1	69,4
8. Bei Verarbeitung des in einer Rohzuckerfabrik nach 1. hergestellten Rohzuckers in einer Kristallzucker-Raffinerie	11,15	69,7
9. Bei Verarbeitung des in einer Rohzuckerfabrik nach 1. hergestellten Rohzuckers in einer gemischten Raffinerie	13,4	83,7

(Zahlentafel 60.)

Die Schnitzeltrocknung erfordert rd. 1 $^0/_0$ des Rübengewichtes an Steinkohle. Wirtschaftlicher wird sie durch Dampf von einigem Überdruck oder durch Kesselabgase besorgt

In der vorstehenden Zusammenstellung sind bereits Angaben für Raffinerien enthalten.

In der Raffinerie findet Kochdampf mit 3 bis 4 Atm. Üb. Verwendung zum Ausdecken des Granulated, zum Eindicken und Lösen, während Abdampf bis 0,5 Atm. Üb. zum Auskochen der Knochenkohle und besonders zum Entfeuchten des Handelszuckers benützt wird. Zum Trocknen der von den Zentrifugen oder Nutschen kommenden Zuckerbrote oder Zuckerplatten sind außer dem reinen Lufttrockenverfahren zwei Vakuumtrockenverfahren üblich. Bei beiden werden die Brote (Zuckerhüte) zunächst in Vorwärmkammern bei 60 bis 70^{0}C Lufttemperatur 12 bis 14 Stunden lang unter atmosphärischem Druck vorgetrocknet und gelangen dann in die Vakuum-

[1]) Deutsche Zuckerindustrie, S. 494, 1919.

apparate. Hier wird nach dem einen Verfahren das in ihnen befindliche Wasser unter allmählicher Evakuierung auf 10 bis 15 mm Quecksilbersäule entfernt. Die Brote werden hierauf durch indirekte Abdampfheizung bis auf den Kern wieder auf ca. 50^0 erwärmt, was 10 bis 12 Stunden in Anspruch nimmt, und sodann nochmals in einem Vakuum von 10 bis 15 mm Quecksilber getrocknet, worauf sie zum Einpapieren fertig sind. Im ganzen bleiben die Brote 20 bis 24 Stunden im Vakuumapparat.

Während bei der Lufttrocknung für 100 kg Zucker 20 bis 30 kg Dampf benötigt werden, ist der Dampfverbrauch bei Vakuumtrocknung nur 5 kg pro 100 kg Zucker unter gleichzeitiger Verminderung der Trockendauer auf ein Sechstel.

Beim zweiten Verfahren, dem kombinierten Vakuum- und Lufttrockenverfahren, das besonders für sehr feinkörnige Brote verwendet wird, bleiben die Brote bei nur einmaligem Evakuieren ca. 6 Stunden im Trockenapparat und werden im Anschluß daran 2 bis 3 Tage lang in Trockenstuben nachgetrocknet.

In der Zuckerfabrikation werden, wie schon erwähnt, sehr große Dampfmengen für Heizzwecke aller Art benötigt, während die Kampagne nur wenige Monate (2 bis 3) im Jahr dauert und meist um Weihnachten beendet ist. Hier ist also mitunter die Aufstellung von Gegendruck- oder Entnahmeturbinen am Platz, da einerseits der Abdampf stets ausgenützt werden kann, andererseits Verzinsung und Amortisation der Turbinen ohne Kondensationsanlage geringere Beträge erfordern, als Verzinsung und Amortisation der Kolbenmaschinen, was bei so kurzer jährlicher Betriebszeit in der Endbilanz bemerkbar werden muß. Unter Umständen wird man zur kombinierten Gegendruck-Entnahmeturbine greifen mit Kochdampfentnahme von 3 bis 4 Atm. Üb. und Abdampf für Heizzwecke von 0,2 bis 0,3 Atm. Üb.

Literatur über das vorbehandelte Gebiet.

Möller, H.: Der theoretische Wärmeverbrauch einer Rohzuckerfabrik für Verdampfen, Erwärmen, Verkochen und Krafterzeugung. Berlin: Julius Springer.

Abraham, K.: Dampfwirtschaft in der Zuckerindustrie. Magdeburg: Schallehn & Wollbrück.

Greiner, W.: Verdampfen und Verkochen unter besonderer Berücksichtigung der Zuckerfabrikation. Berlin: O. Spamer.

Meyer, P.: Die Berechnung von Vorwärmern. Zentr. Zuckerind., S. 843, 1912.

Raßmus, P.: Zur Technik der Trocknung. Zentr. Zuckerind., S. 1235, 1912 und Berichtigung, S. 1302, 1912.

Hintze, A.: Wärmewirtschaft in der Zuckerindustrie. Zentr. Zuckerind., S. 1596, 1912.

Forstreuter, H.: Verdampfstation, Kesselhaus und Dampfverbrauch bei Verwendung von Dampfmaschinen, die mit 4 Atm. Gegendruck arbeiten. Zentr. Zuckerind., S. 1821, 1912.

Treitel, H.: Die Dampfturbine in der Zuckerindustrie. Z. V. deutsch. Zuckerind., S. 995, 1912.

Loß, K.: Über rationelle Wärmewirtschaft in der Zuckerindustrie. Z. V. deutsch. Zuckerind., S. 1009, 1912.

Daude, W.: Vorrichtungen zum Trocknen von Zucker. Z. V. deutsch. Zuckerind., S. 283, 1913.

Saillard, E.: Verdampfen und Erwärmen. Z. V. deutsch. Zuckerind., S. 551, 1913.
Saillard, E.: Beitrag zum Studium der Verdampfung und Anwärmung in Rohzuckerfabriken. Z. V. deutsch. Zuckerind., S. 591, 1913.
Claaßen, H.: Die Wärmewirtschaft in den Zuckerfabriken. Z. V. deutsch. Zuckerind., S. 596, 1914.
Turbine oder Kolbenmaschine, Zentraldampfanlage oder zerstreute Anlage sind für die Wirtschaftlichkeit der Verdampfung als solche von keinem oder fast keinem Belang. Der Ölgehalt des Abdampfes hat fast keinen Einfluß auf den Wärmedurchgang in den Verdampfern, da das Öl nicht an den nassen Heizflächen haftet.
Schnitzeltrocknung mit Kesselabgasen. Zentr. Zuckerind., S. 85, 255, 402, 1913.
Heinze, A.: Dampf und Wärme in der modernen Zuckerfabrik. Zentr. Zuckerind., S. 1615, 1914.
Bei Verarbeitung von je 100 kg Rüben werdeu verbraucht: 1000 Kal. für Arbeitsleistung, 12 000 Kal. für das Anwärmen der Säfte auf die Temperatur des I. Körpers, 6—8000 Kal. für Zerlegung des Dicksaftes in Zucker und Melasse, 18—20 000 Kal. für Verdampfuug des Wassers aus den Preßschnitzeln, zusammen max. 41 000 Kal.
Claaßen, H.: Die Rübentrocknung. Zentr. Zuckerind., S. 829, 1915.
Verdampfungsfragen. Zentr. Zuckerind., S. 1067, 1916.
Claaßen, H.: Die Vorgänge beim Wärmedurchgang durch die Heizflächen von Verdampfern. Zentr. Zuckerind., S. 898, 1917.
Claaßen, H.: Die Trocknung landwirtschaftlicher Erzeugnisse in den Trockenanlagen der Rübenzuckerfabriken. Z. V. deutsch. Zuckerind., S. 501, 1917.
Claaßen, H.: Die Einwirkung des Ölgehaltes des Abdampfes auf die Leistung der Verdampferheizfläche. Z. V. deutsch. Zuckerind., S. 128, 1919.
Schmidt: Über den heutigen Stand des Trocknungswesens. Z. V. deutsch. Zuckerind., S. 148, 1919.
Herzfeld, A.: Welche Ziele hat sich die Zuckerindustrie zu stellen, um Kohle zu sparen? Z. f. Zuckerind., S. 870, 1919/20.
Buchholtz, F. A.: Der Nutzen elektrischer Temperaturmeßgeräte für Zuckerfabriken und Zuckerraffinerien. Z. f. Zuckerind., S. 7, 1920/21.
Claaßen, H.: Die Wärmewirtschaft in der Rübenzuckerindustrie. Z. V. d. I., S. 387, 1921.
Ersparnisse in der Wärmewirtschaft des Kesselhauses von Rübenzuckerfabriken durch Speisen mit heißem, reinem Wasser aus den Heizkammern der Verdampfanlagen, im Maschinenbetrieb durch Ausnützung des Abdampfes zum Anwärmen großer Saftmengen, Ersatz des Einspritzkondensators durch Hochdruckverdampfanlagen, Verwendung der Wärmepumpe, Verringerung der Abkühlverluste. Aufstellung einer Bilanz für die Verarbeitung von 100 kg Rüben.
Claaßen, H.: Einrichtung neuzeitlicher Rübenzuckerfabriken. Z. V. d. I., S. 545, 1921.

5. Braunkohlenbrikettfabrikation.

Bekanntlich ist der Wassergehalt gewisser Braunkohlen ein derart hoher, daß sich ein weiter Versand der Kohle nicht lohnt. Während der Wassergehalt der deutschen Steinkohle zwischen 2 und 15%, beträgt, enthält die böhmische Braunkohle 20 bis 35%, die Lausitzer und Thüringer Rohbraunkohle 50 bis 60% Wasser. Dementsprechend ist der Heizwert dieser letztgenannten Braunkohlensorten gering. Er schwankt zwischen 2200 und 3000 Kal.

Die minderwertige Kohle zu veredeln und versandfertig zu machen, ist durch Fabrikation der Briketts gelungen. Die Herstellung derselben geschieht durch Zerkleinerung der Rohkohle in Brechwalzen oder Schleudermühlen, darauffolgende gleichmäßige Trocknung des Kohlenpulvers und Pressung in Formen von handlicher Größe.

Außer für diese Maschinen ist in Braunkohlenwerken noch Kraft zu erzeugen für den Betrieb von Kettenbahnen, Wasserhaltungen, Sand- und Kohlenbagger, evtl. auch für elektrische Abraumlokomotiven.

Das Trocknen der Rohkohle geschieht mittels Heißluft im Gegenstrom mit Lufttemperaturen von 100° C am Anfang und etwa 30° C am Ende bis auf einen Feuchtigkeitsgehalt von 12 bis 16%. Zur Erzeugung der Heißluft kann der Abdampf der Pressen und der sonstigen Kraftmaschinen mit 1 bis 2 Atm. Üb. Verwendung finden. Der Wärmebedarf in Brikettwerken ist sehr hoch, so daß in der Regel für allen Abdampf der Antriebsmaschinen Verwendung besteht. Im Nachtbetrieb kann in der Regel nicht sämtlicher Heizdampf für Kraftzwecke ausgenützt werden, so daß Frischdampf zugesetzt werden muß.

Zur Trocknung sind verschiedene Apparate eingeführt. Selten im Gebrauch ist die Trocknung durch Heißluft im Feuertellerofen von Riebeck oder im Windofen von Rowolds. Häufiger finden wir den Dampftrocknungsapparat von Jacobi und den Dampfplattenofen von Vogel, den Zeitzer Dampftellerofen, sowie den Röhrenofen von Schulz. Im Dampfplattenofen sind wagerechte, mit Dampf beheizte Doppelplatten von 2 bis 3 m Durchmesser zu 12 bis 24 Platten angeordnet. Die ununterbrochen auf die oberste Platte geschüttete Kohle von 55 bis 60% Wassergehalt wird unten mit etwa 12 bis 16% Wassergehalt abgeliefert. Auf 1 qm und Stunde verdunsten diese Trockner mit Dampf von $2^1/_2$ Atm. Üb. rd. 2,3 kg Wasser. Die neueren Röhrenofen bestehen aus einem schwach geneigten, sich drehenden Metallmantel, in dem sich von außen mit Dampf von 3 Atm. Üb. beheizte Bündel von Rohren von 95 mm Durchmesser und etwa 7 m Länge befinden. Durch die je zur Hälfte mit Braunkohlenpulver angefüllten Rohre streicht erhitzte Luft nach oben, während sich die Kohle nach unten bewegt. Die Leistung dieser Trockner beträgt 3,4 bis 4,0 kg Wasserverdampfung für 1 qm und Stunde. Der verwendete Abdampf soll nicht überhitzt sein, weil damit die Gefahr der Entzündung des Kohlenstaubes, wenn auch nicht im Trockner selbst, so doch mindestens in den Zuführungsleitungen gesteigert wird. Das getrocknete Kohlenpulver wird gesiebt und gewalzt und gelangt in die Pressen, wo es unter einem Druck von 1200 bis 1500 Atmosphären ohne jeglichen Bindezusatz vermöge des eigenen Bitumengehaltes von 6 bis 14% zu einem festen Stein zusammengepreßt wird. Der durch die Entwässerung der Rohkohle gesteigerte Heizwert der Braunkohlenbriketts beträgt 4500 bis 5100 Kal. Die Pressen können unmittelbar mit Dampfmaschinen (Gegendruck- oder Entnahmebetrieb) angetrieben werden oder durch Elektromotoren mittels Riemen. Im letzteren Fall können Dampfturbinen verwendet werden. Die erstere Antriebsart wird jedoch vorgezogen, auch wegen ihres besseren thermodynamischen Wirkungsgrades.

Literatur über das vorbehandelte Gebiet.

Eckhardt, A.: Dampfausnutzung in Brikettfabriken. Braunkohle, S. 787, 1912/13.
Verfasser begründet, weshalb die Kolbenmaschine zum Antrieb der Pressen der Turbine vorzuziehen ist. Das Bestehen schädlicher Ölschichten in den Trocknern bei Verwendung von Maschinenabdampf wird verneint.

Berner: Der Brennstoffverlust durch Brikettieren der Braunkohle. Z. Dampfk. Maschbtr., S. 108, 1921.

Die Trocknung der Braunkohle. Z. Dampfk. Maschbtr., S. 410, 1921.

Schöne, O.: Die Wirtschaftlichkeit der Briketterzeugung. Mitt. Vereinigg. El.-Werke, S. 130, 1921.

Landsberg, Die Brikettierung der Braunkohle. Z. V. d. I., S. 415, 1921.
Die Beziehungen zwischen Rohkohle und Briketts hinsichtlich der Menge und des Heizwertes, sowie die Kraft- und Wärmeverhältnisse bei der Brikettierung werden allgemein abgeleitet und in Abhängigkeit von der zu verdampfenden Wassermenge dargestellt.

Kruse, H.: Verbindung von Wärmekraft- und Trockenanlagen unter besonderer Berücksichtigung der Braunkohlenbrikettfabrikation. Mitt. Vereinig. El. W., S. 201, 1922.

Hartmann, O., und Menning, K.: Die Schmidt'sche 60 Atm. Dampfmaschine und die Anwendung höchst gespannten Dampfes auf Braunkohlenbergwerken. Braunkohle, S. 769, 1922.

6. Torftrocknung.

Die großzügige Verwertung des Torfes, der im frischen Zustande 90 bis 95% Wasser enthält, scheiterte bisher an dem Umstand, daß die Entwässerung auf 17 bis 25% Wassergehalt durch Auspressen und Verdampfen zu viel Kraft und Brennmaterial verschlang, weshalb man bislang auf Trocknung an der Luft angewiesen war. Nach dem Verfahren von E. Paßburg erfolgt nun eine wirtschaftliche Trocknung in Stufentrocknern in der Weise, daß der aus dem Torf entweichende Wasserdampf der ersten Stufe als Heizdampf in der zweiten Stufe ausgenützt wird. Dabei wird Torf von 90 bis 95% Wassergehalt zuerst in einer Presse auf 80 bis 85% Wassergehalt vorentwässert. In den zwei Stufentrocknern erfolgt die Entwässerung bis auf 25%.

Aus 15 t Naßtorf werden somit 2 t Trockentorf von etwa 3750 Kal./kg Heizwert erzeugt. Damit wird eine Entnahmemaschine betrieben, welcher rund 70% Dampf von 3 bis $3^1/_2$ Atm. Üb. aus dem Aufnehmer entnommen werden. Die im Niederdruckzylinder erzeugte Kraft genügt allein zum Betrieb der Trockenapparate, Fördereinrichtungen, Pressen usw., so daß die im Hochdruckzylinder erzeugte Energie zur anderweitigen Verwendung übrigbleibt. Aber auch bei diesem Verfahren wird der Torf an Ort und Stelle verbraucht und nur freie Energie damit erzeugt. Andere Verfahren bezwecken den Torf unabhängig von der Jahreszeit auf rationelle Art zu trocknen, so daß er versandfähig wird. Deutschland besitzt große Torflager, und nachdem der Erpressungsvertrag von Versailles unserem Vaterlande wertvollste Kohlengebiete entrissen hat, ist es eine der Hingabe unserer besten Kräfte würdige Aufgabe, diese Torflager besser auszubeuten. Die Versuche, die Wärmepumpe zu diesem

Zweck anzuwenden, sind im Gange und scheinen Erfolge zu versprechen. Besonders im Voralpen- und Alpengebiet, wo ergiebige Wasserkräfte und Torflager in nächster Nähe vorkommen, erscheint das Verfahren der Torftrocknung mittels der eigenen verdichteten Schwadendämpfe aussichtsvoll.

Literatur über das vorbehandelte Gebiet.

Zander: Torfkraftwerke und Nebenproduktenanlagen. Mitt. Vereinigg. El.-Werke, S. 81, 1920.

7. Kaliwerke.

Die aus der Grube geförderten gemahlenen Kalisalze können nicht alle direkt als Düngesalze in der Landwirtschaft Verwendung finden und werden infolgedessen auf hochprozentige Salze verarbeitet.

In den Werken, die sich mit Gewinnung von Kalisulfat, Kalidüngersalzen, Bittersalz und Glaubersalz befassen, wird niedrig gespannter Dampf von 0,5 bis 1 Atm. Üb. zum Anwärmen, Kochen und Kalzinieren gebraucht. Die zunächstliegende Aufgabe der Kalifabrikation ist die Darstellung von Chlorkalium und schwefelsaurer Kalimagnesia, da aus diesen Verbindungen die übrigen Kalifabrikate gewonnen werden. Zu diesem Zweck wird die Löselauge, welche vorzugsweise Chlormagnesium enthält, mittels Abdampf auf 80 bis 90^0 erhitzt und allmählich unter Zugabe des Rohsalzes (Karnalit oder Hartsalz) zum Kochen gebracht. Das Kochen dauert bei 0,2 bis 0,3 Atm. Üb. 5 bis 10 Minuten. Da der Rohkarnalit bis zu $15^0/_0$ Kieserit ($MgSO_4 \cdot H_2O$) und $23^0/_0$ Steinsalz (NaCl) enthält, wird nicht mit reinem heißem Wasser, sondern mit einer heißen Chlormagnesiumlösung ausgelaugt, wodurch vermieden wird, daß die erwähnten Salze in Lösung gehen.

Das auskristallisierte Chlorkalium wird im Trockenofen, in rotierenden Trockentrommeln oder in mit Dampf geheizten Darren bis auf 1 bis $2^0/_0$ Wassergehalt kalziniert. Aus der über dem auskristallisierten Gemisch von Chlorkalium und Chlornatrium stehenden Mutterlauge wird noch der größte Teil des darin enthaltenen Chlorkaliums durch Eindampfen der Lösung in Vakuumapparaten gewonnen.

Die schwefelsaure Kalimagnesia wird aus Kieserit und Chlorkalium dargestellt. Der Prozeß verläuft ähnlich wie der eben geschilderte. Die Lösung des Kieserits erfolgt in kochendem Wasser. Das Ausfallprodukt wird kalziniert.

8. Einige andere Betriebe.

Außer den erwähnten Industriezweigen gibt es noch eine Reihe anderer, die den Abdampf oder den Zwischendampf ihrer Betriebsdampfmaschinen zum Dämpfen, Trocknen, Destillieren, Kochen, zur Heißluft- oder Warmwasserbereitung auszunützen in der Lage sind. Eine erschöpfende Aufzählung dieser Betriebe zu geben ist nicht möglich, weshalb im folgenden nur noch einige der wichtigeren erwähnt seien.

Die chemische Industrie verbraucht Dampf von Unterdruck bis etwa 6 Atm. Üb. zum Trocknen von Farben, Extrakten, Leim, Wasserglas, Opium, Süßholz, zur fraktionierten Destillation und Kondensation, zu Kochzwecken (dabei etwa $50^0/_0$ direkte Kochung, also ölfreier Abdampf nötig), zur Bereitung von warmen Laugen und zum Kalzinieren. Mit Dampf von verschiedener Spannung lassen sich die Destillationstemperaturen vorzüglich einhalten. Dies ist bei chemischen Produkten oft von größter Bedeutung. So werden z. B. die Gerbextrakte aus Kastanien-, Eichen-, Quebracho- und Mangroveholz durch die Höhe der Temperatur leicht alteriert.

Mit Abdampf beheizte Trockenschränke und Trockentrommeln finden wir in Farbwerken zum Trocknen von Bleiweiß, Zinkweiß, Ultramarin, Anilin- und Erdfarben, in Gold- und Silberscheideanstalten, pharmazeutischen Fabriken und Instituten, in der Elektrizitäts- und Kabelindustrie zum Trocknen von Maschinen. Apparaten, Spulen und Kabeln, in Gummi- und Guttaperchawarenfabriken, in Molkereien zum Trocknen von Milch und Kasein, in Stärkefabriken, Tabakfabriken, Düngemittelfabriken usw.

Aus wässerigen Lösungen erfordert die Verdampfung von 100 kg Wasser im Einkörperapparat etwa 110 kg Heizdampf, aus festen feuchten Körpern dagegen 125 bis 200 kg Heizdampf. Bei mehrfacher Verdampfung beträgt der Heizdampfaufwand zur Verdunstung von 100 kg Wasser nur 25 bis 50 kg. Der Energieverbrauch bei der Kraftverdampfung (Schwadenverdichtung) ist, wie schon erwähnt, in hohem Grade abhängig von der Konzentration und der Gasfreiheit der einzudampfenden Flüssigkeiten bzw. des zu trocknenden Körpers. Nach Betriebswerten, mitgeteilt von der Metallbank und Metallurgischen Gesellschaft A.-G. Frankfurt a. M., wird z. B. bei Eindickung von Milch auf 4 : 1 unter 60 bis 65^0 C Verdampfungstemperatur mit 1 PS-St. eine Verdampfung von 49,5 bis 54,5 kg Wasser erzielt. Unter günstigsten Verhältnissen wurden mit 1 PS-St. bis zu 65 kg Wasser verdampft, was einem theoretischen Wärmeverbrauch zur Eindampfung von rd. 10 Kal./kg Wasser entspricht. Bei konzentrierten Laugen, wie sie besonders in der chemischen Industrie eingedampft werden, betragen die analogen Werte bis zu 12 kg Wasserverdampfung je PS-St. oder 53 Kal./kg. Über feuchte Körper liegen für die Kraftverdampfung noch keine Betriebswerte vor.

Lackwaren werden unter geringem Luftwechsel bei Temperaturen von 60 bis 200^0 getrocknet.

Holzimprägnierungsanstalten verwenden neben Frischdampf auch beträchtliche Mengen von Dampf niedriger Spannung. Die zu imprägnierenden Telegraphenstangen und Eisenbahnschwellen werden in Eisenblechzylindern unter $1^1/_2$ bis 2 Atm. Üb. gedämpft; sodann wird der Imprägnierkessel bis auf ca. 60 cm Quecksilbersäule evakuiert und die auf 65^0 C vorgewärmte Imprägnierflüssigkeit (Zinkchlorid, Kreosot) eingeleitet. Schließlich wird der Inhalt des Kessels durch Frischdampf $^1/_2$ bis 1 Stunde unter 6 bis 8 Atm. Druck gehalten.

Nach dem Rütgerschen Ölerhitzungsverfahren wird dem Holz zuerst in einem Vakuum ein erheblicher Teil seines Wassers entzogen und ihm dann das auf 110° C erhitzte Teeröl unter einem Druck von 6 bis 8 Atm. eingepreßt. Beim Verfahren nach Powell wird eine Zuckerlösung aus den Abfällen und Rückständen der Zuckerherstellung in offenen Behältern auf ungefähr 100° C erwärmt und das zu imprägnierende Holz je nach seinen Abmessungen bis zu 15 Stunden in der warmen Lösung belassen. Schließlich wird das Holz getrocknet.

Die Holzbearbeitungsindustrie kann den Abdampf ihrer Maschinen verwenden zur Heizung von Leim- und Harzkochern, zum Dämpfen und Trocknen. Letzteres geschieht mit Warmluft von nicht mehr als 35 bis 45° C, um eine Rissebildung im Holz zu vermeiden.

Frischgefälltes Holz enthält 40 bis 50 Gewichtsprozente Wasser, im Winter gefälltes etwa 10% weniger. Holz, das zu Tischler- oder Drechslerarbeiten verwendet wird, müßte an der Luft mindestens 2 bis 3 Jahre getrocknet werden. Die künstliche Trocknung mit Heißluft geht zwar rascher vor sich, erfordert aber immerhin noch Wochen, ja Monate.

Kerzen- und Seifenfabriken verwenden Dampf von 1,5 bis 4 Atm. Üb. zu Kochzwecken.

In der Sprengstoffindustrie ist das Trocknen von brisanten Sprengstoffen, wie Knallquecksilber, Zündsatz und rauchlosem Pulver, meistens unter Verwendung von mit Abdampf geheizten Vakuumtrockenapparaten üblich.

Die Industrie der Tone und Erden trocknet ihre Fabrikate mit Heißluft, zu deren Erzeugung Abdampf Verwendung finden kann. Besonders groß ist der Dampfbedarf in Tonwaren- und Ziegeleibetrieben. Um das hygroskopische Wasser aus den Poren der Tonfabrikate zu entfernen, ist eine Temperatur von 110 bis 120° erforderlich. Die Mengen des zu verdampfenden Wassers sind sehr hoch, z. B. bei Maschinenziegel 20 bis 23%, bei Handstrichziegel 28 bis 30 Gewichtsprozente. Um bei empfindlichen Materialien Rissebildung zu vermeiden, ist das progressive Trocknen mit Abdampf und Abgasen üblich, wobei eine Steigerung der Temperatur des Trockengutes mit dem Trockengrad stattfindet. Das Trocknen mit Abdampf unter nachheriger Verwendung von Frischdampf ist 3 bis 4mal so teuer als das Trocknen mit Abdampf und Abgasen.

In Kalksandsteinfabriken wird Dampf benötigt zum Einspritzen des Wassers in die Kalklöschtrommeln, im Winter auch zum Anwärmen der Trommeln. Insbesondere aber wird Dampf benötigt zum Trocknen und Härten der Ziegel in den Steinhärtungskesseln. Dabei wird der Druck in den Kesseln je nach ihrer Größe im Verlauf von 1 bis $2^1/_2$ Stunden auf etwa 8 Atm. Üb. gebracht und 10 Stunden lang auf dieser Höhe belassen. Kraft wird hauptsächlich benötigt zum Drehen der Kalklöschtrommeln, der Flügelmühlen und der Ziegelpressen. Den größten Aufwand an Dampf verursacht das Drucksteigern in den Erhärtungskesseln. Ersparnisse lassen sich erzielen, indem man durch Maschinenabdampf von etwa 2 Atm. Üb. die Kessel vorheizt und indem man ferner in die vorgeheizten Kessel den Dampf aus einem eben gar werdenden Kessel leitet. Bei dieser Dampfausnützung betragen die Ersparnisse ca. 35% gegenüber der ausschließlichen Verwendung von Frischdampf.

In der Lederfabrikation wird Abdampf von einigen Zehntel bis 1 Atm. Üb. benötigt. Warmes Wasser muß bereitet werden zum Extrahieren des Tannins aus der Lohe. Die Brühe wird zuweilen durch Dampf eingedickt. Dies geschieht im Zwei- oder Dreikörperapparat, deren letzter Körper unter Luftleere steht, weil das Tannin bei höheren Temperaturen Schaden leidet. Ganz nasses Leder enthält bis zu 200% Wasser. Es wird vor dem Trocknen, wenn möglich, mechanisch entwässert. Das Trocknen erfolgt durch Warmluft von 30 bis 45° bei geringer Luftbewegung.

In Salinen wird zum Versieden der Sole in neuerer Zeit Maschinenabdampf verwendet anstatt offenes Feuer. So erfolgt in der staatlichen Braunschweigischen Saline Schöningen die Versiedung in offenen Pfannen aus Beton (Grainer-Pfannen), in welchen sich schmiedeeiserne, mit Abdampf beheizte Rohre befinden. Ein in der Nähe der Saline befindliches privates Elektrizitätswerk im Besitze der Braunschweigischen Elektrizitäts-Betriebs-G. m. b. H. liefert den Abdampf mit 2 Atm. Üb. Die dort betriebenen Gegendruckmaschinen erzeugen Kraft und Licht für Schöningen und Umgebung und natürlich auch für die Saline. Der Abdampf wird zur täglichen Gewinnung von 80000 kg Salz nach einem Verfahren von E. Paßburg restlos ausgenützt. Diese Verbindung eines privaten mit einem staatlichen Werk gereicht beiden Unternehmungen zum Vorteil und ist ein bemerkenswertes Beispiel, wie zwei ganz verschiedenartige Betriebe aus der Abdampfverwertung Nutzen ziehen können.

Das Versieden der Sole erfolgt unter atmosphärischem Druck, da in den Vakuumverdampfapparaten ein Kochsalz gewonnen wird, das seiner feinkörnigen Struktur halber schwer verkäuflich ist.

Ein Verfahren unter Verwendung der Wärmepumpe ist von Paßburg ausgearbeitet. Seine Einführung scheiterte vorläufig hauptsächlich daran, daß hierdurch viele Arbeiter überflüssig geworden wären.

Die Salzsole von 1,20 spez. Gewicht wird durch Versieden konzentriert bis schließlich die Mutterlauge von rd. 1,24 spez. Gewicht in der Pfanne zurückbleibt, die weiter eingedampft werden muß. Das Salz hat zu Beginn des Trocknens etwa 10,5%, am Ende der $1^1/_2$stündigen Trockendauer 2,3 bis 2,5% Feuchtigkeit.

Landwirtschaftliche Haupt- und Nebenbetriebe besitzen Trockenanlagen zum Entfeuchten von Getreide, Mais, Kartoffeln, Stärke usw. Das Entfeuchten kann mit Adampf von Atmosphärenspannung bei vorteilhafter Verwendung von Vakuumapparaten erfolgen. Getreidetrockner werden bis zu 400 Tonnen täglicher Leistung pro Apparatsystem gebaut. Für die Volkswirtschaft ist das Trocknen von Getreide und Kartoffeln von hervorragender Bedeutung.

Das Trocknen von Weizen darf nicht durch Hochdruckdampf oder Heißluft erfolgen, da hierbei der Kleber, welcher dem Mehl die Backfähigkeit gibt, zerstört werden würde, indem er eine glasartige Beschaffenheit wie getrockneter Kleister annimmt. Im Vakuumtrockenapparat von E. Paßburg verdampft das Wasser aus dem Getreide bei einer Temperatur von 40 bis 48° C und 700 mm Quecksilbersäule Unterdruck. Aus einer rotierenden Trockentrommel gelangt das Getreide in ein Aufnahmegefäß, in welchem durch eine Verbundluftpumpe ein Druck von nur 5 mm Quecksilber hergestellt wird, so daß bei 20 bis 25° C Temperatur noch 1 bis 2% Wasser verdampfen. Auf diese Weise kann selbst havariertes Getreide mit 30 bis 40% Wassergehalt mit Sicherheit ausgetrocknet werden. Gewöhnlich brauchen nur 5 bis 8% Feuchtigkeit aus dem Getreide entfernt zu werden, was im Laufe von etwa 2 Stunden geschieht. Auch Mais, der nach der Ernte 22 bis 30% Wassergehalt haben kann, wird auf diese Art getrocknet.

Wenn das Getreide keimfähig bleiben soll, darf es nicht mit wärmerer Luft als 50 bis 55° C zusammentreffen.

Mit Erfolg hat man bereits versucht, durch künstliche Wärmezufuhr im Freien das Wachstum der Pflanzen zu beeinflussen. Auf einem Grundstück der Technischen Hochschule zu Dresden wurde durch die mit staatlicher Unterstützung gegründete Studiengesellschaft für Bodenheizung die Abwärme des Heizwerkes der Hochschule nutzbar gemacht, indem im Boden liegende Heizröhren vom Heizmittel durchströmt wurden. Auch von Warmwasser durchflossene Kanäle wurden schon mit Erfolg angewendet. Der Ertrag der geheizten Felder war bedeutend höher als jener nicht geheizter. Die Bodenbeheizung (D. R. P. Nr. 288932) kann sich besonders beim Anschluß an große und größte Elektrizitäswerke nützlich erweisen.

Auch die Industrie der Nahrungs- und Genußmittel benötigt außer in der schon besprochenen Bierbrauerei und Zuckerfabrikation in vielen ihrer Betriebe Dampf von niedriger Spannung zum Kochen, Trocknen und Sterilisieren, so z. B. zum Konservieren der Eier (Gewinnung von Trockenei), zum Raffinieren von Fett, zum Eindicken von Milch, Herstellung von Malzextrakt, Dörren von Gemüse, Obst und Fischen, in der Fleischextrakt- und Konservenherstellung, in der Likörfabrikation, Schokolade- und Zuckerwarenindustrie usw. In der Teigwarenindustrie erfolgt das Trocknen der 20 bis 30% Wasser enthaltenden Ware bis auf ca. 5% Feuchtigkeitsgehalt und darunter, und zwar bei langer Ware mittels Warmluft von 25° C, bei kurzer Ware bei 40° C. Die günstigste Temperatur zum Darren von Gemüse ist 50 bis 70° C, von Steinobst 70 bis 80° C und von Kernobst 100° C. Die Trockendauer beträgt 24 bis 70 Stunden, die Ausbeute bei Gemüse 10 bis 15%, bei Äpfeln 15 bis 18%, bei Birnen 20 bis 25%, woraus hervorgeht, daß 75 bis 90 Gewichtsprozente Wasser verdunstet werden müssen.

Das Trocknen mit Warmluft, die durch Abdampf angewärmt wird, und die Verwendung von Abdampf in der Kochküche empfiehlt sich, abgesehen von der Brennstoffersparnis auch deshalb, weil dadurch die Überschreitung bestimmter vorgeschriebener Temperaturen leicht verhindert werden kann. Bei sehr vielen Speisen verringert sich der Wohlgeschmack, die Verdaulichkeit, die Bekömmlichkeit und die Ausnutzbarkeit mit der Höhe der Kochtemperatur, weshalb entsprechende Einrichtungen zur Abwärmeausnützung besonders für Volks- und Werkküchen und Krankenhäuser empfohlen werden müssen.

Einen Überblick über die in verschiedenen Zweigen der Industrie üblichen Abdampfspannungen bei Verwertung des Zwischen- oder Abdampfes zu technischen Zwecken gibt die Zahlentafel 61, welche nach ausgeführten Anlagen aufgestellt wurde[1]).

Zahlentafel 61.

Für verschiedene Verwendungszwecke gebräuchliche Zwischen- und Abdampfspannungen.

	Anzahl der Betriebe, welche mit einer Spannung des Ab- oder Zwischendampfes arbeiten von:						
Atm. Üb.:	0—1	1,1—2	2,1—3	3,1—4	4,1—5	5,1—6	6,1—7
Zellstoff- u. Papierfabriken	18	**35**	22	4	2	—	1
Zuckerfabriken	**28**	8	3	2	1	1	—
Chemische Fabriken	**12**	4	8	9	3	—	—
Textilfabriken	6	12	**15**	11	2	—	—
Braunkohlenbrikettfabriken	2	18	**28**	4	—	—	—
Zuckerwarenfabriken	**4**	2	—	—	—	—	—
Margarinefabriken	1	**2**	—	—	—	—	—
Maschinenfabriken	**11**	4	3	—	—	—	—
Elektrotechnische Fabriken	—	—	—	1	1	—	—
Sprengstoffabriken	2	1	—	**8**	3	—	—
Bierbrauereien	3	**11**	5	—	—	—	—
Lederwerke	**2**	2	1	—	—	—	—
Hartsteinwerke	1	1	—	—	—	—	—
Kaliwerke	8	**12**	5	3	—	—	—
Salinen	**4**	2	—	—	—	—	—
Dampfwäschereien	**3**	1	—	—	—	—	—
Hotelbetriebe, Warenhäuser, Verwaltungsgebäude	**9**	2	—	—	—	—	—

In seltenen Fällen wird also ein Dampfüberdruck von mehr als 4 kg/qcm als notwendig erachtet. Unter 1 Atm. Überdruck ist meistens ausreichend für Zuckerfabriken, Chemische Werke und in allen Fällen, wo mit Abdampf im wesentlichen nur geheizt wird. Einen Überdruck von 1,1—2 Atm. erfordern in der Hauptsache Papierfabriken, Bierbrauereien, Kaliwerke. Nur Textilfabriken und Braunkohlenbrikettwerke erfordern meist Überdrücke von 2,1—3 Atm., Sprengstoffwerke und Zellstoffabriken einen solchen von 3,1—4 Atm.

[1]) Die Unterlagen hierzu lieferten durch Überlassung ihrer Listen ausgeführter Anlagen in freundlicher Weise die Firmen: Brown, Boverie & Cie., Allgemeine Elektrizitätsgesellschaft, Bergmann-Elektrizitätswerke, J. A. Maffei, Maschinenfabrik Augsburg-Nürnberg, Hannoversche Maschinenbau-A.-G.

Literatur über das vorbehandelte Gebiet.

Kießling, L.: Untersuchungen über die Trocknung der Getreide mit besonderer Berücksichtigung der Gerste. Diss. Techn. Hochsch. München: Pössenbacher, 1906.

Leibu, Jos.: Über encymatische Prozesse beim Weichen, Keimen und darauffolgenden Trocknen der Gerste, des Weizens und des Roggens. Diss. Techn. Hochsch. München: Ebin & Wittmann, 1907.

Parrow, Handbuch der Kartoffeltrocknerei. Berlin: P. Parey.

Trocknerei für Dampfziegel. Gesundhtsing., S. 24, 1910.

Reyscher: K.: Graphische Darstellung der Vorgänge in einer Trockenanlage. Z. V. d. I., S. 1567, 1911.
Zeichnerische Feststellung der mittleren Temperatur zweier im Wärmeaustausch befindlichen Körper. Wärmeaustausch zwischen einem Heizsystem und feuchter Luft und zwischen feuchter Luft und dem zu trocknenden Körper. Unwirtschaftlichkeit des Trocknens im Gegenstrom. Beispiel eines neuen Trockenverfahrens. Kanaltrockner für Garne.

Dampfverbrauch einer Kalksandsteinfabrik. Z. bayr. Rev.-V., S. 165, 1912.

Hoffmann, J. F.: Amerikanische Getreidetrockner. W. f. Br. S. 409, 1913. Z. V. d. I., S. 809, 1919.

Stauf: 100-PS-Dampfmaschinen- und Dampfheizungsanlage einer lithographischen Anstalt. Z. bayr. Rev.-V., S. 110, 1913.
Die mit 9 Atm. Üb. und 220° C Dampftemperatur betriebene Verbund-Auspuffmaschine ist bei täglich $9\,^1/_2$stündiger Betriebszeit durchschnittlich mit 97 PS belastet. Geheizt werden Trockenräume das ganze Jahr hindurch und Arbeits- und Betriebsräume während der kalten Jahreszeit, allwo noch Frischdampf zugesetzt werden muß. Durch den Abdampf werden im November bis März 80%, im April, Mai, September und Oktober 40%, im Juni bis August 12% des Kohlenverbrauches für die Heizung nutzbar gemacht. Von den Kohlenkosten des ganzen Jahres treffen 62% auf die Heizung, 38% auf die Krafterzeugung. Ohne Abdampfverwertung erhöhen sich die Kohlenkosten um 40% und es treffen alsdann 45% auf die Heizung und 55% auf die Krafterzeugung. Die Gesamtkosten der Krafterzeugung sind bei Abdampfverwertung nur 67% der Gesamtkosten ohne Abdampfverwertung.

Stauf: 200-PS-Dampfmaschinen- und Dampfheizungsanlage einer Lederfabrik. Z. bayr. Rev.-V., S. 120, 1913.
Die Verbund-Auspuffmaschine wird mit Sattdampf von 8,5 Atm. Üb. bei 10 St. täglicher Betriebszeit mit einer mittleren Belastung von 174 PS betrieben. Den Abdampf der Maschine nützt man zu Trocknungszwecken und zur Warmwasserbereitung während des ganzen Jahres meist vollständig aus. Nur an heißen Sommertagen entweicht er zum Teil unbenutzt ins Freie. Außerdem wird Frischdampf für Heiz- und Kochzwecke benötigt. Durch die Abdampfverwertung werden im Juli und August 60%, in den übrigen Monaten 80% des Brennstoffverbrauches für Heizzwecke ausgenützt. Von den gesamten jährlichen Brennstoffkosten entfallen auf die Heizung 88,5%, auf die Krafterzeugung 11,5%. Der Mehrverbrauch von Brennstoff beim Betrieb ohne Abdampfverwertung ist 38% und es treffen in diesem Fall 64% auf die Heizung und 36% auf die Krafterzeugung. Die Gesamtkosten der Krafterzeugung sind bei Abdampfverwertung nur 44% der Gesamtkosten ohne Abdampfverwertung.

Gullino, C. A.: Teigwarentrocknung in Italien. Gesundhtsing., S. 135, 1914.

Block, B., Eierkonservierung. Z. ges. Kälteind., S. 180, 1914.

Nußbaum, H. Chr.: Das Kochen mit Abdampf. Gesundhtsing., S. 825, 1914.

Grellert, M.: Heizen und Kochen mit überhitztem Dampf. Gesundhtsing., S. 4, 1915.
Der überhitzte Dampf ist wohl für die Maschine sehr wertvoll, aber für die angeschlossene Heiz-, Koch- und Trockenanlage nur nachteilig.

Freund, E.: Die Milchtrocknungstechnik. Z. österr. Ing.-Arch.-Ver., S. 75, 1916.

Buhle, M.: Zur Frage der Trocknung von landwirtschaftlichen Futtermitteln, besonders der Kartoffeln. Glasers Ann., S. 154, 1916, I.

Hoffmann, J. F.: Trocknung im Gleichstrom oder im Gegenstrom. W. f. Br., S. 5, 1916.

Neuere Verdampfapparate zur Erzeugung destillierten Wassers. Zentralbl. Zuckerind., S. 689 und 754, 1917.

Hebung des Gartenertrages durch Bodenheizung mit Abwärme. Z. V. d. I., S. 401, 1917.

Verwendung der Kühlluft eines 5000-KW-Generators zum Dörren von Gemüse. Z. V. d. I., S. 806, 1917.

Claaßen, H.: Die Trocknung landwirtschaftlicher Erzeugnisse in den Trockenanlagen der Rübenzuckerfabriken. Z. V. d. Zuckerind., S. 501, 1917. Verwendung von Wenderstufentrocknern zum Trocknen von Zuckerrüben, Futterrüben, Kohlrüben, Früh- und Spätkartoffeln, Obsttrestern. Nebenbetrieb für die Trocknung in Zuckerfabriken.

Reyscher, K.: Verbund-Stufentrockner. Z. V. d. I., S. 501, 1918 u. S. 22, 1919.

Schüle, W.: Über den Wärmeinhalt der feuchten Luft. Z. V. d. I., S. 682, 1919. Berichtigung und Erweiterung der vorgenannten Arbeit von Reyscher.

Hirsch: Die Wärmewirtschaft in der Lederindustrie. Z. Dampfk. Maschbtr., S. 241, 1919.

Höhn, E.: Beitrag zur Theorie des Trocknens und Dörrens. Z. V. d. I., S. 821, 1919.

Jordan, H.: Die Technik der Kartoffeltrocknung. Gesundhtsing., S. 285, 1919.

Tejessy, Maxim.: Die Wärmewirtschaft in der Lederindustrie. Wien 1920. Im Selbstverlage des Verfassers, Wien I, Börsegasse 14.

Hirsch, M.: Die natürliche Luftführung bei Trockenanlagen. Gesundhtsing. S. 373, 1920.

Balcke, H.: Vorschläge zur Nutzbarmachung der in Kaminkühlern beim Kühlen heißen Wassers verloren gehenden großen Wärmemengen. Mitt. V. El.-Werke, S. 445, 1921. Bodenheizung mit Röhren und offenen Warmwasserkanälen, Warmwasserfernheizung. Erzeugung von stein- und gasfreiem Kesselspeisewasser nach Josse und nach Balcke-Bleicken, Erzeugung von Niederdruckdampf nach Semmler.

Hirsch, M.: Die Vorausberechnung von Trockenanlagen unter bes. Berücksichtigung der Trockendauer. Gesundhtsing., S. 357, 1921.

Ginsberg, O.: Beheizung der Speisenwärmschränke durch Niederdruckdampf. Gesundhtsing., S. 432, 1921.

Kropf: Milchvorwärmer und Erhitzer in Rücksicht u. a. auf Abdampfverwertung. Gesundhtsing., S. 482, 1921.

Gramberg, J., Abdampfausnützung in der Industrie. Gesundhtsing., S. 633, 1921. Vortrag auf dem X. Kongreß für Heizung und Lüftung, München 1921.

Schulte: Wärmewirtschaft auf Steinkohlenzechen. Z. V. d. I., S. 364, 1921.

Sarazin, Kraft- und Wärmewirtschaft in der chemischen Industrie. Z. V. d. I., S. 382, 1921.

Hausbrand, E.: Die Wärmewirtschaft in der Lederindustrie. Z. V. d. I., S. 401. 1921.

Schulze, A.: Wärmewirtschaft im Eisenhüttenbetrieb. Z. V. d. I., S. 487, 1921.

Naske, C.: Die Herstellung von Kalksandsteinen. Z. V. d. I., S. 595, 1921.

Hausbrand, E.: Das Trocknen. Z. V. d. I., S. 863, 1921. Allgemeines, Trocknen bei unmittelbarer Berührung, Trocknen im luftverdünnten Raum, Trocknen mit Luft, besondere Trockenverfahren.

Kraftversorgung und Wärmewirtschaft in Molkereien. Z. V. d. I., S. 530 u. 658, 1921. Technik i. d. Landw., 1921.

Hirsch, M.: Künstliche Ledertrocknung. Z. V. d. I., S. 1287, 1921.

Steiner, G. Bemerkenswerte Wärmeausnützung in einer Lederfabrik. Z. bayr. Rev.-V., S. 12, 1922.
Verteilung der Wärme im Betrieb einer Lederfabrik. Verbundmaschine mit Zwischendampfentnahme. Zylinderverhältnis 1:1,22. Gesamtausnützung der aufgewandten Wärme: 9% Leistung, 13% Warmwasser, 67% Heizdampf, zusammen also 89%.

9. Die Abwärmeverwertung auf Seeschiffen.

Günstige Verhältnisse, Abwärme jeder Art nutzbringend zu verwerten, treffen bei den Passagierdampfern zusammen. Neben der eigentlichen Schiffsmaschine birgt ein solcher Dampfer eine Reihe von Kraftmaschinen für Beleuchtung, Lüftung, Kühlung, Pumpenantrieb und für verschiedene Sonderzwecke. Ein bedeutender Wärmebedarf herrscht gleichzeitig für Heizung von Aufenthaltsräumen und Verbindungsgängen, für die Küchen, Bäder, Wäschereien, für Wasserdestillierapparate usf.

Die Abwärmeverwertung macht sich hier neben verschiedenen Annehmlichkeiten bezahlt, indem sie nicht nur eine Ersparnis an teurem Brennmaterial, sondern dadurch auch an toter Last ermöglicht.

Ein moderner Schnelldampfer, wie der auch unter fremder Flagge deutschen Unternehmungsgeist, deutschen Fleiß und deutschen Geschmack bezeugende „Imperator“ unter den Schiffen, weist Einrichtungen auf, die in einem durchaus erstklassigen Geschäftshaus, Hotel und Badebetrieb nicht vollkommener sein können. So finden wir hier nicht nur eine ausgedehnte und den höchsten Ansprüchen genügende zentrale Warmwasser- und Dampfheizungsanlage, sondern auch einen geradezu verschwenderisch ausgestatteten Badebetrieb in Gestalt von 229 Wannenbädern mit zahlreichen Strahl- und Regenduschen, ein Warmwasser-Schwimmbad und eine vollständige Hydrotherapie.

Das durch drei Bordetagen gebaute Schwimmbad hat 12 m Länge und $6\frac{1}{2}$ m Breite bei 2,2 m größter Wassertiefe. Es ist mit Luftheizung versehen. Die Luft wird durch einen Ventilator vom Sonnendeck abgesaugt, durch Lufterhitzer gedrückt und in die Schwimmhalle geleitet. In der Stunde ist 20facher Luftwechsel vorgesehen. Die Umgänge des Schwimmbassins sind mit Dampfheizung ausgerüstet. Die Hydrotherapie enthält Kohlensäure- und Luftperlbäder, elektrische Schwitz- und hydroelektrische Vollbäder, ein Vierzellenbad mit ein- und dreiphasigem sinusoidalem Wechselstrom, faradischem und galvanischem Strom, Heißluftduschen und eine Kapellenbrause. Das römisch-irische Bad enthält den üblichen Warm- und Heißluftraum. Im ersteren herrscht eine Temperatur von 60° C, im letzteren eine solche von 80° C. Dem Warmluftraum ist ein Temperierraum von von 40° C vorgeschaltet, während die übrigen Baderäume und Gänge durchschnittlich auf 20° C gehalten werden müssen. Im Dampfbad fließt heißes Wasser an Kaskaden hinunter, nachdem es in einem Dampf-Wasseranwärmer auf ca. 90° C erhitzt wurde. Außer der Luftheizung ist noch eine vollständige Warmwasserheizung eingebaut, die namentlich für die Beheizung der Wäschewärmer sowie für die Erwärmung der Fußböden und Marmorbänke dient.

In ähnlicher Weise ist auch der Dampfer „Vaterland" ausgestattet, dessen Schwimmbecken 12 m Länge, 6 m Breite und 3 m größte Wassertiefe aufweist. Es wird täglich zweimal mit Seewasser gefüllt, wobei das Badewasser zur Erzeugung einer Temperatur von 20 bis 25° C durch den Kondensator der Schiffsmaschine gedrückt wird.

Auch auf kleineren und einfacheren Passagierdampfern gibt sich reichlich Gelegenheit, durch Verwertung des Abdampfes von Hilfsmaschinen, durch Einschaltung von Vorwärmern und Lufterhitzern in die Abdampfleitung der Hauptmaschine und schließlich auch durch Zwischendampfentnahme erhebliche wärmetechnische Erfolge zu erzielen.

Die Speisewasservorwärmung durch den Abdampf ist auf Hoch- und Binnenseeschiffen allgemein eingeführt. Meistens wird die Einrichtung dazu so getroffen, daß der Abdampf aller Hilfsmaschinen, die während der Fahrt des Schiffes in Betrieb gehalten werden, vermehrt um einigen Zwischendampf, der einem Zwischenbehälter der Hauptmaschine entnommen wird, zur Speisewasservorwärmung dient. Der gesamte Heizdampf kommt dabei in einer Stufe zur Verwendung und erwärmt das Wasser bis auf etwa 100° C. Durch Anwendung von zwei Stufen, deren erste den Abdampf der Haupt- oder der Hilfsmaschinen erhalten kann und deren zweite aus dem Aufnehmer zwischen Hoch- und Mitteldruckzylinder gespeist wird, erzielt man eine nicht unwesentliche Kohlenmehrersparnis, die nach Versuchen Ofterdingers bei Speisewassertemperaturen von 126 bzw. 136,5° C Beträge von 3,5 bzw. 4,2% des Kohlenverbrauches erreichen, Ofterdinger empfiehlt deshalb bei großen Anlagen von Vierfachexpansionsmaschinen und Dampfturbinen die Anwendung einer dreistufigen Vorwärmung. Wenn man bedenkt, daß der „Imperator" auf seinen 350 qm Rostfläche stündlich im Mittel 49 t, das sind fast 1000 Zentner Kohlen verbrennt, so kann man ermessen, welche Werte eine Ersparnis von nur wenigen Prozent zeitigt.

Auch die Verbrennungsmaschinen haben sich. wie bekannt, ein gewisses Feld im Schiffsbetrieb erobert. Die Ölmaschine in Gestalt des Dieselmotors finden wir auf Pasagier- und Frachtschiffen, besonders auf den Petroleumtankschiffen, den Explosionskleinmotor bis zu etwa 40 PS Leistung auf Fischerboten, namentlich auf Kuttern und Quasen in der Ostsee oder auch als Hilfsmaschine auf Segelloggern.

Die Kühlwasser- und Abgaswärme kann auch auf Schiffen ausgenützt werden. Erwähnenswert ist die Verwendung der Abgaswärme auf einen von den Howaldswerken in Kiel zusammen mit Gebr. Sulzer für die Hamburg-Südamerika-Linie erbauten Hochsee-Motorschiff, auf welchem die Rudermaschine und die Signalpfeife mit Druckluft betrieben werden, die vom Auspuff der Motoren vorgewärmt wird.

Literatur über das vorbehandelte Gebiet.

Bamberger, Leroi & Co.: Die Schwimmhalle und das römisch-irische Bad auf dem Dampfer „Imperator" der Hamburg-Amerika-Linie. Sanitäre Technik, Nr. 32, 1913.

Ofterdinger: Hohe Speisewasservorwärmung auf Dampfern. Z. V. d. I., S. 617, 1914.

Schulz, Speisewasserbereitung auf Schiffen. Z. V. d. I., S. 1115, 1920.

Beschreibung des Verfahrens und der Einrichtung von Aug. Schmid Söhne in Hamburg. Verwendung von Abdampf von Hilfsmaschinen, der Turbinen oder aus dem Niederdruck-Zwischenaufnehmer.

Gümbel: Die maschinellen Anlagen an Bord von Handelsschiffen vom Gesichtspunkt der Wärmewirtschaft. Verlag der Zeitschrift „Schiffbau", Berlin 1922.

10. Abdampfverwertung bei Lokomotiven.

Im Lokomotivbetrieb kommt in erster Linie die Verwertung des auspuffenden Dampfes zur Vorwärmung des Speisewassers in Frage. Die Dampfheizung etwa im Winter durch Zwischendampf zu betreiben, konnte wegen der damit verbundenen Verwicklung noch nicht verwirklicht werden. Die Speisewasservorwärmung ist jedoch in Deutschland an regelspurigen Lokomotiven innerhalb des letzten Jahrzehntes bei fast allen neugebauten Lokomotiven angewendet worden und erwies sich auch bei Schmalspurlokomotiven als nützlich und einfach genug, um den Betrieb in keiner Weise zu verwickeln.

Die Lokomotivdampfmaschine hat als Auspuffmaschine mit Kulissensteuerung keinen guten thermischen Wirkungsgrad. Die einstufige Dampfdehnung in Zwillings-, Drillings- und Vierlingsanordnung herrscht vor. Die Anwendung des Heißdampfes ist bis auf Verschiebelokomotiven ziemlich allgemein.

Der zur Speisewasservorwärmung verwendete Abdampf wird der Auspuffleitung eines Zylinders, bei Verbundmaschinen eines oder der beiden Niederdruckzylinder entnommen. Man benötigt zur Vorwärmung etwa $^1/_7$ des gesamten Maschinenabdampfes, die restlichen $^6/_7$ genügen zur Aufrechthaltung des nötigen Zuges durch das Blasrohr vollständig. Da die Dampfstrahlpumpe (Injektor) das Speisewasser mittels Frischdampf von Kesselspannung schon auf 60 bis 70° anwärmt, so könnte der Abdampf von 100° Temperatur in einem hinter die Dampfstrahlpumpe geschalteten Vorwärmer nur mehr eine Temperatursteigerung um 30 bis 40° bewirken. Der Abdampf wird viel besser verwertet, wenn man nicht mit dem Injektor speist, sondern das kalte Wasser mittels einer Kolbenpumpe in den Vorwärmer drückt, wobei es im ganzen Bereich von seiner Temperatur im Wasserkasten (5 bis 15° je nach der Jahreszeit) bis auf 100° nur durch den Abdampf vorgewärmt werden kann. Mit einem ausreichend bemessenen Vorwärmer und sauberer Heizfläche müssen während der Fahrt der Lokomotive 100 bis 105° Speisetemperatur erreicht werden. Als Vorwärmer verwendet man meist innen vom Wasser bespülte Rohrbündel mit geraden Rohren und einer axial verschiebbaren Rohrwand, die der Wärmeausdehnung der Rohre folgen kann. Bei Verwendung von Dampfkolbenpumpen wird deren Abdampf auch in den

Vorwärmer geleitet; ebenso der Abdampf der Luftpumpe. Meine Versuche ergaben, daß der Dampfverbrauch der Speisepumpe $1^1/_2$ bis $2^1/_2$ % des Gesamtdampfverbrauches der Lokomotive beträgt. Der Abdampf der Speisepumpe würde das Speisewasser um 8 bis 13° vorwärmen, wogegen die Dampfstrahlpumpe eine Anwärmung um 50 bis 60° bewirkt.

Die mit der Vorwärmung erzielten Erfolge sind sehr gute. Es wird hierdurch nicht nur der Kohlenverbrauch der Lokomotive erniedrigt, sondern die Lokomotive gewinnt auch an Leistungsfähigkeit, da der Einbau eines Vorwärmers der Vergrößerung der Kesselheizfläche gleichkommt; gleichzeitig wird der Kessel reiner erhalten als bei Betrieb ohne Vorwärmung, weil sich der Kesselstein schon teilweise im Vorwärmer ausscheiden kann und im Kessel selbst nicht die schädlichen harten Krusten bildet. Man hat bei Lokomotiven mit Abdampfvorwärmung mindestens 12 %, in besonders gelagerten Fällen, nämlich wo der Vorwärmer eine größere Entlastung des überanstrengten Kessels brachte, bis zu 20 % Kohlenersparnis festgestellt.

Die Anordnung des Vorwärmers an einer größeren Lokomotive zeigt Abb. 140. Der Vorwärmer ist quer unter dem Kessel über

Abb. 140. Güterzuglokomotive mit quer über dem Rahmen angeordnetem Speisewasservorwärmer und Dampfspeisepumpe. J. A. Maffei.

dem Barrenrahmen angebracht. Beim hochgebauten Blechrahmen ist diese Anordnung nicht ausführbar, und man bringt dann den Vorwärmer seitlich am Kessel, über dem Laufbrett oder über dem Kessel an.

Die Speisepumpe der Lokomotive kann mit dem gleichen Dampfzylinder ausgeführt werden wie die Luftpumpe der Bremse. Eine schmalspurige Lokomotive mit Vorwärmer ist in Abb. 141 dargestellt. Der Kreuzkopf dieser Maschine treibt eine Schwinge an, in welcher ein Ende der Antriebsstange einer Tauchkolbenpumpe durch einen vom Führer bedienten Zug auf verschieden großen Hub eingestellt werden kann. Der Vorwärmer liegt parallel zum Kessel über dem linken seitlichen Wasserkasten.

Zur Schonung der Kessel und Vorwärmer vor plötzlichen Temperaturdifferenzen und zur Vermeidung des Eindringens von Luft in den Vorwärmer empfiehlt es sich, beim Speisen in der Talfahrt oder während des Zugsaufenthaltes, wo kein Abdampf zur Verfügung steht, aber das Kesselsicherheitsventil häufig abbläst, dem Vorwärmer selbst-

Abb. 141. Schmalspurlokomotive mit über dem Wasserkasten angeordnetem Speisewasservorwärmer und Tauchkolbenpumpe. J. A. Maffei.

tätig gedrosselten Frischdampf zuzuführen.[1]) Die sonst eintretenden großen Temperaturunterschiede des in den Kessel gespeisten Wassers bringen Undichtheiten und schädliche Wärmespannungen hervor, während die in den Dampfraum des Vorwärmers eintretende Luft zu starker Verrostung und zur Herabsetzung der Wärmeübertragung Anlaß gibt.

Die weitere Vorwärmung des Speisewassers mittels der abziehenden Rauchgase ergibt eine Temperaturerhöhung des Wassers um weitere 30 bis 40° C. Sie wurde bisher nur versuchsweise ausgeführt, weil sie leicht den Zug beeinträchtigt, verschmutzt und ziemlich schwer wird. Eine eigenartige Bauart eines Rauchgasvorwärmers ist von A. Borsig angegeben worden. Bei ihr wird die Blasrohrmündung in eine Anzahl Düsen, z. B. 6, aufgeteilt. Als Gegendüsen dienen Rohre eines stehend in der Rauchkammer angebrachten Vorwärmers, durch welche der auspuffende Dampf die Rauchgase ejektorartig mit sich reißt. Die mit dieser Bauart erzielten Ergebnisse sollen sehr zufriedenstellend sein.

Bezeichnet man den Kohlenverbrauch der Naßdampf-(N-)Zwillings-(Z-)Lokomotive ohne Speisewasservorwärmung mit 100, so ergibt sich nach der Abb. 142 der verminderte Kohlenverbrauch je nachdem die Lokomotive mit Verbundwirkung (V), mit Dampftrocknung (T) oder Dampfüberhitzung (H), mit Abdampfvorwärmung auf 100° C oder mit Abgasvorwärmung auf 130° C versehen ist. Die sehr verbreitete Bauart VH 100° weist, abgesehen von ihrer weit höheren Leistungsfähigkeit bei gleichem Gewicht einen um etwa 31,7 % geringeren Kohlenverbrauch auf als die alte N Z-Lokomotive.

Die Speisewasservorwärmung trägt, wie schon erwähnt, sehr zur Reinhaltung der Lokomotivkessel bei, da die Härtebildner des Wassers im Vorwärmer ausgeschieden werden. Die ganze Einrichtung ersetzt

[1]) D. R. P. 266293 Knorr-Bremse A.-G., Berlin.

somit eine Wasserreinigungsvorrichtung und ist dabei in hohem Maße wirtschaftlich.

Nach dem D. R. P. 300 886 versucht man den gesamten Abdampf der Lokomotivmaschine zum Antrieb einer Abdampfturbine zu verwenden, welche mit einem Ventilator gekuppelt ist. Diesem fällt die bisherige Aufgabe des Blasrohres zu, nämlich den für die Feuerung nötigen Zug zu erzeugen und die Rauchgase abzusaugen. Durch diese Einrichtung hofft man nicht nur den Gegendruck auf die Kolben zu verringern, sondern man strebt den bedeutenden Betriebsvorteil an, daß die Dampferzeugung unabhängiger von der Anzahl der Radumdrehungen, d. h. der Auspuffschläge wird. Bei der Lokomotive, wie sie jetzt ist, ist die Feueranfachung am ungünstigsten, wenn sie die größte Leistung zu entwickeln hat, nämlich bei der Fahrt auf Steigungen. Von der Feueranfachung ist aber die Kesselleistung in hohem Grade abhängig.

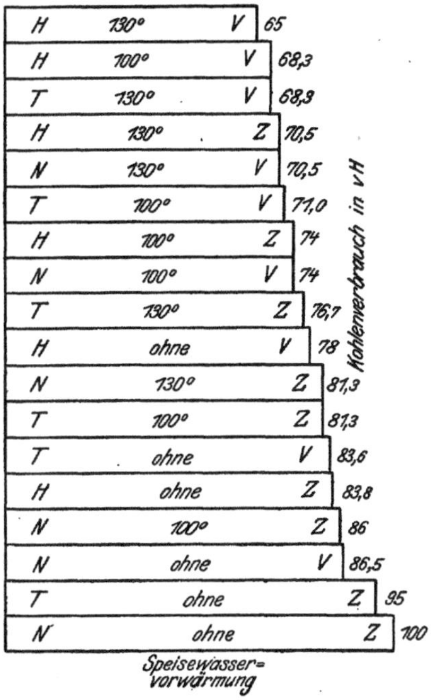

	Speisewasservorwärmung		Kohlenverbrauch in vH
H	130°	V	65
H	100°	V	68,3
T	130°	V	68,3
H	130°	Z	70,5
N	130°	V	70,5
T	100°	V	71,0
H	100°	Z	74
N	100°	V	74
T	130°	Z	76,7
H	ohne	V	78
N	130°	Z	81,3
T	100°	Z	81,3
T	ohne	V	83,6
H	ohne	Z	83,8
N	100°	Z	86
N	ohne	V	86,5
T	ohne	Z	95
N	ohne	Z	100

Abb. 142. Gütetafel für Lokomotiven nach dem Kohlenverbrauch geordnet.

Z = Zwillingslokomotive,
V = Verbundlokomotive,
N = Naßdampflokomotive,
T = Lokomotive mit Dampftrockner,
H = „ „ Dampfüberhitzer.

An Straßenzugmaschinen, Dampfstraßenwalzen, fahrbaren Lokomobilen, Dampfpflügen usw. läßt sich die Speisewasservorwärmung durch den Abdampf ähnlich wie bei Lokomotiven ausführen. Man hat aber von solchen Ausführungen bisher noch nicht gehört.

Literatur über das vorbehandelte Gebiet.

Schneider. L.: Speisewasservorwärmung bei Lokomotiven. Z. V. d. I., S. 687, 1913. Organ Fortschr. Eisenbahnwes., S. 176, 1914.
Einfluß der Vorwärmung durch Abdampf und durch Abgase auf den Kohlenverbrauch bei Zwillings- und Verbundlokomotiven, Naßdampf- und Heißdampflokomotiven. Berechnung der Vorwärmer. Bauarten der Vorwärmung der Baldwin Lokomotiv-Werke, von F. F. Gaines, von Trevithick, von Caille-Potonié, von Weir, von Brazda. Vorwärmung bei Schmalspurlokomotiven von Orenstein & Koppel, J. A. Maffei, Konstruktion der Vorwärmer. Wirtschaftliche Ergebnisse.

Schneider, L.: Vermeidung des Kaltspeisens bei Lokomotivvorwärmern. Organ Fortschr. Eisenbahnwes., S. 289, 1914. Glasers Ann., S. 117, 1914, I.

Nachteile und Maßnahmen zur Verhütung des Speisens durch den Abdampf-Vorwärmer bei fehlendem Abdampf.
Schneider, L.: Die Lokomotive als Dampfanlage. Z. bayr. Rev.-V., S. 1, 1915.
Hammer, G.: Die Entwicklung der Einrichtungen zur Vorwärmung des Speisewassers bei den Lokomotiven der preußisch-hessischen Staatseisenbahnen. Glasers Ann., S. 1, 1915, II.
Strahl, G.: Die Kohlenersparnis oder größere Leistungsfähigkeit der Lokomotiven durch Vorwärmung des Speisewassers. Glasers Ann., S. 23, 1915, II.
Willigens, W.: Vorwärmeranlagen bei Lokomotiven. Deutsche Straßen- u. Kleinbahn-Ztg., S. 197, 1916.
Trautweiler, A.: Elektrische Vorwärmung des Lokomotiv-Speisewassers. Schweiz. Bauzg., S. 35, 1917, II.
Elektrische Abfallkraft zum Vorwärmen des Lokomotiv-Speisewassers. Z. V. d. I., S. 702, 1917.
Strahl, G.: Der Wert der Heizfläche eines Lokomotivkessels für Verdampfung, Überhitzung und Speisewasservorwärmung. Z. V. d. I., S. 257, 1917.
Schneider, L.: Versuche mit Speisewasservorwärmern und Speisepumpen für Lokomotiven. Z. V. d. I., S. 265, 1918.
Speisewasservorwärmer, Bauart Knorr, für Lokomotiven. Der Waggonbau, S. 141, 1920.
Rihosek, J.: Wie kann man bei der Dampflokomotive Kohle sparen? Z. V. d. I., S. 983, 1921.
Günther: Speisewasservorwärmer für Lokomotiven. Z. V. d. I., S. 1205, 1921.

11. Das Heizungskraftwerk.

Als Heizungskraftwerke haben wir schon früher jene Kraftwerke bezeichnet, deren Abwärme mehr oder minder vollständig ausgenützt wird, so daß Heizzwecke irgendwelcher Art ebenso bestimmend für die Höhe der Krafterzeugung werden können, ebenso wie z. B. die Wassermenge beim Wasserkraftwerk. Der Grenzfall des reinen Heizungskraftwerkes liegt also da, wo gerade so viel Kraft erzeugt wird, als dem Abwärmebedarf entspricht. Von der vollständigen Abwärmeausnützung zur Kraftanlage mit Abwärmevernichtung — das Wort Energievernichtung im wirtschaftlichen Sinne gebraucht — gibt es alle Arten von Zwischenstufen.

Die Verwertung des Maschinenab- und Zwischendampfes, in besonderen Fällen auch der Abgase und des Kühlwassers der Verbrennungsmaschinen, zur Beheizung von Werkstätten, Bureaus und Wohnräumen, zur Bereitung von Bade- und Gebrauchswasser für den Haushalt usw. ist so vielfach möglich, daß hier nur einige besonders liegende Fälle besprochen werden können. Ausscheiden müssen vor allem jene Gewerbebetriebe, kleineren Elektrizitätswerke usw., wo die Abwärme der Maschinen nur im Winter zur Beheizung Verwendung finden kann. Es hängt zu sehr vom Einzelfall ab, nach welchen Gesichtspunkten eine solche Anlage gebaut und bewertet werden muß. Dagegen seien im folgenden einige Fälle besprochen, wo die Wahl der Betriebsmaschine ganz erheblich von der Möglichkeit der Wärmeausnützung beeinflußt werden kann. In erster Linie handelt es sich dabei um Betriebe, deren Wärmebedarf das ganze Jahr hindurch angenähert gleichmäßig bleibt, zum mindesten nie vollständig aussetzt. Daß dabei die Dampfmaschinen im Vordergrund stehen, ist nach den Ausführungen der vorhergehenden Abschnitte verständlich.

a) Hotels.

Das neuzeitliche Groß-Hotel verbraucht Kraft für die Beleuchtung, den Betrieb der Lifts und sonstiger Aufzüge, für Lüftung und Entstaubung, zum Laden der Akkumulatoren von Kraftfahrzeugen, für Wasch- und Küchenmaschinen, Kompressoren für die Gefrieranlage, Pumpen für Warmwasserversorgung usw., während Dampf benötigt wird zum Kochen, Wärmen, Trocknen und zur Eisfabrikation, und warmes Wasser für Heizung, Wasch-, Bade- und Reinigungszwecke.

Der Lichtbedarf überwiegt den sonstigen Kraftbedarf um das Zwei- bis Dreifache.

Gegenüber dem Strombezug von Elektrizitätswerken können jährlich nicht unbedeutende Ersparnisse gemacht werden dadurch, daß eine eigene Kraftanlage die Abdampfwärme der Maschinen zur Warmwasserbereitung und Heizung liefert. Da im Winter der Wärmebedarf ein viel größerer als im Sommer ist, so empfiehlt es sich zuweilen, mehrere Kraftmaschinen aufzustellen, eine Verbrennungskraftmaschine oder eine sparsam arbeitende Kolbendampfmaschine für den Sommer und eine große Abdampfmengen liefernde Turbine für den Winter. Beide Maschinen können in außerordentlichen Fällen parallel arbeiten und bilden gegenseitig eine Reserve. Mit Rücksicht auf das höhere Beleuchtungsbedürfnis darf die Wintermaschine $1^1/_2$ bis 2mal so leistungsfähig sein als die Sommermaschine. Nur für den Sommer kann auch Anschluß an ein Elektrizitätswerk in Frage kommen, wenn ein billiger Sommertarif erreichbar ist.

Zum rationellen Betrieb gehören in einem Hotel Kraft- und Wärmespeicher, da die Zeiten größten Kraftbedarfs nicht mit dem größten Wärmebedarf zusammenfallen. Als Kraftspeicher können Akkumulatoren, als Wärmespeicher Warmwasserbehälter oder Ruths'sche Dampfspeicher dienen. Die Größe der Akkumulatorenbatterie ist natürlich nach dem Einzelfall zu bemessen. Im Durchschnitt genügt vollkommen eine Kapazität, welche während drei Stunden die dreifache Leistung der Sommermaschine abgibt. Auch die Größe der Wärmespeicher muß von Fall zu Fall bestimmt bzw. ausgemittelt werden. Im allgemeinen ist die Bemessung ausreichend, wenn die ganze Abwärme der Sommermaschine des 2- bis $2^1/_2$stündigen Betriebes aufgespeichert werden kann. Bei guter Isolierung kann die Wasserwärme vom Abend bis zum nächsten Morgen ohne bemerkenswerte Verluste gehalten werden.

Durch das immer stärker werdende Verlangen des reisenden Publikums nach fließendem warmem Wasser in den Zimmern, wie nach Privatbädern verbraucht das Hotel auch im Sommer viel Wärme. Dies macht die eigene Kraftanlage, welche im Winter sehr hohe Ersparnisse einbringt, auch im Sommer rentabel. Wir folgen hierbei in Deutschland den amerikanischen Hotels, welche die Verwendung der Abdampfwärme von Kraftwerken für Heizungsanlagen längst als nutzbringend erkannt haben. Es ist bei solchen Anlagen nötig, daß die gesamten maschinellen und technischen Anlagen von einer Hand entworfen und geleitet werden, damit ein richtiges Zusammenarbeiten der einzelnen Teile gewährleistet ist und die gesamte Anlage übersichtlich gestaltet wird. Gewöhnlich steht für die maschinellen Anlagen im Hotel nur ein sehr beschränkter Raum zur Verfügung, wodurch naturgemäß die Schwierigkeiten beim Entwurf sehr erhöht werden. Neben der richtigen Wahl und Anordnung der geeigneten Maschinen muß bei einer derartigen Anlage auf hohe Betriebssicherheit, die besonders durch Übersichtlichkeit erreicht wird, und vor allem auf geräuschloses Arbeiten der Maschinen Rücksicht genommen werden.

Für die Errichtung eigener Kraftwerke sprechen im Hotel noch folgende Gründe:

Die Anlage ist das ganze Jahr hindurch fast 24 Stunden täglich im Betrieb, so daß sie sich rasch amortisiert.

Die Gäste gehen mit Licht, Heizung und warmem Brauchwasser erfahrungsgemäß wenig sparsam um, weshalb billige Erzeugungskosten angestrebt werden müssen.

Kohlenanfuhr und Aschenbeseitigung bereiten keine Schwierigkeiten, da ohnedies beträchtliche Mengen von Abfällen und Müll abgefahren werden müssen.

Ein Maschinenmeister ist schon zum geordneten Betrieb der Beleuchtungsanlage, der Aufzüge usw. nötig, so daß die eigene Kraftanlage nur noch eine einfache Arbeitskraft mehr erfordert. Sicherheitskessel dürfen unter bewohnten Räumen aufgestellt werden, wodurch die Platzfrage meist zu lösen ist.

Man bezeichnet nicht mit Unrecht die Hotels als Gradmesser der Landeskultur. Möchten sie bei aller reichen Ausstattung auch ein Maßstab für den wirtschaftlichen Sinn der Landesbewohner werden.

b) Geschäftshäuser.

In Geschäftshäusern ist der Kraftbedarf zum Betrieb der Aufzüge, Entstaubungsanlagen, Druckluftanlagen, für Lüftung und zum Laden der Akkumulatoren der Geschäftswagen, unter Umständen auch für künstliche Kühlung, ein bis zweimal so groß als der Energiebedarf für Beleuchtung. Letzterer ist verhältnismäßig am bedeutendsten in Warenhäusern, geringer in Kontorgebäuden, Bankhäusern und Lagerhäusern. Bei gleichem umbautem Raum ist der Wärmebedarf für Heizzwecke die Hälfte bis Dreiviertel des Wärmebedarfs der Hotels.

In Abb. 143 ist der Kraftverbrauch eines großen Münchener Warenhauses dargestellt. Die Junibelastung ist halb so groß als die Dezemberbelastung, so daß also der monatliche Kraft- und der monatliche Heizdampfbedarf in erwünschter Weise übereinstimmen. Der tägliche Verlauf beider befriedigt allerdings nicht im gleichen Maße, da das Heizungsbedürfnis in den Morgenstunden, der Lichtbedarf dagegen am Abend am lebhaftesten ist. Durch Aufstellung entsprechender Kraft- und Wärmeakkumulatoren muß ein Ausgleich geschaffen werden.

Viele Gesichtspunkte, die beim Hotel erwähnt wurden, gelten in gleicher Weise auch für Geschäftshäuser.

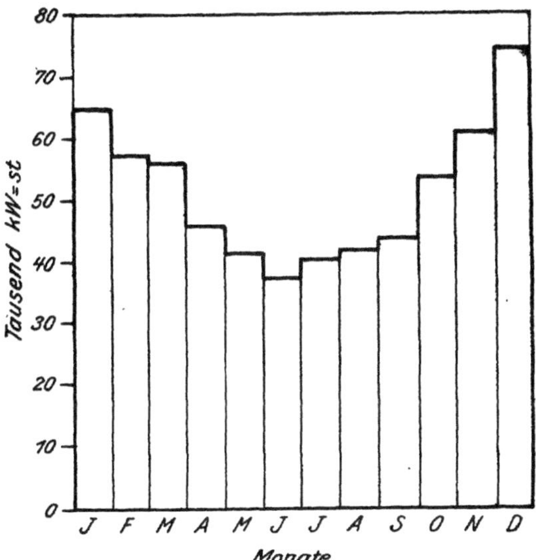

Abb. 143. Belastung der Licht- und Kraftzentrale eines Münchener Warenhauses.

c) Badeanstalten.

Ein Fachmann auf dem Gebiete der Gesundheitstechnik[1]) sagt: „Es ist eine in der Fachwelt nunmehr genügend bekannte Tatsache, daß ein großes Hallenbad mit modernen badetechnischen Einrichtungen und mit einem den hygienischen Anforderungen entsprechenden Wasserwechsel der Schwimmbecken nur dann wirtschaftlich betrieben werden kann, wenn die erforderlichen großen Wärmemengen aus einem Kraftwerk als billige Abwärme gewonnen werden.“ Es wäre also nur zu wünschen, daß die Gemeindeverwaltungen, die ja meist als Badeunternehmer auftreten, nach dieser Feststellung handeln würden. Leider ist dies immer noch nicht genügend der Fall. Es mag dies wohl zusammenhängen mit der manchenorts noch ungenügenden Heranziehung des technischen Standes zur Verwaltung.

Der Wärmebedarf der Badeanstalten gliedert sich in solchen für Warmwasserbereitung, Lufterhitzung und Dampfheizung. Die Erwärmung der Baderäumlichkeiten erfolgt auf rund 20° C. Wannenbäder werden mit Warmwasser von 35 bis 40° C bei entsprechender Zumischung von kaltem Wasser gespeist. Der Inhalt einer Badewanne beträgt durchschnittlich 200 bis 250 l, in Luxusbädern 350 bis 500 l. Im Schwimmbad wird eine Wasserwärme von 23 bis 25° C verlangt. Die Temperatur im Dampfbad beträgt 35 bis 40° C, jene der Heißluftbäder ca. 60° C im ersten und ca. 80° C im zweiten Raum. Zuweilen ist im römisch-irischen Bad noch ein Temperierraum mit etwa 40° C vorgesehen. Für Abwärme ist also in den Badeanstalten eine so ausgedehnte

[1]) Dr. L. Dietz im Gesundhtsing., S. 377, 1914.

Verwendung, daß man mit Vorteil dazu schreitet, ihnen eigene Kraftanlagen anzugliedern, deren Abwärme für Badezwecke Verwendung findet. Der wirtschaftliche Erfolg solcher vereinigter Betriebe ist ein ausgezeichneter. So liefert die aus privatem Unternehmungsgeist hervorgegangene Stuttgarter Badgesellschaft aus dem mit dem Bad verbundenen Elektrizitätswerk Strom in das städtische Netz. Die Einnahmen aus dem Badebetrieb wie aus dem Stromverkauf in den Jahren 1907 bis 1912 sind in der Abb. 144 zusammengestellt. Das Kohlenkonto hat sich seit dem Jahre 1909, wo das Elektrizitätswerk in Betrieb kam, gegenüber den früheren Jahren nur unwesentlich erhöht. Die Einnahmen dagegen sind erheblich gewachsen, was sich hauptsächlich aus dem Stromverkauf ergibt. Hier ist recht deutlich der Weg gezeigt, wie man die städtischen Zuschüsse, welche die Volksbäder häufig noch erfordern, in Überschüsse verwandeln kann.

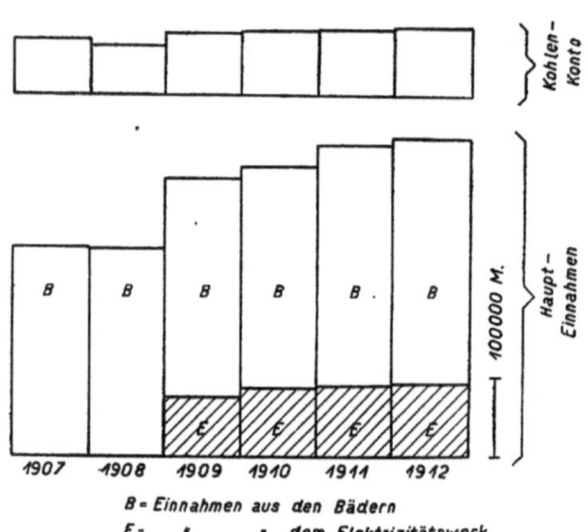

Abb. 144. Einnahmen und Kohlenkonto des Stuttgarter Bades.

Ein anderes Musterbeispiel ist das Stadtbad Mülheim a. d. Ruhr, wo die mit 12 Atm. Üb. und hoher Überhitzung betriebenen Pumpmaschinen der städtischen Wasserversorgung in der Badeanstalt untergebracht sind. Der Betrieb der Pumpmaschinen währt hier Tag und Nacht. Ihr Zwischen- und Abdampf wird im Badebetrieb und zur Beheizung des nahegelegenen Rathauses ausgenützt. Der größte Wärmebedarf des Bades beträgt

für Wannenbäder . . . . 589000 Kal./St.
für das Schwimmbecken . . . . 325000 Kal./St.
für die Heizung bei — 20° C . . . . . . 935000 Kal./St.

An kalten Tagen ist jedoch kaum ein mittlerer Badbetrieb zu erwarten, so daß der größte Wärmebedarf nur 1118000 Kal./St. erreicht. Er tritt auf bei einer Außentemperatur von + 5° C. In Abb. 145 ist der Wärmebedarf für einen ganzen Tag bei + 5° C dargestellt. Wie man sieht, lassen sich die Beheizung des Rathauses und der Badebetrieb recht gut zusammenstimmen dadurch, daß man die Füllung der Schwimmbecken mit frischem warmem Wasser auf die Nachtzeit von 9 Uhr abends bis 3 Uhr früh verlegt. (In Abb. 145 mit s bezeichnet.) Die Warmwasserheizung erfolgt aus Röhrenvorwärmern und die Bereitung des Badewassers durch den Kondensator. Für die Dampfheizung und die Wärmelieferung für das römisch-irische Bad wird den Pumpmaschinen Zwischendampf entnommen.

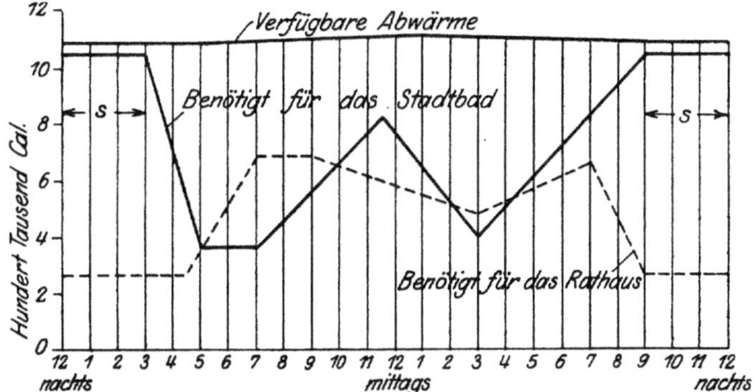

Abb. 145. Verfügbare und verwertbare Abwärme der Kraftanlage des Stadtbades Mülheim a. d. R. bei $+5^0$ C mittl. Tagestemperatur.

Meine Erhebungen beim Stuttgarter Bad für das Jahr 1912 ergaben, daß auch der Jahresverbrauch des Bades jenen der Heizung ergänzt, indem im Sommer die Benützung des Bades und damit sein Wärmeverbrauch größer ist als im Winter, während der Heizzeit, wie Abb. 146 zeigt.

Das städtische Hallenschwimmbad in Spandau wird durch eine Fernwarmwasserleitung mit Wasser versorgt und die gesamte, für die Warmwasserbereitung aufzuwendende Wärme kostenlos gewonnen. In der Badeanstalt selbst ist für Heizung und Lüftung nur eine kleine Niederdruck - Dampfkesselanlage eingebaut worden. Die Pumpstation des 2370 m vom Bad entfernten Wasserwerkes Spandau birgt zwei ältere Dampfpumpen und eine neue Zwillingsdampfpumpe von 150 PS. Gemöhnlich ist nur die letztere in Betrieb. Die Pumpen sind mit Einspritzkondensation versehen. In die Abdampfleitung ist ein Vorwärmer eingeschaltet, in welchem die Erwärmung des Badewassers durch Vakuumdampf indirekt erfolgt. Das Vakuum ist durch den Einbau des Vorwärmers von 65 auf 68 cm Queck-

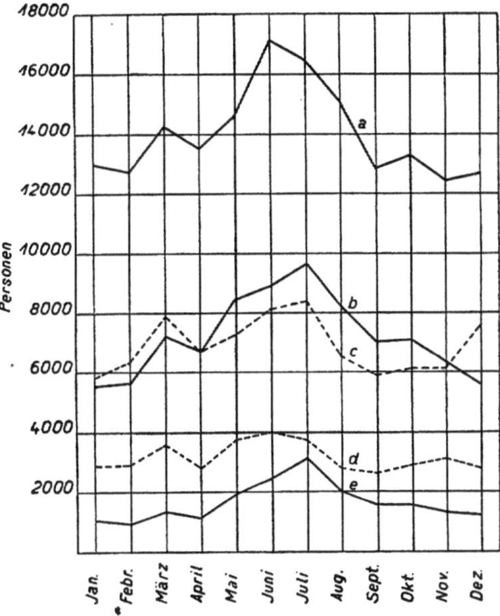

Abb. 146. Frequenz der Bäder im Stuttgarter Bad 1912.

a Schwimmhallen, Männer,
b „ Volksbad,
c Wannenbäder III. Kl., Männer,
d „ III. „ Frauen.
e Schwimmhallen, Frauen.

silber gestiegen. Jährlich werden vom Wasserwerk rund $1^1/_2$ Millionen Kal. für die Badewassererwärmung abgegeben. Das 37 bis 45^0 C warme Wasser erleidet bei seiner Fortleitung über beinahe 3 km nur ca. 2^0 C Temperaturverlust. Das Wasserwerk ist nachts nicht in Betrieb. Da das Schwimmbecken des Nachts aufgefüllt werden muß, ist unter demselben ein Speicherraum für das warme Wasser angeordnet. Versuche haben ergeben, daß in diesem Staubecken das Badewasser innerhalb dreimal 24 Stunden nur eine Temperatursenkung von 2 bis 3^0 C erfährt.

Zur Speisung des Beckens im städtischen Schwimmbad in Karlsruhe wird das von den Kondensatoren der Dampfturbinen des Elektrizitätswerkes abfließende reine Kühlwasser von etwa 20^0 C benützt.

Die Bereitung des Badewassers für das städtische Müllersche Volksbad in München erfolgt im Winter durch den Abdampf von zwei Dreifachexpansionsmaschinen des nahen Muffatwerkes, die in dieser Zeit der Wasserknappheit und des erhöhten Verbrauches von Beleuchtungsstrom laufen. Im Sommer wird durch die nachts überschüssige Wasserkraft der Isar ein elektrischer Dampfkessel betrieben, mit Hilfe dessen das Badewasser erwärmt wird.

Eine sehr bemerkenswerte Anlage finden wir im Admiralspalast zu Berlin. Dieses weltstädtische Unternehmen hat eine eigene Kraftanlage von 1000 PS zur Erzeugung des elektrischen Lichtes, Antrieb der Aufzüge usw. und Unterhalt einer hohen Kraftaufwand erfordernden künstlichen Eisbahn. Durch die in Tätigkeit befindlichen Dampfkraftmaschinen stehen in der Stunde etwa $2^1/_2$ Millionen Wärmeeinheiten in Abdampf von 0,15 Atm. Üb. zur Verfügung, welche zur Heizung des Eispalastes, der dazugehörigen Nebenräume, wie Kochküche, Wäscherei usw., des Kinos, der Bureaus, vornehmlich aber zur Erwärmung des Badewassers für die über der Eisbahn großzügig angelegte Badeanstalt, sowie zur Heizung dieser Räumlichkeiten verwendet werden. So widerspruchsvoll der Plan scheinen mochte, unmittelbar über einer Kunsteisbahn eine Warmbadeanstalt anzuordnen, so glänzend und vollkommen ist dadurch die Wirtschaftlichkeit beider heterogener Betriebe gelöst: ein Musterbeispiel einer wohldurchdachten Heizungskraftanlage.

An Orten mit wenig Freibadegelegenheit mit geeignetem Wasser ist man mit Erfolg dazu geschritten, die Abwärme von Kraftanlagen auch zur Wassererwärmung in offenen Schwimmbecken zu verwenden.

Bei dem ziemlich gleichmäßigen Betrieb der Badeanstalten, deren Wärmeverbrauch tagsüber noch, übrigens durch Tarifmaßnahmen beeinflußt werden kann, und bei der Möglichkeit, warmes Badewasser auch nachts zu erzeugen und aufzuspeichern, müssen dieselben als ein ganz besonders geeignetes Objekt für Abwärmeverwertung bezeichnet werden, und es ist im Interesse unserer Wärmewirtschaft und der Volksgesundheit dringend zu verlangen, daß Bäder ohne angegliederte Kraftwerke verschwinden, zum mindesten solche nicht mehr neu entstehen.

d) Krankenanstalten.

Krankenhäuser, sowie Heil- und Pflegeanstalten und Versorgungshäuser benötigen elektrische Energie für Beleuchtung und Lüftung, zum Betrieb der Aufzüge, Zentrifugen, Desinfektoren, Waschmaschinen, Mangeln, Küchenmaschinen, Pumpen, der Entstaubungsanlage, Kühlanlage, unter Umständen auch für verschiedene landwirtschaftliche Maschinen und zum Laden der Akkumulatoren von Krankenwagen. Dieser Kraftbedarf ist zu verschiedenen Jahreszeiten hauptsächlich infolge des schwankenden Beleuchtungsbedürfnisses verschieden. In welcher Größenordnung sich der Wärmebedarf bewegt, darüber gibt Fig. 147 Aufschluß[1]). Diese zeigt die Höhe der im Mittel in den Monaten April 1919 bis März 1921 im städtischen Krankenhause Karlsruhe verbrauchten Gesamtdampfmengen an. Die Abweichungen vom Mittelwert sind naturgemäß in den Monaten Mai bis Oktober geringer als in der übrigen Zeit. Dem schwankenden Witterungscharakter entsprechend sind die Abweichungen am größten im Dezember, Januar und April. Der Dampfverbrauch von Juli bis September ist annähernd gleichbleibend und beträgt je etwa 40% des größten monatlichen Verbrauches im Dezember. Unter Berücksichtigung der Kürze des Monats Februar ergibt sich für die Monate Dezember bis Februar auch annähernd derselbe Dampfverbrauch pro Tag.

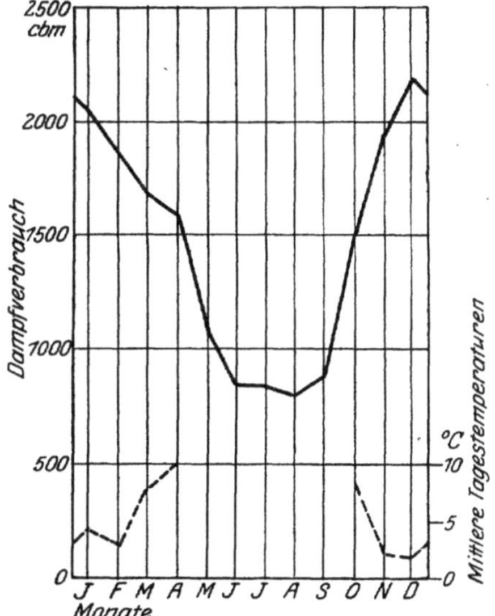

Abb. 147. Dampfverbrauch in einem städt. Krankenhause.

Beträchtlichere Schwankungen weist der Kraftbedarf des Krankenhauses auf. Darüber gewähren Abb. 148 und 149 einen Einblick am Beispiel eines Krankenhauses für einen Juni- und einen Dezembertag. Die Schwankungen im Kraftbedarf sind auch nach der Tageszeit genommen ziemlich erheblich.

Der Bedarf von Krankenanstalten an elektrischer Kraft beträgt erfahrungsgemäß unabhängig von der Größe der Anlage:

für 500 Betten Belegzahl 300000 bis 350000 PS-St./Jahr.

Der Wärmebedarf ist viel größer, als von der nur für den eigenen Kraftbedarf bemessenen Maschine als Abdampf geliefert werden kann,

---

[1]) Gesundhtsing., S. 123, 1922.

so daß Schwierigkeiten infolge des schwankenden Kraftverbrauches nicht entstehen können. Der Abwärmebedarf gliedert sich in solchen für

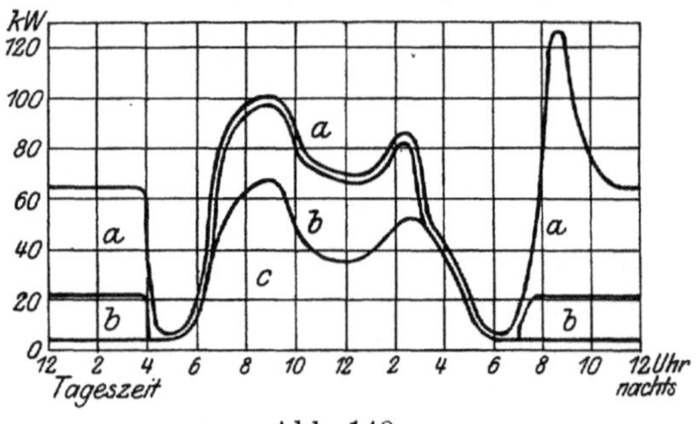

Abb. 148.

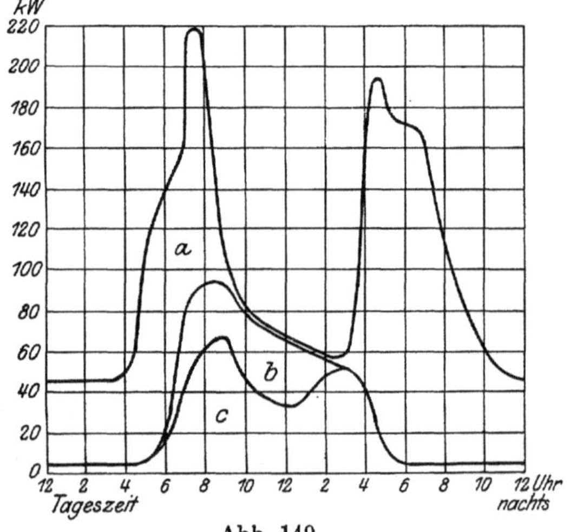

Abb. 149.

Abb. 148 u. 149. Kraftbedarf eines Krankenhauses an einem Juni- und an einem Dezembertag.

a für Beleuchtung,
b „ Lüftung,
c „ sonstige Zwecke.

1. Raumheizung, d. i. jene Wärmemenge, die während der Heizzeit durch die Abkühlung der Umfassungswände verloren geht. Als tiefste Außentemperatur nimmt man in Deutschland —20° C an. Die Innentemperaturen sollen betragen:

in Krankenräumen, Bureaus und Wohnräumen einschließlich der Verbindungsgänge . . 19 bis 20° C
in Wasch- und Baderäumen . . . . 22° C
in Operationssälen . . . . 25° C
in sonstigen Nebenräumen und Korridoren 15 bis 18° C.

Von Juni bis September ruht die Heizung vollständig;

2. Lüftung, d. h. zur Erwärmung der Ventilationsluftmengen auf die Raumtemperatur. Der stündliche Luftwechsel sollte nach den Anforderungen der Hygiene betragen:

für Erwachsene 65 bis 80 cbm/St.

für Kinder 35 bis 70 cbm/St.

in Gängen, Treppenhäusern, Nebenräumen der ein- bis zweimalige Rauminhalt pro Stunde;

3. Warmwasserbereitung. Überall in der näheren Umgebung des Kranken muß genügend warmes Wasser für den körperlichen Bedarf, zum Waschen, Baden, Gurgeln, für Wärmeflaschen, Wäschewärmer usw. zur Verfügung stehen. Ferner kommt warmes Wasser zur Verwendung in den Bädern, im Operationshaus, in Wasch-, Spül-, Koch- und Teeküchen, Laboratorien und Leichenhaus. Das Bedürfnis an warmem Brauchwasser ist das ganze Jahr hindurch ziemlich gleichbleibend;

4. Dampftherapie und Apparatebetrieb, nämlich für Desinfektoren, Sterilisatoren, Dampfkochküche, Dampfwäscherei, Wärmeschränke, Trockenapparate usw.

Nach Erhebungen von Dietz an 80 deutschen Krankenanstalten ergeben sich die in Abb, 150 und 152 dargestellten maximalen stündlichen Wärmebedarfszahlen bezogen auf die Bettenzahl, für welche die betreffende Anstalt gebaut, wenn auch nicht voll belegt ist.

Der Wärmebedarf von Krankenanstalten ist außer von der geographischen Lage abhängig vom Bauplan (Pavillon- oder offene Bauweise, Komplex- oder geschlossene Bauweise) und von der Einstellung der Längsfront nach der Himmelsrichtung. Bei einem zusammenhängenden, aber dennoch mehrfach gegliederten Bau beträgt der

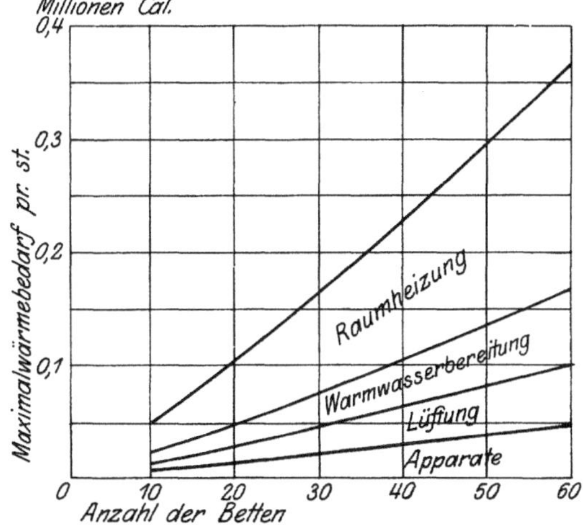

Abb. 150.

Abb. 150 bis 152. Maximaler Wärmebedarf neuerer Krankenanstalten mit 10 bis 1800 Betten.
(Nach Dr. Dietz.)

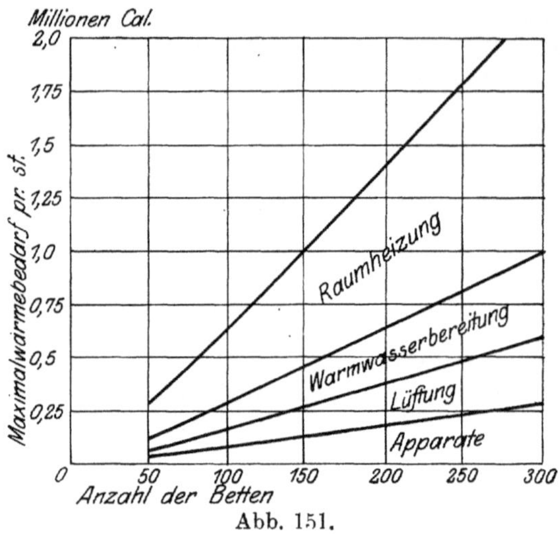

Abb. 151.

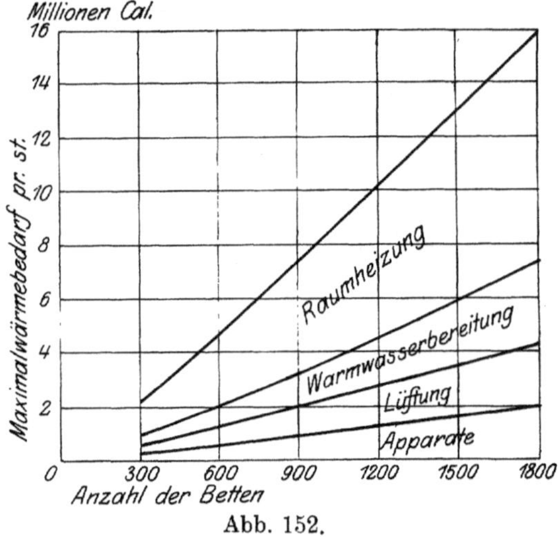

Abb. 152.

Wärmebedarf für Warmwasserheizung und -versorgung, Dampfheizung und -kochung im Durchschnitt bei einer Anstaltsgröße von:

500 Betten 9 Milliarden Kal./Jahr,
1000 Betten $15^1/_2$ Milliarden Kal./Jahr,
1500 Betten 22 Milliarden Kal./Jahr.

Durch die der Heizung vorangehende Ausnützung der diesen Wärmebeträgen entsprechenden Dampfmengen in Maschinen können an Energie erzeugt werden in einer Anstalt von:

500 Betten ca. 2 Millionen PS-St.,
1000 Betten ca, 3,5 Millionen PS-St.,
1500 Betten ca. 5 Millionen PS-St.

Die Belastung der Wärmeerzeugungsanlage eines Krankenhauses in den einzelnen Monaten entspricht im großen und ganzen sehr gut der Belastung eines städtischen Elektrizitätswerkes, welches zu einem erheblichen Teil Beleuchtungsstrom zu liefern hat. De Grahl[1]) gibt für eine getrennte Kraftdampf- und Heizdampferzeugungsanlage einer großen Klinik den in Abb. 153 dargestellten Wärmeaufwand an. Zu

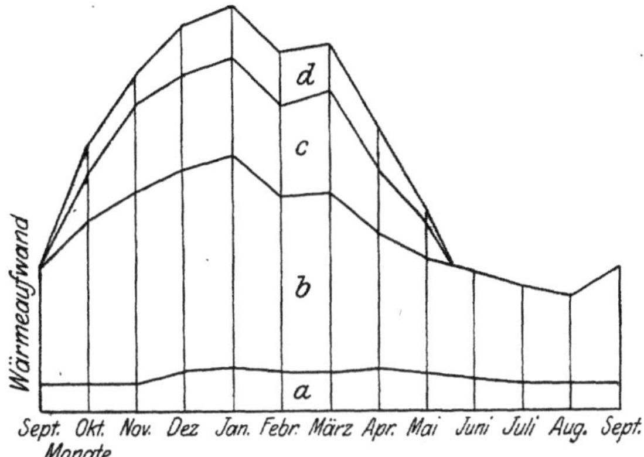

Abb. 153. Wärmeaufwand für den Betrieb einer großen Klinik in den verschiedenen Monaten.

a Wärmeaufwand zur Bereitung von warmem Brauchwasser,
b „ für die Kraftanlage und für Nutzdampfverbrauch,
c „ „ „ Dampfheizung,
d „ „ „ Warmwasserheizung.

Zeiten des größten Stromverbrauches für Beleuchtungszwecke, in den Wintermonaten Oktober bis April, ist auch die Belastung der Dampf- und der Warmwasserheizung am größten.

Die täglichen Schwankungen des Heizungs- und des Beleuchtungsverlaufes verlaufen nicht gleichförmig. Sie können jedoch durch besondere Maßnahmen in der Regel einander besser, als auf den ersten Blick erkennbar ist, angeglichen werden. Warmwasserspeicher oder Dampfspeicher System Ruths helfen fast verlustlos über unüberbrückbare zeitliche Unterschiede weg.

Es liegt der Gedanke nahe, die überschüssige Kraft gegen Entgelt abzugeben, indem z. B. ein derartiges Heizungskraftwerk parallel mit anderen Kraftwerken auf ein größeres Netz arbeitet und dem jeweiligen Abdampfbedarf entsprechend belastet wird.

In dieser Weise ist z. B. das dem Krankenhaus München III angegliederte Heizungskraftwerk München-Schwabing angelegt. Die Einbeziehung der oberbayrischen Überlandwerke in die Stromversorgung Münchens haben das Werk in den vergangenen Jahren noch nicht zur vollkommenen Abwärmeverwertung gelangen lassen. Vor dem Kriege wurden jährlich bis zu 1,65 Millionen PS-St. erzeugt, und für die kommenden Friedensjahre darf nach einem Bericht von amtlicher Seite[2]) eine wesentliche Steigerung erwartet werden.

[1]) Z. Dampfk. Maschbetr., S. 229, 1918. [2]) Gesundhtsing., S. 153, 1917.

Dienstwohngebäude und das Irrenhaus.
ι vorläufig aufgestellten zwei Verbundmaschinen von je Leistung wird Zwischendampf von 4 Atm. Üb. für die Fernizung und Abdampf von 0,5 Atm. abs. Spannung zur Bedes warmen Wassers für die Warmwasserheizung, Gebrauchslezwecke entnommen. Der in Hochdruck-Wasserrohrkesseln Dampf hat vor den Maschinen $13^{1}/_{2}$ Atm. Üb. und 300^{0} C tur.

ı Ausgleich der Anforderungen der Heizung und Warmwasserg und einerseits des Kraftbedarfes des städtischen Netzes, eits sind zwei Großwasserraumvorwärmer von je 50 cbm nd zwei Schnellzirkulationsvorwärmer von je 285 qm Heizufgestellt. Außerdem erlaubt die Zwischendampfentnahme 3e Bewegungsfreiheit.

e) Das Fernheizungs-Kraftwerk.

war bisher nur ganz selten möglich, die Betriebe, die weit ıtriebsenergie durch Abwärme hätten erzeugen können als benötigten, zur Abgabe des Überschusses zu bringen und landwerk zu angemessenen Preise zur Aufnahme in sein Netz lassen. So günstig für beide Teile der Abschluß eines derıbkommens gewesen wäre, abgesehen davon, daß wegen der ıäßigkeit der Lieferung einige technische Schwierigkeiten zu len waren, dürfte vielfach Eigensinn oder Rückständigkeit iligten die hauptsächlichste Veranlassung zur Ablehnung gein. Der Fall ist in allen Industriegegenden festzustellen, Kessel nur zur Erzeugung von Fabrikationsdampf dienen, z in der Nähe eine Überlandzentrale mit Kondensationsn Energie erzeugt. Hier ist eine Regelung im Interesse Kohlenwirtschaft geboten. Selbst Betriebe, die in einer Hand städtische Energiewerke, Bäder und große Fernheizwerke ır vereinzelt von dieser Möglichkeit Gebrauch gemacht. Die r Fernheizwerke ist nicht nur für größere Anstalten, sondern Heizung von Privathäusern in zusammengefaßten Blöcken nmenhang mit Energieerzeugung für Licht- und Kraftbedarf gehenden Prüfung zu unterwerfen[1])"

in diesen Worten enthaltene Urteil klingt scharf; man muß i der Prüfung, wie die Verhältnisse bei uns vielfach liegen, er zustimmen. In den Großstädten der Vereinigten Staaten

---

leichmann, H.: Ein Beitrag zur Frage der Bewirtschaftung von und Energie. Z. bayr. Rev.-V., S. 44, 1919.

unseres Heizungswesens verlangen. In seinem Bericht ;e Kriegstagung behördlicher Ingenieure des Maschinen- esens in Wiesbaden sagt Bauamtmann Hauser-München: Sicherheit angenommen werden, daß mit der Rückkehr rtschaft die Fragen des Wettkampfes zwischen Zentral- · und Gasheizung, die Fragen der Zentralisierung der ng u. dgl. wieder in verstärktem Maße aufleben weifellos wird in bestimmten Fällen die jetzt bestehende der Wärmeerzeugung einer Zentralisierung Platz n. Es ist nun ganz interessant, daß die Zentralisierung ine umgekehrte Wirkung auf die Anlage von Wärme- tätswerken ausüben muß. Man kann Heilmann nur enn er sagt: „Unter Umständen erfordert die weit- rmeausnützung eine Dezentralisation der Elektrizitäts- e Teilung in kleinere Werke, deren Größe durch den veck der Abwärme und den Umfang des zu versorgenden en ist. Ein Gesichtspunkt, der bei den vorherrschen- tionsbestrebungen leicht übersehen wird[2].“

hende Heizungswesen ist besonders verbesserungsfähig rmachung der Abwärme unserer Wärmekraftanlagen. :meausnützung in unseren Öfen ist so sehr mangel- die Wärmeerzeugung ist unwirtschaftlich. Wenn be- der Verlust bei der Ausnützung des Hausbrandes be- rscheinlichkeit nach im Durchschnitt 95% [3]), so gilt dies Kachelöfen sicher nicht. Nach den Feststellungen der ı Prüfungsanstalten in München, Dresden und Berlin ngsgrad der Kachelofenheizung bei ordnungsmäßiger bis 93%. Erheblich schlechter (10—20%) ist der der Küchenherde. Wenn man also auch einräumen nmermädchen schlechte Heizer sind, so erscheint ein 0% statt 95% immer noch hoch[4]). Höher sind die ler in Deutschland fast nicht gebräuchlichen offenen ;.

ngskraftwerke lediglich mit Werken zusammenarbeiten, ofkraft- oder Verbrennungsmaschinen ohne Abwärme- sgestattet sind, liegen ihre wirtschaftlichen Vorteile ber klar zutage. Die Heizungskraftmaschine übertrifft

tsing., S. 43, 1918.
[., S. 278, 1918.
.: Wärme, Kraft, Licht, S. 65.
ı: Schimpke, P.: Die Bewertung der Kachelöfen im Vergleich und Zentralheizung. Haustechn. Rundschau, S. 219, 1913.

an Wärmeökonomie jede andere Art von Kraftmaschinen so beträchtlich, daß es auf jeden Fall richtig ist, die Heizungskraftmaschinen zu betreiben, solange es der Abdampfbedarf gestattet und dafür eine Maschine ohne Abdampfverwertung stillzusetzen. Die letzteren gelten gewissermaßen nur als Reserve für die Heizungskraftmaschinen.

Nicht so einfach liegen die Verhältnisse beim Zusammenarbeiten der Heizungskraftanlagen mit Wasserkraftwerken. Die Wasserkraft wird, solange es die Wasserverhältnisse immer nur erlauben, ausgenützt. Die Heizzeit muß also mit der Zeit der Wasserklemme zusammenfallen.

In Abb. 154 ist die Belastung des (nicht als Abwärmeheizwerk ausgebildeten) staatlichen Fernheizwerkes in Dresden dargestellt. Sowohl der vorwiegend zur Beleuchtung dienende Strombedarf als das Heizungsbedürfnis sind in den Wintermonaten (Dezember bis Januar) am größten, in den Sommermonaten (Juni bis August) am geringsten.

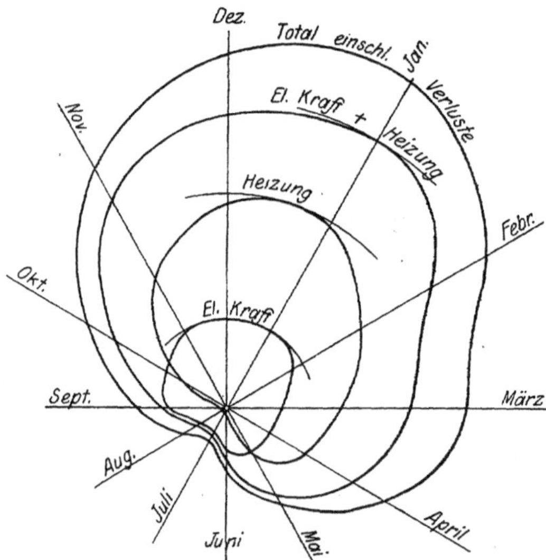

Abb. 154. Jahresbelastung des staatlichen Elektrizitäts- und Fernheizwerkes in Dresden.

Vergleichen wir mit dieser Belastung eines Fernheizwerkes die Pegelstände einiger für Wasserkraftgewinnung besonders in Betracht kommender Flüsse und des Walchensees (vergl. Abb. 155 u. 156). Mit Ausnahme des dem mitteldeutschen Fichtelgebirge entspringenden Mains bemerken wir, daß die Wasserführung ihren Höchststand von Mai bis September, den Tiefstand im Dezember-Januar aufweist. Die Pegelstände zeigen die Wassermengen an und diese geben wiederum einen Maßstab für die Wasserkraft, da letztere bekanntlich dem Produkt aus Wassermenge und Gefällshöhe proportional ist.

Die Wasserführung der Flüsse und Seen wird bestimmt durch die Zeit der Schneeschmelze einerseits und durch die Menge der Niederschläge zu verschiedenen Jahreszeiten andererseits. Daher kommt es, daß die auf den deutschen Mittelgebirgen entspringenden Flüsse eine andere Pegelstandskurve aufweisen, indem sie im Februar-März Hochwasser, im August-September Niederwasser führen.

Es soll nicht unerwähnt bleiben, daß bei hohem Wasserstand der Flüsse durch Rückstau im Unterwassergraben ein Gefällverlust eintritt, der 15 bis 20 % betragen kann. Ist die Wasserkraftanlage für die Niederstwassermenge bemessen, so ist ihre Leistungsfähigkeit bei hohem Wasserstand somit geringer als bei normalem, da das Gefälle abnimmt, während die Turbinen die größeren ihnen zur Verfügung stehenden Wassermengen nicht schlucken können. Soll also der Pegelstand einen Maßstab für die Leistungsfähigkeit einer Anlage bilden, so ist das nur unter der Voraussetzung möglich, daß dieselbe für eine größere als die normale Wassermenge ausgebaut ist.

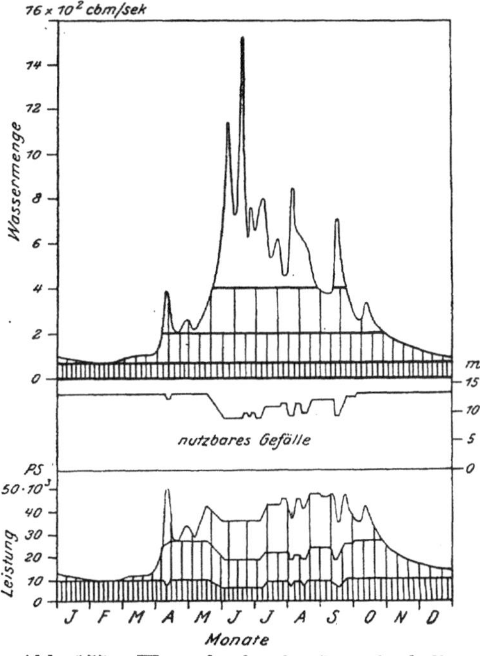

Abb. 155. Wasserkräfte des Inn oberhalb Rosenheim bei einem Ausbau auf 70, 200 und 400 cbm/sec.

In Abb. 155 ist der Zusammenhang zwischen Leistung, Wassermenge, Gefälle und Ausbau an dem Beispiel des Inn bei Rosenheim dargestellt. Worauf es uns hier ankommt, ist, daß die Leistungsfähigkeit des für eine größere als die normale Wassermenge bemessenen Kraftwerkes am größten von Mai bis September, am geringsten von Oktober bis April ist.

Die Abb. 156 enthält mittlere monatliche Pegelstände aus zehnjährigen Beobachtungen. Es ist deutlich zu erkennen, daß der Mittelgebirgsfluß Main eine ganz andere Wasserführung aufweist als die aus den Alpen gespeisten Gewässer. In normalen Jahren weisen die Wasserkräfte der Alpen und des Voralpengebietes gerade in den heizungsfreien Sommermonaten ihre größte Leistungsfähigkeit auf. In ungewöhnlich wasserarmen Sommern können immerhin die Dampfkraftmaschinen der Heizungskraftwerke ohne Heizdampfentnahme betrieben werden, so daß sie ihrer Aufgabe als Ergänzungsmaschinen auch für außerordentliche Fälle gerecht werden.

Gelingt es uns, die aus den Wasserkräften der Alpen gewonnene Energie auf weitere Entfernungen wirtschaftlich zu übertragen, so können Heizungskraftwerke größeren Stiles in den alpennahen Städten für die wirtschaftliche Ausnützung der Wasserkräfte höchst bedeutsam werden. Für sich allein betrachtet liegt das Heizungskraftwerk im Sommer, ein erheblicher Teil von Wasserkraftwerken im Winter brach. Durch gegenseitige Ergänzung aber wird ihr Wert auf eine hohe Stufe gehoben. Jedes in seiner Art und zur rechten Zeit eine äußerst wirtschaftliche Energiequelle, können sie nur, indem sie sich gegenseitig in die Hand arbeiten, sich praktisch durchsetzen. Den Abb. 155 und 156 ist zu entnehmen, daß die Mächtigkeit der in den Alpen erzeugten Wasserkräfte in sehr erwünschter Weise durch das Heizungskraftwerk ergänzt wird, da letzteres gerade dann die meiste Kraft liefert, wenn tiefster Wasserstand und Eisgang die Beaufschlagung der Wasserkraftwerke beeinträchtigen. Bei dem in den süddeutschen Staaten mangelnden Kohlenvorkommen ist diese Sachlage sehr beachtenswert.

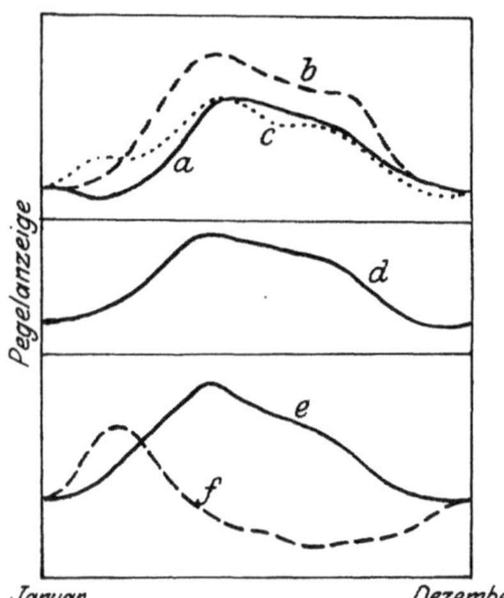

Abb. 156. Mittlerer monatlicher Pegelstand nach 10 jährigen Beobachtungen des K. Bayer. Hydrotechnischen Büros.

a der Isar bei Mittenwald (Oberlauf),
b „ „ „ München (Mittellauf),
c „ „ „ Plattling (Unterlauf).
d des Walchensees,
e der Saalach bei Freilassing,
f des Main bei Lichtenfels.

Dem Zusammenarbeiten von Wasserkräften mit dem Heizungskraftwerk kommt noch der Umstand entgegen, daß auch der Energieverbrauch für Beleuchtung, wie die Abb. 154, 157 u. 158 zeigen, gerade in den Monaten am größten wird, wo die alpinen Wasserkräfte an Mächtigkeit verlieren und außerdem wegen Eisbildung nicht voll ausnützbar sind.

Abb. 157 stellt ein Diagramm der monatlichen Beleuchtungszeiten für Straßenbeleuchtung dar. Es hat Gültigkeit für Mitteldeutschland und Ortszeit. Die gesetzliche Zeit in Deutschland ist bekanntlich die mittlere Sommerzeit des 15. Längengrades östlich von Greenwich. Der jeweilige örtliche Unterschied dieser mitteleuropäischen Zeit und der Ortszeit ist bei Benützung dieser zeichnerischen Darstellung zu berücksichtigen.

In Abb. 158 ist der Strombedarf für die elektrische Straßenbeleuchtung einer Großstadt in den verschiedenen Monaten dargestellt. Die beiden Diagramme stimmen im Charakter völlig überein.

Natürlich gewinnt bei Vereinigung eines Heizungskraftwerkes mit einer Lichtzentrale die tägliche Kraft- und Wärmeakkumulierung einige Bedeutung, da das Heizungsbedürfnis des Morgens, das Beleuchtungsbedürfnis dagegen am Abend am größten ist. Aufstellung von Pufferbatterien und Warmwasserspeichern, Einführung des Dauerbetriebes an Stelle der unterbrochenen Heizung, wobei das Aufheizen der Gebäude am Morgen entfällt, Aufnahme der Belastungsspitzen durch von der Heizung unabhängige Maschinen sind im wesentlichen die Mittel, welche uns zur Verfügung stehen, um den Verbrauch der

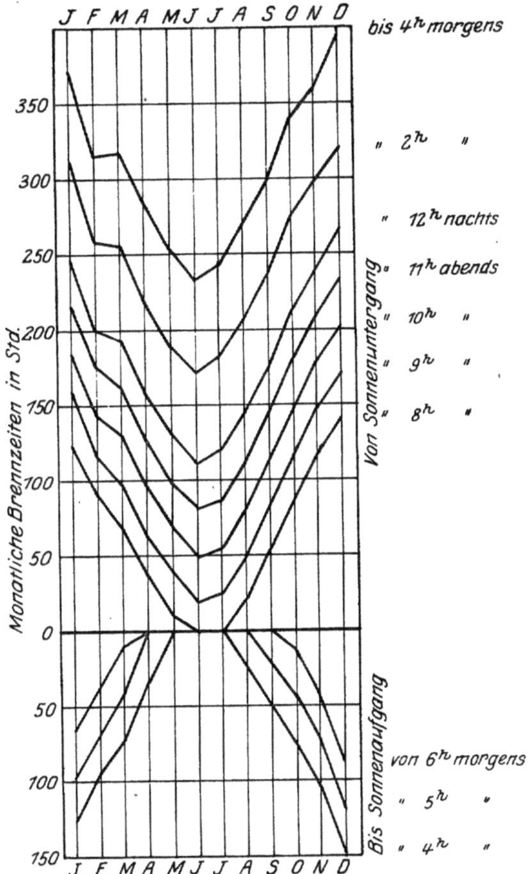

Abb. 157. Diagramm der monatlichen Beleuchtungszeiten für Straßenbeleuchtung in Mitteldeutschland.

Wärme mit der Erzeugung von Energie in Heizungskraftwerken völlig in Einklang zu bringen.

Die Verteilung des Hausbrandbedarfes für Heizung und des Strombedarfes für Beleuchtung sind nach vieljährigen Aufzeichnungen für das mittlere Deutschland in Zahlentafel 62 niedergelegt.

Zahlentafel 62.

Monat	Sept.	Okt.	Nov.	Dez.	Jan.	Feb.	März	April	Mai	Juni	Juli	Aug.
Hausbrandbedarf %	3	9	13	18	21	15	13	7	1	—	—	—
Beleuchtungsbedürfnis %	7	9,5	11,3	13,5	13	11	9	6,4	5	4,2	4,7	5,4

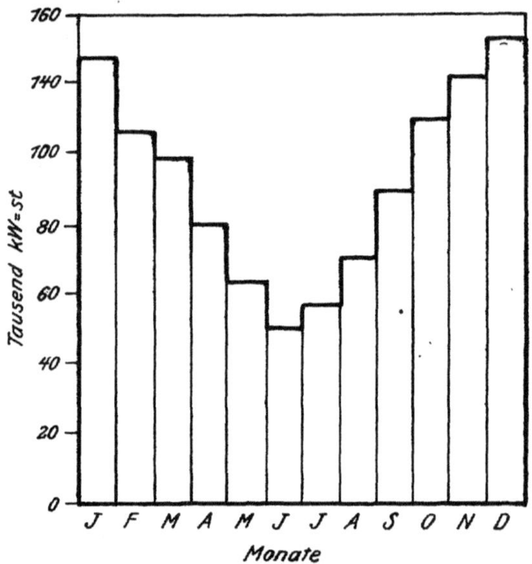

Abb. 158. Stromverbrauch für die Straßenbeleuchtung einer Großstadt.

An drei großstädtischen Wohngebäuden Berlins machte O. Schmidt in den drei Wintern 1914 bis 1917 Beobachtungen über den Bedarf für Warmwasserheizung und Warmwasserversorgung[1]). Er fand dabei einen Gesamtwärmeverbrauch in den einzelnen Jahren

für das cbm beheizten Raum von	24,4	23,7	19,3	i. M. 22,5 Kal.
„ „ „ umbauten „ „	13,5	12,8	10,8	i. M. 12,4 „

(Zahlentafel 63.)

Auf die einzelnen Monate verteilt sich der Brennstoffverbrauch wie Abb. 159 und 160 zeigen.

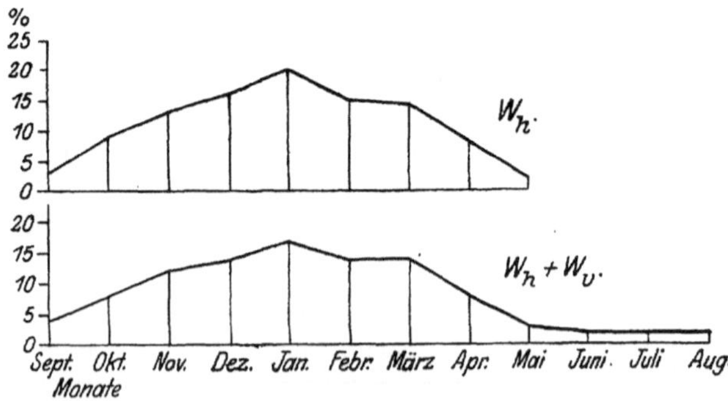

Abb. 159 u. 160. Verteilung des Brennstoffverbrauches auf die einzelnen Monate für die Warmwasserheizung und -versorgung ($W_h + W_v$), sowie für die Warmwasser heizung allein (W_h) mehrerer Berliner Wohngebäude. Mittelwerte aus 3 Jahren.

[1]) Gesundhtsing., S. 373, 1918.

Andere Beobachtungen des gleichen Verfassers an zwölf Berliner Schulen[1]) in den Jahren 1910 bis 1914 sind in den Abb. 161 bis 164 bildlich dargestellt. In den einzelnen Jahren ergaben sich für die Monate Oktober bis März Werte, die nur ganz wenig von einander abweichen, größere Schwankungen sind nur in den Monaten September, April und Mai zu verzeichnen. Der Dezember und der April stehen unter dem Einfluß der Schulferien. Für das cbm beheizten Raum ergab sich in den Volksschulen ein Wärmeverbrauch von 21,0 bis 33,9 Kal., in den Mittelschulen von 23,7 bis 32,5 Kal. während der ganzen Heizzeit. Die Mittelwerte 26,7 bzw. 29,2 Kal. liegen wegen der stärkeren Lüftung höher als bei den Wohngebäuden. Von den Schulen waren sechs mit Niederdruckdampfheizung und sechs mit Warmwasserheizung versehen. Ein Unterschied zwischen beiden Heizungsarten macht sich nicht geltend.

Abb. 161 u. 162. Mittelwerte des Brennstoffverbrauches von 6 Mittelschulen (M) und 6 Volksschulen (V) in Berlin in den Wintern 1910—1914.

Abb. 163 u. 164. Mittelwerte des Brennstoffverbrauches von je 6 Schulen mit Niederdruck-Dampfheizung (D) und Warmwasserheizung (W) in Berlin in den Wintern 1910—1914.

Nachdem sich Schulen besonders leicht mit öffentlichen Bädern verbinden lassen, ist während des ganzen Jahres für Abwärme Verwendung.

Aber auch zur Versorgung von Wohngebäuden eignet sich das Heizungskraftwerk infolge des gleichzeitig auftretenden Beheizungs- und Beleuchtungsbedürfnisses, wie die vorstehende Zahlentafel 62 nachweist.

Wir erkennen also für die Anlage von Fernheizungskraftwerken in Verbindung mit Badeanstalten, Krankenanstalten, Schulen, Verwaltungsgebäuden, schließlich auch mit privaten Wohngebäuden, Hotels (das Dresdener erstklassige Hotel „Bellevue“ ist an das staatliche Fernheizwerk angeschlossen), mit Schlachthöfen usw. sehr gute

[1]) Gesundhtsing., S. 121, 1918.

technische und wirtschaftliche Voraussetzungen. Für die am Sonntag ausfallenden Schulen und Gewerbebetriebe könnten Kirchen, Museen und Vergnügungsstätten geheizt werden.

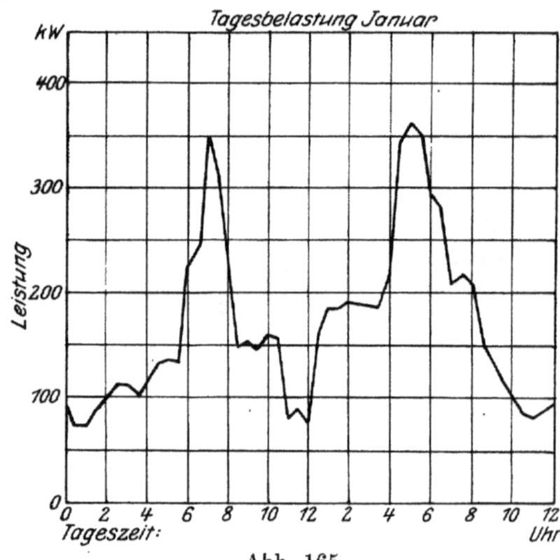

Abb. 165.

Abb. 165—176. Typisches Beispiel der Tagesbelastung eines mittleren gemeindlichen Elektrizitätswerkes in den einzelnen Monaten.

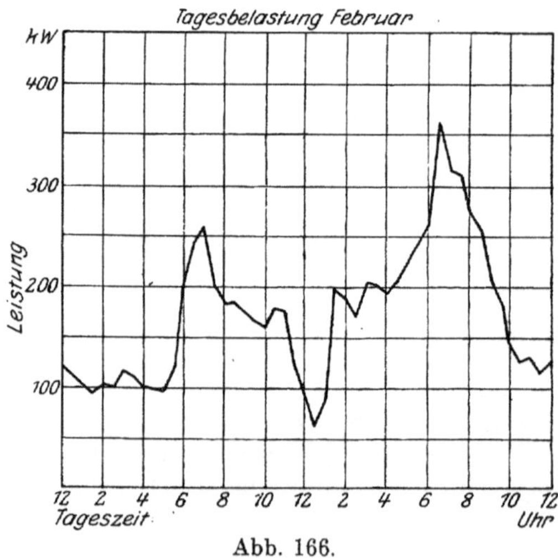

Abb. 166.

Schließlich sei noch die Möglichkeit erörtert, die für ein mittleres Elektrizitätswerk besteht, Strom, der von Heizungskraftmaschinen erzeugt wird, aufzunehmen. Zu diesem Zweck sind in den Abb. 165 bis 176 die Tagesbelastungen je am 22. oder 23. eines Monats, und zwar nur an Werktagen, wiedergegeben. Das betreffende Werk gehört einer kleinen Mittelstadt an. Es erzeugt Elektrizität für Beleuchtungs- und gewerbliche Anschlüsse, besonders aber auch für landwirtschaftliche Betriebe. Das letztere äußert sich in dem hohen Stromverbrauch

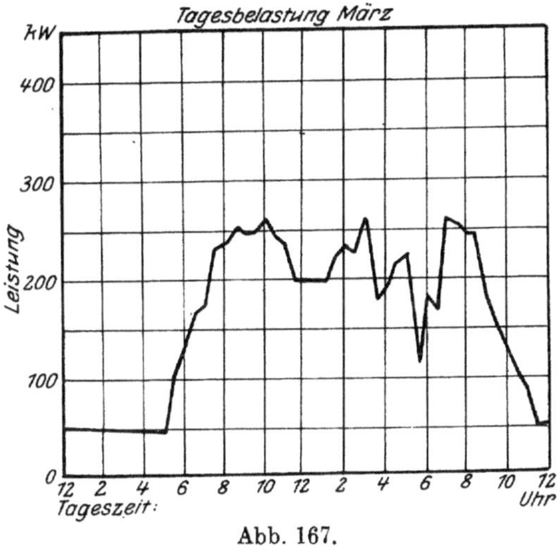

Abb. 167.

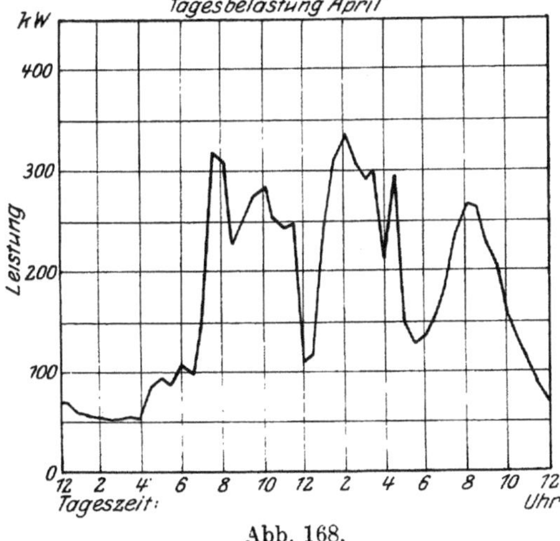

Abb. 168.

zur landwirtschaftlichen Hauptarbeitszeit April und Mai und Juli mit September. Das Werk kann als typischer Vertreter einer erheblichen Zahl mittlerer deutscher Elektrizitätswerke gelten. Seine Jahreserzeugung beträgt 1,5 Millionen KW-St., die höchste durchschnittliche Tagesleistung mit 5952 KW-St. hat der November, die niedrigste mit 3302 der Juni. Im Einzelnen werden in den verschiedenen Monaten durchschnittlich erzeugt:

Jan.	Febr.	März	April	Mai	Juni	Juli	Aug.	Sept.	Okt.	Nov.	Dez.	
4128	3812	3576	4056	4080	3302	4200	4896	4476	4968	5952	5472	kwst.

Zwei stets wiederkehrende Belastungsspitzen fallen in die Augen; die erste fast regelmäßig zwischen 6 und 8 Uhr morgens, die zweite,

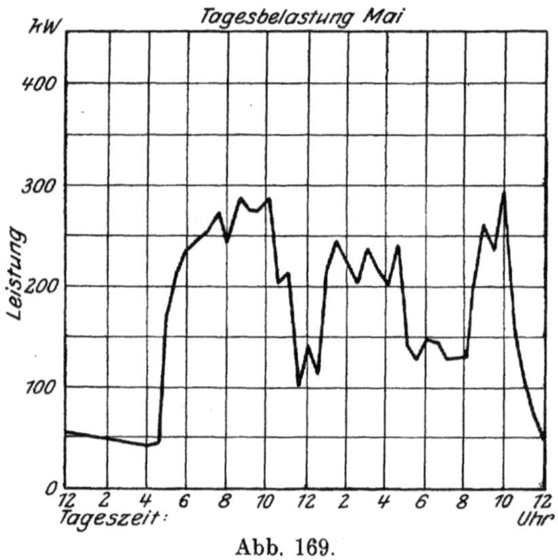

Abb. 169.

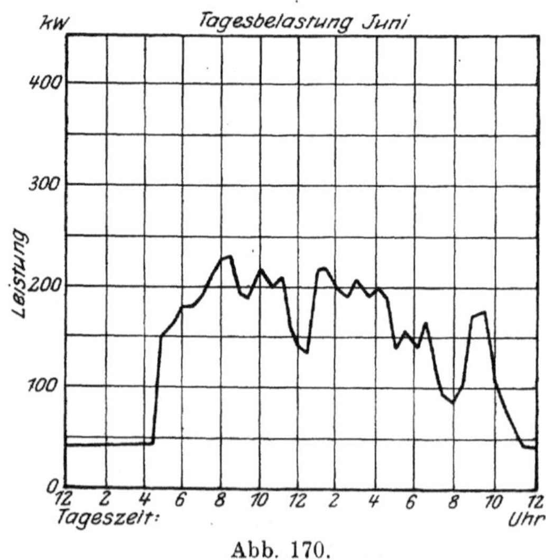

Abb. 170.

weniger regelmäßig zwischen 4 und 8 Uhr nachmittags. Das sind also die Tageszeiten, wo das Elektrizitätswerk in erster Linie Aushilfe beanspruchen würde, wo somit als Spitzenmaschinen etwaige Heizungskraftmaschinen Strom in eine Sammelschiene liefern müßten.

Bei einer Höchstbelastung des Werkes von 450 KW würde die Durchschnittsleistung, die das Werk allein aufbringen könnte, etwa 300 KW betragen, sodaß für fremde Stromlieferung in das Netz des Werkes in erster Linie die Monate Januar, Februar, August, September,

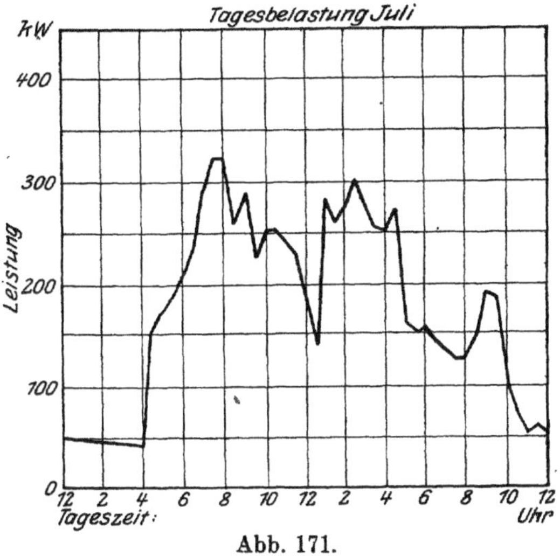

Abb. 171.

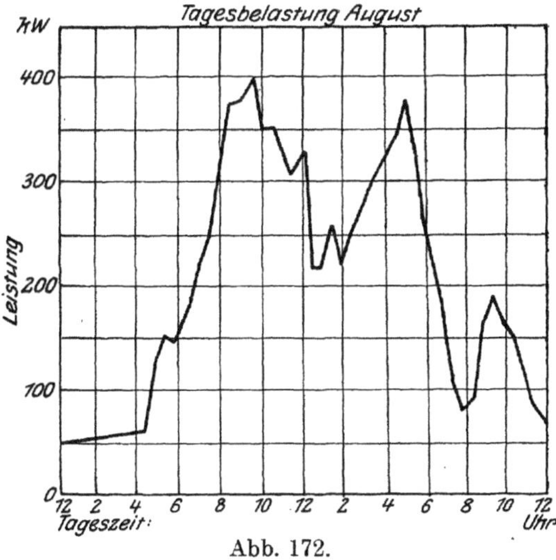

Abb. 172.

Oktober, November und Dezember, wo die Belastung zeitweise über 300 KW steigt, in Betracht kommen. Erst in zweiter Linie, wenn das Werk zeitweise eine ihrer Einheiten stillsetzen würde, um billigen Kaufstrom zu beziehen, kämen auch die Monate März, April, Mai und Juli hinzu. In den Monaten März, April und Juni ist die Belastung des Werkes eine verhältnismäßig gleichmäßige und niedrige.

Ist das Werk auf $^2/_3$ der Höchstbeanspruchung seines Netzes

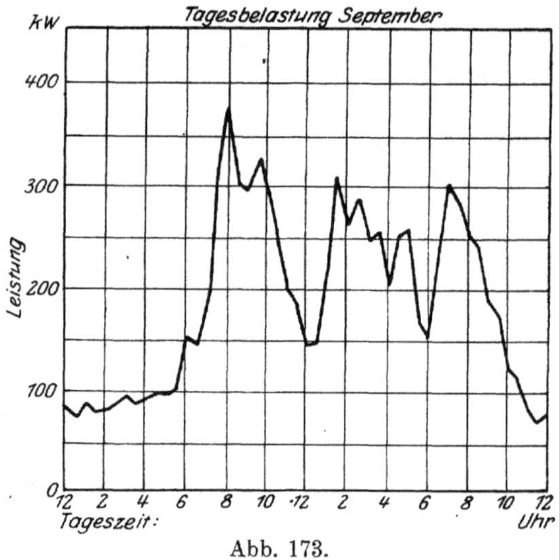

Abb. 173.

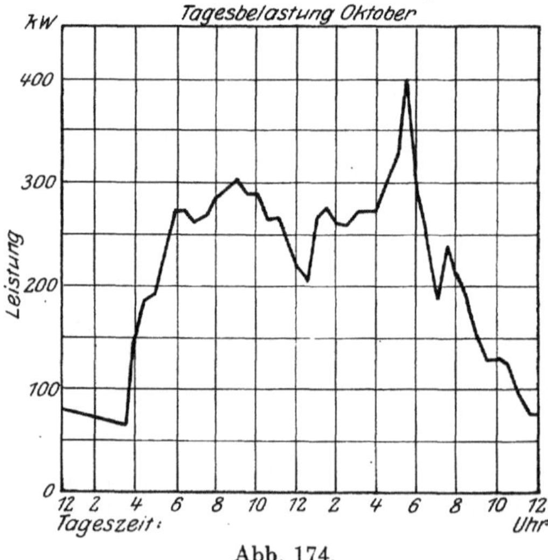

Abb. 174.

ausgebaut, nämlich für 300 KW Eigenleistung, so kann es nur rund 3 % über seine eigene Jahresleistung an fremder Spitzenleistung beziehen und zwar in den oben in erster Linie genannten Monaten. Wird von den Aggregaten des Werkes $^1/_3$ in den Monaten April, Mai und Juli abgeschaltet und für die Spitzenleistung auch dieser

Monate Kaufstrom bezogen, also für die Belastung über 200 KW, so erhöht sich die fremde Leistung auf 7 % der Eigenleistung oder auf 6,6 % der Gesamtleistung. Man sieht, die Spitzenleistung, welche die

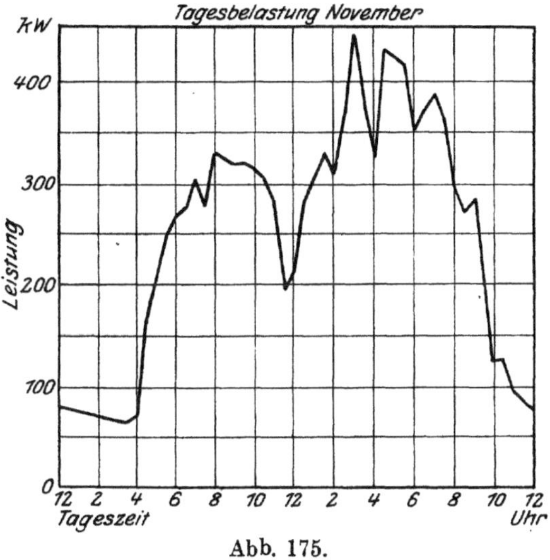

Abb. 175.

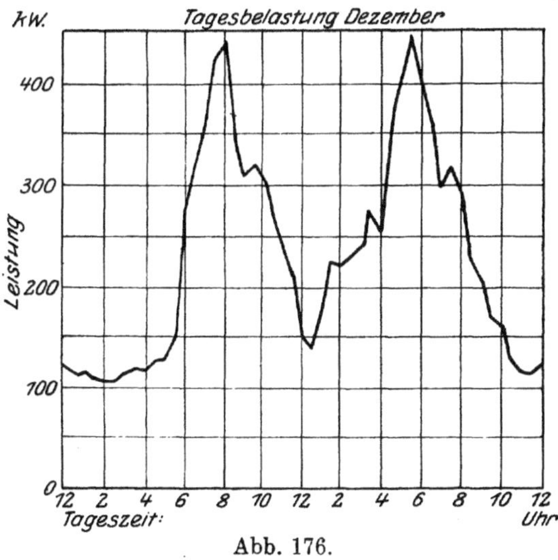

Abb. 176.

Heizkraftmaschinen übernehmen könnten, wäre nur ganz gering und die Verbilligung des Stromes würde sich nicht bemerkbar machen. Ein Heizkraftwerk ist daher in jedem Fall so auszubauen, daß es wenigstens in den Wintermonaten die Hauptleistung, nicht die Spitzenleistung, des Elektrizitätswerkes übernehmen kann, während die Spitzen unter Umständen von einer normalen Maschine übernommen oder durch einen Dampfspeicher ausgeglichen werden. In den Heizungsmonaten Oktober bis Mitte April sind in dem als Beispiel gewählten Elektrizitätswerk mittlerer Größe 900000 KW-St. oder 66 % der ganzen Jahresleistung zu erzeugen. Eine Verbilligung, die diesen Anteil betrifft, wird sich im Stromtarif sehr geltend machen. Solche Heizungskraftwerke, die mit öffentlichen Elektrizitätswerken zusammenarbeiten, noch häufiger allerdings als Heizungskraftwerke ausgebaute Krafterzeugungsanlagen einzelner Betriebe mit weniger umfassendem Netz, sind schon mancherorts erstanden.

Wie schon erwähnt, arbeitet das staatliche Fernheizwerk in Dresden mit Frischdampf. Die Firma Dörfel hat aber den Abdampf von Vakuumspannung der Maschinen des mit dem staatlichen Fernheizwerk räumlich, nicht aber wärmetechnisch vereinigten Elektrizitätswerkes gepachtet und bezahlt hierfür einen festen Preis für Betriebsleitung und Platzmiete, sowie für je 100000 Kal. gelieferter Abwärme. Die

Abb. 177. Maschinenhaus des Heizungskraftwerkes München-Schwabing. 2 Entnahmemaschinen von je 1000 PS und Warmwasserspeicher (Vorwärmer im Kellerraum s. Abb. 127). Maschinenfabrik J. A. Maffei, München.

letztere wird in Vorwärmern nutzbar gemacht und das erzeugte Heizwasser den Verbrauchsstellen zugeleitet. Im Jahre 1914 wurden acht Gebäude mit Warmwasser beheizt und versorgt. Für diese Leistung berechnet die Firma Dörfel pro cbm beheizten Raum nach der Innentemperatur (15 und 20° C) abgestufte Preise.

Auch das III. städtische Krankenhaus München ist mit einem Elektrizitätswerk verbunden, das als Heizungskraftwerk ausgeführt ist. Der in vier Wasserrohrkesseln von je 300 qm Heiz- und 100 qm Überhitzerfläche erzeugte Dampf von 14 kg Überdruck und 320° C Temperatur wird den Tandemverbundmaschinen von je 1000 PS Leistung zugeleitet. Hier wird ein Teil des Dampfes mit 4 Atm. Üb. dem Aufnehmer entnommen, während der Rest nach seiner Expansion im Niederdruckzylinder mit einer Temperatur von 85° zur Bereitung von Warmwasser verwendet wird. Hierzu dienen, wie schon Seite 156 erwähnt, zwei liegende Oberflächenkondensatoren von je 285 qm Kühlfläche und zwei stehende Großwasserraumvorwärmer mit je 50 cbm Fassungsraum und 125 qm Heizfläche. (Abb. 127 u. 177.) Die Drehstromgeneratoren von 700 KVA. maximaler Dauerleistung arbeiten auf das städtische Netz. Das Parallelarbeiten der Generatoren gelingt unabhängig von der Größe der Zwischendampfentnahme ohne jede Schwierigkeit. Bei vollem Ausbau der Anlage und voller Ausnützung von 3 Maschinen[1]) zur Abgabe der vom Krankenhaus benötigten Wärmemengen würden sich in den einzelnen Monaten die in Abb. 178 dargestellten Leistungen ergeben. Die Gesamtleistung beträgt bei einer jährlich von den Maschinen abgegebenen Wärmemenge von rund 33 Milliarden Kal. etwa 5 Millionen KW-St. Einschließlich Kesselwirkungsgrad ergibt sich ein effektiver thermischer Wirkungsgrad der Anlage von rund 55 $^0/_0$ und Brennstoffkosten einschließlich der Heizung pro Kilowattstunde in einer Höhe, wie sie heute in München auch in Dampf-Elektrizitätswerken ohne Abwärmeverwertung üblich sind. Man kann also das Ergebnis dahin auslegen, daß die besprochene Anlage den elektrischen Strom zum üblichen Preis erzeugt, dabei aber eine jährliche Wärmemenge von 33 Milliarden Kal. für Heizzwecke, von Verzinsung und Amortisation der auf die Heizung treffenden Teile der Anlage abgesehen, kostenlos zur Verfügung stellt.

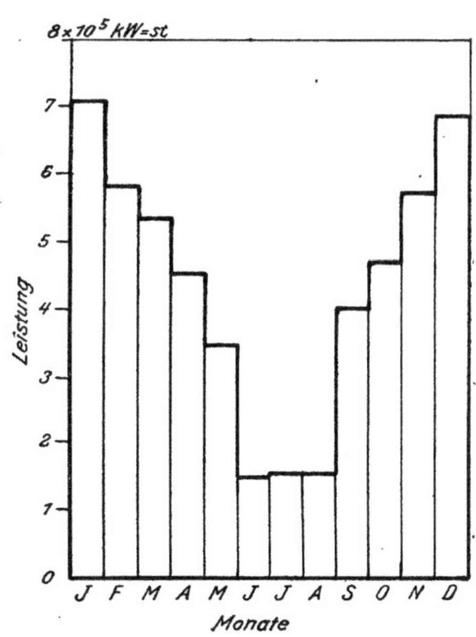

Abb. 178. Leistung eines Heizungskraftwerkes nach dem Wärmebedarf der einzelnen Monate.

Bei vollem Ausbau mit drei Maschinen ergibt sich die in Abb. 179 dargestellte tägliche Betriebszeit der einzelnen Maschinen. Bemerkenswert ist, daß nur in den Monaten April, September und Oktober eine Maschine wiederholt in Betrieb genommen werden muß, was die Bedienung vereinfacht und die Anwärmeverluste beschränkt. Die Maschinen sind jährlich bei dem geplanten Betrieb 6400 Stunden in Dienst, d. i. während 73 $^0/_0$ des Kalenderjahres von 8760 Stunden. Die reine Heizzeit mit Abzug der Jahreszeit, wo Warmwasser

[1]) Mittlerweile gelangte auf dem für die 3. Maschine vorgesehenen Platz eine normale Kondensationsturbine zur Aufstellung, da der Strombedarf Münchens rasch in einem Maße anwuchs, der eine neue Einheit großer Leistung (5000 KW) erforderte, für welche kein anderer Platz verfügbar war.

nur für Brauchzwecke benötigt wird, beträgt 4750 Stunden, d. s. 54 % des Kalenderjahres von 8760 Stunden.

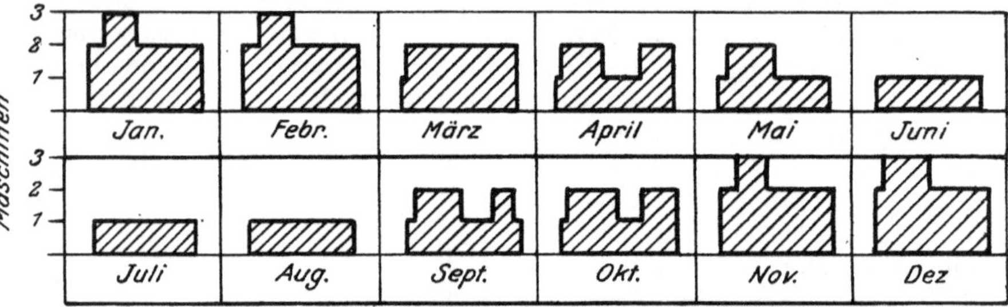

Abb. 179. Darstellung der täglichen Betriebsdauer der 3 Dampfmaschinen eines Heizungskraftwerkes.

Für München[1]) sind im Jahresdurchschnitt 240 Heiztage anzunehmen. Nach De Grahl sind es in Berlin[2]) durchschnittlich 217 (schwankend zwischen 208 uud 236 in sechs Wintern), wenn bereits bei + 11° C Außentemperatur geheizt wird, dagegen 208, wenn die Heizung erst bei + 10° C angestellt wird. Nach O. Marr beträgt zufolge 23jähriger Aufzeichnungen der Sternwarte zu Leipzig[3]) die Zahl der Heiztage dort durchschnittlich 200. Man kommt so auf etwa 60 % des ganzen Jahres, während welcher Zeit in unserem Klima geheizt werden muß.

Die Höhe der Belastung des Heizungskraftwerkes München-Schwabing ist in Abb. 180 dargestellt, und zwar gibt die gestrichelte

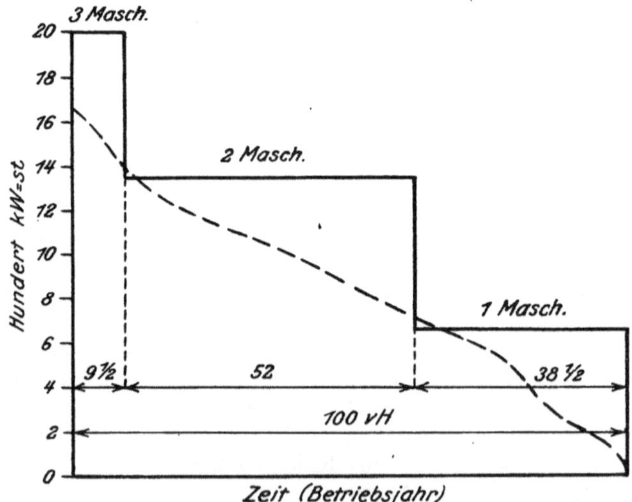

Abb. 180. Jahresausnützung eines Heizungskraftwerkes.

[1]) Dingler, S. 21, 1912. [2]) Glasers Ann. S. 65, 1917, II.
[3]) Gesundhtsing., S. 489, 1915.

Linie die Belastung der ganzen Maschinenanlage, der gestaffelte Linienzug die Betriebsdauer mit einer, zwei und drei Maschinen an. Die Ausnützung der Maschinenanlage ist eine sehr gute zu nennen, wenn man berücksichtigt, daß die dritte Maschine nicht bloß in den $9^1/_2$ % ihrer Betriebszeit, sondern auch in den 52 % der Betriebszeit der ersten und zweiten Maschine als Reservemaschine benötigt wird, also wirtschaftlich daseinsberechtigt ist. Von diesem Gesichtspunkt aus betrachtet ist die Anlage während $61^1/_2$ % der Betriebszeit ausgenützt.

Hinsichtlich weiterer Heizungs-Kraftwerke (Lokomotivfabrik J. A. Maffei, München; Heil- und Pflegeanstalt Eglfing, Städt. Muffatwerk, München; Wanderer-Werke A.-G. in Chemnitz, Neues Dianabad, Wien; Werk Buchau der R. Wolf A.-G.) sei auf die im Anhang zu diesem Abschnitt genannten Quellen[1]) verwiesen.

Die Pflicht der Sparsamkeit, welche uns Deutschen in den nächsten Jahrzehnten schon durch das Gebot der Selbsterhaltung auferlegt wird, wird es wohl mit sich bringen, daß man der Errichtung von Heizungskraftwerken noch mehr Beachtung schenkt und dabei wird sich zeigen, wie recht Rietschel[2]) schon vor 20 Jahren hatte, als er in der Zeitschrift des Vereins Deutscher Ingenieure die Worte schrieb:

„Der große Vorteil, der in der gegenseitigen Ergänzung eines Lichtwerkes und eines Heizwerkes liegt, sollte die großen Elektrizitätsgesellschaften dahin führen, in Verbindung mit angesehenen Heizungsfirmen der Ausführung von Fernheiz- und Lichtwerken näherzutreten. Ich glaube bestimmt, daß bei der richtigen Wahl des Ausführungsgebietes nicht nur vom gesundheitlichen Standpunkt und vom Standpunkt der Annehmlichkeit, sondern auch vom wirtschaftlichen Standpunkt sich für alle Teile große Vorteile erzielen lassen!“

Literatur über das vorbehandelte Gebiet.

Eberle: Die Wärmeausnützung in den Dampfanlagen. Z. bayr. Rev.-V., S. 1, 1902.

Rietschel: Fernheizungen. Z. V. d. I., S. 956, 1902.

Eberle: Dampfanlage der „Münchener Neuesten Nachrichten“. Z. bayr. Rev.-V., S. 175, 1907.

Deinlein, W.: Dampfmaschinen- und Heizungsanlagen. Z. bayr. Rev.-V., S. 13, 1908.

Eberle: Die Dampf- und elektrischen Einrichtungen der zweiten oberfränkischen Heil- und Pflegeanstalt Kutzenberg. Z. bayr. Rev.-V., S. 155, 1908.

Eberle: Neuzeitliche Dampfanlagen. Z. bayr. Rev.-V., S. 687, 1908.

Eberle, Ausnützung des Maschinendampfes zu Heizzwecken. Z. bayr. Rev.-V., S. 76, 1909.

Hauser, K.: Das Fernheizwerk im neuen III. Krankenhaus München. Gesundhtsing., 1909, Festnummer.

Eberle: Die neue Dampfanlage der Stuttgarter Badgesellschaft in Stuttgart. Z. bayr. Rev.-V., S. 96, 1910.

Meyers, L.: Warmwasserheizung mit Ausnützung der Abdampfwärme einer 100 PS-Kondensationsmaschine. Z. V. d. I., S. 244, 1910.

---

[1]) insbesondere Z. V. d. I., S. 376, 1921. Archiv f. Wärmewirtschaft, S. 1, 1921 u. a. a. O.

[2]) Z. V. d. I., S. 961, 1902.

Beispiel der Beheizung einer Villa von der nahegelegenen Papierfabrik aus. Vorlauftemperatur des Warmwassers 60 bis 70° C, Rücklauftemperatur 40 bis 50° C. Vakuum im Niederdruckzylinder 60 cm bei 60° Wasserwärme im Kondensator. Plan der Anlage.

Zentralheizung und Warmwasserversorgung, eine kommunale Angelegenheit. Gesundhtsing., S. 784, 1911.

Goertz, O.: Verwertung des Abdampfes von Kraftwerken in Badeanstalten. Z. V. d. I., S. 1949, 1911.

Bamberger, Leroi & Co.: Der Admiralspalast in Berlin. San. Techn. Nr. 12, 1911.

Schneider, L.: Wasserkraftwerk, Heizungskraftwerk und Lichtwerk. Dingler, S. 10, 1912. Bayer. Ind.- u. Gewerbebl., S. 311, 1912.

Es wird untersucht, wie sich ein Heizungskraftwerk, dessen Abdampf ausschließlich zur Gebäudeheizung Verwendung findet, als gemeindliches Elektrizitätswerk in den Betriebsplan einfügt, und zwar sowohl neben Wasserkraftwerken als auch als selbständige Lichtzentrale, Stromerzeugungskosten. Beispiel.

Bamberger, Leroi & Co.: Die sanitäre und maschinelle Anlage des Grand Hotel in Nürnberg. San. Techn., Nr. 22, 1912. Gesundhtsing., S. 845, 1912.

Dietz, L.: Statistik über den technischen Energiebedarf in neueren Krankenanstalten. Gesundhtsing., S. 637, 1912.

Streck, L.: Wasserversorgungs-Anlagen. Gesundhtsing.. S. 1, 1912.

Das städtische Hallenschwimmbad in Spandau mit Fernwarmwasserversorgung durch Abdampfverwertung. Gesundhtsing., S. 389, 1912.

Hottinger, M.: Vergleichsversuch zwischen Ofen- und Zentralheizung, Gesundhtsing., S. 801, 1912.

Geitmann: Die zentrale Wärmeversorgung der Städte. Journ. Gasb. Wasservers., S. 209, 1912.

Rößler, J.: Fabrikheizungen. Sozialtechn., S. 150, 1912.

Vakuum-Dampfheizung. Z. bayr. Rev.-V., S. 86, 1912.

Brandt, O.: Klein-Heizapparate für Ventilations-Luftheizung. Dingler, S. 554, 1913.

Werner, X.: Die technischen Einrichtungen des Warenhauses Leonhard Tietz in Brüssel. Z. V. d. I., S. 298, 1913.

Schneider, L.: Die Wirtschaftlichkeit einer komunalen Elektrizitäts- und Heizungsanstalt. Gesundhtsing., S. 922, 1913.

Angaben über Frequenz und Rentabilität des Stuttgarter Bades.

Schulze, A.: Verbindung von Kraft und Heizbetrieben. Haust. Rundsch., S. 203, 1913.

De Grahl: Heizungs-, Lüftungs- und Dampfkraftanlagen in den Vereinigten Staaten von Amerika. Gesundhtsing., S. 145, 1913.

Schneider, L.: Die Schneedecke in Bayern. Bayr. Ind. Gewerbebl., S. 1, 1913.

Ist das Fernheizungsgeschäft für Kraftwerke profitabel? Gesundhtsing., S. 882, 1913.

Nach einem Vortrag C. J. Davidsons in der National District Heating Association, Indianopolis.

Endrich, C.: Ausnützung des Kühlwassers von Maschinenanlagen für Bade- und Heizungszwecke. Gesundhtsing., S. 217, 1913.

Klaus, K.: Die badetechnische Einrichtung des Stadtbades Mühlheim a. Ruhr. Gesundhtsing., S. 41, 1913.

Hauser, K.: Neuzeitliche Heiztechnik in München. Haust. Rundsch., S. 257, 1913. Bayer. Ind.- u. Gewerbebl., S. 41, 1914,

Der Fabrikerweiterungsbau der Wandererwerke A.-G. in Schönau b. Chemnitz. Z. V. d. I., S. 281, 1914.

Für die Beheizung des Werkes können den beiden Dampfturbinen von 1000 KW., die mit Dampf von 12,5 Atm. Üb. und 300° Überhitzung betrieben werden, bis zu 14 t / St. Zwischendampf von 2,5 Atm. Üb. entnommen werden.

Ritter: Luftheizungen in Fabrikbetrieben. Haust. Rundsch., Heft 5, S. 55, 1914.
Beschreibung eines Heizapparates vom kleinsten Typ der Firma Danneberg & Quandt.
Nagel, E.: Das Fernheizwerk unter Berücksichtigung der Abwärmeverwertung. Gesundhtsing., S. 203, 1914.
Abwärmeverwertung von Gasmaschinen für Fernheizung. Stahl u. Eisen., S. 318. 1914. Gesundhtsing., S. 220, 1914.
Volk, L.: Offene Sommerschwimmbecken mit künstlicher Erwärmung des Wassers. Gesundhtsing., S. 390, 1914.
Beschreibung einiger Anlagen mit Abwärmeverwertung.
Recknagel, H.: Verbindung elektrischer Eigenzentralen mit Badeanstalten. Gesundhtsing., S. 394, 1914.
Prüfung der Wirtschaftlichkeit solcher Verbindungen.
Saupe, R.: Erhöhte Ausnutzung kommunaler Maschinenbetriebe durch Verwertung ihrer Abwärme, unter besonderer Berücksichtigung der Dieselmotoren. Gesundhtsing., S. 575, 1914.
Laßwitz, E.: Wärmezähler. Gesundhtsing., S. 215, 1914.
Garz, R.: Die Heizungs- und Maschinenanlagen des städtischen Krankenhauses in Pforzheim. Gesundhtsing., S. 442, 1915.
Marx, A.: Zur Berechnung der Warmwasserversorgungsanlagen. Gesundhtsing., S. 497, 1915.
Betrachtungen über den Wasser- und Wärmeverbrauch in Wohngebäuden.
Marr, Otto: Die Feuchtigkeit der Luft. Gesundhtsing., S. 73, 1915.
Tabellen über spez. Volumen und spez. Gewicht von Luft bei 760 mm Barometerstand, — 15 bis + 100°C Temperatur und 0 bis 100% Feuchtigkeit. Beispiele von Lufterwärmungsanlagen.
Nußbaum: Grundsätzliche Fragen der Heizung und Lüftung. Gesundhtsing., S. 289, 1915.
Städtisches Schwimmbad in Karlsruhe. Gesundhtsing., S. 402, 1915.
Marr, O.: Die Temperaturen im Winter. Gesundhtsing. S. 489, 1915.
Hasak: Die Beheizung der Museen. Haust. Rundsch., S. 187, Heft 18., 1915.
Die Warmwasserbereitung-, Wasch- und Kochküchenanlagen im Ludwig-Wilhelm-Krankenhaus zu Karlsruhe. Haust. Rundsch., S. 205, Heft 20, 1915.
Goslich, W.: Fernheizung in Brauereien. W. f. Br., S. 17, 1916.
Nußbaum, Chr.: Ein Beitrag zur Kirchenheizung. Haust. Rundsch., S. 71, Heft 8, 1917.
Meter, E.: Über Heizung von Fabrikbetrieben. Haustechn. Rundsch., S. 168, Heft 19, 1917.
De Grahl: Sparsamkeit im Heizbetriebe.. Ann., Glaser, II, S. 65, 1917.
Neibich, Das Verschwinden der abendlichen Belastungsspitze bei Elektrizitätswerken. ETZ, S. 568, 1917.
Änderung der Belastungsverhältnisse von Elektrizitätswerken durch die industriellen Anschlüsse.
Dettmar, G.: Grundsätze für die Spitzenabsenkung bei Elektrizitätswerken. ETZ, S. 74, 1918.
Aufstellung dieser Grundsätze für Beleuchtung, Kraft- und Straßenbahnbetrieb.
Schmidt, O.: Brennstoffverbrauch von Heizungs- und Lüftungsanlagen verschiedener Bauarten in Schulgebäuden. Gesundhtsing., S. 121, 1918.
Schmidt, O.: Brennstoffverbrauch von Warmwasserheizungen in Wohngebäuden und seine Verteilung auf die einzelnen Betriebsmonate. Gesundhtsing., S. 167, 1918. Haustechn. Rundsch., S. 159, Heft 16., 1918.
Gerbel, M.: Die Entwicklung der Kraft- und Wärmetechnik in ihrem Einfluß auf den Wohnhaus-, Industrie- und Städtebau. Z. öst. Ing.-V., S. 427, 1918.
Bericht über seinen Vortrag im österr. Ing.- und Archit.-Verein. Die Abwärme der Wiener Elektrizitätswerke, würde ausreichen um den vierten Teil der Stadt Wien zu beheizen. Eine wesentliche Kohlenersparnis ist durch den Ausbau der Wasserkräfte unmöglich zu erwarten, denn die für Östereich wichtigen Industrien weisen gerade für Heiz-, Koch- und Trocknungszwecke einen großen Wärme- bzw. Dampfverbrauch auf.

Schmidt, O.: Brennstoffverbrauch von Warmwasserheizungen und Warmwasserversorgungs-Anlagen in Wohngebäuden. Gesundhtsing., S. 373, 1918.
May, W.: Fernversorgung im Anschluß an Industriekraftwerke. Schweiz. El. Z., S. 59, 1919.
Das neue Fernheizwerk in Berlin-Neukölln. Gesundhtsing., 275, 1919.
Altenkirch, E.: Die Erhöhung der Wirtschaftlichkeit von Heizungsanlagen durch den Einbau von Kältemaschinen. Gesundhtsing., S. 267, 1919.
Schmidt, O.: Brennstoffverbrauch von Heizungs- und Lüftungsanlagen verschiedener Bauarten in Schulgebäuden. Gesundhtsing., S. 355, 1919.
Altenkirch, E.: Die Verwendung von Kältemaschinen zur Verbesserung der Wärmewirtschaft in der Industrie und der Landwirtschaft. Deutsch. landwirtschaft-Masch.-Bau, S. 97, 1919.
Theoretische Grundlagen der reversiblen Heizung.
Warmwasserfernleitung. Z. f. d. ges. Wasserwirtsch. S. 153, 1919.
Klinger, H. J.: Die Ausführung von Ferndampfleitungen. Gesundhtsing., S. 325, 1920.
Kaiser, F.: Über Fabrikheizungen. Z. bayr. Rev-.V., S. 9, 1920.
Einfluß der Bauweise auf die Beheizung, Bauarten der Fabrikheizungen, Dampferzeuger, das Zusammenwirken von Kraft- und Heizbetrieb, die Heizkörper, Rohrleitungen und Armaturen.
Ebenhöch, H.: Über wärmewirtschaftliche Fragen unter Berücksichtigung von Heizkraftwerken. Z. bayr. Rev.-V., S. 17, 1920.
Wärmetechnische Betrachtungen über die Wirtschaftlichkeit von Wärmeanlagen, Anwendungsbeispiele aus der Praxis, Organisation der Projektierung und Ausführung.
Schneider, L.: Die Kraft und Wärmewirtschaft der Fabrikbetriebe und der Heizungskraftanlagen. Vortrag gehalten auf der wärmewirtschaftlichen Woche in München, Oktober 1920. Verlag der bayrischen Landeskohlenstelle, München.
Hilliger: Einiges über Wärmezähler. Z. Dampfk. Maschbtr., S. 201, 1920.
Klinger. H. J.: Die Zählerheizung. Gesundhtsing., S. 181, 1920.
Vorteile eine Beheizungssystems, welches gestattet, den Wärmeverbrauch einfach zu messen, das lokal und zentral reguliert werden kann, vollkommen betriebssicher ist, dessen einzelne Heizkörper von einander unabhängig sind und ohne Rücksicht auf unvermeidliche Betriebsschwankungen auf eine bestimmte Dauerleistung eingestellt werden können. Die Dampfwasserheizung System Deutsch.
Parmet, F.: Die maschinen- und badetechnischen Anlagen im neuen Dianabad in Wien. Gesundhtsing., S. 217, 1920.
Ausnützung des Abdampfes von zwei Parsonsgegendruckturbinen von je 830 PS bei 10 Atm. Anfangsdruck und 200° Überhitzung sowie 0,5 Atm. Gegendruck. Der Dampfverbrauch der Turbogeneratoren schwankt je nach der Belastung zwischen 12 und 38 kg pro PS-St. Der Stromverbrauch der Anstalt ist 1800 KW stündlich für Kraft und 500 KW stündlich für Licht bei täglich 10 Badebetriebsstunden.
Fichtl: Einschränkung des Kohlenverbrauches in Groß-Badeanstalten. Gesundhtsing., S. 266, 1920.
Biegeleisen, B.: Grundlagen der Wärmeverlustberechnung für Gebäude. Gesundhtsing., S. 361, 1920.
Pauer, W.: Raumheizung durch Abwärme, insbesondere Abdampf. Arch. Wärmewirtsch., S. 125, 1921.
Umstellung eines Fabrikbetriebes auf zentrale Kraft- und Wärmeversorgung mit Abdampfausnützung. Arch. Wärmewirtsch., S. 1, 1921. Z. V. d. I., S. 154, 1921. Z. Dampf. Maschbtr., S. 70, 1921, Gesundhtsing., S. 186, 1921.
Das Werk Buckau der R. Wolf A.-G. wird durch ein zentrales Kraft- und Heizwerk, das mit vier Lokomobilen und zwei Reserve-Hochdruck-Heizkesseln versehen ist, mit Kraft (630 PS) und Wärme (stündl. max. 2 Mill. Kal. Abwärme und 1,2 Mill. Kal. Zusatzwärme) versorgt. In 200 Heiztagen ist Frischdampfzusatz nur an 23 Tagen notwendig. Eine Lokomobile läuft dauernd mit Kondensation, wobei an 200 Tagen ein Teil der Abwärme

für eine Warmwasser- und eine Warmluftheizung verwendet wird. Je eine weitere Lokomobile läuft 200, 170 und 97 Tage im Gegendruckbetrieb, die die übrige Zeit mit Kondensation, der größte Teil der Werkstätten hat Dampfheizung. Die durch die Abdampfverwertung erzielten Ersparnisse sind bedeutend.

Verwertung des Abdampfes von Dampfhämmern. Z. Dampf. Maschbtr., S. 157, 1921.

Dieterich: Wärmewirtschaft im Betrieb der Zentralheizung. Z. V. d. I., S. 389, 1921.

Merkblatt über Wärmefernleitungen. Z. V. d. I., S. 206, 1921.

Gramberg, A.: Über Betriebskontrolle und Dampfmesser. Z. V. d. I., S. 391, 1921.

de Grahl: Kritik der Abwärmeverwertung, Gesundhtsing., S. 625, 1921. Z. Dampfk. Maschbtr., S. 339, 1921.

Krause, M.: Wärmemengenmesser. Z. V. d. I., S. 399, 1921.

Link, E.: Das Badewesen der Stadt Stuttgart. Gesundhtsing., S. 455, 1921.

Silberberg, L.: Vakuumdampfheizung. Z. V. d. I., S. 898, 1921.

Anteil der Heizung am gesamten Brennstoffverbrauch. Vergleich verschiedener Arten der Abdampfheizung. Beschreibung der Vakuumheizung. Ihre Bewährung. Versuchsergebnisse.

Krause, M.: Der heutige Stand des Kältemaschinenbaues. Z. V. d. I., S. 1349, 1921.

Da Wasserdampfmaschinen vielfach mit Abdampf betrieben werden können, bieten sie die Möglichkeit, diesen dort wirtschaftlich auszunützen, wo er nicht für Heizzwecke verwendet werden kann.

Keinath, G.: Elektrische Meßgeräte für die Wärmewirtschaft. Mitt. V. El.-Werke. S. 505, 1921.

Städtisches Heizwerk Neukölln. Z. V. d. I., S. 1219, 1921.

Nüscheler, A.: Wirtschaftliche Untersuchungen an einem Fern-Wärmekraftwerk. Z. bayr. Rev.-V., S. 9, 1922. Erweiterter Abdruck Gesundhtsing., S. 169, 1922.

Wärmefluß und Rentabilität des Sammelheizwerkes einer schweizerischen Fabrikanlage.

IV. Rückblick und Ausblick.

Die Abwärmeverwertung ist zwar infolge der starken Kohlennot in den Vordergrund des allgemeinen Interesses gerückt, aber durchaus nicht eine Erfindung der neuesten Zeit. Vereinzelt reicht sie bis in die Anfänge der Wärmetechnik zurück.

Solange die Brennstoffkosten noch ein verhältnismäßig geringer Teil der Krafterzeugungskosten waren, winkte naturgemäß aus der Verwertung der Abwärme auch nur ein bescheidener Nutzen, der größere Ausgaben für Einrichtungen nicht erlaubte. Das hat sich nun geändert. Aber ganz abgesehen von den rein wirtschaftlichen Voraussetzungen, mußten erst eingehende Forschungen auf physikalisch-technischem Gebiet durchgeführt werden, ehe die Abwärmeverwertung planmäßig einsetzen konnte. Statistische Unterlagen waren zur Prüfung des Ertrages notwendig. Demgegenüber treten sogar die Anforderungen, die in baulicher Hinsicht gestellt wurden, zurück, obwohl auch auf dem Gebiete des Entwerfens etliche Aufgaben zu lösen waren.

Bei den Dampfmaschinen kümmerte man sich früher recht wenig um den Zustand des Dampfes hinter dem Arbeitszylinder. Die Ausnutzung des Abdampfes verlangt aber, daß man sich mit seinen Eigenschaften näher befaßt. Es ist die Frage zu beantworten: Ist der Dampf nach seiner Arbeitsleistung noch überhitzt; wenn nicht, wie groß ist seine Feuchtigkeit? Die Antwort darauf ist für die Berechnung und den Entwurf von Wärmeaustauschern, Rohrleitungen, Entölern, Wasserabscheidern und besonders auch der Grenzen der Wirtschaftlichkeit wichtig. Überhitzter Abdampf ergibt in langen Rohrleitungen nur kleine Wärmeverluste; aber es ist nicht erwünscht, wenn Dampf noch überhitzt in die Wärmeaustauscher tritt, da die Heizflächen durch überhitzten Dampf schlecht ausgenutzt werden. Die Strömgeschwindigkeit kann dagegen bei Heißdampf höher als bei Sattdampf sein. Entöler sind für Heißdampf besonders sorgfältig auszuwählen. Wasserabscheider vor den Wärmeaustauschern sind bei feuchtem Abdampf am Platz. Für wirtschaftliche Vergleichsrechnungen ist der geringere Wärmeinhalt des nassen Dampfes zu berücksichtigen.

Wir sehen, an der genauen Kenntnis vom Zustand des Ab- oder Zwischendampfes liegt viel. Trotzdem kennen wir den Dampfzustand hinter der Maschine noch nicht genügend, Für Kolbenmaschinen fehlen genaue Versuche über den Zustand des Zwischen- und des Abdampfes fast gänzlich. Bei höherer Überhitzung vor der Maschine genügten schon einfache Druck- und Temperaturmessungen hinter dem Zylinder für verschiedene Überhitzungen und Füllungen, Damit könnte man die Messung des Temperaturabfalles während der Füllung verbinden. Bei den Sattdampfmaschinen müßte man statt der Temperatur die Dampffeuchtigkeit hinter dem Zylinder messen, was schwieriger ist. Bei Dampfturbinen sind Druck- und Temperaturmessungen in verschiedenen Stufen notwendig. Im allgemeinen ist man auf die Rechnung mittels des Mollier-Diagrammes angewiesen. was aber wegen der schwierig festzustellenden Dampflässigkeitsverluste unsichere Ergebnisse liefert. Die Berechnung des Dampfendzustandes mittels der Dehnungslinie im Indikatordiagramm führt nicht besser zum Ziel, da die Polytrope bei Heißdampf (und nur hier könnte dieser Weg versucht werden) selbst nicht genau erforscht ist.

Die neueren klassischen Forschungen Lorenz', Knoblauchs u. a. über die Dampfeigenschaften, die Arbeiten von Schröter, Mollier, Klemperer, Richter, Watzinger, Heilmann, Hanszel und Heinrich über das Verhalten des Dampfes in der Kolbenmaschine und die Untersuchungen von Stodola, Schröter, Baer, Zerkowitz, Josse u. a. über die Dampfausnützung in der Turbine geben auch für die Theorie der Abdampfverwertung wertvolle Unterlagen.

Eingehende Versuche über den thermodynamischen Wirkungsgrad von Kolbenmaschinen und Turbinen, besonders auch über den Einfluß der Betriebszeit der Maschinen auf ihn, liegen noch nicht vor, wären aber vom Standpunkte des Wärmeingenieurs sehr zu begrüßen.

Man ist heute noch darauf angewiesen, ein unübersichtliches und teilweise unsicheres Versuchsmaterial, das zu anderen Zwecken gewonnen wurde, auf diesen Punkt hin zu sichten. Meist liegen auch nur Versuche über die ganze Maschine vor. Bei der Zwischendampfentnahme wollen wir aber die Teilwirkungsgrade des Hoch- und des Niederdruckzylinders, bzw. bei Turbinen die Wirkungsgrade der einzelnen Stufen wissen. Die bisherigen Versuche beziehen sich ferner fast alle nur auf Vollast. Bei Abdampfverwertung interessieren uns aber die Verhältnisse bis herab zur Viertelbelastung mindestens ebensosehr.

Der Dampf- und Wärmeverbrauch der Dampfkraftmaschinen bei hoher Luftleere wie bei Auspuffbetrieb kann ziemlich sicher berechnet werden. Das sind jedoch gerade die Fälle, die in Verbindung mit Abdampfverwertung die seltensten sind. Von Maschinen mit schlechtem Vakuum, mit Gegendruck oder mit Zwischendampfentnahme sind zuverlässige Dampf- und Wärmeverbrauchszahlen nicht oft ermittelt und planmäßige wärmetheoretische Versuche nur ganz selten angestellt worden, überdies manche an ungeeigneten oder zu kleinen Maschinen. Was darüber an bekanntem Versuchsmaterial vorliegt, verdanken wir im wesentlichen Ch. Eberle, E. Heinrich und V. Kammerer.

Bei den Verbrennungsmaschinen, deren Abwärme verwertet werden kann, war vor allem Klarheit über die Wärmebilanz bei Teillasten zu schaffen. Wir sind heute auf Grund von Versuchen von Seiliger, Nägel, Hottinger, Münzinger und Barth wenigstens bei Dieselmaschinen über Kühlwassermenge und -temperatur und über die Wärme der Abgase, auch leidlich über deren Menge und Zusammensetzung unterrichtet, und zwar bei Voll- wie bei Teillasten des Motors. Dagegen sind bei Gasmaschinen die entsprechenden Verhältnisse noch nicht genau untersucht. Bei der Abwärmeverwertung dieser Maschinen erwachsen dem rechnenden und entwerfenden Ingenieur aus diesem Mangel der Wissenschaft Schwierigkeiten. Die wirtschaftlichen Aufstellungen werden unsicher, desgleichen Bemessung und Bauart der Abwärmeverwerter, auf die auch die chemische Zusammensetzung der Abgase von Einfluß ist. Den spezifischen Wärmeinhalt der Gase können wir nach den bekannten Formeln von Le Chatelier, Holborn und Henning oder Neumann für die Zwecke der Abgasverwertung genau genug berechnen.

Aus der Abwärmeverwertung heraus ist allen Problemen, die mit der Fortleitung der Wärme verknüpft sind, eine große Bedeutung zuteil geworden. Dieses Gebiet wurde besonders durch Arbeiten des Münchener Laboratoriums für technische Physik[1]) theoretisch gut erschlossen. Die oft kilometerlangen Dampf- oder Warmwasserleitungen zwischen Erzeugungs- und Verbrauchstellen bilden kaum mehr einen unsicheren Posten in unserem Wirtschaftsplan. Wir

[1]) Eine Zusammenstellung der bisherigen Arbeiten dieser Forschungsanstalt der Techn. Hochschule München findet sich in Gesundhtsing., S. 134ff., 1921.

haben dies außer der genannten Forschungsstätte vor allem den Arbeiten Berners, Nusselts und Eberles zu danken.

Wasser- und Ölabscheider jeder Art sind wichtige Apparate in der Abwärmeverwertung. Ihre Wirkungsweise ist wissenschaftlich und praktisch noch nicht ganz geklärt. Eine Arbeit Sendtners unterrichtet uns über die Prüfung von Wasserabscheidern. An Ölabscheidern hat der Bayerische Revisionsverein so ziemlich die einzigen planmäßigen Versuche, die es gibt, durchgeführt. Da sie aber schon längere Zeit zurückliegen, wäre es nützlich, wenn sie mit neueren Apparaten und erweitertem Programm wiederholt würden.

Gegenüber der seit Jahrzehnten immer im gleichen unvollkommenen Stande befindlichen Kraftaufspeicherung durch elektrische Akkumulatoren hat die Wärme- bzw. Dampfspeicherung, vielfach angeregt durch die Abwärmeverwertung, regere Fortschritte gemacht, aber auch zweifellos noch eine aufgabenreiche Zukunft vor sich. Der hierbei wichtige Wärmeschutz ist besonders durch den Bayerischen Revisionsverein und das Münchener Laboratorium für technische Physik gefördert worden, so daß wir heute imstande sind, Wärme mit sehr geringen und im voraus berechenbaren Verlusten aufzuspeichern. Erwünscht wären nun besonders Untersuchungen über das Wärmespeichervermögen flüssiger und fester Stoffe. Ferner müßte noch die Wirtschaftlichkeit der verschiedenen Verfahren der Wärmespeicherung geklärt werden, insbesondere der Einfluß des Temperaturgrades, der Lade- und Entladezeit der aufzuspeichernden Wärmemenge.

Die Wärmeaustauscher sind, abgesehen von den Dampfkesseln, Überhitzern, Rauchgasvorwärmern und chemischen Verdampfapparaten, in der Industrie eigentlich erst durch die Abwärmeverwertung eine allgemeine Einrichtung geworden. Heute sind Wärmeaustauscher für Gase gegen Wasser, Dampf gegen Wasser, Wasser gegen sonstige Flüssigkeiten, Dampf gegen Luft, Gase gegen Dampf, Dampf gegen feste Körper usw. weit verbreitet. Unsere Erkenntnis des Wärmeübergangs wurde dadurch wesentlich gefördert, allerdings auch vor viele noch ungelöste Aufgaben zum Teil einfachster Art gestellt Der Einfluß des Baustoffes und der Abmessungen der Heizflächen, der Geschwindigkeit und Dichte der Wärme austauschenden Stoffe und dergleichen ist ziemlich klargestellt durch die Untersuchungen von Hausbrand, Josse, Höfer, Greiner, Claaßen, Nusselt, Soennecken, Poensgen, Groeber u. a. Die Möglichkeit der Entstehung und die Einwirkung des Ruß-, Öl-, Schlamm- oder Steinbelages auf die Heizflächen hinsichtlich des Wärmeüberganges ist noch umstritten. Wir verfügen hier über aufklärende Arbeiten von Reutlinger und von Claaßen. Über die Frage der Verschlechterung des Wärmeüberganges durch Beimischung von Luft zum Dampf liegen nur vereinzelte Versuche von Josse, Stauf, Wirth und des Verfassers vor. Die Sache verdient jedoch durchumfassendere Forschungen geklärt zu werden.

Durch die vorteilhafte Verwendung des Abdampfes von Kolbenmaschinen in der Industrie ist man veranlaßt, den Einfluß von Ölspuren im Dampf auf technologische Prozesse zu untersuchen. Manches Vorurteil z. B. in Färbereien, Papierfabriken, Zuckerfabriken, Braunkohlenbrikettwerken usw. wurde schon beseitigt.

Die Meßtechnik wird von der Abwärmeverwertung in ausgedehntem Maße zu Hilfe gezogen und hat von ihr viele Anregungen empfangen. Nicht wenig Aufgaben gibt es auch hier noch zu lösen. Besonders ist das Bedürfnis nach selbstschreibenden Instrumenten sehr rege geworden. Wir finden in der neuzeitlichen Dampfanlage außer dem Schaltbrett häufig einen Schalttisch mit vielen wärmetechnischen Meßzeigern und Handrädern. Druckmesser, Fernthermometer, Pyrometer, Vakuummeter sind unvermeidbare Überwachungsapparate. Auch Wassermesser finden ausgedehnte Verwendung. Wir verfügen über Bauarten solcher Messer von hoher Genauigkeit, wie von Siemens & Halske, Steinmüller, Schilde und Eckhard. Der Mangel an einem allen Anforderungen der Praxis entsprechenden Dampfmesser wird dagegen oft empfunden. Für einen annähernd gleichbleibenden Dampfstrom benützen wir die Bauarten von Gehre, Claaßen, Schultze und Bayer & Co. Ein Wärmemengenmesser wird besonders beim Verkauf von Abwärme zum Bedürfnis. Einfache Konstruktionen gibt es hierfür nicht. Ein Wärmemengenmesser für Heißwasser stammt von Schulze und wird von Siemens & Halske gebaut.

Die Betriebsüberwachung, ohne welche die Ersparnisse durch die Abwärmeverwertung oft nur auf dem Papier stehen, ja sich sogar ins Gegenteil verkehren können, erfordert wiederholte und zuverlässige Messungen, und es sind deshalb Unterrichtskurse in der Meßkunde wärmstens zu begrüßen.

Die geringe Mühe des Aufzeichnens der gemessenen Werte lohnt sich sehr. Ein Blick auf einen Linienzug unterrichtet unvergleichlich schneller als die Einsichtnahme in lange Tabellen. Leider liegt bei den meisten Kraft- und Wärmeverbrauchern die statistische Erfassung und laufende Darstellung der technischen und wirtschaftlichen Betriebszahlen noch recht im argen. Und doch ist die Statistik die Grundlage mancher Betriebsverbesserung. Sie hat sich zu erstrecken über die erzeugten und nützlich verbrauchten Kraft- und Wärmemengen, aber auch über die Temperaturen, denn diese sind bei der Abwärmeverwertung oft ausschlaggebend. Mit Wärme können wir zuweilen Verschwendung treiben; was uns Überlegung kostet, ist, diese Wärmemengen bei höheren Temperaturen zu erhalten bzw. die erforderlichen Wärmegrade in den Heizungen und Wärmeaustauschern zu senken, soweit es der beabsichtigte Zweck erlaubt. Die Gegendruck- und Entnahmemaschinen, die Vervollkommnung der Wärmeaustauscher, verschiedene neue chemische und mechanische Herstellungsverfahren, die Wiederverwendung der Brüdendämpfe nach ihrer Verdichtung sind schöne Erfolge solcher Überlegungen.

Die Errichtung von Heizungskraftwerken verlangt von der Statistik Unterlagen über den Heizungsbedarf, über die Leistungsfähigkeit von Wasserkraft- und anderen Großkraftwerken, über die an diese Kraftwerke gestellten Ansprüche u. dgl. Die Grundlagen zur Ermittlung des Heizungsbedarfes besitzen wir noch nicht lückenlos, und man muß in der Regel leider noch mit Sicherheitszuschlägen rechnen, die mehr oder minder der Willkür unterliegen, um den statistisch nicht erfaßten Einflüssen Rechnung zu tragen.

Der bei Abwärmeverwertung oft wünschenswerte Belastungsausgleich erfordert genaue Kenntnisse der technologischen und organisatorichen Vorbedingungen bei den Kraft- und Wärmeverbraucher, Erfahrung in der Tarifpolitik und ein nicht geringes Maß von Dispositionsfähigkeit und Vermittlungsgabe.

Die Beziehungen zwischen Abwärmeverwertung und Maschinenbau, Apparatebau und Heiztechnik sind vielfältig. Als erfreuliche Tatsache ergibt sich dabei vor allem, daß die Abwärmeverwertung, die in organisatorischer Hinsicht zuweilen besondere Maßnahmen erfordert, in konstruktiver Beziehung selten zu Verwicklungen Anlaß gibt, ja, sogar Vereinfachungen im Gefolge hat. Eine solche ist die Abkehr von der Dampfkondensation und von der mehrfachen Dampfdehnung. Die Einzylindermaschine, deren Grenze man vordem bei Leistungen von etwa 150 PS und Anfangsdrücken von 9 bis 10 Atm. festlegte, wird heute bis zu Größen von 1000 PS, die Turbine bis zu mehreren Tausend PS ausgeführt. Beim Gegendruckbetrieb wird das Druck- und Temperaturgefälle des Dampfes verhältnismäßig gering und ist leicht in einem Zylinder bzw. mit einem Laufrad zu bewältigen. Hoher Gegendruck — man ist bereits bis auf 8 Atm. Überdruck gegangen — bedingt eine Erhöhung des Anfangsdruckes bis 20 Atm. Die Kolbendrücke bleiben in überwindbaren Grenzen. Auf die Stopfbüchsen ist, den höheren Anfangsdrücken entsprechend, besondere Sorgfalt zu verwenden.

Die gute Gesamtdampfausnützung bei Abdampfverwertung, oft auch die Forderung, daß der Abdampf nicht oder nur ganz wenig überhitzt sei, hat eine Ermäßigung der Überhitzung des Dampfes vor der Maschine auf 250 bis 300° C bewirkt, während man früher bis auf 400° C gehen zu müssen glaubte. Daraus ergeben sich bedeutende Vorteile für die Lebensdauer der Überhitzer, für die innere Steuerung und die Schmierung der Maschine, wie auch für die Entölung des Abdampfes. Die Ermäßigung der Überhitzung erlaubt, die billige und gute Kolbenschiebersteuerung und damit hohe Maschinendrehzahlen, d. h. kleine, billige Maschinen anzuwenden. Die Arbeiten Wilhelm Schmidts haben gezeigt, daß die Erzeugung und Verwendung hochgespannten Dampfes bis zu 60 Atm. sowohl für den Dampfkessel- als auch für den Maschinenbetrieb als technisch durchführbar und wirtschaftlich aussichtsreich bezeichnet werden kann. Zweifellos sind noch nicht alle Schwierigkeiten behoben, die der Kesselbau zur Erzielung solcher Leistungen überwinden muß. Auch werden sich die neuen Verhältnisse noch im Kesselbetrieb problemstellend auswirken. Vorerst sind, am Maßstab unserer Riesenkraftwerke gemessen, nur bescheidene Einheitsleistungen im Bau von solchen Hochdruckkesseln und -maschinen erreicht werden. Aber der wichtige erste Schritt ist getan und die Vorteile, welche Hochdruckdampfmaschinen mit über 20 Atm. Druck im Gegendruckbetrieb bieten, eröffnen der Verkoppelung von Kraft- und Wärmewirtschaft neue Möglichkeiten.

Für viele Wärmeverbraucher in Industrie und Gewerbe ist die Gegendruck-Einzylindermaschine berufen, den Elektromotor und die Explosionsmaschine wieder zu ersetzen, welche die Dampfmaschine einige Jahrzehnte lang verdrängt hatten. Dies gilt besonders in Fällen, wo Transmissionen damit angetrieben werden sollen, während bei Antrieb schnellaufender Maschinen die Gegendruckturbine in Erwägung zu ziehen ist.

Mitunter ändert sich der Gegendruck während des Betriebes, was besondere Vorrichtungen zur Verstellung des Verdichtungsgrades bei Dampfmaschinen gezeitigt hat.

Die Dampfturbine für Gegendruckbetrieb hat sich ebenfalls gut eingebürgert. Als Kleinturbine tritt sie besonders erfolgreich mit dem Elektromotor in Wettbewerb, wenn zugleich der Abdampf restlos ausgenützt werden kann, z. B. beim Antrieb von Entwässerungsschleudern, Mischern oder Zerstäubern mit anschließender Trocknung des Gutes, beim Antrieb von Ventilatoren mit nachfolgender Lufterhitzung oder beim Antrieb von rotierenden Schwadenkompressoren mit Verwertung des Abdampfes zur Verdampfung und Deckung der Wärmeverluste.

An Betriebssicherheit steht die Turbine der Kolbenmaschine kaum nach. Die unmittelbar mit den Dampfturbinen gekuppelten elektrischen Stromerzeuger sind aber leider noch häufig die Ursache von Betriebsstörungen. Wer Strom an andere abgibt, darf dies nicht übersehen. Die zentrale Krafterzeugung in Überland- und Großkraftwerken hat, durch verschiedene Kriegs- und Demobilmachungsbehörden nur in der Form gedeckt, infolge öfterer Einschränkungen durch Kohlenmangel, Verkehrsschwierigkeiten, Streiks usw. an Ansehen und Vertrauen eingebüßt. Wer sich die Kraft selbst erzeugt, konnte in vielen Fällen durch Behelfsmaßnahmen seinen Betrieb aufrechterhalten; wer „angeschlossen“ ist, wird einfach „abgeschaltet“. Alle Betriebe, welche Abkraft verkaufen wollen, werden diesem Mißtrauen künftig Rechnung tragen und Störungen in der Krafterzeugung durch Dynamoschäden u. dergl. vermeiden müssen.

Daß die Gegendruckturbine den Dampf schlechter als die Kolbenmaschine ausnützt, kann nicht bestritten werden. Trotz der besonders hohen Schmierölkosten, trotz größerer Fundamente und Gebäude und trotz teurer Stromerzeuger werden häufig die Mehrkosten der Gegendruck-Kolbenmaschine gegenüber der Turbine schon in einigen Jahren aus dem Erlös für die höhere Kraftausbeute abbezahlt. Je länger die jährliche Betriebszeit ist, destomehr kommt die Kolbenmaschine in Vorteil. Jedenfalls sind bei Entscheidungen über die Wahl der Maschine eingehende wirtschaftliche Überlegungen und Berechnungen unerläßlich.

Maschinen und Turbinen mit Zwischendampfentnahme aus dem Aufnehmer oder aus einer Stufe der Turbine werden von etwa 100 PS-Leistung an den Gegendruckmaschinen vorgezogen, wenn zwischen Kraft- und Wärmebedarf Asynchronismus herrscht, oder wenn weniger Abwärme verwertet werden kann, als beim Gegendruckbetrieb anfällt. Nur durch besonders hohe Dampfentnahme wird man bei Kolbenmaschinen gezwungen, vom normalen Zylinderverhältnis abzugehen, weshalb Entnahmemaschinen meist ohne weiteres auch als normale Verbundmaschinen betrieben werden können. Sie weisen als Sonderheit nur den Regler auf, der die Spannung des zu entnehmenden Dampfes bei jeder Belastung und Dampfentnahme auf angenähert gleicher Höhe hält. Das einschlägige Hauptpatent ist abgelaufen. Die heutigen baulichen Lösungen weichen voneinander ab.

Neben dem Quecksilberregler, den insbesondere Gebr. Sulzer und die Sächsische Maschinenfabrik entwickelt haben, kommen einfache Federregler und Druckregler mit Preßölschaltung, die von der Maschinenfabrik Augsburg-Nürnberg und I. A. Maffei durchgebildet wurden, und Druckregler mit elektrischer Schaltung in Betracht, die von der Hannoverschen Maschinenbau-A.-G. stammen. Bei den Dampfturbinen werden Druckregler mit Federausgleich und Preßölschaltung ähnlicher Bauart wie bei den Dampfmaschinen verwendet; wenigstens sind sie aus ihnen hervorgegangen. Die besonders bei Verwertung der Abwärme oft stark veränderliche Belastung hat die Durchbildung der Düsenbeaufschlagung der Turbinen gefördert.

Vom Standpunkt der Krafterzeugung ist auch die Kolbenmaschine mit Zwischendampfentnahme der Anzapfturbine meist überlegen. Daß gleichwohl die letztere stark verbreitet ist, und zwar in Ausführungen bis zu mehreren Tausend KW, ist darauf zurückzuführen, daß die Turbine völlig ölfreien Zwischendampf liefert, vor allem aber, daß der Entnahmebetrieb fast nie auf Kraftabgabe an Fremde zugeschnitten ist, sondern nur die im eigenen Betrieb erforderliche Kraft erzeugt wird, wobei anderen Rücksichten zuliebe nicht das Letzte an Energie aus dem Dampfe herausgeholt wird. Wo auf größte Kraftleistung mit dem geringsten Wärme- bzw. Dampfaufwand besonderer Wert gelegt wird, ist jedenfalls, wenn irgend möglich, zur Entnahmekolbenmaschine zu raten.

Die Abdampfverwertung hat der Kondensation zwar Abbruch getan, aber andererseits wirkte sie auf den Kondensatorbau auch befruchtend ein. Besonders Josse und Gensecke sowie die Maschinenbau A.-G. Balcke haben durch geistreiche Konstruktionen auch die Kondensationsanlage, früher eine reine Wärmevernichtungsvorrichtung, wenigstens noch teilweise zur Abwärmeausnützung ausgebaut.

Luftkondensatoren sind eigentlich erst mit der Verwertung der Abwärme entstanden und haben der zentralen Dampf- und Wasserluftheizung durch Luftheizkörper oder -kessel mit Ventilatorantrieb in Fabrikgebäuden, Theatern, Konzerträumen, Sitzungssälen vielfach Eingang verschafft.

Den Vorwärmerbau hat die Abwärmeverwertung bedeutend gefördert. Für verschiedene Zwecke mußten Metalle und Legierungen der Heizflächen auf ihr chemisches Verhalten erprobt, zur Beschleunigung des Wärmeaustausches Bauarten mit hoher Geschwindigkeit und Durcheinanderwirbelung der Wärme austauschenden Stoffe geschaffen werden. Hemmungsfreie Ausdehnungsfähigkeit und leichte Reinigung aller Teile werden gefordert. Das Gegenstromverfahren ist allgemein bekannt, wird aber in der Praxis zuweilen auf Verhältnisse angewendet, wo es nicht zutrifft. Bei Abdampfvorwärmern, in deren Dampfraum überall die Sättigungstemperatur bei gleichbleibendem Druck herrscht, gibt es keinen Gegenstrom. Der erwiesene Wert hoher Flüssigkeitsgeschwindigkeiten für die Wärmeübertragung wird nicht stets gewürdigt.

Neue Aufgaben stellt das Betreben, das Kühlwasser in den Mänteln der Verbrennungsmaschinen höher, auf 100° C und darüber, zu erwärmen. Die heutige Grenze ist 50 bis 70°. Was über das Gelingen dieser Bestrebungen bisher bekannt geworden ist, verspricht durchaus schöne Erfolge. Die Nutzung der Abwärme der Verbrennungskraftmaschinen zu Kraftzwecken wird im Still-Motor offenbar mit Erfolg versucht.

Der Bau der Abgasverwerter liegt in den Händen der Firmen, welche auch die zugehörigen Kraftmaschinen bauen. Bemessungs- und Entwurfregeln werden von diesen Werken als Geschäftsgeheimnisse gehütet, was vom wissenschaftlichen Standpunkt aus zu bedauern ist. Jedenfalls wäre es eine dankbare Aufgabe, Abwärmeverwerter einmal mit wissenschaftlichem Rüstzeug näher zu untersuchen. Der technische Apparatebau wie die Heizungstechnik könnten Nutzen hieraus ziehen.

Wärmespeicher werden meist in Gestalt von Dampfspeichern gebaut, und zwar wird entweder eine Wassermasse als Stapelflüssigkeit verwendet, oder der Dampf ohne Wandlung seines Aggregatzustandes gespeichert. Den Bau solcher Speicher hat besonders Balcke gepflegt. In der Abwärmeverwertung zu Heizzwecken trifft man die Dampfspeicherung selten an; desto häufiger Warmwasservorräte. Der Wärmeverlust der Warmwasserspeicher kann in engsten Grenzen gehalten werden. Die Warmwasserheizung bedingt schon an sich eine gewisse Wärmeaufspeicherung, eine Eigenschaft, die sie für die Verwertung von Abwärme sehr geeignet macht und die in Verbindung damit zu ihrer Verbreitung beigetragen hat. Durch elektrische Abfallkraft erzeugte Wärme wird zuweilen in Öl, Beton und anderen festen Stoffen aufgespeichert.

Der Ruthssche Wärmespeicher, der so geschaltet wird, daß er eine wesentlich höhere Druckschwankung zuläßt, als bisher üblich war, stellt einen großen Organisationsbehelf für die Abwärmeverwertungstechnik dar.

In der Verwertung niedrig gespannter Dämpfe hat die Schwadenverdichtung neuestens zu einem bemerkenswerten Fortschritt geführt.

Man geht dabei so vor, daß die Temperatur des aus einer einzudickenden Flüssigkeit entweichenden Dampfes durch Verdichtung, also Zufuhr mechanischer Arbeit, um wenige Grade gehoben wird, wonach dieser selbe Dampf als Heizmittel für seinen Ursprungsstoff dient. Die Temperaturerhöhung kann gering bleiben, und deshalb kann mit dem Aufwand von 1 PS-St. viel Schwadendampf zur Heizung wieder verwendbar gemacht werden. Untersuchungen über Ursache und Größe der Siedepunktserhöhung von chemischen und kolloidalen Lösungen sind notwendig geworden. Besonders die chemische Industrie beachtet dieses Verfahren, und es ist zu hoffen, daß bald genauere wirtschaftliche Ergebnisse auch über die Eignung der Kraftverdampfung zum Trocknen bekannt werden. Bemerkenswert ist die Kraftverdampfung deshalb, weil man damit dauernd Verdampfer ohne Wärmezufuhr nur durch Aufwand von mechanischer Energie, etwa von Wasserkräften, in Betrieb halten kann.

Die Befruchtung und Förderung des wirtschaftlichen Heizwesens durch die Abwärmeverwertung liegt in der Richtung einer weitergehenden Zentralisierung der Heizung. An verschiedenen Orten Deutschlands sind bereits Abwärme-Fernheizwerke entstanden. Durch die wirtschaftlich besonders gewinnbringende Verbindung der Badeanstalten mit Wärmekraftwerken erfährt die Volksgesundheit eine nicht zu unterschätzende Förderung.

Im Verkehrswesen hat die Abwärmeverwertung Eingang gefunden, indem fast alle neueren größeren Lokomotiven mit Abdampf-Speisewasservorwärmern versehen werden. Die unmittelbare Kohlenersparnis durch Anwärmung des Speisewassers mittels Abdampf beträgt 12—14 v. H. Hierzu kommt noch eine weitere Brennstoffersparnis, weil durch die Vorwärmung der Kessel entlastet und seine Heizfläche von Kesselstein frei gehalten wird. Kraftwagen werden bei kalter Witterung durch die Abgase des Motors mittels einer Art Mild-Luftheizung erwärmt.

Weniger bekannt ist, daß man die Abwärme auch schon mit schönem Erfolg zur Bodenbeheizung bei landwirtschaftlichen und gärtnerischen Versuchen verwendet hat. Besonders für letztere Zwecke kann der Abwärmeverwertung in Verbindung mit Warmhäusern praktische Brauchbarkeit zugesprochen werden.

Eine in den heutigen teueren Zeiten bemerkenswerte Folge der Abwärmeverwertung ist, daß sie ältere Dampfanlagen, die sonst in unsere Kraftwirtschaft nicht mehr passen, wieder daseinsberechtigt macht. Die Beschaffung neuer Maschinen verlangt gegenwärtig große Geldmittel. Kleine oder ältere Dampfmaschinen haben andrerseits einen hohen Dampfverbrauch. Man kann sie aber trotzdem vielfach verwenden, wo der Abdampf verwertet werden kann. In allen Fällen, dies sei ausdrücklich bemerkt, sind aber gebrauchte Maschinen nicht zu empfehlen.

Abwärmeverwertung und Technologie verschiedener Industrien begegneten sich in dem Bestreben, sich gemeinsame Anwendungsgebiete zu erschließen.Die gegenseitige Anpassung konnte nur durch genaues methodisches Studieren und Probieren nach beiden Seiten hin erzielt werden. An Erfolgen war dieses Bemühen reich. Die Wärmewirtschaft wurde gefördert auf dem Sondergebiet der Bierbrauerei besonders durch Eberle, Haack und andere, in der Papierfabrikation durch Frh. v. Laßberg und Lest, in der Zuckerfabrikation durch Claaßen, in der Lederfabrikation durch Hirsch, im Salinenwesen und in der chemischen Industrie durch Paßburg. Wenn man in neuerer Zeit versucht, junge Ingenieure, die erst frisch von der Hochschule kommen, als „Wärme-Ingenieure" anzustellen, so möchte ich dieses Verfahren nicht billigen. Man kann vielleicht Wärmetheorie, aber nicht Wärmetechnik und Wärmewirtschaft als Spezialität, losgelöst von der sonstigen Technik, betreiben. Brabée ist vollkommen beizupflichten, wenn er sagt, daß das Schlagwort „Wärme-Ingenieur" schon viel geschadet hat: Manches Unternehmen ist getäuscht, viele Ingenieure sind enttäuscht worden. Sie finden sich plötzlich, ohne ausreichende Erfahrungen zu besitzen, einem undurchsichtigen Betrieb gegenüber, in dem sie — völlig einflußlos — allen möglichen Irrungen ausgesetzt sind. Zum „Wärme-Ingenieur" gehört gründliches Wissen im allgemeinen Maschinenbau und in der Heiz- und Lüftungstechnik sowie eine langjährige Erfahrung; außerdem die Fähigkeit, das als richtig Erkannte auch gegen starke Widerstände durchzusetzen[1]). Was ohne diese Voraussetzungen herauskommt, ist bestenfalls Wirtschaft vom grünen Tisch aus.

Jeder Unternehmer wird darauf achten, daß die Ersparnisse, die er an einer Stelle macht, nicht an anderen Stellen wieder aufgebraucht werden. Ebenso müssen Staat und Gemeinden verfahren, wenn nicht der wirtschaftliche Spürsinn der einzelnen Ressorts abgetötet werden soll. Viel wird in dieser Hinsicht gesündigt, das Ansehen der Technik dadurch vernichtet, ja ein förmlicher Überdruß dagegen großgezüchtet. Ein Volksbad, das durch gut durchdachte Abwärmeverwertung billig arbeitet, muß wirklich billige Tarife einhalten. Nur dann kann man vom Nutzen der Abwärmeverwertung sprechen. Was soll man dazu sagen, wenn die Stadt, die über die meisten (noch billig ausgebauten) Wasserkräfte und über wärmewirtschaftlich gute Dampfkraftwerke verfügt, mit ihren Straßenbahntarifen an der Spitze der deutschen Großstädte marschiert, nur weil die Gemeinde ihre Unternehmungen als Ausbeutungsobjekte betrachtet und mit deren Einnahmen drauflos wirtschaftet. Wenn das Sprichwort „Jeder Sparer findet seinen Zehrer" so angewendet wird, darf man sich nicht wundern, daß unsere ganze Wirtschaft zugrunde geht. Man sorge also, daß, wenn zwei sparen, es keinen tertius gaudens gibt, der darauf sündigt.

Die Abwärmeverwertung, dieser frische Zweig am Baume der Energie, war außerordentlich fruchtbar und verspricht es auch für die Zukunft zu bleiben. Wenn am Schlusse meiner Darlegungen

[1]) Rietschel-Brabée: Heiz- und Lüftungstechnik I. 6. Aufl. S. 129.

einem Wunsche Ausdruck gegeben werden darf, so ist es der, daß bewährte Einrichtungen und Erfahrungen möglichst rasch und vollständig zur Kenntnis der Allgemeinheit gebracht werden möchten. Die Abwärmeverwertung gebe nicht nur jedem das Seine, sondern sei Arbeit im Dienste des allgemeinen Wohls. Damit der wirtschaftliche Höchstwert erreicht werde, ist ein reger Erfahrungsaustausch nötig, denn „die Abwärmeverwertung setzt viel Überlegung voraus und gehört zu den schwierigsten Ingenieurarbeiten!“[1])

---

[1]) De Grahl: Die wirtschaftliche Verwertung der Brennstoffe, S. 433.